普通高等教育“十二五”系列教材

水分析化学

（第二版）

主　编　谢协忠
副主编　张钰镭　于瑞生　胡田田
编　写　周合修　赵晓中
主　审　王汉忠

中国电力出版社
CHINA ELECTRIC POWER PRESS

内 容 提 要

本书是在第一版的基础上修订而成的。内容包括四部分，第一部分为第一章，介绍水质分析概论和水分析化学基本知识；第二部分包括第二～五章，介绍化学分析法：滴定分析和称量分析；第三部分包括第六～九章，介绍仪器分析法：吸光光度法、原子吸收光谱法、电化学分析法和色谱分析法；第四部分为第十章水质分析实验，介绍水质分析基本操作和水质分析中涵盖面广、较成熟的27个实验。

本书可作为高等院校电厂化学、给排水科学与工程、水资源与水文工程、环境监测、环境工程等专业的本科生教材，也可供从事水质分析、环境科学等相关专业工程技术人员参考。

图书在版编目（CIP）数据

水分析化学/谢协忠主编. —2版. —北京：中国电力出版社，2014.2（2021.2重印）

普通高等教育“十二五”规划教材

ISBN 978-7-5123-5508-8

Ⅰ.①水… Ⅱ.①谢… Ⅲ.①水质分析—分析化学—高等学校—教材 Ⅳ.①O661.1

中国版本图书馆CIP数据核字（2014）第024449号

中国电力出版社出版、发行

（北京市东城区北京站西街19号 100005 http://www.cepp.sgcc.com.cn）

三河市航远印刷有限公司印刷

各地新华书店经售

*

2007年5月第一版

2014年2月第二版 2021年2月北京第八次印刷

787毫米×1092毫米 16开本 20.75印张 505千字

定价 **48.00** 元

前　言

本书自2007年5月首次出版后，经历了多年的教学检验，得到了电厂化学、给排水科学与工程、水资源与水文工程、环境监测等专业广大师生的认可。随着水质分析手段和科技的迅速发展，这门课程的内容也有了新的变化，对水分析化学的教学内容和方法提出了新的要求。我们在总结近年来教学、科研工作经验的基础上，广泛征求有关院校师生的意见，在保留第一版教材特点的基础上，对原教材中存在的不足，按照新的教学要求，进行了修订。这次修订的主要原则是：

（1）编写的指导思想是立足于水分析化学的基础知识和基本技能的培养和训练；力求适应新的水质标准及国家规范要求，理论联系实际，注意培养独立分析问题和解决实际问题的能力，强化树立准确的“量”的概念。

（2）在内容组织和写作方法上，基本保持原教材的体系和主线，目的是维护使用教材的一贯性。同时考虑到工矿企业水质技术人员自学的需要，力求通俗易懂，方便自学。

（3）各章增加了内容提要和学习要求，便于自学和查阅知识点。

（4）新版对原教材的结构层次和内容作出适当的调整。将第一章第二节、第三节的内容精简，合并为天然水的特性及水中的杂质。为了适应新的水质标准，对水质标准进行了更新，例如GB 5084—2005《农田灌溉水质标准》，用地下水质量标准（报批稿）代替GB/T 14848—1993标准。将质量分析法改为称量分析法，增加沉淀滴定曲线，与酸碱滴定法、氧化还原滴定法、配位滴定法相互关联和统一。吸光光度法增加了紫外分光光度法及分光光度法单组分的应用实例。删除陈旧、不适用内容，如拉平效应和区分效应等。将气相色谱分析法修订为色谱分析法，增加了液相色谱分析法，实验内容增加了气相色谱法和离子色谱法在水质分析中的应用实例。

（5）在编写习题和思考题时，紧密结合水质分析应用，注意启发思考和扩大知识面。计算题后面附有答案，帮助学生自学。

（6）课堂实验指导书收集了比较成熟的、基本技能训练效果比较好的27个实验。

本书由谢协忠担任主编，张钰镭、于瑞生、胡田田担任副主编。参加本书修订工作的有张钰镭（第一、四章），周合修（第二章、第十章实验十九～实验二十一），胡田田（第三、六章），于瑞生（第五章），谢协忠（第七～九章、第十章实验四～实验十八、实验二十二～实验二十七），赵晓中（第十章第一～三节、实验一～实验三）。全书由谢协忠、张钰镭统稿，王汉忠教授主审。

尽管我们对原教材进行了认真的修订、补充与完善，本书难免会有不足之处，敬请专家、读者批评指正。

编　者

2014年1月

第一版前言

为贯彻落实教育部《关于进一步加强高等学校本科教学工作的若干意见》和《教育部关于以就业为导向深化高等职业教育改革的若干意见》的精神，加强教材建设，确保教材质量，中国电力教育协会组织制订了普通高等教育“十一五”教材规划。该规划强调适应不同层次、不同类型院校，满足学科发展和人才培养的需求，坚持专业基础课教材与教学急需的专业教材并重、新编与修订相结合。本书为新编教材。

本书共分十章，主要内容包括：天然水的水质及水质分析基础、酸碱滴定法、配位滴定法、氧化还原滴定法、质量分析法和沉淀滴定法、吸光光度法、原子吸收光谱法、电位分析法及电导分析法、气相色谱法等 9 章基础理论知识，并附有思考题、习题和答案。第十章为实验教学部分，内容有水质分析基本操作及水质分析中常用的 26 个实验。

本书的特点主要有：

（1）在编写内容上既注重基础理论，又突出应用性，反映了一些新的水质分析方法，例题、习题与生产实际密切相关。

（2）本教材特别强调内容的系统性及前后衔接的合理性，语言简练，信息量大，叙述注意循序渐进，方便读者阅读和理解。

（3）相关水质标准及水分析化学中的基本常数是学生学习过程和今后实践中需要掌握和应用的数据，集中附在书后，以方便查找和使用。

（4）将实践教学与理论教学融为一体，方便使用。实验项目多于教学基本要求的学时，可结合专业的需要自行选做。实验内容尽量做到实验步骤和注意事项叙述详细，利于学生预习或课外独立完成。

（5）本书精选了相当数量与水质分析有关的例题与习题，并给出了习题答案，方便学生自学。

在编写过程中，编者参考了国内外的水分析化学和水质分析等方面的教材及专著。本书由王汉忠教授主审并提出了许多宝贵意见。本书由谢协忠担任主编，张钰镭、于瑞生、胡田田担任副主编。参加本书编写的有谢协忠、张钰镭（第一、四、八、九章、第十章实验一～实验十八、实验二十二～实验二十六），于瑞生、周合修（第二、五、七章、第十章实验十九～实验二十一），胡田田（第三、六章），赵晓中（第十章第一～三节）。全书由谢协忠修改、统稿。

受编者学识和水平所限，书中难免有不当之处，恳切希望使用本书的同行和读者批评指正，以便再版时加以修正。

编　者

2007 年 1 月

目　录

第一章　水质分析概论及水质分析基础

内容提要

本章介绍了水分析化学的性质和任务，天然水中的杂质分类及溶解物质中的主要阴、阳离子，水质分析方法和程序，滴定分析基础知识及其计算，并讨论了误差及分析数据处理。

学习要求

（1）了解水分析化学的性质和任务。

（2）了解天然水中的主要溶解物质。

（3）了解水质分析程序。

（4）理解滴定分析法对化学反应的要求，滴定方式，基准物质，标准溶液及其浓度的表示方法，初步掌握滴定分析有关计算。

（5）理解误差的来源及其计算，能正确使用有效数字。

第一节　水分析化学的性质和任务

水是生命之源，是人类赖以生存、社会经济得以发展所必需的物质基础。不仅广泛用于城市生活、工业生产、农业灌溉，而且还用于发电、水产养殖、旅游娱乐、改善生态环境等。水资源在地球水圈中总量为 $1.37\times10^{9}km^{3}$，其中海水约占 97.3%，淡水仅占 2.7%。可被利用的淡水资源只有河流、淡水湖和地下水的一部分，仅占全球总水量不到的 1%。

自然界的水进行两种循环，一种是水在太阳辐射和地球引力的作用下不停地流动和转化，由蒸发、降水、地面径流、地下渗流等过程构成的自然循环；另一种是人类社会为满足生活和工农业生产需要，从天然水体中取用的生活用水，使用后的污水和废水又不断地排入天然水体中构成的社会循环。

水体是河流、湖泊、水库、沼泽等陆地地表水，海洋和陆地地下水的通称。水体水质的变化是与污染物、水生物及底部沉积物之间的分布和迁移转化密切相关的。水质是指水及其杂质共同表现出的综合特性。无论是作为生活饮用水、工业给水、农业用水、渔业用水，还是特殊用途（如游泳等）对水质都有一定的要求。水质指标不仅可以作为选择用水的依据，而且在工业锅炉设备运行、设计水处理工艺方法、选择水处理设备、工业废水排放及水资源评价中都是不可缺少的重要参数。

水分析化学是研究水及其杂质的性质、组成、含量和分析方法的一门学科。水质分析在各个领域都肩负着重要使命，在水资源保护、水环境污染治理及工农业用水监测中起着“眼睛”和“哨兵”的作用。根据用水排水的需要，判断水的利用价值、指导工业用水的排放、有关设备的运行控制、开展水处理研究等，都需要对水质进行分析。为了保护水环境，防止水被污染，需要对江、河、湖泊、地下水及雨水等进行经常性的水质监测。各种用水都必须以水质分析结果为依据，才能做出正确的判断和评价。因此，进行水质分析要牢固树立准确"量"的概念。

水分析化学是高等学校水资源与水文工程、给排水科学与工程、电厂化学、环境工程等专业的一门专业技术课。通过本课程的学习，使学生系统地掌握水质分析的基本方法（包括四大滴定分析方法和主要的仪器分析方法）、基本理论、基本技能，掌握水质分析的基本操作。同时注重培养学生严谨的科学作风和实事求是的科学态度，培养独立分析问题和解决实际问题的能力。

第二节 天然水的特性及水中的杂质

一、水的特性

1. 比热容大

水在所有液体和固体物质中比热容居首位，达到 4.184kJ/（kg·℃）；冰的溶解热和汽化热也很高。因此，水的这种作用对调节气温起着巨大的作用。水成为地球上的温度调节剂，在晚间以及从夏天向冬天过渡时，水慢慢地变冷；在白天以及从冬天向夏天过渡时，水慢慢地变热，这也是沿海地区早晚温差小的原因。

2. 热稳定性高

水分子的氢氧键能高，要破坏氢氧键能需要很高的能量。将水加热至 1000℃左右时，仅有 0.0008%的水分子分解成氢和氧。即使加热至 2000℃，也只有不足 2%分解。由于水的热稳定性高，因此常以水作为传送热量的介质，被广泛用于动力、化工生产等民用取暖方面。

3. 温度体积效应异常

"热胀冷缩"本是物质的一般变化规律，但是水在 0～4℃间不服从这一变化规律，而是温度升高时其体积反而缩小，4℃时体积最小而密度最大，达到 1000kg/m^3，超过或低于此温度范围，升高温度时体积都会膨胀。在 0℃时，水的密度为 990kg/m^3，冰的密度为 916kg/m^3，这与一般物质在凝固时体积缩小的规律相反。

4. 表面张力大

在水体内部，每个水分子受其四方相邻水分子的引力是平衡的，靠近表面的水分子由于内部对它的引力大于外部空气对它的引力，使表面的水分子受到一种向内的拉力，这种力称为表面张力。在常温下的液体中，除汞以外，水具有最大的表面张力，达到 7.275×10^{-3}N/m，而其他液体的表面张力大多数在 2×10^{-3}～5×10^{-3}N/m 范围内。表面张力随温度升高而降低。水的表面张力大，由此产生的毛细、湿润、吸附等物理现象也十分显著。

5. 溶解反应能力强

水作为一种溶剂，是任何其他物质都不能与之相比的。水的溶解能力极强，大多数无机物质可溶解于水，水中溶解的各种物质可以进行各种化学反应，使自然界的水或多或少含有某些杂质而被污染，故自然界中没有纯净的水。无论是生活用水还是工业用水，往往都要将天然水进行某种净化处理后才能使用。

水的这些特性主要与水分子的极性和分子间形成氢键有关。氢键使水分子一个一个地结合在一起，如下所示（虚线表示氢键）：

```
------ O          H     H ------     O
      / \          \   /            / \
     H   H ------    O             H   H ------
```

这种由简单分子（H_2O）结合成复杂分子（$(H_2O)_x$），但又不引起水的化学性质改变的现象，称为水分子的缔合。

$$xH_2O \rightleftharpoons (H_2O)_x + 热量 \qquad (x=1, 2, 3, \cdots)$$

在4℃时，缔合的水分子堆积最紧密，故密度最大。破坏缔合分子要消耗较多的能量，故水的某些物理常数值较大。水的溶解能力主要与水分子的极性有关。

6. 水的导电性随水中的含盐量增大而增大

水中溶解的盐类在电场的作用下，具有导电能力，并且随着离子数量的增加导电能力增强，导电能力可用电导率来表示，即溶解盐类越多，电导率越大。

二、天然水中的杂质

天然水在形成过程中与许多具有一定溶解性的物质接触，把大气、土壤、岩石中的许多物质溶解或挟持，成为一个复杂的体系。天然水中混杂的物质以液态、固态或气态的形式存在，多数以离子态、分子态或胶体颗粒存在于水中。天然水中常见的物质组成见表1-1。按杂质在水中存在状态的颗粒粒径大小，可分为悬浮物、胶体物和溶解物3类，如表1-2所示。

表1-1　　天然水中常见物质组成

主要离子		微量元素	溶解气体		生物生成物	胶体		悬浮物质
阴离子	阳离子		主要气体	微量气体		无机	有机	
HCO_3^-	Ca^{2+}	Br、F	O_2	N_2	NH_3、NO_3^-	$SiO_2 \cdot nH_2O$	腐殖质	硅铝酸
Cl^-	Mg^{2+}	I、Fe	CO_2	H_2S	NO_2^-、PO_4^{3-}	$Fe(OH)_3 \cdot nH_2O$		盐颗粒
SO_4^{2-}	Na^+	Cu、Ni		CH_4	HPO_4^{2-}	$Al_2O_3 \cdot nH_2O$		砂粒
CO_3^{2-}	K^+	Co、Ra			$H_2PO_4^-$			黏土

表1-2　　水中杂质的分类

粒径	10^{-7}	10^{-6}	10^{-5}	10^{-4}	10^{-3}	10^{-2}	10^{-1}	1	10 (mm)
分类	真溶液	胶体溶液		悬浮液					
特征	透明	光照下浑浊		浑浊		肉眼可见			
常用处理法	离子交换 电渗析 反渗透	超　滤		精密过滤	自然沉降、过滤				
		混凝、澄清、过滤							

1. 悬浮物

悬浮物是粒径大于10^{-7}m的微粒。按其大小和相对密度的不同，有的漂浮，有的悬浮，有的沉淀，使水产生浑浊或产生异味，如泥沙、黏土、藻类、细菌和动植物残余体等不溶性杂质。这类杂质在水中不稳定，很容易除去。

2. 胶体物

胶体物是颗粒直径在 10^{-9}～10^{-7}m 之间的微粒，是许多分子和离子的集合体，主要是铁、铝、硅的化合物以及动植物有机体的分解产物。动植物有机体的分解产物主要是腐殖质。由于胶体物比表面（指单位体积所具有的表面积）很大，常在它的表面吸附其他离子而带电荷，结果使同类胶体物颗粒因为带有同性电荷而相互排斥。它们在水中不能相互结合，不能依靠重力自行下沉，可在水中稳定存在。

3. 溶解物

水中最多的是粒径小于 10^{-9}m 呈溶解状态的物质。天然水中的溶解物主要以离子形态和一些溶解气体存在于水中，按其性质又可分为盐类、气体和其他有机物。天然水溶解的盐类主要离子几乎占水中全部化学组成的 95%～99%，这些离子在天然水中总量称为天然水的矿化度。此外，还有铁、锰、铵、铝、铜、钴、锌等阳离子和硝酸根、亚硝酸根、氟离子等阴离子。水中溶解的气体主要有氧气、二氧化碳、硫化氢，此外还有氮气、甲烷等，再者就是呈溶解状态的有机物。

三、天然水中溶解物质

1. 离子态杂质

(1) 钙离子（Ca^{2+}）。Ca^{2+} 是低含盐量水中的主要阳离子，Ca^{2+} 的含量常在阳离子中占第一位。天然水中的 Ca^{2+} 主要来自岩层中的石灰石（$CaCO_3$）和石膏（$CaSO_4 \cdot 2H_2O$）的溶解。$CaCO_3$ 在水中的溶解度虽然很小，但有 CO_2 存在时易溶解生成溶解度较大的 $Ca(HCO_3)_2$，其反应式为

$$CaCO_3 + CO_2 + H_2O \rightleftharpoons Ca(HCO_3)_2$$

(2) 镁离子（Mg^{2+}）。Mg^{2+} 几乎存在于所有天然水中，很少有以 Mg^{2+} 为主要阳离子的天然水。在大多数的天然水体中，Mg^{2+} 含量一般在 1～40mg/L。当水中含盐量小于 500mg/L 时，Ca^{2+} 与 Mg^{2+} 的毫摩尔比为 4∶1～2∶1；水中含盐量超过 1000mg/L 时，Ca^{2+} 与 Mg^{2+} 的毫摩尔比降到 2∶1～1∶1；当含盐量进一步增大时，Mg^{2+} 的含量可能会高出 Ca^{2+} 许多倍，如在海水中 Mg^{2+} 含量比 Ca^{2+} 多 2～3 倍。

天然水中的 Mg^{2+} 主要是由于菱镁石（$MgCO_3$）、白云石（$MgCO_3 \cdot CaCO_3$）受水中 CO_2 影响而溶解所致。

(3) 钠离子（Na^+）。由于钠盐易在水中溶解，天然水中的 Na^+ 主要以游离状态存在于水中。在含盐量低的水中 Na^+ 的含量很小，一般变化于数毫克/升范围，有时可达到数十毫克/升。随着水中含盐量的增高，Na^+ 的含量会显著增加，含量可达数克每升。

天然水中 Na^+ 的来源是水接触钠盐矿床及铝硅酸盐矿物的溶解。淡水中 Na^+ 与 Cl^- 之间的摩尔关系为 $[Na^+] > [Cl^-]$，天然咸水中 Na^+ 与 Cl^- 之间的摩尔关系几乎相等，说明天然咸水中 Na^+ 的主要来源是 NaCl 的溶解。

(4) 钾离子（K^+）。K^+ 在天然水中含量很少，一般为 Na^+ 含量的 4%～10%。由于含钾的矿物比含钠的矿物抗风化能力大，故 Na^+ 容易转到天然水中，而 K^+ 则不易从硅酸盐矿物中释放出来，即使释放出来的 K^+ 也会被土壤和岩石所吸附；另一方面，K^+ 是植物所必需的营养物，它被植物所吸附的量远远超过钠。

(5) 亚铁离子（Fe^{2+}）。在一般地下水中都含有 Fe^{2+}，如 $Fe(HCO_3)_2$。当含有 CO_2 的水与含 FeO 的地层接触时，发生的化学反应为

$$FeO+2CO_2+H_2O \xlongequal{\quad} Fe^{2+}+2HCO_3^-$$

地下水中的有机质受微生物分解常产生 H_2S 气体，它能将岩层中的 Fe_2O_3 还原，在 CO_2 的作用下溶于水中

$$Fe_2O_3+3H_2S \xlongequal{\quad} 2FeS+S+3H_2O$$

$$FeS+CO_2+H_2O \xlongequal{\quad} Fe^{2+}+HCO_3^-+HS^-$$

从而使地下水中含有一定数量的 Fe^{2+}。低价铁化合物不稳定，易氧化成高价铁化合物，只有在水中含有大量的 CO_2 以及缺氧条件下才稳定。当地下水露出地表面时，CO_2 减少，同时溶入 O_2 增多，会引起铁的水解和氧化作用，并生成难溶的 $Fe(OH)_2$，而 $Fe(OH)_2$ 很容易进一步氧化成 $Fe(OH)_3$。

$$Fe^{2+}+2HCO_3^-+2H_2O \xlongequal{\quad} Fe(OH)_2\downarrow+2H_2CO_3$$

$$H_2CO_3 \longrightarrow 2CO_2+2H_2O$$

$$4Fe(OH)_2+O_2+2H_2O \xlongequal{\quad} 4Fe(OH)_3\downarrow$$

$Fe(OH)_3$ 很难溶解，当 pH＝4 时溶解度约为 0.05mg/L，当 pH 值增大时溶解度更小。水中 $Fe(OH)_3$ 部分以沉淀析出，部分以胶体状态存在于溶液中，铁在地表水中主要以胶体形式存在。当水中有腐殖质时，对其起保护作用，可提高其稳定性。有破坏有机质的细菌或有带相反电荷 SiO_2 胶体存在时，$Fe(OH)_3$ 胶体产生沉淀。

Fe^{3+} 几乎只存在于地表水中，含量一般为百分之几至十分之几毫克/升。Fe^{2+} 主要存在于地下水中，含量较高，一般不超过 1mg/L，但高的可达到几十或几百毫克/升。

水中含有少量的铁不会妨害人体健康，但含铁量高的水饮用起来很不可口，有一种铁锈味。我国生活饮用水标准规定含铁量不得超过 0.3mg/L。

(6) 碳酸氢根（HCO_3^-）和碳酸根（CO_3^{2-}）。HCO_3^- 是天然淡水中最主要的阴离子，其含量自数毫克/升到数百毫克/升不等。CO_3^{2-} 在天然水中比较少见，由于钙、镁的碳酸盐溶解度低，故 CO_3^{2-} 在水中含量很少超过数毫克/升。

HCO_3^- 主要来源是碳酸盐矿物受水中 CO_2 的作用发生溶解，HCO_3^- 在水中的含量与水中 CO_2 的含量有关。水中的 HCO_3^-、CO_3^{2-} 与 CO_2 共同组成了一个碳酸化合物的平衡体系。

天然水中碳酸化合物的来源有以下几个方面：空气中 CO_2 的溶解，水中动植物的新陈代谢和水中有机物的生物氧化；岩石土壤中碳酸盐和重碳酸盐的溶解等。

(7) 氯离子（Cl^-）。天然水中都含有 Cl^-，它在天然水中含量变化范围很大，在湿润地区的河流和淡水湖中一般只有几毫克/升。水中 Cl^- 的含量随着矿化度的增加而增加，在海水及少数盐湖中，Cl^- 的含量达到十几克/升。

天然水中 Cl^- 的来源主要有食盐矿床和沉积岩中氯化物的溶解。接近海边的江河水或井水往往受潮水及从海洋面上风的影响，Cl^- 的含量有所增加。

天然水中 Cl^- 也可来自动物排泄物、腐烂的动物尸体以及生活污水、工业废水等，所以在一个地区发现 Cl^- 含量突然升高，就是水受污染的重要标志。

(8) 硫酸根离子（SO_4^{2-}）。天然水中都含有 SO_4^{2-}，地下水中 SO_4^{2-} 的含量通常比同一地区的河、湖水中的高。在高矿化度水中，SO_4^{2-} 的含量一般低于 Cl^-，但在大部分低矿化水中，SO_4^{2-} 明显高于 Cl^-。

SO_4^{2-} 分布在各种水体中，在天然水中的含量受到限制，因为 Ca^{2+} 与 SO_4^{2-} 会形成溶解度较小的 $CaSO_4$。河水中 SO_4^{2-} 的含量一般在 1～200mg/L。在干旱地区的地表水和地下水

中，SO_4^{2-}含量往往较高。SO_4^{2-}在缺氧条件下可被还原为S，在深海区，SO_4^{2-}几乎不存在。

天然水中SO_4^{2-}的主要来源是石膏的溶解，其次是天然硫和硫化物的氧化，含硫植物及动物体的分解与氧化也会使天然水中SO_4^{2-}含量增加。因此，在城镇附近，尤其在井水中，SO_4^{2-}含量的升高常标志着水的污染。

2. 溶解气体

天然水中常见的溶解气体有O_2和CO_2，此外还有H_2S、SO_2及NH_3等。

(1) 氧气(O_2)。水中溶解的氧气叫溶解氧，简称DO。水中DO以分子状态为主，它主要来自大气中氧的溶解，另外水生植物的光合作用也放出氧。水中氧的消耗为有机物的氧化和有机体的呼吸作用，这两种相反的作用决定了水中DO的实际含量。大气中含氧为20.9%，常温下在水中达到饱和的DO含量约为8mg/L。

大气中氧溶解于水的含量取决于水的温度、大气压力。水中DO随水温的升高而降低，随大气压力的增大而增大。在1.013×10^5 Pa时，不同温度下氧在淡水中的溶解度如表1-3所示。

表1-3 不同温度时氧的溶解度 (mg/L)

温度(℃)	溶解度	温度(℃)	溶解度	温度(℃)	溶解度	温度(℃)	溶解度
0	14.62	11	11.08	22	8.83	33	7.30
1	14.23	12	10.83	23	8.68	34	7.20
2	13.84	13	10.60	24	8.53	35	7.10
3	13.48	14	10.37	25	8.38	36	7.00
4	13.13	15	10.15	26	8.22	37	6.90
5	12.80	16	9.95	27	8.07	38	6.80
6	12.48	17	9.74	28	7.92	39	6.70
7	12.17	18	9.54	29	7.77	40	6.60
8	11.87	19	9.35	30	7.63		
9	11.59	20	9.17	31	7.5		
10	11.33	21	8.99	32	7.4		

当大气压力变化时，氧的溶解度可用下列公式计算：

$$s'=s\times\frac{p'}{1.013\times10^5}$$

式中：s'表示大气压力为p'(Pa)时氧的溶解度，mg/L；s表示大气压力为1.013×10^5Pa时氧的溶解度，mg/L；p'为测定水样时的大气压力，Pa。

例如：水温度20℃，在9.86×10^4Pa时氧的溶解度为

$$9.17\times\frac{9.86\times10^4}{1.013\times10^5}=8.9\ (\text{mg/L})$$

水体中溶解氧含量的多少，在一定程度上可反映出水体受污染的程度。在一般情况下，清洁的地表水所含溶解氧量接近饱和状态。水中含有藻类时，由于光合作用放出氧气，可能使水中所含溶解氧接近饱和状态。湖、库、塘水的溶解氧含量与水层深度成反比。地下水往

往含有少量的溶解氧，深层地下水甚至不含有溶解氧，因为地下水与空气接触少，而且当地下水渗透时，土壤中有机物氧化消耗氧，所以地下水溶解氧含量很少。

水体受有机、无机还原性物质污染，使溶解氧降低。当大气中的氧来不及补充时，水中DO逐渐降低，以至趋近于零。在这种情况下，厌氧菌繁殖，水质恶化。

（2）二氧化碳（CO_2）。CO_2在水中主要（约99%）以溶解的气体分子形式存在，约1%以H_2CO_3形式存在，一般所谓CO_2是指两者的总和。

天然水中的CO_2主要由水体和底泥中有机物氧化所产生，其次是水生物呼吸所放出。从空气吸收CO_2的作用只发生在海洋上，而陆地水体中则很少见到。这是因为陆地水体中CO_2的含量经常超过了它与空气中CO_2保持平衡时所应有的量。

在河流及湖泊中，由于CO_2经常自水中逸出，以及它大量地消耗于光合作用，因此水中的CO_2含量很少超过20～30mg/L。地下水一般为15～40mg/L，最多也不超过150mg/L，但某些矿泉水CO_2含量可高达数百毫克/升。

溶解在水中呈分子状态的CO_2称为游离CO_2。当含有游离CO_2的水与$CaCO_3$接触时，使$CaCO_3$溶解形成可溶性的重碳酸盐，其反应如下

$$CaCO_3 + CO_2 + H_2O \rightleftharpoons Ca^{2+} + 2HCO_3^-$$

上述反应是可逆的，水中一部分仍旧呈游离状态，这部分游离CO_2因与溶液中重碳酸盐维持平衡，又称为平衡CO_2。当游离的CO_2含量超过平衡所需的部分时，这一部分过量的CO_2称为侵蚀性CO_2。若水中存在侵蚀性CO_2，则会对混凝土和金属起破坏作用，尤其与DO共存时，对铁管的侵蚀更为强烈，故在兴建水利工程时，应作为一项水质指标来测定。游离CO_2使水具有一种口感好的味道，在卫生方面是无害的。

（3）硫化氢（H_2S）。天然水中H_2S以分子状态或离子状态存在。在缺氧条件下硫酸盐可还原为H_2S，含硫蛋白质分解也常产生H_2S。含有H_2S的水有恶臭味。H_2S很不稳定，只有在缺氧时才存在，所以天然水中不易出现H_2S，只有在深层地下水中才可能含量较高。地表水中H_2S含量如达0.5mg/L以上，已不宜饮用，达1mg/L时就有明显的臭味，这样的水对混凝土及金属都会产生侵蚀、破坏作用。

3. 天然水的特点

天然水是指由降水、地表水、地下水所组成的水体。

降水的化学成分主要是淋洗空气中混有的各种杂质，如氧气、二氧化碳、氮气、硫化氢及空气中可溶性盐等，含盐量一般小于50mg/L，是自然界中品质较好的水。降水的pH值低于5.65的降雨称为酸雨。酸雨是因煤和石油燃烧产生的SO_2及氮氧化物等与水蒸气混合后生成H_2SO_4、HNO_3而形成的。

酸雨对环境和生态影响为：①由于河流、湖泊的酸化，鱼类等水生生物种类减少，甚至灭绝；②土壤的酸化使森林、农作物的产量降低，使土壤中所含的铅、铜、锌等重金属游离出来，流入河湖水体，增加了对鱼类的毒害和在鱼类体内富集；③损害人体健康，如1974年日本关东地区酸雨pH值为4.5左右，当地人眼睛和皮肤受到刺激；④腐蚀金属材料和损害建筑、文物古迹。

地表水是指地球表面的江、河、湖泊、水库水。地表水是经过地面的径流，溶解的矿物质相对较少，含盐量比较低，我国地表水的含盐量一般不超过1000mg/L。由于冲刷、流动的结果，往往会混入大量的泥沙和有机物等。

地下水多为淡水，不仅与成分极为复杂的土壤、岩石密切接触，而且接触时间长，地壳中的各种元素及其化合物都可能出现在地下水中，结果水中的化学成分复杂，化学类型多样。与地表水相比，地下水清澈透明，悬浮物含量很少，含盐量一般比地表水高，浊度低。

四、水体中主要污染物

水体中主要污染物一般分为无机污染物、耗氧污染物、植物营养素、致病微生物等四类。

（1）无机污染物。它是各种有害的金属、盐类、酸、碱性物质及无机悬浮物等，如镉、铅、铬、汞、砷、氟、氰、硫酸、硝酸等化合物所造成的水质污染。主要来自采矿、炼焦、电镀、塑料、农药、医药、化肥、硫酸和硝酸等工厂排出的废水，水体中如果有过量的无机污染物，会改变水的 pH 值，使微生物不能生长，还会消耗水中的溶解氧，危害淡水生物。

（2）耗氧污染物。工业废水中含有大量的碳水化合物、蛋白质、油脂、木质素等有机物质，这类物质在水中微生物分解过程中，要消耗水中的溶解氧，故称为需氧有机物（也称耗氧有机物）。主要来自食品工业、造纸工业、化纤工业排放的废水及生活污水，如碳水化合物、蛋白质、油脂、木质素、纤维素等。当水中微生物分解这些有机物时，要消耗水中的溶解氧，使水中缺氧，并产生硫化氢、氨等气体，使水质恶化。

水中有机物的种类繁多，成分复杂，在水中有不同的存在形式，因此，确定它们的含量较为困难。通常用间接的方法表示其相对含量，最常用的是利用有机物容易被氧化这一特性。水中有机物的表示方法有以下几种：

1）化学需氧量（chemical oxygen demand，COD）。它是用氧化剂（$KMnO_4$ 或 $K_2Cr_2O_7$）在规定的条件下测定水中可被氧化的物质需氧量的总和。

2）生化需氧量（biochemical oxygen demand，BOD）。表示水中被生物降解的有机物数量，即水中有机物被好氧性微生物分解时所需氧的数量。目前国内外普遍采用 20℃、五昼夜的生化需氧量作为指标，称为五日生化需氧量（BOD_5）。

3）总有机碳（total organic carbon，TOC）。表示水中溶解性有机物的总量，即总碳量与无机碳之差。

4）总需氧量（total oxygen demand，TOD）。表示水中溶解性有机物的总量，即有机体中各种元素氧化时需氧的总量。

（3）植物营养素。主要来自食品、化肥、工业的废水和生活污水，有硝酸盐、亚硝酸盐、铵盐和磷酸盐等。这些营养素在水中大量积累，造成水的富营养化，使藻类大量繁殖，导致水质恶化。

（4）致病微生物。主要来自生活污水、医院污水、生物制品、制革业、饲养场的废水等。有各种病菌、病毒和寄生虫等种类。常能引起各种传染病。

第三节　水质指标和水质标准

一、水质指标

水中杂质的具体衡量尺度称为水质指标。它表示水中杂质的种类和数量，主要包括物理指标、化学指标和微生物指标等，由此可以判断水质的优劣和是否满足用水要求。水质指标可分为物理指标、化学指标和微生物指标。

1. 物理指标

物理指标的特点是不涉及化学反应，参数测定后水样不发生变化。水的物理指标主要包括水温、色度、臭和味、浊度、残渣及电导率等。

(1) 水温。水的物理化学性质与水温有密切关系。水中溶解性气体（如 O_2、CO_2 等）的溶解度、水中生物和微生物活动、盐度、pH 值以及碳酸钙饱和度等都受水温变化的影响。测量水温可用于各种形式碱度的计算，以及计算气体和一些盐类的溶解度。温度为现场测定项目之一，可用温度计进行测量。

(2) 色度。纯净水为无色透明，天然水中含有腐殖质、泥土、铁和锰等离子、浮游生物以及工业废水的污染，这些均可使水着色。一些芳香族、多羟基、甲氧基和羧酸类化合物可使水生色，因此水色表明可能存在着有机污染。

水中呈色的杂质可处于悬浮、胶体或溶解状态。没有去除悬浮物的水所具有的颜色，包括溶解性物质及不溶解悬浮物所产生的颜色称为表色。除去悬浮杂质后，由胶体及溶解杂质造成的颜色称为真色。在水质分析中，一般只对天然水的真色进行定量测定，并以色度作为一项水质指标。将水样放置数小时后吸取上层澄清水样进行测定的色度为真色。如水样中所含的悬浮物不易下沉，可用离心机分离出悬浮物后再进行测定，但不能用滤纸过滤，因为滤纸能吸附溶解于水中的部分颜色。

测定清洁的天然水及饮用水色度时，常采用铂钴标准比色法。用氯铂酸钾（K_2PtCl_6）与氯化钴（$CoCl_2 \cdot 6H_2O$）配制标准色度系列，将水样与标准色列进行目视比色，即可测得水样的色度。规定铂的浓度为 1mg/L 和钴的浓度为 0.5mg/L 时产生的颜色为 1 度（1°）。此法操作简便，色度稳定，标准色列如果保存适宜，可长期使用。由于 K_2PtCl_6 昂贵，因此一般可采用铬钴比色法，以 $K_2Cr_2O_7$ 代替 K_2PtCl_6 与 $CoSO_4 \cdot 7H_2O$ 配制标准比色系列。该法所用 $K_2Cr_2O_7$ 便宜易得，但标准色列不易长久保存。

多数清洁的天然水色度为 15°～25°，饮用水规定色度＜15°。某些工业用水对色度要求较严，染色用水色度＜5°，造纸用水色度不超过 15°～30°，纺织用水色度不超过 10°～12°。

(3) 臭和味。清洁的水无臭无味，被污染的水会产生一些不正常的气味。如天然水含有藻类及有机物的分解会产生腥味，含有硫化氢、氨等恶臭气体，含酚的水加氯消毒时会产生酚氯臭，消毒时过量加氯引起的氯臭等。饮用水要求不得有异臭异味。检验水中的臭和味，采用文字描述法报告臭强度等级。臭强度用无、微弱、弱、明显、强、很强 6 个等级描述。

(4) 浊度。浊度是指由于水体中存在细微、分散的悬浮颗粒而使其透明度降低的一种量度。地表水的浊度是由泥沙、黏土、有机物等造成的。地下水比较清澈透明，浊度很小。生活污水和工业废水中悬浮物含量较大时，对这种相当浑浊的水，一般只做悬浮物的测定而不做浊度的测定。

浊度不等于悬浮物质的含量。虽然水的浑浊在相当程度上是由悬浮物造成的，但是悬浮物质的含量是水中可以用滤纸截留的物质的质量，而浊度则是一种光学效应，它表现出光线透过水层时所发生的阻碍程度。

浊度标准单位规定 1mg 一定粒度的硅藻土（或漂白土）在 1000mL 水中所产生的浑浊度称为 1 度。将水样与浊度标准进行目视比浊。浊度单位采用甲联浊度单位（formazin turbidity units，FTU），并规定 1.25mg 硫酸肼和 12.5mg 六次甲基四胺在 1L 水中形成的甲联聚合物所产生的浊度为1度，国际标准将这种单位规定为福尔马肼浊度单位。用散射光浊度仪测得的浊度为散射光浊度单位（nephelometric turbidity units，NTU）。

（5）残渣。残渣分为总残渣（总固体）、总可滤残渣（溶解性固体或溶解固形物）和总不可滤残渣（悬浮物）3种。残渣采用称量法测定。

1）总残渣。取一定量混匀的水样，在已称至恒重的蒸发皿中于蒸气浴或水浴上蒸干，放入105～110℃烘箱中烘至恒重，增加的质量为总残渣。它表示水中溶解性物质与悬浮物质（包括胶体）的总称，包括有机物、无机物及各种生物体等。

2）总不可滤残渣。总不可滤残渣（悬浮物）是指不能通过过滤器的固体物。过滤器一般选用标准玻璃纤维滤膜（0.45μm），亦可选用中速定量滤纸或石棉古氏坩埚。由于滤孔大小对测定结果有很大影响，分析结果应注明测定方法。

将一定体积混匀的水样通过已知恒重的过滤器，在105～110℃烘干至恒重，增加的质量为总不可滤残渣。

3）总可滤残渣。将过滤后的水样放在称至恒重的蒸发皿内蒸干，在105～110℃或180℃烘干至恒重，增加的质量为总可滤残渣。在180℃烘干的总可滤残渣所得结果与化学分析结果所计算的含盐量比较接近。

另外，也可用相同烘干温度下总残渣与总可滤残渣的差值计算水中总不可滤残渣。

总不可滤残渣＝总残渣－总可滤残渣

残渣量计算公式：

$$p=\frac{A-B}{V_s}\times 10^6 \quad (\mathrm{mg/L}) \tag{1-1}$$

式中各符合的含义、单位和测定条件见表1-4。

表1-4　残渣的测定条件

ρ（mg/L）	A（g）	B（g）	V_s（mL）	烘干条件（℃）
总残渣	原始水样水浴蒸干后残渣与蒸发皿一起烘干的质量	称至恒重的蒸发皿的净重	水样体积	103～105
总可滤残渣（总溶解固形物）	水样混合均匀后通过0.45μm的标准纤维滤膜的滤液与蒸发皿一起烘干后的质量	称至恒重的蒸发皿的净重		103～105 或180
总不可滤残渣（悬浮物）	水样混合均匀后通过0.45μm的标准纤维滤膜截留的物质与滤膜的质量	滤膜重		103～105

水中的固体物质还可分为挥发性固体（即灼烧减重）和固定性固体（即灼烧残渣）两类。挥发性固体指固体在600℃时灼烧而失去的质量，在该温度下有机物分解为CO_2和水而挥发，而碳酸盐也分解逸出CO_2，故它可近似表示水中有机物的含量；固定性固体则是灼烧后残留物质的质量，可近似代表无机物的含量。

（6）电导率。水中各种溶解盐大多以离子状态存在，具有导电能力。水中的电导率可间接表示水中可滤残渣（即溶解性固体）的相对含量。一般天然水的含盐量可用电导率来估算，电导率通常用于蒸馏水和去离子水纯度的检验，以及反渗透纯水制备中的自动控制等。

电导率用电导率仪测定。有关这方面的内容见第八章第四节电导分析法。

2. 化学指标

化学指标是以水中存在的具体化学物质及其浓度作为检测目标的水质指标。水中的化学物质分有机物质和无机物质两类。

天然水中主要的离子成分有 Ca^{2+}、Mg^{2+}、Na^{+}、K^{+}、HCO_3^-、SO_4^{2-}、Cl^-、SiO_3^{2-} 等 8 种基本离子，再加上起重要作用的 H^+、OH^-、NO_3^-、CO_3^{2-}、F^-、Fe^{2+} 等，可以反映出水中离子的基本情况。污染严重的天然水、工业废水及生活污水中，除有这些基本离子外，还有重金属和有机物质。水中的有机物指标有生化需氧量（BOD）、化学需氧量（COD）、总需氧量（TOD）、总有机碳（TOC）等。

主要化学指标有 pH、碱度、酸度、硬度、氯化物、硫酸盐、氟化物、Hg、Cd、Cr、Pb、DO、COD、BOD、TOC、TOD 等。

3. 微生物指标

天然水中常含一定数量的微生物，主要来源于水中的光合藻类、土壤径流、降雨的外来菌群、下水道的污染物和人畜的排泄物等。为保证人体健康和预防疾病，便于随时判断致病的可能性和水质受污染的程度，将细菌总数和总大肠菌群作为水质指标，判断水受生活污水及粪便污染的程度。

（1）细菌总数。指 1mL 水样在营养琼脂培养基中，在 37℃培养 24h 后所生长细菌菌落的总数。饮用水标准规定 1mL 的总菌数不得超过 100 个。

（2）总大肠菌群。指一群需氧及兼性厌氧的，在 37℃生长时能使乳糖发酵，在 24h 内产酸产气的革氏阴性，无芽孢的杆状细菌。总大肠菌群系指每升水样中所含有的总大肠菌群的数目。饮用水标准规定总大肠菌群不得检出。

二、水质标准

无论是作为生活饮用水、工业给水、农田灌溉用水、渔业用水的水源，还是用作航运、旅游或水能利用等，都有一定的水质要求。针对不同的用途，要建立起相应的物理、化学和生物学的质量标准，对水中的杂质加以一定的限制。同样，为了保护水体的正常用途，也会对排入水体的污水和废水水质提出一定的限制和要求，这就是水质标准。水质标准是表示生活饮用水、工农业用水等各种用途水中污染物质的最高允许浓度或限量阈值的具体限制和要求。不同用途的水对水质有具体的不同要求，各自有需要达到的水质标准。水质标准分为用水水质标准、水环境质量标准和污染物排放标准。

1. 用水水质标准

我国已制定的用水水质标准有 GB 5749—2006《生活饮用水卫生标准》、CJ/T 206—2005《城市供水水质标准》、GB 8537—2008《饮用天然矿泉水标准》、GB 5084—2005《农田灌溉水质标准》、GB 11607—1989《渔业水质标准》、GB/T 1576—2008《工业锅炉水质》、GB 12941—1991《景观娱乐用水水质标准》等。

GB 5749—2006《生活饮用水卫生标准》是从保护人群身体健康和保证人类生活质量出发，主要是针对中国工业化、城市化进程所带来的有机污染物等有害物质，并根据我国水质国情，参照国际多个权威饮用水标准，2006 年底，卫生部会同各有关部门完成了对 1985 年版《生活饮用水卫生标准》的修订工作。经国家有关部门批准，以一定形式发布的法定卫生标准，并正式颁布了《生活饮用水卫生标准》，规定自 2007 年 7 月 1 日起全面实施。

检验项目从1985年国标的35项增加至106项。毒理学指标无机化合物由10项增至21项，有机化合物由5项增至53项，反映了对水质安全的重视和对更多水质污染物的关注。微生物指标由2项增至6项，消毒剂由1项增至6项，感观性状和一般理化指标由15项增至20项。检验项目的设置符合国际上饮用水水质标准项目增加的趋势，已经与国际先进水质标准基本一致。

生活饮用水水质是制约水厂向居民供应符合卫生要求的生活饮用水，保障人们身体健康的基本限制和要求。生活饮用水水质不应超过附录七所列限值。

（1）感官性状无不良刺激或不愉快的感觉。如饮用水中色度、浊度、臭和味等符合标准外，还要对水中由于氯消毒形成氯代酚而引起强烈臭味在挥发酚类化合物规定小于0.002mg/L；使水产生金属涩味及浑浊，并使衣服、瓷器产生铜绿的锌与铜规定均不超过1.0mg/L，等等。

（2）所含有害或有毒物质的浓度对人体健康不产生毒害和不良影响。要求：

1）使毒理学上安全。对饮用水中有剧毒或毒性很大的氰化物、砷化物和重金属（如Cd^{2+}、Hg^{2+}、Cr^{6+}、Pb^{2+}等）的浓度都做了规定。例如氰化物（CN^-）、砷化物（As）、铬（Cr^{6+}）和铅（Pb^{2+}）的浓度均要求＜0.05mg/L，汞的浓度＜0.001mg/L，镉的浓度＜0.01mg/L，等等。

2）生理上有益无害。饮用水中氟化物含量过高引起斑釉齿病、氟骨症，但适量的氟可提高牙齿的抗酸力，防止龋齿病，饮用水中F^-的适宜浓度为0.5～1.0mg/L；碘含量过低会引起甲状腺肿大，但适量的碘不仅防治一些疾病，还可有利于人的智力开发等，碘含量不应少于1.0μg/L。

3）使用上有利无弊。生活饮用水中如硬度的变化易引起胃肠功能暂时性紊乱，浓度过高会在洗衣服时浪费过量肥皂，还会使配水系统形成水垢；含铁量过高不仅使水有异味，还会使衣服、器皿形成黄褐色锈斑，等等。因此对饮用水中的硬度、铁含量都做了具体规定。

（3）流行病上安全可靠。生活饮用水不得含有病原微生物、病毒和寄生虫卵。我国饮用水中规定细菌总数不超过100CFU/mL，总大肠菌群不得检出，游离性余氯出厂水中限值为4mg/L，ClO_2出厂水中限值为0.8mg/L，等等。

2. 水环境质量标准

水环境质量标准是保障人体健康，保证水资源有效利用而规定的各种污染物在天然水体中的允许含量。我国已制定的水环境质量标准有GB 3838—2002《地表水环境质量标准》、GB/T 14848—1993《地下水质量标准》等。

（1）地表水环境质量标准。本标准按照地表水环境功能分类和保护目标，规定了水环境质量应控制的项目及限制，以及水质评价、水质项目的分析方法和标准的实施与监督。依据地表水水域环境功能和保护目标，按功能高低依次划分为5类：

Ⅰ类：主要适用于源头水、国家自然保护区；

Ⅱ类：主要适用于集中生活饮用水地表水源地一级保护区、珍稀水生生物栖息地、鱼虾类产卵场、仔稚幼鱼的索饵场等；

Ⅲ类：主要适用于集中生活饮用水地表水源地二级保护区、鱼虾类越冬场、洄游通道、水产养殖等渔业水域及游泳区；

Ⅳ类：主要适用于一般工业用水区及人体非直接接触的娱乐用水区；

Ⅴ类：主要适用于农业用水区及一般景观要求水域。

对应于地表水上述5类水域功能，将地表水环境质量标准基本项目标准值分为5类，不同功能类别分别执行相应类别的标准值。水域功能类别高的标准值严于水域功能类别低的标准值。同一水域兼有多类使用功能的，执行最高功能类别对应的标准值。实现水域功能与达到功能类别标准为同一含义。

(2) 地下水质量标准。本标准于1993年12月30日首次发布，本标准已修订完成，报批稿见附录十。水质指标由39项增加至93项。将地下水质量指标划分为常规指标和非常规指标。

将地下水质量划分为5类。

Ⅰ类：地下水化学组分含量低，适用于各种用途；

Ⅱ类：地下水化学组分含量较低，适用于各种用途；

Ⅲ类：以生活饮用水卫生标准为依据，主要适用于集中式生活饮用水水源及工农业用水；

Ⅳ类：以农业和工业用水质量要求以及一定水平的人体健康风险为依据，适用于农业和部分工业用水，适当处理后可作生活饮用水；

Ⅴ类：不宜作生活饮用水，其他用水可根据使用目的选用。

3. 污染物排放标准

国家为实现环境质量标准或环境目标，对人为污染源排入水环境的污染物浓度或数量所做出的限量规定。我国已制定的污染物排放标准有GB 8978—1996《污水综合排放标准》、GB 18918—2002《生活污水排放标准》等。

第四节　水质分析的方法

水质分析主要以分析化学的基本原理为基础，对水中的待测组分进行定量分析。定量分析方法可根据分析试样用量、待测组分在试样中相对含量和测定原理等不同进行分类。

根据测定原理和使用仪器的不同，定量分析可分为化学分析法和仪器分析法。前者是以化学反应为基础的分析方法，包括滴定分析法和称量分析法，通常用于常量组分的测定。仪器分析法是以物质的物理和物理化学性质为基础，并借助精密仪器来测定待测组分的含量，通常用于微量组分和痕量组分的测定。

一、常量分析、半微量分析和微量分析

按分析时试样质量、体积，或者待测组分的相对含量将分析方法分为常量分析法、半微量分析法、微量分析法和痕量分析法。分类情况见表1-5所示。

表1-5　根据试样量或相对含量对分析方法分类

分类名称	所需试样质量 m (g)	所需试样体积 V (mL)	相对含量 w (%)
常量分析	>0.1	>10	>1
半微量分析	0.01～0.1	1～10	—
微量分析	<0.01	0.01～1	0.01～1
痕量分析	—	—	<0.01

在水环境分析中，若水样中被测物质的含量，大于每升几毫克的分析叫常量分析。通常采用称量分析法和滴定分析法。被测物质的含量每升为几百微克至几微克的分析叫微量分析。被测物质的含量每升为1微克左右的分析叫痕量分析。

二、滴定分析法

1. 滴定分析基本概念

滴定分析是将一种已知准确浓度的试剂溶液用滴定管滴加到待测物质的溶液中，直到两者反应完全为止。依据试剂溶液的浓度和用量、试剂与待测物质间的化学计量关系，求得待测组分的含量，故也称容量分析法。

滴定分析时，将待测溶液置于锥形瓶（或烧杯）中，然后将已知准确浓度的试剂溶液（即滴定剂或标准溶液）通过滴定管逐滴加到待测溶液中进行测定，这一过程称为滴定。当加入滴定剂的量与被测物质的量之间正好符合化学反应式所表示的化学计量关系时，称为化学计量点（过去称为等当点），以sp表示。在滴定过程中，一般根据指示剂的变色来确定，将指示剂的变色点称为滴定终点，用ep表示。滴定终点与化学计量点往往不一致，由此而造成的分析误差叫做滴定误差，用E_t表示。

滴定分析法通常用于常量组分的测定，有时也可用于测定微量组分。滴定分析法简便、快速、准确度也较高，当待测组分含量在1%以上时，测定的相对误差为0.2%左右。

2. 滴定分析对化学反应的要求

作为滴定分析的化学反应应具备以下几个条件：

(1) 反应要有确定的定量关系，即反应按一定的反应方程式进行，而且进行完全，通常要求达到99.9%以上。

(2) 反应速度要快。对于速度较慢的反应，有时可通过加入催化剂等方法来加快反应速度。

(3) 有比较方便和可靠的方法确定化学计量点。

3. 滴定方式

凡能满足上述要求的反应，都可用标准溶液直接滴定被测物质，这种滴定方式称为直接滴定法，它是最常用和最基本的滴定方式。如果反应不完全符合上述要求，可采用下述几种方式进行滴定。

返滴定法：当反应速度较慢时，可先准确加入过量的一种标准溶液，待其反应完成后，再用另一种标准溶液滴定剩余的标准溶液，这种滴定方式称为返滴定法或回滴法。如水中Al^{3+}与EDTA（乙二胺四乙酸）反应速度较慢，不能直接滴定，先加入过量的EDTA标准溶液，并加热促使反应完全，剩余的EDTA用Zn^{2+}标准溶液再进行滴定。

置换滴定法：对于不按确定的反应式进行或伴有副反应发生，可先用适当试剂与被测物质起反应，使其定量地转化成另外一种能被直接滴定的物质，再用标准溶液进行滴定，这种滴定方式称为置换滴定法，如$Na_2S_2O_3$不能直接滴定$K_2Cr_2O_7$及其他强氧化剂，因为强氧化剂在酸性溶液中将$S_2O_3^{2-}$氧化为$S_4O_6^{2-}$及SO_4^{2-}等混合物，反应没有一定的计量关系。但是，若在酸性$K_2Cr_2O_7$溶液中加入过量KI，使$K_2Cr_2O_7$被定量置换成I_2，就可用$Na_2S_2O_3$进行滴定。这种滴定方法常用于以$K_2Cr_2O_7$标定$Na_2S_2O_3$标准溶液的浓度。

间接滴定法：不能与滴定剂直接起反应的物质，有时可以通过另外的化学反应间接进行滴定。如将Ca^{2+}沉淀为CaC_2O_4后，过滤洗净后用H_2SO_4溶解，再用$KMnO_4$标准溶液滴

定与 Ca^{2+} 结合的 $C_2O_4^{2-}$，从而间接测定 Ca^{2+} 的含量。

4. 滴定反应的类型

根据标准溶液和被测物质反应的类型不同，滴定分析法可分为 4 类。

（1）酸碱滴定法（又称中和法），是利用酸碱反应进行滴定分析的方法，可用来测定酸、碱、弱酸盐或弱碱盐的含量，如水中碱度、酸度、游离 CO_2 等的测定。

（2）沉淀滴定法，是利用生成沉淀反应进行滴定分析的方法，可用来测定 Ag^+、Cl^-、CN^- 等离子的含量。

（3）配位滴定法，是利用形成配位化合物反应进行滴定分析的方法，较常用的是以 EDTA标准溶液测定 Ca^{2+}、Mg^{2+}、Fe^{3+}、Al^{3+} 等金属离子的含量。

（4）氧化还原滴定法，是利用氧化还原反应进行滴定分析的方法，可用来测定 DO、COD 等。

三、称量分析法

将水中被测组分与其他组分分离后，转化为一定的称量形式，通过称量可确定被测组分的含量。按分离方法的不同可分为沉淀法、气化法、电解法和萃取法等。

沉淀法是利用沉淀反应使被测组分产生溶解度很小的沉淀，将沉淀过滤、洗涤、烘干或灼烧，然后称其质量，再计算被测组分的含量。如水中 SO_4^{2-} 的测定，在一定体积的水样中，加入过量的 $BaCl_2$ 形成 $BaSO_4$ 沉淀，经过滤、洗涤、灼烧后称重，可计算出水样中 SO_4^{2-} 的含量。

气化法是用加热或其他方法使水样中被测组分（或其他组分）气化逸出，根据气体逸出前后试样质量之差来计算被测组分的含量，如水中悬浮物（SS）、溶解固形物、总残渣灼烧减重等水质指标的测定。

电解法是根据电解原理使金属离子在电极上析出，然后称重可计算出其含量，如水中 Cu^{2+} 的测定。

萃取法是利用一种溶剂将水中被测组分萃取出来，然后将有机溶剂蒸干后称重，可计算出被测组分的含量。

称量分析法适用于含量在 1%以上的组分测定，可获得很精确的结果，一般可达 0.1%～0.2%准确度，但操作较麻烦，耗费时间较长。

四、仪器分析法

仪器分析法是以被测物质的某种物理性质或化学性质为基础的分析方法。主要的仪器分析法有：

（1）光学分析法。利用物质的光学性质进行分析的方法称为光学分析法，它是目前常用的微量和痕量组分的分析方法。如可见分光光度法、紫外分光光谱法、红外光谱法、原子吸收光谱法、原子发射光谱法、X－荧光射线分析法、荧光的分析等。

（2）电化学分析法。利用被测溶液的各种电化学性质进行分析的方法称电化学分析法，如电导分析法、电位分析法、溶出伏安法、电解分析法、极谱分析法和库仑分析法等。

（3）色谱分析法。常用的有气相色谱法、高压液相色谱法、纸层析法、离子色谱法、质谱－色谱联用技术等。

（4）其他分析法。有放射分析法和流动注射分析法等。

仪器分析法的特点是快速、灵敏、样品用量少，尤其在含量很低时，需要用仪器分析法。但有的仪器价格昂贵，平时维修、维护要求严格。在实际分析工作中，仪器分析往往离不开化学分析的方法，二者互相配合，互相补充。仪器分析正向自动化、数字化、计算化和遥测的方向发展。仪器分析已成为分析工作的重要手段，化学分析历史悠久，是水分析化学的基础，尤其是滴定分析，操作简便、快速，所需设备简单，准确度较高，因而它仍是一类具有很大实用价值的分析方法。

五、水质分析方法的选择

分析方法的选择需要考虑许多因素。在分析时，应按待测组分的含量、共存物质的种类和含量、分析的目的等选择适当的分析方法。选择水质分析方法的原则是：①方法灵敏度能满足定量要求；②方法比较成熟、准确；③操作简便，易于普及；④抗干扰能力强；⑤所有试剂毒性较小。例如在测定水中 Cl^- 含量时，若含量在几毫克/升以上，最好用滴定分析法；如在几毫克/升以下，最好用仪器分析法。又如测定 SO_4^{2-} 含量，如含量较少，最好选比浊法或比色法；如含量高，可选用滴定分析法或称量分析法。

所选择的分析方法往往受待测项目以外的共存物质的干扰，因此，必须预先考虑存在何种影响物质，在何种含量才不发生干扰。如果共存物质的含量已超过可允许存在量时，就必须采取措施消除。

目前，虽然水质监测中各监测项目有仪器化、自动化的发展趋势，由于水质常规分析还是以化学分析法为主。化学分析法是水质分析的基础，各种仪器分析法往往离不开化学分析法。

第五节 水质分析程序

一、水样采集

水样采集是水质分析的重要环节，分析结果的准确度、可靠性取决于采集水样的代表性和可靠性。采样原则：一是水样能真正代表所要分析水体的成分；二是水样保存时成分不发生变化。因此，在采样过程中，一定要采集能反映水质现状和具有代表性的水样。为使水样具有代表性，必须对被测试水体的采样断面、位置、采样时间及样品数量等进行周密的调查和设计，使采集的样品经过分析所获得的数据能真正反映水体的实际情况。

（一）采样容器及洗涤方法

水质分析中，普遍使用硬质玻璃瓶和聚乙烯塑料瓶（桶），一般情况下两种均可使用。由于容器对水样会产生一定的影响，因此，应根据水样和待测成分考虑下列因素加以选择使用。

(1) 容器成分溶入水样问题，如塑料中某些填充剂和玻璃中的钠、硅、硼等溶出进入水样。

(2) 容器吸附问题，如塑料吸附有机物、玻璃吸附金属。

(3) 与容器直接发生反应，如氟化物和玻璃可发生反应。

在选择采样容器时必须考虑水样与容器可能产生的影响，以确定容器的种类和洗涤方法。

(1) 测定一般理化指标采样容器的洗涤。将容器用水合洗涤剂清洗，除去灰尘、油污后用自来水冲洗干净，然后用10% HCl浸泡8h，取出沥干后用自来水冲洗2～3次，再用蒸馏水淋洗干净。

（2）测定有机物指标采样容器的洗涤。用重铬酸钾洗液浸泡 24h 后用自来水冲洗干净，再用蒸馏水淋洗干净。

（3）测定微生物学指标采样容器的洗涤。将容器用自来水和洗涤剂洗涤，用自来水冲洗干净后用 10% HCl 浸泡过夜，取出沥干后用自来水冲洗 2～3 次，再用蒸馏水淋洗干净进行灭菌后使用。

（二）采样方法

1. 洁净水的采样

（1）采取自来水或抽水设备中的水样，应先放水数分钟，使积留在水管中的杂质冲洗掉，然后取样。

（2）采取井水、河、湖、水库或蓄水池较深处的水样，可用简单水样采集器，见图1-1。用一条绳索吊起一个能下沉的铁框，将采样容器放在铁框中夹住，在瓶塞上系一根绳，采样时，将采样器放到水面下预定的深度，拉开瓶塞，让水样进入。

（3）采取河、湖、水库、蓄水池表层的水样，应将取样瓶浸入水面下 20～50cm 处，打开瓶塞，将水样采入瓶中。

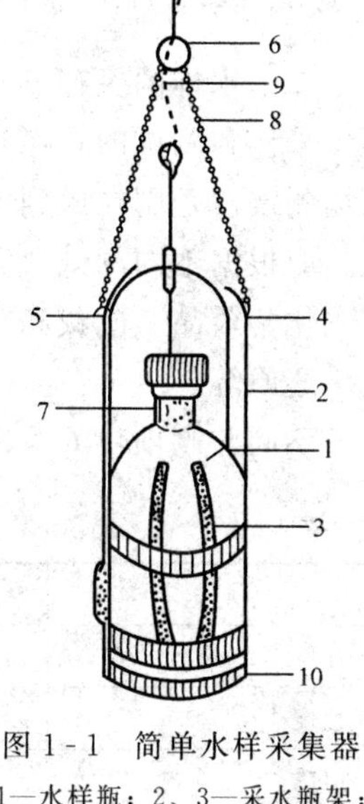

图 1-1　简单水样采集器

1—水样瓶；2、3—采水瓶架；4、5—控制采水瓶平衡的挂钩；6—固定采水瓶绳；7—瓶塞；8—采水瓶绳；9—开瓶塞的软绳；10—铅锤

2. 受污染水的采样

工业废水的采集涉及采集时间、地点和次数等 3 个方面。根据分析目的，采取平均混合水样、平均比例混合水样或高峰排放时的水样等。

（1）采样地点。测试工业废水是否符合排放标准时，一般在工厂总排放口取样。对于废水处理设备的取样，如为了考察其部分的处理效果时，应对该部分的进水、出水同时取样；如需要了解其总的处理效果时，应取总进水和总出水水样。

（2）采样的时间周期。如废水的流量比较恒定，水质随时间变化比较小，可每隔相同时间取等量废水混合组成平均水样。如果流量不均衡，则需取平均比例水样，即流量大时多取，小时少取。

（3）采样次数。它主要取决于排污的均匀程度和分析要求。对于多数废水可在一个生产周期内每隔 1h 或 2h 采集一次，混合后进行测定，再求平均值。

水中常规检验指标的取样体积见表 1-6。

表 1-6　　水中常规检验指标的取样体积

指标分类	采样容器	保存方法	取样体积（L）	备注
一般理化指标	P	冷藏	3～5	
挥发酚与氰化物	G	加 NaOH，pH≥12	0.5～1	
一般金属	P	加 HNO_3，pH≤2	0.5～1	
汞	P	加 HNO_3（1+9，含 $K_2Cr_2O_7$ 50g/L），pH≤2	0.2	用于冷原子吸收法测定

续表

指标分类	采样容器	保存方法	取样体积（L）	备注
高锰酸盐指数（耗氧量）	G	每升水样加 0.8mL 浓 H_2SO_4，低温（0～4℃）避光保存	0.2	
有机物	G	低温（0～4℃）避光保存	0.2	水样应充满容器至溢流并密封保存
微生物	G（灭菌）	每 250mL 水样加 0.2mg $Na_2S_2O_3$ 除去余氯	0.5	
放射性	P		3～5	

P 为聚乙烯瓶（桶）；G 为硬质玻璃瓶。

二、水样的保存

采样和测试的间隔时间越短，则分析结果越可靠，对某些成分和物理参数的测定，应在现场测定，否则在送到实验室之前或在存放过程中可能发生改变。为了减少水样组分的变化，应根据不同测试项目的要求，采取不同的保存方法。保存方法有：控制溶液的 pH 值、加入化学药品、冷藏和冷冻等，其作用是减缓水样中的生物作用、挥发作用及物质的消解、氧化还原等。

不同监测项目的采样容器和保存条件见表 1-7。

表 1-7 水样的保存技术要求

项目	采样容器	保存方法	保存时间
浊度①	G、P	冷藏	12h
色度①	G、P	冷藏	12h
pH①	G、P	冷藏	12h
电导率①	G、P		12h
悬浮物②	G、P	冷藏	24h
硬度②	G、P	冷藏	7d
酸度②	G、P	冷藏	30d
碱度②	G、P	冷藏	12h
COD②	G	每升水样加 0.8mL 浓 H_2SO_4	24h
高锰酸盐指数②	G	每升水样加 0.8mL 浓 H_2SO_4	24h
DO①	溶解氧瓶	加 $MnSO_4$＋KI，现场固定	24h
$BOD_5$②	溶解氧瓶	冷藏	12h
TOC	G	每升水样加 0.8mL 浓 H_2SO_4	7d
F^-②	P	冷藏	14d
Cl^-②	G、P	冷藏	28d
Br^-②	G、P	冷藏	14h
I^-②	G	加 NaOH 调 pH＝12	14h
余氯①		加 NaOH 固定	6h

续表

项目	采样容器	保存方法	保存时间
SO_4^{2-}②	G、P	冷藏	28d
PO_4^{3-}	G、P	加 NaOH 或 H_2SO_4，调 pH=7	7d
总磷	G、P	每升水样加 0.8mL 浓 H_2SO_4	24h
氨氮②	G、P	每升水样加 0.8mL 浓 H_2SO_4	24h
NO_2^- -N②	G、P	冷藏	12h
NO_3^- -N②	G、P	每升水样加 0.8mL 浓 H_2SO_4	24h
总氮②	G、P	每升水样加 0.8mL 浓 H_2SO_4	24h
硫化物	G	每 100mL 水样加 4 滴 220g/L 的 Zn $(Ac)_2$ 和 1mL 40g/L 的 NaOH，暗处放置	7d
氰化物、酚类②	G	加 NaOH，pH≥12	24h
Cr^{6+}	G、P	加 NaOH，调 pH=7～9	12h
硅酸盐②	P	冷藏	24h
油类	G	加 HCl，pH≤2	7d
农药类、除草剂类②	G	加抗坏血酸 0.01～0.02g 除去残留余氯	24h
挥发性有机物②	G	用（1+10）HCl 调 pH=2，加抗坏血酸 0.01～0.02g 除去残留余氯	12h
甲醛、乙醛、丙烯醛②	G	每升水样加 1mL 浓 H_2SO_4	24h
阴离子表面活性剂②	G、P	每升水样加 1mL 浓 H_2SO_4	

① 表示应现场测定。

② 表示低温（0～4℃）避光保存。

三、水样预处理

对水样进行分析时，常根据分析目的、水质状况和有无干扰等情况选择适当的方法进行水样预处理。

1. 过滤

水样含有悬浮物、浊度较高或呈现一定的颜色，就会影响某些组分的测定，可采用澄清、离心、过滤等措施进行分离，一般采用 0.45μm 滤膜过滤。

2. 浓缩

水样中被测组分含量较低时，采用蒸发、有机溶剂萃取、活性炭吸附或离子交换等措施进行浓缩后再进行分析。

3. 蒸馏

通过蒸馏可消除干扰组分。如测定水中的氨氮、挥发酚、氰化物等组分，需在适当的条件下通过蒸馏将被测组分蒸出后进行测量，共存的干扰组分残留在蒸馏液中。

4. 干法分解和湿法分解

水样中含有悬浮物、有机物及呈现颜色等，会影响某些金属组分的测定，可采用干法分解和湿法分解。

（1）干法分解。取适量混合水样于白瓷或石英蒸发皿中，置于水浴上蒸干，移入

500～550℃马福炉中灰化有机物至残渣呈灰白色。取出蒸发皿冷却，用适量2%HNO_3（或HCl）溶解样品灰分，过滤至容量瓶中。此法操作简单，但某些金属元素挥发损失大。

（2）湿法分解。

1）硝酸分解法。对于较清洁的水样可用硝酸分解法。方法要点：取混匀的水样50～200mL于烧杯中，加5～10mL浓HNO_3，在电热板上加热煮沸，蒸发至小体积，试液应清亮而呈浅色或无色，否则补加HNO_3继续消解，蒸至近干，取下烧杯，稍冷后加2%$HNO_3$20mL，温热溶解可溶盐。若有沉淀应进行过滤，用温水洗涤残渣数次，将滤液和洗涤液转移到容量瓶中，冷却后定容，待分析测定。

2）硝酸－高氯酸消解法。此法适用于多种类型的废水。方法要点：取适量混匀的水样于烧杯中，加5～10mL HNO_3，在电热板上加热，蒸发浓缩约10mL左右。取下烧杯，稍冷后，加2～5mL高氯酸，继续加热至开始冒大量白烟，使有机物完全分解，不可蒸至干涸。如试液呈深色，再补加HNO_3，继续加热至无大量白烟，取下烧杯冷却，加2%HNO_3溶解，如有沉淀应过滤，滤液冷却至室温后定容。

3）硝酸－硫酸消解法。常用的NHO_3与H_2SO_4的比例为5∶2。消解时，先将HNO_3加入水样中，加热蒸发至小体积，稍冷后再加入H_2SO_4、HNO_3，继续加热至冒大量白烟，稍冷后加适量水，温热溶解可溶盐，若有沉淀应过滤，滤液冷却至室温后定容。

含Pb^{2+}、Ca^{2+}量较多的水样，因生成难溶性硫酸盐，不适宜此法，可采用硝酸－高氯酸分解法。

4）硫酸－高锰酸钾消解法。该法常用于消解测定汞的水样。方法要点：取适量水样，加适量H_2SO_4和5%$KMnO_4$，混匀后加热煮沸，冷却，滴加盐酸羟胺溶液还原过量的$KMnO_4$。

第六节　滴定分析基础

一、基准物质和标准溶液

在滴定分析中，不论采用何种滴定方法，都离不开标准溶液，否则无法计算分析结果。但是，不是什么试剂都可用来直接配制标准溶液。能直接用于配制标准溶液或标定标准溶液的物质，称为基准物质或标准物质。

1. 基准物质的条件

作为基准物质必须符合以下要求：

（1）物质的组成与化学式相符。若含结晶水，如$H_2C_2O_4 \cdot 2H_2O$、$Na_2B_4O_7 \cdot 10H_2O$等，其结晶水的含量也应与化学式相符。

（2）试剂的纯度足够高（99.9%以上）。

（3）试剂稳定。在室温条件下，不易吸收空气中的水分和CO_2，不易被氧化等。

（4）试剂最好具有较大的摩尔质量，这样可减小称量误差。

常用的基准物质有Na_2CO_3、邻苯二甲酸氢钾（$KHC_8H_4O_4$）、$Na_2C_2O_4$、$K_2Cr_2O_7$、$CaCO_3$、NaCl、ZnO、Zn、Cu等。

2. 标准溶液的配制

（1）直接法。准确称取一定量的基准物质，溶解后定量地转入容量瓶中，用蒸馏水稀释至刻度。根据称取物质的质量和容量瓶的体积，计算出该标准溶液的准确浓度。

（2）标定法。很多试剂不符合基准物质的条件，如 NaOH 易吸收空气中的水分和 CO_2 等，不能直接配制 NaOH 标准溶液，必须采用标定法。先配成一种近似于所需浓度的溶液，然后用基准物质（或已知准确浓度的另一溶液）来确定其准确浓度，这一过程称为标定。

二、标准溶液浓度的表示方法

在滴定分析中，标准溶液的浓度通常用物质的量浓度或滴定度表示。

1. 物质的量浓度

物质 B 的物质的量浓度是指单位体积溶液所含溶质 B 的物质的量 n_B，以 c_B 表示，即

$$c_B=\frac{n_B}{V} \tag{1-2}$$

式中：V 为溶液的体积，L；n_B 为溶液中溶质 B 的物质的量，mol；下标 B 代表溶质化学式基本单元；c_B 为物质的量浓度，mol/L。

由于溶液的体积 V 在 SI 中是 m^3，所以 c_B 的 SI 单位是 mol/m^3。用这个单位表示的数值使用不方便，常用的单位是 mol/dm^3 或 mol/L。$1mol/L=1000mol/m^3$。

用物质的量浓度进行计算时，需要知道物质的量与质量的关系，可表示为

$$n_B=\frac{m}{M_B} \tag{1-3}$$

式中：m 为物质 B 的质量，g；M_B 为物质 B 的摩尔质量，当采用 g/mol 作摩尔质量单位时，任何物质的摩尔质量在数值上等于该物质的相对分子质量。

“物质的量”是一个物理量的整体名称，不要将“物质”与“量”分开理解，它是表示物质的基本单元多少的一个物理量。使用摩尔时，基本单元应予指明，它可以是分子、离子、原子、电子及其他粒子，或是这些粒子的特定组合。

物质的量及物质的量浓度中涉及的物质 B，若以完整的分子、原子或离子作为基本单元，物质的量表示为 n_B，物质的量浓度表示为 c_B；若以化学反应中“物质的特定组合”作为基本单元，物质的量表示为 $n_{\frac{1}{z}B}$，物质的量浓度表示为 $c_{\frac{1}{z}B}$。确定 z 的原则如下：

（1）酸碱反应。z 是酸或碱在反应中的质子转移数。如 Na_2CO_3 在 HCl 反应中接受两个质子，$z=2$，所以，Na_2CO_3 的特定组合以 $\frac{1}{2}Na_2CO_3$ 表示。

（2）氧化还原反应。z 是氧化剂或还原剂在反应中的电子转移数。如 $KMnO_4$ 在与 $Na_2C_2O_4$ 等还原剂的反应中得到了 5 个电子，$z=5$，所以，$KMnO_4$ 的特定组合以 $\frac{1}{5}KMnO_4$ 表示；$Na_2C_2O_4$ 在与氧化剂的反应中失去了两个电子，$z=2$，所以，$Na_2C_2O_4$ 的特定组合以 $\frac{1}{2}Na_2C_2O_4$。

（3）任意反应。若任意反应为

$$tT+bB=\!=\!=cC+dD$$

对 B 而言，$z=t$，所以，B 的特定组合以 $\frac{1}{t}B$ 表示；对 T 而言，$z=b$，所以，T 的特定组合以 $\frac{1}{b}T$ 表示。

n_B 与 $n_{\frac{1}{z}B}$ 及 $c_{\frac{1}{z}B}$ 的关系：物质的量及物质的量浓度，物质B若以完整的分子、原子或离子作基本单元，记作 n_B 及 c_B；若以分子、原子或离子的特定组合作基本单元，记作 $n_{\frac{1}{z}B}$ 及 $c_{\frac{1}{z}B}$，则

$$M_{\frac{1}{z}B}=\frac{1}{z}M_B$$

将上式代入式（1-3），得

$$n_B=\frac{m}{M_B}=\frac{m}{zM_{\frac{1}{z}B}}$$

$$n_{\frac{1}{z}B}=\frac{m}{M_{\frac{1}{z}B}}$$

因此，n_B 与 $n_{\frac{1}{z}B}$ 的关系为

$$n_{\frac{1}{z}B}=zn_B \tag{1-4}$$

同理，c_B 与 $c_{\frac{1}{z}B}$ 的关系为

$$c_{\frac{1}{z}B}=zc_B \tag{1-5}$$

例如，每升水溶液中含 5.3gNa_2CO_3，可表示为

$$n_{\frac{1}{2}Na_2CO_3}=2n_{Na_2CO_3}=0.1\ (\text{mol})$$

$$c_{\frac{1}{2}Na_2CO_3}=2c_{Na_2CO_3}=0.1\ (\text{mol/L})$$

2. 滴定度（T）

在生产单位的例行分析中，为了简化计算，常用滴定度表示标准溶液的浓度。滴定度是指每mL滴定剂溶液相当于被测物质的质量（g或mg），用 $T_{x/s}$ 表示。其中，s代表标准溶液，x代表被测物质，单位为g/mL或mg/mL。例如 $T_{Cl^-/AgNO_3}=1.0$mg/mL，表示每mL $AgNO_3$ 标准溶液相当于被测的 Cl^- 1.0mg；$T_{NaOH}=0.1000$g/mL，即表示每mL NaOH标准溶液中含有NaOH0.1000g。

例如，若每mL $K_2Cr_2O_7$ 溶液恰好能与5.000mg Fe^{2+} 反应，则可表示为 $T_{Fe/K_2Cr_2O_7}=5.000$mg/mL。如果在滴定中消耗 $K_2Cr_2O_7$ 标准溶液20.00mL，则被滴定溶液中铁的质量为

$$m_{Fe}=5.000\times20.00=1.000\times10^2\,\text{mg}$$

滴定度与物质的量浓度的换算。上述 $K_2Cr_2O_7$ 的物质的量浓度为

$$c_{K_2Cr_2O_7}=\frac{T_{Fe/K_2Cr_2O_7}}{M_{Fe}\times6}=\frac{5.000}{55.85\times6}=0.01492\,\text{mol/L}$$

或

$$c_{\frac{1}{6}K_2Cr_2O_7}=\frac{T_{Fe/K_2Cr_2O_7}}{M_{Fe}}=\frac{5.000}{55.85}=0.08952\,\text{mol/L}$$

三、水质分析结果的表示

水质分析结果通常以待测组分实际存在形式的含量来表示。如测定试样中氮的含量，通常以 NH_3、NH_4^+、NO_3^-、NO_2^- 或 N_2O_3 等形式的含量表示分析结果。若待测组分的实际存在形式不清楚，最好以氧化物或元素形式的含量表示分析结果。

对固体样品分析，用质量分数 w_B 表示被测物质B在样品中的含量。

$$w_B=\frac{m_B}{m_s}\times100\% \tag{1-6}$$

式中：m_B 为待测物质B的质量；m_s 为样品质量；w_B 为组分B在试样中的质量分数，通常

以百分数表示。

水中所含杂质可视为溶质，水是溶剂，由于水中所含杂质的量很少，即溶液很稀，表示稀溶液的浓度常用的单位如下。

1. 毫克/升（mg/L）与微克/升（μg/L）

指1L溶液中含有溶质的毫克数（或微克数），即1L水中含有杂质的毫克数（或微克数）。

$$1\text{g/L}=1000\text{mg/L}=1000000\mu\text{g/L}$$

在通常温度下，水的密度近似1g/cm³，因此

$$1\text{L水的质量}=1000\text{g}=1000000\text{mg}$$

$$1\text{mg/L}=1\text{mg}/10^{6}\text{mg}=1\times10^{-6}=1\text{ppm}$$

ppm指一百万份质量的溶液中所含溶质的质量分数。它是百万分率的英文parts per million的缩写。

同理：$1\mu g/L=1\mu g/10^{9}\mu g=1ppb$，它是十亿分率的英文parts per billion的缩写。

这种表示也称为质量浓度，用ρ表示，指单位体积溶液中含被测物质B的质量m_B，单位用g/L、mg/L或μg/L等表示，常用单位为mg/L。

2. 毫摩尔/升（mmol/L）

指1L水含有杂质的毫摩尔数。在拟定水处理方法及水处理工艺中，通常以一价离子（或分子）作为基本单元，即对二价离子以其1/2作为基本单元，对三价离子以其1/3作为基本单元。

$$1\text{mol/L}=1000\text{mmol/L}$$

另外对于水质分析中一些物理指标（如色度、浊度、电导率等）及部分化学指标（如pH、硬度、碱度等）的分析结果还有各自的表示方法。

四、滴定分析计算

1. 滴定剂与被滴物质之间的关系

设滴定剂T与被滴物质B之间的反应为

$$t\text{T}+b\text{B} = c\text{C}+d\text{D}$$

当T与B定量反应达到完全时，T和B之间的关系可以通过下面两种方式求得。

（1）根据滴定反应中T与B的化学计量系数比计算。当T与B定量反应达到完全时，T和B的物质的量之比等于它们的化学计量系数之比，即

$$n_T : n_B = t : b，n_B=\frac{b}{t}n_T \text{ 或 } n_T=\frac{t}{b}n_B$$

则$\frac{b}{t}$或$\frac{t}{b}$称为化学计量系数之比。根据物质的量浓度和质量与物质的量之间的关系，可推导出下面两个基本关系式：

$$c_B V_B=\frac{b}{t}c_T V_T \tag{1-7}$$

$$\frac{m_B}{M_B}=\frac{b}{t}c_T V_T\times10^{-3} \tag{1-8}$$

式中：c_B、c_T为被测物质B和滴定剂T的物质的量浓度，mol/L；V_B、V_T为被测物质B和滴定剂T的体积，mL；m_B、M_B为被测物质B的质量和摩尔质量，单位分别为g和g/moL。

例如，在酸性溶液中，用 $Na_2C_2O_4$ 标定 $KMnO_4$ 溶液，达到化学计量点时

$$n_{KMnO_4} : n_{Na_2C_2O_4} = 2 : 5$$

$$n_{KMnO_4} = \frac{2}{5} n_{Na_2C_2O_4}$$

$$c_{KMnO_4} V_{KMnO_4} = \frac{2}{5} c_{Na_2C_2O_4} V_{Na_2C_2O_4}$$

(2) 根据滴定反应中 T 与 B 的特定组合作为基本单元计算。若 T 物质的特定组合是 $\frac{1}{b}$T，B 物质的特定组合是 $\frac{1}{t}$B，当滴定反应达到化学计量点时，以物质的特定组合作为基本单元表示的滴定剂与待测物质之间的关系为

$$n_{\frac{1}{b}T} = n_{\frac{1}{t}B} \tag{1-9}$$

式 (1-9) 说明：以滴定反应中物质的特定组合作为基本单元表示物质的量，则各物质基本单元是以等物质的量进行反应的，这种关系称为等物质的量规则。

相应的两个基本关系式

$$c_{\frac{1}{b}T} V_T = c_{\frac{1}{t}B} V_B \tag{1-10}$$

$$\frac{m_B}{M_{\frac{1}{t}B}} = c_{\frac{1}{b}T} V_T \times 10^{-3} \tag{1-11}$$

如用 $Na_2C_2O_4$ 标定 $KMnO_4$ 溶液，等物质的量规则表达式为

$$n_{\frac{1}{5}KMnO_4} = n_{\frac{1}{2}Na_2C_2O_4}$$

$$c_{\frac{1}{5}KMnO_4} V_{KMnO_4} = c_{\frac{1}{2}Na_2C_2O_4} V_{Na_2C_2O_4}$$

需注意的是，式 (1-8) 与式 (1-11) 是滴定反应中物质的量关系的两种形式，只是表示基本单元的形式不同，但它们的本质完全相同，都可作为滴定分析定量计算的基本关系式。

2. 计算示例

(1) 配制溶液的计算。

【例 1-1】 如何用浓 HCl（密度为 1.99g/mL，含 HCl 37%）配制 2000mL 0.1mol/L HCl 的溶液？

解 先算出浓 HCl 的浓度

1L 浓 HCl 中含纯 HCl 为

$$m_{HCl} = 1.19 \times 1000 \times 37\% \approx 440(g)$$

HCl 的摩尔质量为 36.5g/mol

$$c_{HCl} = \frac{n_{HCl}}{V} = \frac{440/36.5}{1} \approx 12(mol/L)$$

设配制 2000mL 0.1mol/L HCl 溶液应取浓 HCl 的体积为 V，则

$$12V = 0.1 \times 2000$$

$$V \approx 17(mL)$$

量取 17mL 浓 HCl，加水至 2000mL，摇匀。

(2) 确定溶液浓度的计算。上例配制 0.1mol/L HCl 的溶液，用 HCl 作标准溶液时需要准确知道其浓度，常用 Na_2CO_3 标定 HCl 溶液的浓度。

【例 1-2】　称取 Na_2CO_3 0.1400g，滴定时消耗 HCl 溶液 24.58mL，计算 HCl 溶液的浓度为多少？

解　$$Na_2CO_3 + 2HCl = 2NaCl + CO_2 + H_2O$$

物质的量之比　$$n_{Na_2CO_3} : n_{HCl} = 1 : 2$$

$$n_{HCl} = 2n_{Na_2CO_3}$$

Na_2CO_3 的摩尔质量为 106.0g/mol。

根据

$$c_{HCl}V_{HCl} = 2\times\frac{m_{Na_2CO_3}}{M_{Na_2CO_3}}\times1000$$

$$c_{HCl}\times24.58 = 2\times\frac{0.1400}{106.0}\times1000$$

$$c_{HCl} = 0.1075(mol/L)$$

另一种方法：利用等物质的量规则。

解　确定 HCl 的基本单元为 HCl，为了使等物质的量规则成立，则 Na_2CO_3 的基本单元为 $\frac{1}{2}Na_2CO_3$。

$$n_{HCl} = n_{\frac{1}{2}Na_2CO_3}$$

$$c_{HCl}V_{HCl} = \frac{m_{Na_2CO_3}}{M_{\frac{1}{2}Na_2CO_3}}\times1000$$

$$c_{HCl}\times24.58 = \frac{0.14000}{106.0/2}\times1000$$

$$c_{HCl} = 0.1075(mol/L)$$

【例 1-3】　称取基准 $K_2Cr_2O_7$ 1.471g，溶解后定量转移至 250.0mL 容量瓶中，问此 $K_2Cr_2O_7$ 溶液的浓度为多少？

解　$$c_{K_2Cr_2O_7} = \frac{m_{K_2Cr_2O_7}}{M_{K_2Cr_2O_7}V} = \frac{1.471}{294.2\times0.2500} = 0.02000(mol/L)$$

$$c_{\frac{1}{6}K_2Cr_2O_7} = 6c_{K_2Cr_2O_7} = 6\times0.02000 = 0.1200(mol/L)$$

（3）基准物质的质量计算。

【例 1-4】　要使在滴定中消耗 0.1mol/L HCl 20～30mL，需称取基准 Na_2CO_3 的质量为多少克？

解　根据

$$c_{HCl}V_{HCl} = \frac{m_{Na_2CO_3}}{M_{\frac{1}{2}Na_2CO_3}}\times1000$$

设滴定时消耗 HCl 20mL 和 30mL 时所需 Na_2CO_3 的质量分别为 m_1(g) 和 m_2(g)，则

$$0.1\times20 = \frac{m_1}{106.0/2}\times1000$$

$$m_1 = 0.11(g)$$

$$0.1\times30 = \frac{m_2}{106.0/2}\times1000$$

$$m_2 = 0.16(g)$$

故应称取 Na_2CO_3 的质量为 0.11～0.16g。

(4) 直接滴定法计算。计算依据：待测物质 B 的物质的量 $n_{\frac{1}{t}B}$ = 标准溶液的物质的量 $n_{\frac{1}{b}T}$

$$\frac{m_B}{M_{\frac{1}{t}B}} \times 1000 = c_{\frac{1}{b}T} V_T$$

$$m_B = c_{\frac{1}{b}T} V_T \frac{M_{\frac{1}{t}B}}{1000} \ (g)$$

$$= c_{\frac{1}{b}T} V_T M_{\frac{1}{t}B} \ (mg)$$

在一定体积水样（V_s）中，待测物质 B 的含量（用 mg/L 表示）为

$$\rho_B = \frac{m_B}{V_s} \times 1000 = \frac{c_{\frac{1}{b}T} V_T M_{\frac{1}{t}B}}{V_s} \times 1000 \qquad (1-12)$$

【例 1-5】 取 100.0mL 水样测定 Cl^-，以 K_2CrO_4 为指示剂，用 0.02821mol/L 的 $AgNO_3$ 标准溶液滴定至反应完全，用去 $AgNO_3$ 溶液 20.10mL，计算水样中 Cl^- 的含量（以 mg/L 表示）。

解

$$Ag^+ + Cl^- = AgCl \downarrow$$

$$n_{Ag^+} = n_{Cl^-}$$

$$\rho_{Cl^-} = \frac{c_{AgNO_3} V_{AgNO_3} M_{Cl^-}}{V_s} \times 1000$$

$$= \frac{0.02821 \times 20.10 \times 35.45}{100.0} \times 1000$$

$$= 201.0 (mg/L)$$

【例 1-6】 已知 $K_2Cr_2O_7$ 标准溶液的浓度为 0.01500mol/L，求 $K_2Cr_2O_7$ 溶液对 Fe 和 Fe_2O_3 的滴定度（即 $T_{Fe/K_2Cr_2O_7}$ 和 $T_{Fe_2O_3/K_2Cr_2O_7}$）。如果称取铁矿石试样 0.5000g，将其溶解，使全部铁还原成亚铁离子，用去同浓度的 $K_2Cr_2O_7$ 标准溶液 33.45mL。求试样中 Fe 和 Fe_2O_3 的质量分数。

解 滴定反应为

$$6Fe^{2+} + Cr_2O_7^{2-} + 14H^+ = 6Fe^{3+} + 2Cr^{3+} + 7H_2O$$

根据等物质的量规则，$n_{Fe^{2+}} = n_{\frac{1}{6}K_2Cr_2O_7}$

$$\frac{m_{Fe}}{M_{Fe}} = c_{\frac{1}{6}K_2Cr_2O_7} V_{K_2Cr_2O_7}$$

而 $c_{\frac{1}{6}K_2Cr_2O_7} = 6c_{K_2Cr_2O_7} = 6 \times 0.01500 = 0.09000 \ (mol/L)$

$$T_{Fe/K_2Cr_2O_7} = \frac{m_{Fe}}{V_{K_2Cr_2O_7}} = c_{\frac{1}{6}K_2Cr_2O_7} M_{Fe}$$

$$= 0.0900 \times 55.85 = 5.026 (mg/mL)$$

由于每个 Fe_2O_3 分子中有两个 Fe 原子，$n_{Fe} = n_{\frac{1}{2}Fe_2O_3}$

$$\frac{m_{Fe_2O_3}}{M_{\frac{1}{2}Fe_2O_3}} = c_{\frac{1}{6}K_2Cr_2O_7} V_{K_2Cr_2O_7}$$

$$T_{Fe_2O_3/K_2Cr_2O_7} = c_{\frac{1}{6}K_2Cr_2O_7} M_{\frac{1}{2}Fe_2O_3}$$

$$=0.09000\times\frac{1}{2}\times159.7=7.186(mg/mL)$$

$$w_{Fe}=\frac{m_{Fe}}{m}\times100\%=\frac{c_{\frac{1}{6}K_2Cr_2O_7}V_{K_2Cr_2O_7}M_{Fe}}{m}\times100\%$$

$$=\frac{0.09000\times33.45\times55.85}{0.5000\times1000}\times100\%=33.63\%$$

$$w_{Fe_2O_3}=\frac{m_{Fe_2O_3}}{m}\times100\%=\frac{c_{\frac{1}{6}K_2Cr_2O_7}V_{K_2Cr_2O_7}M_{\frac{1}{2}Fe_2O_3}}{m}\times100\%$$

$$=\frac{0.09000\times33.45\times\frac{1}{2}\times159.7}{0.5000\times1000}\times100\%=48.08\%$$

(5) 间接滴定法计算。间接滴定涉及两个或两个以上反应，应从总的反应中找出实际参加反应的物质之间的定量关系。

【例 1-7】 在含 0.1275g$K_2Cr_2O_7$的溶液中，加入过量 KI 溶液，析出的I_2用$Na_2S_2O_3$标准溶液滴定，用去 22.85mL，计算$Na_2S_2O_3$溶液的浓度。

解 有关反应式为

$$Cr_2O_7^{2-}+6I^-+14H^+ \xlongequal{\quad} 2Cr^{3+}+3I_2+7H_2O$$

$$I_2+2S_2O_3^{2-} \xlongequal{\quad} 2I^-+S_4O_6^{2-}$$

由反应可知 $1mol\ K_2Cr_2O_7\sim3mol\ I_2\sim6mol\ Na_2S_2O_3$

$$n_{\frac{1}{6}K_2Cr_2O_7}=n_{Na_2S_2O_3}$$

$$\frac{m_{K_2Cr_2O_7}}{M_{\frac{1}{6}K_2Cr_2O_7}}\times1000=c_{Na_2S_2O_3}V_{Na_2S_2O_3}$$

据题意得

$$\frac{0.1275}{294.18/6}\times1000=c_{Na_2S_2O_3}\times22.85$$

$$c_{Na_2S_2O_3}=0.1138(mol/L)$$

(6) 返滴定法计算。对于返滴定法，先加入一种过量的标准溶液与待测物质充分反应后，再用另一种标准溶液返滴过量的标准溶液，根据两种标准溶液物质的量，即可求出被测物质的物质的量。

【例 1-8】 取 100.0mL 水样测定铵的含量，加过量的 NaOH 溶液加热煮沸，将蒸馏出来的NH_3吸收在 35.00mL$c_{\frac{1}{2}H_2SO_4}=0.1000mol/L$ 的H_2SO_4标准溶液中，过量的H_2SO_4再用 25.00mL 0.1000mol/L 的 NaOH 标准溶液滴定至终点。计算水样中NH_3的含量（以 mg/L 表示）。

解

$$NH_4^++OH^- \xlongequal{\quad} NH_3\uparrow+H_2O$$

$$2NH_3+\underset{\text{过量}}{H_2SO_4} \xlongequal{\quad} (NH_4)_2SO_4$$

$$\underset{\text{剩余}}{H_2SO_4}+2NaOH \xlongequal{\quad} Na_2SO_4+2H_2O$$

据题意得

$$n_{NH_3}=n_{\frac{1}{2}H_2SO_4}-n_{NaOH}$$

$$\frac{m_{NH_3}}{M_{NH_3}}\times1000=c_{\frac{1}{2}H_2SO_4}V_{H_2SO_4}-c_{NaOH}V_{NaOH}$$

$$\rho_{NH_3}=\frac{(c_{\frac{1}{2}H_2SO_4}V_{H_2SO_4}-c_{NaOH}V_{NaOH})\ M_{NH_3}}{V_s}\times 1000$$

$$=\frac{(0.1000\times 35.00-0.1000\times 25.00)\ \times 17.00}{100.0}\times 1000$$

$$=170.0(mg/L)$$

第七节 误差与分析数据处理

水质分析的目的是准确测定待测组分的含量，因此要求分析结果必须是准确可靠的。然而，由于主客观条件的限制，无论测定方法多么完善，测定仪器多么精密，测量进行得何等精细，但对同一试样进行多次分析时都不可能取得完全一致的结果，测定值与真实值之间仍然存在或多或少的差异，测定值与真实值之差叫做误差。只有准确的结果才能提供可靠的水质指标依据，因此必须寻找产生误差的原因，采取相应的措施来消除或减小误差，使测定值尽量接近客观真实值。

一、误差的分类及来源

根据误差产生的原因和性质，将误差分为系统误差和偶然误差两类。

1. 系统误差

系统误差又称可测误差，是由于测定过程中某些固定原因造成的。在同一条件下重复测定时，它会重复表现出来，对分析结果影响比较固定。若能找出原因，并设法加以测定，就可以消除。产生系统误差的主要原因有：

(1) 方法误差。方法误差指分析方法本身所造成的误差。例如在容量分析中，由于反应不完全，有副反应，滴定终点与化学计量点不相符等都会系统地影响测定结果偏高或偏低。

(2) 仪器和试剂误差。仪器误差来源于仪器本身不够精确，如砝码质量、容量器皿的刻度和仪表的刻度不准确等。试剂误差来源于试剂不纯、蒸馏水中含有杂质等。

(3) 操作误差。由于操作人员的主观原因造成，如对终点颜色敏感性不同，有人偏深，有人偏浅。

系统误差是重复地以固定的形式出现的，增加平行测定次数，采用数理统计的方法并不能消除此类误差，减小或消除系统误差的方法见本节“提高准确度的方法”。

2. 偶然误差

偶然误差又称不可测误差或随机误差，它是由测定过程中的一系列随机因素引起的。如天平及滴定管的读数不确定性，操作中的温度、湿度、灰尘等影响都会引起测量数据的波动。偶然误差遵循正态分布曲线，它具有以下特点：

(1) 同样大小的正负偶然误差出现的机会相等。小误差出现的机会多，大误差出现的机会少。

(2) 在一定的条件下，有限次的测量值中，其误差的绝对值不会超过一定的界限。

根据测定次数增多时，正负误差的代数和趋于零这一特性，可通过增加平行测定次数及取算术平均值的方法减小偶然误差。这样求得的平均值在消除系统误差的条件下，就可能接近真实值。

除以上两类误差外，还有一种误差称为过失误差。这种误差是由于操作者出现过失，不遵守操作规程而造成的。例如滴定时溶液溅出，加错试剂，看错刻度，记录和计算错误等，均可引起较大的误差。有较大误差的数值在找出原因后弃去不用，绝不允许把过失误差当做偶然误差。只要加强责任心，遵守操作规程，注意核对数据，这种误差是完全可以避免的。

二、准确度和精密度

1. 准确度与误差

准确度是指测定值（x）与真实值（x_T）或认可的参考值接近的程度，通常用误差表示，误差越小，表示结果的准确度越高，反之亦然。误差的表示方法有绝对误差和相对误差。

绝对误差是测量值与“真实值”之差。

$$E = x - x_T \tag{1-13}$$

式中：E 为个别测定值的绝对误差；x 为个别测定值；x_T 为真实值。

实际工作中，通常进行多次平行测定，所以用多次测定结果的平均值（$\overline{x}$）表示测定结果，因此，平均值绝对误差为

$$E = \overline{x} - x_T$$

相对误差（RE）是绝对误差在“真实值”中所占的百分率。

$$RE = \frac{E}{x_T} \times 100\% \tag{1-14}$$

相对误差更适合于表示测定结果的准确度。

例如：标定 HCl 溶液时，称取 Na_2CO_3 质量为 0.5002g，而真实值为 0.5000g，则绝对误差

$$E = 0.5002 - 0.5000 = 0.0002\text{g}$$

又如称取另一份 Na_2CO_3 质量为 0.0502g，而真实值为 0.0500g，则绝对误差

$$E = 0.0502 - 0.0500 = 0.0002\text{g}$$

从计算看出，两次称量的绝对误差是相同的，但两次称量的相对误差却不同。其相对误差分别为

$$E_r\ (\%) = \frac{E}{x_T} \times 100 = \frac{0.0002}{0.5000} \times 100 = 0.04$$

$$E_r\ (\%) = \frac{E}{x_T} \times 100 = \frac{0.0002}{0.0500} \times 100 = 0.4$$

从相对误差的计算可以看出，后者的相对误差是前者的 10 倍，即称取量越大，则称量的相对误差越小，准确度也就越高。因此，在称取量不同时，用相对误差表示测量结果的准确度较为合理。

样品中任何一个量的真实值都是客观存在的，但通过测量获得的数值都不是真值。实际工作中往往采用多种可靠的分析方法，由具有丰富经验的分析人员经过反复多次测定，用数理统计的方法得出比较准确的平均值。有时也将纯物质中元素的理论含量作为真实值。

2. 精密度与偏差

精密度是指在相同条件下，对同一样品多次平行测定结果相互接近的程度。精密度的大小用偏差表示，偏差越小，结果的精密度越高，所以偏差的大小是衡量精密度高低的尺度。偏差通常用绝对偏差（d）和相对偏差 d_r 来表示，而且有正负之分。

$$d_i = x_i - \overline{x} \tag{1-15}$$

$$d_r = \frac{d_i}{\overline{x}} \times 100\% \tag{1-16}$$

式中：d_i 为单次测定结果的绝对偏差；x_i 为单次测定结果；$\overline{x}$ 为 n 次测定结果的算术平均值。

3. 准确度与精密度的关系

准确度和精密度是用于评定分析结果的两个相关的概念，二者既有区别又有联系。系统误差和偶然误差对分析结果的准确度都有影响，但精密度主要取决于偶然误差的大小。例如：有甲、乙、丙、丁 4 人同时测定水样中 Cl^- 的含量，已知水样中 Cl^- 的真实值为 37.40mg/L，它们各自分析 4 次的结果见图 1-2。

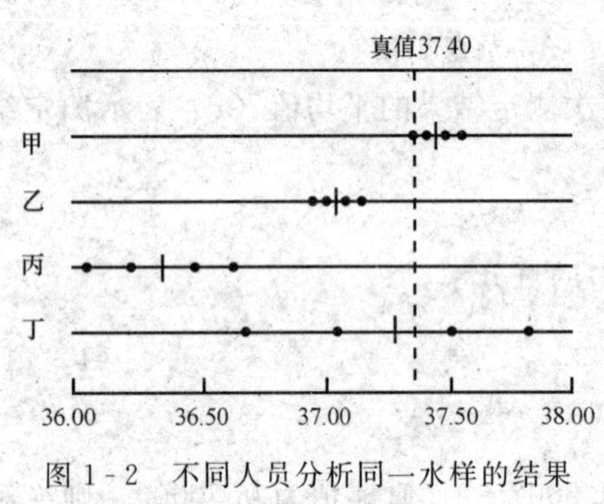

图 1-2 不同人员分析同一水样的结果

• 一个别测定值；| 一平均值

由图 1-2 可见：甲所得结果准确度与精密度均好，说明系统误差和偶然误差都很小，结果可靠；乙的精密度虽很高，但准确度低，说明偶然误差很小，且存在一定的系统误差；丙的精密度与准确度均很差，说明系统误差和偶然误差都很大；丁的平均值虽然也接近于真实值，但几个数值彼此相差较远，即精密度最差。由于正负误差相互抵消才使结果接近于真实值，因而也是不可靠的。

由此可见，精密度是保证准确度的先决条件。精密度差，所测结果不可靠，就失去了衡量准确度的前提，高的精密度不一定能保证高的准确度。

三、分析数据处理

分析数据处理是通过有限测量数据的合理分析，从而对测定值作出科学的判断和检验，使测定结果能够在一定可靠的范围内尽量接近真值。

在分析数据的统计处理中，常用的几个术语解释如下。

所研究的对象的某些特性值的全体称为总体，其中的每个单元称为个体。总体的一部分称为样本，样本中含个体的数目称为样本容量。例如，水样就是供分析用的总体，在相同条件下，对水样中某组分的含量进行测定，而每个测定值就是一个个体。如果从水样中移取 4 份平均测定硬度，得到 4 个测定值，这一组分析数据就是该水样总体的一个随机样本，其样本的容量为 4。

1. 精密度的表示方法

(1) 极差。极差 (R) 是指一组测量值中最大值与最小值之差，表示一组平行数据的精密度。

$$R = x_{max} - x_{min} \tag{1-17}$$

极差表示误差的范围，极差越大，精密度越差。

(2) 平均偏差和相对平均偏差。平均偏差 d 指各测定值绝对偏差的绝对值的算术平均值，以 $\overline{d}$ 表示

$$\overline{d} = \frac{|d_1| + |d_2| + \cdots + |d_n|}{n} = \frac{\sum_{i=1}^{n} |d_i|}{n} \tag{1-18}$$

计算 $\bar{d}$ 时，先计算 $\bar{x}$ 及个别测定值的偏差 d_i（$i=1, 2, \cdots, n$）。

相对平均偏差是指平均偏差与测量平均值之比，以 $\bar{d}_r$ 表示

$$\bar{d}_r\ (\%) = \frac{\bar{d}}{\bar{x}} \times 100 \tag{1-19}$$

（3）标准偏差和相对标准偏差。标准偏差又称均方根偏差，是单次测量值对平均值的偏差先平方后再总和。若测定次数 $n<20$ 时，样本标准偏差用 s 表示，计算式为

$$s = \sqrt{\frac{\sum_{i=1}^{n}(x_i - \bar{x})^2}{n-1}} = \sqrt{\frac{\sum_{i=1}^{n} d_i^2}{n-1}} \tag{1-20}$$

式中：$(n-1)$ 称为自由度，常用 f 表示。

当测定次数 $n\rightarrow\infty$ 时，总体标准偏差用 σ 表示，计算式为

$$\sigma = \sqrt{\frac{\sum_{i=1}^{n}(x_i - \mu)^2}{n}} \tag{1-21}$$

式中：μ 为无限多次测定结果的平均值，又称总体平均值，即 $\lim\limits_{n\rightarrow\infty}\bar{x}=\mu$。在没有系统误差的条件下，$\mu$ 为真值。

相对标准偏差（RSD）是标准偏差与平均值之比，常用百分数表示

$$RSD = \frac{s}{\bar{x}} \times 100\% \tag{1-22}$$

通常把相对标准偏差称为变异系数。标准偏差 s 比算术平均偏差 $\bar{d}$ 表示精密度要好，因为将单次测量的偏差平方后，较大的偏差更显著地反映出来，能更好地说明数据的分散程度。标准偏差与相对标准偏差常用于衡量测定结果精密度的好坏，相对标准偏差由于能反映标准偏差在平均值中所占比例，在比较各种情况下测定结果的精密度时更为常用。

（4）平均值的标准偏差。对丁一组平行测定值，平均值的标准偏差 $s_{\bar{x}}$ 与测定次数 n 的平方根成反比，即

$$s_{\bar{x}} = \frac{s}{\sqrt{n}} \tag{1-23}$$

上式说明平均值的标准偏差与测定次数的平方根成反比。增加测定次数可以提高测量的精密度，使求得的平均值更接近真实值。但增加测定次数太多，也是得不偿失的。

【例 1-9】 测定某水样中 Cl^- 的含量为 37.45，37.20，37.50，37.30，37.25mg/L，计算测定结果的平均值、极差、平均偏差、标准偏差、变异系数和平均值的标准偏差。

解 $\bar{x} = \frac{37.45+37.20+37.50+37.30+37.25}{5} = 37.34(\text{mg/L})$

$$R = 37.50 - 37.20 = 0.30(\text{mg/L})$$

各次测量偏差　d_i：+0.11，−0.14，+0.16，+0.04，−0.09

$$\bar{d} = \frac{\sum|d_i|}{n} = \frac{0.11+0.14+0.16+0.04+0.09}{5} = 0.11(\text{mg/L})$$

$$s = \sqrt{\frac{\sum|d_i|^2}{n-1}} = \sqrt{\frac{0.11^2+0.14^2+0.16^2+0.04^2+0.09^2}{5-1}} = 0.13(\text{mg/L})$$

$$RSD=\frac{s}{\overline{x}}\times 100\%=\frac{0.13}{37.34}\times 100\%=0.35\%$$

$$s_{\overline{x}}=\frac{s}{\sqrt{n}}=\frac{0.13}{\sqrt{5}}=0.06(\mathrm{mg/L})$$

分析结果只需报告出 $\overline{x}$，s，n 即可表示出集中趋势和分散程度，勿需将数据一一列出。上例结果可表示为

$$\overline{x}=37.34\mathrm{mg/L},\ s=0.13\mathrm{mg/L},\ n=5$$

2. 平均值的置信区间

在一定的置信度（或置信水平）下，以平均值 $\overline{x}$ 为中心，包括真值在内的可能范围称为平均值的置信区间，用 μ 表示：

$$\mu=\overline{x}\pm t\frac{s}{\sqrt{n}}=\overline{x}\pm ts_{\overline{x}} \tag{1-24}$$

式中：t 为置信系数，t 值随不同的置信度和测定次数而有所不同，由 t 分布表查出 t 值（见表 1-8）。

式（1-24）表明了有限次测定在一定的置信度下，以样本的 $\overline{x}$ 和样本的标准偏差 s 估计总体平均值 μ 的范围，这个范围是以平均值为中心，包括真值的可靠区间，即为平均值的置信区间。

表 1-8　　t 值表

测定次数 n	自由度 f	置信水平 P 90%	95%	99%	99.5%
2	1	6.31	12.71	63.66	127.32
3	2	2.92	4.30	9.93	14.98
4	3	2.35	3.18	5.84	7.45
5	4	2.13	2.78	4.60	5.60
6	5	2.02	2.57	4.03	4.77
7	6	1.94	2.45	3.71	4.33
8	7	1.90	2.37	3.50	4.03
9	8	1.86	2.31	3.36	3.83
10	9	1.83	2.26	3.25	3.69
11	10	1.81	2.23	3.17	3.58
21	20	1.73	2.09	2.85	3.15
∞	∞	1.65	1.96	2.58	2.81

如果选定置信水平（P）为 95%，即显著性水平（α）为 5%，说明平均值的置信区间有 95%的可靠性，即只有 5%不可靠。式（1-27）的意义：通过 n 次测定有 P 的可靠性认为真实值包括在内的范围为 $\overline{x}\pm ts_{\overline{x}}$。如对［例 1-9］提出水样中 Cl^- 含量的置信区间为

$$\mu\ (P95\%)\ =\overline{x}\pm t\frac{s}{\sqrt{n}}=37.34\pm 2.78\times 0.06=37.34\pm 0.17$$

即有 95%的把握认为 Cl^- 的含量在 37.17～37.51mg/L 这个范围内。

同理可计算出 $P=99\%$时置信区间为 37.34±0.28mg/L。

由此可知，置信水平越高，真值所代表的范围越宽。只要选定置信水平 P（一般采用95%），根据测定次数，由 t 分布表查出 t 值，从测定的 $\overline{x}$，s，n 值可求出相应的置信区间，常规分析结果的报告通常是以此为根据的。

3. 可疑值的取舍

在一组平行测定数据中，有时会出现个别测定数据较大并偏离其他数据的情况，这种数据称为“可疑值”。可疑值的取舍会影响结果的平均值，尤其是数据较少时影响更大，因此在计算前必须对可疑值进行合理的取舍。取舍的方法很多，这里介绍 Q 检验法、$4\overline{d}$ 法和格鲁布斯法。

（1）Q 检验法。先将测定值按大小顺序排列，求出可疑值与其最邻近的一个数值之差，然后将它与极差相比，得 $Q_{计算}$ 值。

$$Q_{计算}=\frac{|x_{可疑}-x_{邻近}|}{x_{max}-x_{min}} \tag{1-25}$$

再根据测定次数 n 和置信水平查 $Q_{表}$（见表1-9），若 $Q_{计算}\geqslant Q_{表}$，则可疑值应舍去，反之则保留。

表1-9　置信水平为90%和95%的 Q 值

测定次数 n	3	4	5	6	7	8	9	10
$Q_{0.90}$	0.94	0.76	0.64	0.56	0.51	0.47	0.44	0.41
$Q_{0.95}$	0.98	0.85	0.73	0.64	0.59	0.54	0.51	0.48

（2）格鲁布斯（Grubbs）法。将一组测定值从小到大排列为 x_1，x_2，…，x_n，其中 x_1 或 x_n 可能是可疑值。首先计算出该组数据的平均值 $\overline{x}$ 和标准偏差 s，使用式（1-26）计算出统计量 $T_{计}$

$$T_{计}=\frac{|\overline{x}-x_{可疑}|}{s} \tag{1-26}$$

根据测定的次数 n 和选定的显著性水平 α，查表1-10中 $T_{\alpha,n}$ 值进行判别。如 $T_{计}\geqslant T_{\alpha,n}$，则可疑值应舍去，否则保留。该法引入标准偏差 s，可疑数据判断更加准确。

表1-10　格鲁布斯检验临界值 $T_{\alpha,n}$ 表

n	3	4	5	6	7	8	9	10
$\alpha=0.05$	1.15	1.46	1.67	1.82	1.94	2.03	2.11	2.18
$\alpha=0.01$	1.15	1.49	1.75	1.94	2.10	2.22	2.32	2.41

（3）$4\overline{d}$ 法。首先求出除可疑值外的其余数据的平均值 $\overline{x}$ 和平均偏差 $\overline{d}$，然后将可疑值与平均值进行比较，如绝对差大于 $4\overline{d}$ 法，则将可疑值舍去，否则保留。

这种方法比较简单，不必查表，至今仍然被采用。由于这种方法处理问题存在较大的误差，当 $4\overline{d}$ 法与其他检验法矛盾时，应以其他法则为准。

【例1-10】　用基准 Na_2CO_3 标定 HCl 溶液的浓度，平行测定4次结果如下：0.1014，0.1012，0.1020 和 0.1016mol/L，问 0.1020mol/L 是否应该舍弃（置信水平95%）？

1）Q 检验法。排列：0.1012，0.1014，0.1016，0.1020

$$Q_{计算}=\frac{|0.1020-0.1016|}{0.1020-0.1012}=0.50$$

查 $Q_{表}$，置信水平为 95%，$n=4$ 时，$Q_{表}=0.85$

$Q_{计算}<Q_{表}$，故 0.1020 应该保留。

2）格鲁布斯法。

$$\overline{x}=\frac{\sum x_i}{n}$$

$$=\frac{0.1012+0.1014+0.1016+0.1020}{4}=0.1016$$

$$s=\sqrt{\frac{\sum(x_i-\overline{x})^2}{3}}=0.00034$$

$$T_{计}=\frac{|\overline{x}-x_{可疑}|}{s}=\frac{|0.1016-0.1020|}{0.00034}=1.18$$

查表，$T_{0.05,4}=1.46$

$T_{计}<T_{0.05,4}$，故 0.1020 应保留。

3）$4\overline{d}$ 法。首先不计可疑值 0.1020，求出其余数的平均值 $\overline{x}$ 和平均偏差 $\overline{d}$ 为

$$\overline{x}=\frac{\sum x_i}{n}=0.1014$$

$$\overline{d}=\frac{\sum|x_i-\overline{x}|}{n}=0.00013$$

可疑值与平均值之差的绝对值为

$$|0.1020-0.1014|=0.0006>4\overline{d}\ (0.0005)$$

故 0.1020 这一数据应舍去。

4. 显著性检验

在水质分析中会遇到以下问题：某分析人员对标准样品进行分析，得到的平均值与标准值不完全一致；采用两种不同的分析方法对同一试样进行分析，得到两组数据的平均值不一致；两个分析人员或不同实验室对同一试样进行分析，得到两组数据的平均值差异较大。如果分析结果的差异是由系统误差引起的，就可认为存在显著性差异，这种结果是不可靠的。如果分析结果的差异是由偶然误差引起的，这是正常的，这种差异必然很小。以下介绍 t 检验法。

（1）一组数据的平均值 $\overline{x}$ 与标准值（或已知值）μ 的比较。为了检验一个新的分析方法或对分析人员进行技术考核，用 t 检验法判断检验测定的平均值 $\overline{x}$ 与标准值 μ 之间是否存在显著性差异。

根据式（1-24）平均值的置信区间计算 t，定义为 $t_{计}$，即

$$t_{计}=\frac{|\overline{x}-\mu|\sqrt{n}}{s} \tag{1-27}$$

将 $t_{计}$ 与一定置信水平下的 t 值（见表 1-8）比较，若 $t_{计}\geqslant t$，则存在显著性差异。

【例 1-11】 用一新方法测定铝盐中铝的含量为 10.74%，10.77%，10.77%，10.77%，10.81%，10.82%，10.73%，10.86%和 10.81%。已知标准值为 10.77%，这种新方法是否可靠（$P=95\%$）。

解　$\overline{x}=10.79$，$s=0.042$，$n=9$

$$t_{计}=\frac{|\overline{x}-\mu|\sqrt{n}}{s}=1.43$$

当 $P=95\%$时，查表得 $t=2.31$

由于 $t_{计}<t$，所以新方法是可靠的。

（2）同一试样两组数据的比较。不同分析人员或同一分析人员采用不同的方法分析同一试样，所得到的平均值（$\overline{x}_1$ 和 $\overline{x}_2$）一般是不相等的。判别这两组数据之间是否存在系统误差，亦可采用 t 检验法。设两组数据为

$$\begin{matrix} n_1 & s_1 & \overline{x}_1 \\ n_2 & s_2 & \overline{x}_2 \end{matrix}$$

首先检验两组数据的精密度（用方差 s_1^2 和 s_2^2 表示）是否有显著性差异，按式（1-28）计算 $F_{计}$ 值

$$F_{计}=\frac{s_1^2}{s_2^2}\qquad (s_1^2>s_2^2)\tag{1-28}$$

然后由两组数据的自由度 f_1 和 f_2 查出相应的 F 值（见表 1-11），若 $F_{计}\geqslant F$，说明 s_1 和 s_2 有显著性差异，则没有必要做进一步检验。若 $F_{计}<F$，需要进行 t 检验，以便确定是否存在系统误差。

$$t_{计}=\frac{|\overline{x}_1-\overline{x}_2|}{s_{合}}\sqrt{\frac{n_1n_2}{n_1+n_2}}\tag{1-29}$$

其中，
$$s_{合}=\sqrt{\frac{(n_1-1)\,s_1^2+\,(n_2-1)\,s_2^2}{n_1+n_2-2}}=\sqrt{\frac{f_1s_1^2+f_2s_2^2}{f_1+f_2}}=\sqrt{\frac{f_1s_1^2+f_2s_2^2}{f}}\tag{1-30}$$

按式（1-29）求得 $t_{计}$，根据所要求的置信度查出 t 值。需要注意 f 值为 f_1 和 f_2 之和，即 $f=n_1+n_2-2$。n_1 和 n_2 可以相等，也可不相等。若 $t_{计}\geqslant t$，则两组数据之间存在显著性差异。

这种检验法也称为 F 检验和 t 检验联合检验法。

表 1-11　　**置信度 95%时 F 值**

f_2 \ f_1	2	3	4	5	6	7	8	9	10	∞
2	19.00	19.16	19.25	19.30	19.33	19.36	19.37	19.38	19.39	19.50
3	9.55	9.25	9.12	9.01	8.94	8.88	8.84	8.81	8.78	8.53
4	6.94	6.59	6.39	6.26	6.16	6.09	6.04	6.00	5.96	5.63
5	5.79	5.41	5.19	5.05	4.95	4.88	4.82	4.78	4.74	4.36
6	5.14	4.76	4.53	4.39	4.28	4.21	4.15	4.10	4.06	3.67
7	4.74	4.35	4.12	3.97	3.87	3.79	3.73	3.68	3.63	3.23
8	4.46	4.07	3.84	3.69	3.58	3.50	3.44	3.39	3.34	2.93
9	4.26	3.86	3.63	3.48	3.37	3.29	3.23	3.18	3.13	2.71
10	4.10	3.71	3.48	3.33	3.22	3.14	3.07	3.02	2.97	2.54
∞	3.00	2.60	2.37	3.21	2.10	2.01	1.94	1.88	1.83	1.00

注　$f_1>f_2$。

【例 1-12】 两人分析同一试样，得到两组分析结果（mg/L）。

甲：94.2，93.0，95.0，93.0，94.5

乙：96.5，95.8，97.1，96.0

试比较两组结果是否有显著性差异（置信度为 95%）。

解 先进行精密度检验

甲：$n_2=5$，$\overline{x}_2=93.94$，$s_2=0.90$

乙：$n_1=4$，$\overline{x}_1=96.35$，$s_1=0.58$

$$F_{计}=\frac{0.90^2}{0.58^2}=2.41$$

查表，$F=9.12$

$F_{计}<F$，说明两组数据精密度无显著性差异，需进行 t 检验。

$$s_{合}=\sqrt{\frac{(4-1)\times 0.58^2+(5-1)\times 0.90^2}{4+5-2}}=0.779$$

$$t_{计}=\frac{|\overline{x}_1-\overline{x}_2|}{s_{合}}\sqrt{\frac{n_1 n_2}{n_1+n_2}}=\frac{|96.40-93.94|}{0.779}\times\sqrt{\frac{4\times 5}{4+5}}=4.71$$

当 $P=95\%$，$f=7$ 时，查 t 值表，$t=2.37$

$t_{计}>t$，说明两组分析结果之间存在显著性差异。

四、提高分析结果准确度的方法

1. 选择适宜的分析方法

为了保证分析结果可靠，应根据待测组分的浓度或含量，恰当选择成熟的、准确度高的分析方法。质量法与滴定法测定的准确度高，但灵敏度低，适用于常量组分的测定，相对误差不超过千分之几，比较准确；仪器分析法测定的灵敏度高，但准确度较差，适于微量组分的测定，尽管相对误差较大，但绝对误差不大，符合准确度要求。

例如，某水样 Cl^- 含量为 30.10mg/L，若用摩尔法滴定分析，其方法的相对误差为 0.2%，则 Cl^- 含量范围是 30.04～30.16mg/L，若采用 Cl^- 选择性电极法测定，其方法的相对误差约为 2%，则 Cl^- 含量范围 30.70～29.50mg/L，显然这种误差较大。如果纯水中 Cl^- 含量为 0.30mg/L，用摩尔法滴定就无法进行，即方法的灵敏度达不到。虽然 Cl^- 选择性电极法，虽然方法的相对误差为 2%，但 Cl^- 含量低，其分析结果绝对误差只有 0.01，则 Cl^- 含量范围是 0.29～0.31mg/L，这样的结果是符合要求的。

2. 减小测量误差

为了保证分析结果的准确度，必须尽量减小测量误差，防止误差的积累。例如在滴定分析中，通常要求分析结果的相对误差约为 0.1%。称量时，万分之一分析天平的称量误差为 ±0.0001g，用差减法称量二次，可能引起的最大误差是 ±0.0002g，为了使称量的相对误差小于 0.1%，称量质量至少应为

$$称量质量=\frac{绝对误差}{相对误差}=\frac{0.0002}{0.1\%}=0.2\ (g)$$

即欲达到称量误差的要求，每次称量质量不得小于 0.2g。同理，如使用 25（或 50）mL 滴定管进行滴定，每次读数误差为 ±0.01mL，而每进行一次滴定需读数两次，可能造成最大误差为 ±0.02mL。欲保证测量体积的相对误差不大于 0.1%，则滴定剂用量不得小

于20mL，最好使体积在25mL左右，以减小相对误差。在光度分析中，因一般允许较大的相对误差，故对各测量步骤的准确度，就不必要求像质量法和滴定法那样高。如比色法测定铁，设方法的相对误差为2%，则在称取0.5g试样时，试样的称量误差小于$0.5\times\frac{2}{100}=0.01$g就行了，不必称准至±0.0001g。但是，为了使称量误差忽略不计，最好将称量的准确度提高约一个数量级。在本例中宜称准至±0.001g左右。

【例1-13】 取20mL和100mL溶液，若分析结果要求准确度为0.1%，应分别选用何种量器（量筒、移液管）?

解 取20mL时读数误差：$E=20\times0.1\%=0.02$mL

显然应选用分度值为0.1mL的量器，读数准确至0.01mL，故可用移液管或滴定管，表示为20.00mL，四位有效数字。

取100mL时读数误差：$E=100\times0.1\%=0.1$mL

显然应选用分度值为1mL的量器。选用量筒，因为量筒读数可准确至1.0mL，表示为100.0mL，四位有效数字。

3. 增加平行测定的次数，减小偶然误差

在消除系统误差之后，平行测定次数越多，测定的平均值越接近真值。但测定次数过多得不偿失，在实际分析中一般只做3～4次平行测定。

4. 消除测定中的系统误差

消除系统误差通常采用以下措施：

（1）对照试验。为检查分析过程中有无系统误差，做对照试验是最有效的方法。对照试验是选用其组成与试样相近的标准试样，按照同样的方法进行测定，然后将所得测定结果与标准值进行对照。若所得结果满意，则说明这种方法是可靠的。

除采用标准试样进行对照试验外，还可用标准方法进行对照。在实际工作中，通常用加标回收试验来评价测定结果的准确度。加标回收试验是取等量试样两份，在一份试样中加入已知量的标准待测组分，平行进行测定，计算加入的待测组分是否定量回收。

$$\text{回收率}=\frac{\text{加标后测定值}-\text{加标前测定值}}{\text{加标值}}\times100\%$$

理想的回收率为100%。分析工作中评价回收率的好坏常以95%～105%作为范围，某些组分的回收率在85%～110%范围内可以接受。

（2）空白试验。做空白试验消除试剂、蒸馏水及器皿引入的杂质所造成的系统误差。空白试验是指在不加入待测组分的情况下，按照试样分析步骤和条件进行分析试验，所得结果称为空白值。从试样测定结果中扣除空白值。

（3）校正仪器。具有准确体积和称量用的仪器，如滴定管、移液管、容量瓶和分析天平的砝码，都应进行校正，以消除仪器计量不准确所引起的系统误差。因为这些测量数据都参加分析结果的计算。

五、有效数字及运算规则

1. 有效数字

为了得到准确的分析结果，不仅要准确地测量，而且还要正确地记录数字的位数和计算。因为数据的位数不仅表示数量的大小，而且也反映测量的精确程度。有效数字是指数据中所有的准确数字和最后一位可疑数字，它们都是直接从实验中测量得到的。

有效数字保留的位数应当根据分析方法和仪器准确度来确定，应使数值中只有最后一位是可疑的，可疑数字的误差为可疑数字的位数±1单位。例如普通的滴定管测定样品读数为25.58mL，这一数值是4位有效数字，其中小数点后第二位的“8”是可疑数字，绝对误差为±0.01mL；其相对误差为$\left(\pm\frac{0.01}{25.58}\right)\times100\%=\pm0.04\%$，因为25.5是从普通滴定管的刻度上直接读出来的，而小数点后第二位的“8”是在25.5和25.6刻度间用眼睛估计出来的。

有效数字有两重含义：一是表示测定结果的大小；二是表示测量数值的准确度。例如，用分析天平称得某物质的质量是0.2661g，是4位有效数字，它不仅表示了试样的质量，而且也表示了最后一位1是可疑的，有±0.0001g的误差。

有效数字中“0”的意义：“0”在有效数字中有两种作用，一种是作为数字定位，即数字前面所有的“0”都不是有效数字，只起定位作用。如0.05，0.0050和0.0500有效数字的位数分别为一位、两位和三位。另一种是有效数字，即数字中间的“0”和数字末尾的“0”都是有效数字。如1.0008，0.1000和10.98%，有效数字的位数分别为5位、4位和4位。

应当注意的是：虽然没有小数点的数字后面的“0”是有效数字，但在单位换算时，有可能产生误解。例如：用台称得某物质的质量是16.0g，是3位有效数字，若改用毫克表示时，有可能被记做16000mg，容易被误解为5位有效数字。对此，需要明确有效数字的位数。若写成1.60×10^4、1.600×10^4、1.6000×10^4，有效数字的位数分别为3位、4位、5位。

应当指出，遇到倍数、分数关系，非测量所得时，可视为无限多位有效数字。而对pH、lg$K$等对数数值，其有效数字的位数仅取决于小数部分（尾数）数字的位数，因整数部分只代表该数的方次。如pH=0.05，应为$[H^+]=0.89$mol/L，故pH=0.05也是两位有效数字。又如pH=11.02，即$[H^+]=9.5\times10^{-12}$mol/L，其有效数字为两位而非四位。

2. 有效数字的修约规则

各种测量、计算数值需要修约时，应在所要求的准确度范围内按“四舍六入五成双”修约规则进行。四舍六入五考虑，五后非零则进一，五后皆零视奇偶，五前为偶应舍去，五前为奇则进一。例如，将下列数据修约为4位有效数字：

$$0.52664 \longrightarrow 0.5266$$
$$0.36266 \longrightarrow 0.3627$$
$$10.2350 \longrightarrow 10.24$$
$$250.650 \longrightarrow 250.6$$
$$18.0852 \longrightarrow 18.09$$
$$101.050 \longrightarrow 101.0\text{（偶数包括0）}$$

应当注意，若被舍弃的数字为两位以上数字时，不得连续进行多次修约，应根据以上规则作一次修约。如将15.4546修约成整数时，应为15，不得按下法连续修约为16。

$$15.4546 \longrightarrow 15.455 \longrightarrow 15.46 \longrightarrow 15.5 \longrightarrow 16$$

乘除规则中，如果有效数字位数最少的数首位是8或9，有效数字的位数可多计算一位。

3. 有效数字运算规则

一切直接测量的数字都应当是有效数字，但在分析测定中往往需要通过一定的数学公式计算出最终结果，这就涉及运算过程中数据取位问题。为了获得正确结果及避免计算过繁而浪费时间，运算过程中应先按下述规则将各个数据进行修约，再计算结果。

（1）加减规则。当几个数作加减运算时，小数点后有效数字位数的保留与各数据中小数点后位数最少的相同。在运算时，各数据可先比小数点后位数最少的多留一位小数，进行加减，然后按有效数字的修约规则修约。例如：

$$\begin{aligned}&15.4216+1.42+0.123\\=&15.422+1.42+0.123\\=&16.965\\=&16.96\end{aligned}$$

（2）乘除规则。当几个数作乘除运算时，其积或商的有效数字位数应与有效数字位数最少的相同。在运算时先多保留一位，最后修约。例如：

$$\begin{aligned}&603.21\times0.32\div40100\\=&603\times0.32\div4.01\times10^{4}\\=&4.8\times10^{-3}\end{aligned}$$

（3）分析结果的计算。分析结果往往要通过一系列连续运算才能得到，现在普遍使用计算器等工具进行计算。在运算过程中，不必对每一步的计算结果进行修约，但在报告最终结果时，有效数字的位数必须根据准确度要求，正确保留最后结果的有效数字位数。表示测量结果的误差或偏差，一般只取一位有效数字，最多取两位有效数字。

例如，甲乙两人分析煤的含硫量时，称样量均为3.5g，甲报告结果为0.042%，乙报告结果为0.04200%，甲报告的结果合理，因为

$$甲的相对误差：\frac{\pm0.001}{0.042}\times100\%=\pm2\%$$

$$乙的相对误差：\frac{\pm0.00001}{0.04200}\times100\%=\pm0.02\%$$

$$称样的相对误差：\frac{\pm0.1}{3.5}\times100\%=\pm3\%$$

甲报告的相对误差与称样的相对误差一致，而乙报告的相对误差与称样的相对误差相差很远，乙报告的4位有效数字无意义。

六、实验数据的一元线性回归分析及计算机处理法

在水质分析中，经常使用校正曲线来获得未知溶液的浓度。如标准溶液的浓度 c 与吸光度 A 之间的关系，在一定范围内可以用直线方程描述。但是由于测量仪器本身的精密度及测量条件的微小变化，即使同一浓度的溶液，两次测量结果也不会完全一致。浓度 c 与吸光度 A 所建立的直线往往会有一定的偏离，统计学用回归分析法找出对各数据点误差最小的直线。即对数据进行回归分析。单一组分测定的线性校正模式可用一元线性回归方程。

1. 一元线性回归方程

自变量（组分含量）x 取某一值 x_i 时（$i=1, 2, 3, \cdots, n$），测得因变量（测量值）y_i（$i-1, 2, 3, \cdots, n$），其线性回归方程为

$$y=a+bx \tag{1-31}$$

式中：a 为截距；b 为回归系数，即回归方程的斜率。

由于实验中存在测定误差，对每一个已知数据点（x_i，y_i）来说，其误差为

$$y_i - y = y_i - a - bx_i$$

各实验点（x_i，y_i）并不都落在 $y=a+bx$ 回归直线上，用最小二乘法选择适当的 a 和 b 值，使 $\sum_{i=1}^{n}(y_i - y)^2 = \sum_{i=1}^{n}(y_i - a - bx_i)^2 =$ 最小值。

回归直线是在所有直线中各实验点绝对误差的差方和最小的一条直线，即回归直线中的 a 和 b 应使差方和达到最小值。

根据数学分析中求极值原理可求出 a 和 b

$$a = \frac{\sum_{i=1}^{n} y_i - b\sum_{i=1}^{n} x_i}{n} = \overline{y} - b\overline{x} \tag{1-32}$$

$$b = \frac{\sum_{i=1}^{n}(x_i - \overline{x})(y_i - \overline{y})}{\sum_{i=1}^{n}(x_i - \overline{x})^2} \tag{1-33}$$

a 和 b 值确定之后，就可确定一元线性回归方程及回归直线。

2. 相关系数

测量值 y 和组分含量 x 之间线性关系的密切程度用相关系数 r 来衡量。

$$r = b\sqrt{\frac{\sum_{i=1}^{n}(x_i - \overline{x})^2}{\sum_{i=1}^{n}(y_i - \overline{y})^2}} = \frac{\sum_{i=1}^{n}(x_i - \overline{x})(y_i - \overline{y})}{\sqrt{\sum_{i=1}^{n}(x_i - \overline{x})^2 \sum_{i=1}^{n}(y_i - \overline{y})^2}} \tag{1-34}$$

当 r 值在 0～1 之间时，表示 y 与 x 之间存在相关关系，$|r|$ 越接近 1，线性关系就越好。y 与 x 的相关关系是否显著，可以根据相关系数进行检验。方法是计算出回归方程的 r 值，然后依据在一定置信度和测定次数下的相关系数临界值表进行比较。

表 1-12 列出了不同置信度及自由度时的相关系数。若计算值大于表值，则认为相关关系显著，这种线性关系是有意义的。

表 1-12　　相关系数的临界值表

$f=n-2$		1	2	3	4	5	6	7	8	9	10
置信度	90%	0.988	0.900	0.805	0.729	0.669	0.622	0.582	0.549	0.521	0.497
	95%	0.997	0.950	0.878	0.811	0.755	0.707	0.666	0.632	0.602	0.576
	99%	0.9998	0.990	0.959	0.917	0.875	0.834	0.798	0.765	0.735	0.708
	99.9%	0.99999	0.999	0.991	0.974	0.951	0.925	0.898	0.872	0.847	0.823

【例 1-14】　用吸光度法测定水中 Fe 的含量，吸光度 A 与 Fe 的含量间有下列关系

Fe 的质量 m (μg)	0	10	20	30	40	50	水样
吸光度 A	0.000	0.050	0.120	0.180	0.240	0.310	0.160

试列出一元线性回归方程，并计算水样中 Fe 的含量；求回归方程的相关系数，并判断

线性关系（置信度 99%）。

解　设 Fe 的质量为 x，吸光度为 y。

$$\overline{x}=25,\ \overline{y}=0.150$$

$$b=\frac{\sum_{i=1}^{6}(x_i-\overline{x})(y_i-\overline{y})}{\sum_{i=1}^{6}(x_i-\overline{x})^2}=0.0062$$

$$a=\overline{y}-b\overline{x}=0.150-0.0062\times 25=-0.005$$

一元线性回归方程为：$y=-0.005+0.0062x$

将水样的吸光度 $y=0.160$ 代入上式，得

$$x=\frac{0.160+0.005}{0.0062}=26.6(\mu g)$$

故水样中含 Fe 为 26.6μg。

相关系数为

$$r=\frac{\sum_{i=1}^{6}(x_i-\overline{x})(y_i-\overline{y})}{\sqrt{\sum_{i=1}^{6}(x_i-\overline{x})^2\sum_{i=1}^{6}(y_i-\overline{y})^2}}=0.9992$$

查表 1-12，得 $r_{99.9\%,4}=0.974<r$。

因此，线性相关性显著，线性关系有意义。

3. 计算机数据处理法

实验数据可直接在计算机上进行处理。以上述例子说明，打开 Excel 应用程序，将实验数据 Fe 的质量与对应的吸光度分别填入第一列和第二列单元格，选定上述数据区域，用鼠标点击“图表向导”图标，选择“X-Y 散点图”形中的“平滑线散点图”，点击“下一步”至“完成”，即可得吸光度与浓度数据的散点图。选定这些点后，打开主菜单上的“图表”，选择“添加趋势线”，在“类型”对话框中选择“线性趋势分析”，在“选项”对话框中点击“显示公式”，及“显示 R 平方值”复选框，然后点击“确定”，即可在上述 X-Y 散点图上出现一条回归直线、线性回归方程及相关系数的平方。将样品的吸光度数据代入线性回归方程，即可得到样品中待测物浓度。

思考题

1-1　解释下列术语：绝对误差；相对误差；绝对偏差；相对偏差；平均偏差；标准偏差；相对标准偏差；滴定；化学计量点；滴定终点；标定；标准溶液；基准物质；滴定度；物质的量浓度；等物质的量规则。

1-2　水具有哪些特性？

1-3　天然水中的杂质按粒径大小分哪几类？

1-4　什么是水的总残渣、总不可滤残渣及总可滤残渣？它们之间的关系如何？

1-5　天然水中溶解的化学组分有哪些？

1-6　什么是酸雨？说明酸雨的形成及危害。

1-7 水体中主要污染物大体分为几类？常见的无机污染物有哪些？

1-8 什么是需氧有机物？表示需氧有机物的方法有哪些？

1-9 水质分析方法主要有哪些？根据反应的类型不同，滴定分析法分哪几类？

1-10 基准物质具备的条件是什么？如何配制标准溶液？

1-11 水样的采集和保存应注意哪些问题？

1-12 系统误差和偶然误差是怎样产生的？如何避免？

1-13 精密度和准确度分别表示什么意义？两者有何关系？

1-14 如何表示平均值的置信区间？

1-15 如何取舍可疑值？

1-16 提高准确度的方法有哪些？

1-17 说明有效数字的概念及运算规则。

1-18 某水样 Cl^- 的含量为 39.16mg/L，甲、乙二人分别进行测定，甲分析结果为 39.12，39.15，39.18mg/L，乙分析结果为 39.19，39.24，39.28mg/L，试比较甲、乙二人分析结果的准确度和精密度。

1-19 在分析天平称取试样 0.4231g 和 0.423g，两次称量的相对误差是多少？这两数值说明了什么问题？

1-20 已知分析天平称量时有±0.1mg 的误差，称取试样 0.4238g 和 4.2380g，问两者的相对误差是多少？这两个数值说明了什么问题？

1-21 取水样 20.00mL，用 0.1000mol/L HCl 标准溶液测定水样中碱的含量，滴定终点消耗 7.60mL，测定结果以几位有效数字表示？

1-22 NaOH 溶液可用基准邻苯二甲酸氢钾（$KHC_8H_4O_4$）或基准 $H_2C_2O_4 \cdot 2H_2O$ 标定。若待标定的 NaOH 溶液浓度约为 0.1mol/L，将 NaOH 溶液的体积控制在 20～30mL，则需称量 $KHC_8H_4O_4$ 多少克？改用 $H_2C_2O_4 \cdot 2H_2O$ 标定，应称多少克？根据计算结果，说明选用何种基准物质较好？为什么？

习 题

1-1 滴定管的每次读数误差为±0.01mL，如果滴定时用去标准溶液 2.50mL，相对误差是多少？如果滴定时用去标准溶液 25.00mL，相对误差又是多少？两者的差别说明什么问题？ (±0.8%，±0.08%)

1-2 分析某水样 Cl^- 的含量结果为：60.28，60.24，60.38，60.45，60.04mg/L。求结果的平均值、平均偏差、标准偏差、相对标准偏差、置信区间（置信水平为 95%）。

(60.28，0.11，0.16，0.26%，60.28±0.20)

1-3 下列数据各包括几位有效数字？

1.052，0.0234，0.00330，10.030，8.7×10^6，pK = 4.74，1.02×10^{-3}，40.02%，0.50%，0.0003%。

1-4 根据有效数字的保留规则，计算下列结果。

(1) 7.9936÷0.9967－5.02；

(2) 0.325×5.103×60.06÷139.8；

（3）0.414÷（31.3×0.0530）；

（4）pH=12.20溶液的H^+浓度。　（3.00，0.713，0.249，6.3×10^{-13}）

1-5　测定某水样Cl^-的含量7次，其数据分别为79.54、79.41、79.43、79.46、79.58、79.34、79.76mg/L，用Q检验法最大值和最小值是否保留？计算平均值，平均偏差，相对平均偏差，标准偏差，相对标准偏差和置信度为90%时的置信区间。

（79.76 mg/L，79.34 mg/L保留，79.50 mg/L，0.11 mg/L，0.14 %，0.14 mg/L，0.18%，79.50±0.10 mg/L）

1-6　某学生标定HCl溶液浓度时，得到下列数据：0.1011，0.1010，0.1012，0.1016mol/L，根据$4\bar{d}$法，问第4次数据是否应保留？若再测定一次，得到0.1014mol/L，再问上面第4次数据是否保留？　（不应保留，应保留）

1-7　标定0.1mol/L HCl，欲消耗HCl溶液25mL左右，应称取基准Na_2CO_3多少g？从称量误差考虑能否达到0.1%的准确度？若改用硼砂（$Na_2B_4O_7\cdot10H_2O$）为基准物，结果又如何？　（0.1g，±0.2%；0.4g，±0.05%）

1-8　欲配制0.1000mol/L $c_{\frac{1}{6}K_2Cr_2O_7}$溶液1000mL，应称取$K_2Cr_2O_7$多少g？（4.9032g）

1-9　欲配制0.1mol/L $c_{\frac{1}{2}H_2SO_4}$溶液2000mL，问应取密度为1.84g/mL，其中H_2SO_4含量为96%的浓H_2SO_4多少mL？　（5.6mL）

1-10　称取0.1500g$Na_2C_2O_4$基准物，溶解后用$KMnO_4$溶液滴定用去20.00mL，计算$KMnO_4$溶液的浓度$c_{\frac{1}{5}KMnO_4}$=？　（0.1119mol/L）

1-11　水中Ca^{2+}含量3mmol/L $\frac{1}{2}Ca^{2+}$，Mg^{2+}含量2mmol/L $\frac{1}{2}Mg^{2+}$，试用mg/L表示其值各为多少？　（60.12mg/L，24.32mg/L）

1-12　21.00mLH_2SO_4标准溶液可以中和0.8400gNaOH，计算H_2SO_4标准溶液的滴定度，用T_{NaOH/H_2SO_4}和$T_{H_2SO_4}$表示。　（0.04000g/mL，0.04903g/mL）

1-13　以$K_2Cr_2O_7$为基准物质，采用析出I_2的方式标定0.1200mol/L $Na_2S_2O_3$溶液的浓度。若滴定时，欲将消耗$Na_2S_2O_3$溶液的体积控制在25mL左右，问应当称取$K_2Cr_2O_7$多少g？　（0.15g）

1-14　称取纯$MgCO_3$ 1.8500g溶于过量的48.48mL HCl溶液中，待$MgCO_3$与HCl反应完全后，过量的HCl要用3.83mL NaOH溶液滴定。已知30.33mL NaOH溶液可以中和36.40mL溶液，试计算HCl和NaOH溶液的浓度各为多少？（1.000mol/L，1.200mol/L）

1-15　试计算0.1200mol/L $\frac{1}{6}K_2Cr_2O_7$溶液对Fe和Fe_2O_3的滴定度。

（6.702mg/mL，9.581mg/mL）

1-16　选用邻苯二甲酸氢钾作基准物，标定0.2mol/L NaOH溶液的准确浓度。欲将用去的NaOH溶液体积控制为25mL左右，应称取基准物质多少g？如改用草酸（$H_2C_2O_4\cdot2H_2O$）作基准物，应称取多少g？　（1.0g，0.3g）

1-17　光度法测Fe^{3+}时，得出下列数据：

x（Fe含量，mg）	0.20	0.40	0.60	0.80	1.00	未知
y（吸光度）	0.077	0.126	0.176	0.230	0.280	0.205

求：（1）列出一元线性回归方程；

(2) 未知液中含 Fe 量；

(3) 相关系数。 [(1) $y=0.025+0.255x$；(2) 0.71mg；(3) $r=0.9998$]

1-18 用 HCl 溶液滴定 20.00mL0.1226mol/L 的$\frac{1}{2}Na_2CO_3$ 溶液，用去 21.56mL，求 c_{HCl}。若用相同浓度的 HCl 溶液滴定 20.00mL0.1226mol/L 的 Na_2CO_3 溶液，则应用去 HCl 的体积? (0.1137mol/L，43.13mL)

1-19 用 $KMnO_4$ 溶液 20.28mL 滴定 20.00mL0.2016mol/L 的$\frac{1}{2}Na_2C_2O_4$ 溶液，求 $c_{\frac{1}{5}KMnO_4}$ 和 c_{KMnO_4}。若用 $KMnO_4$ 溶液滴定 20.00mL0.2016mol/L 的 $Na_2C_2O_4$ 溶液，同样用去 20.28mL，求 $c_{\frac{1}{5}KMnO_4}$ 和 c_{KMnO_4}。

(0.1988mol/L，0.03976mol/L；0.3976mol/L，0.07952mol/L)

1-20 测定标准试样中氟离子的含量为：1.05，1.03，1.04，1.05，1.06，1.07mg/L 和 1.04mg/L，已知标准值为 1.06mg/L，问测定结果是否可靠（$P=95\%$）。 (可靠)

1-21 为检验一种新方法测定水中氯离子含量的可靠性，与标准方法进行比较，结果如下：

新方法：20.10，20.50，18.65，19.25，19.40，19.99mg/L

标准法：18.89，19.20，19.00，19.70，19.40mg/L

问新方法是否可靠（$P=95\%$）。 (可靠)

第二章　酸 碱 滴 定 法

内 容 提 要

酸碱滴定法是以酸碱反应为基础的滴定分析方法。本章主要讲述了酸碱质子理论，水溶液中的酸碱平衡及 pH 值的计算，阐述了酸碱滴定的基本原理，酸碱滴定曲线的绘制及酸碱指示剂的选择，着重介绍了酸碱滴定法测定水中碱度、侵蚀性 CO_2 等方面的应用。

学习要求

（1）根据酸碱质子理论，理解酸碱的意义及共轭酸碱对。

（2）能理解分布分数表示各型体平衡浓度的方法。

（3）能列出水溶液中质子平衡式，会计算各种酸碱及缓冲溶液的 pH 值。

（4）理解酸碱指示剂的作用原理、理论变色点，甲基橙和酚酞指示剂的变色范围。

（5）掌握酸碱滴定曲线绘制、突跃范围、pH 值的计算及酸碱指示剂的选择。会判断弱酸（碱）能被准确滴定的条件。

（6）掌握酸碱标准溶液的配制和标定。

（7）重点掌握水中碱度的测定原理、碱度成分的判断和计算。熟悉酸度、游离 CO_2、侵蚀性 CO_2 等测定原理及计算。

酸碱滴定法是以质子传递反应为基础的滴定分析方法，它是滴定分析中重要的方法之一，它所依据的反应是

$$H_3O^+ + OH^- \rightleftharpoons 2H_2O$$

$$H_3O^+ + A^- \rightleftharpoons HA + H_2O$$

$$HA + OH^- \rightleftharpoons A^- + H_2O$$

一般的酸、碱以及能与酸碱直接或间接发生质子传递反应的物质，几乎都可以利用酸碱滴定法进行测定。如水样中的酸度、碱度、氨氮、侵蚀性 CO_2、游离 CO_2、腐植酸盐等项目的测定。因此，酸碱滴定法应用十分广泛。

为了保证酸碱滴定反应的顺利完成，一方面需要了解滴定过程中溶液 pH 值的变化规律；另一方面还要了解酸碱指示剂的性质、变色原理及变色范围，以便能正确地选择合适的指示剂来确定滴定终点，从而获得准确的分析结果。所以为了掌握酸碱滴定法，首先需要了解水溶液中的酸碱平衡。

第一节　水溶液中的酸碱平衡

一、酸碱反应和共轭酸碱对

1. 酸碱定义和共轭酸碱对

根据酸碱质子理论，凡是能给出质子（H^+）的物质就是酸；凡是能接受质子的物质就

是碱。一种酸给出质子后，其剩余的部分便成为碱；同理，一种碱接受质子后，其生成物便成为酸。它们之间的关系

$$\underset{(酸)}{HA} \rightleftharpoons H^+ + \underset{(碱)}{A^-}$$

可见，酸与碱是不可能彼此分开的，而是处于一种相互依存的关系中。酸与碱这种相互依存的关系称为共轭关系，即 HA 是 A^- 的共轭酸，A^- 是 HA 的共轭碱。这种因质子得失而相互转化的一对酸碱称为共轭酸碱对。酸和碱可以是中性分子，也可以是阳离子或阴离子，只不过酸较碱多一个质子。

$$酸 \rightleftharpoons 质子 + 碱$$

$$HAc \rightleftharpoons H^+ + Ac^-$$

$$NH_4^+ \rightleftharpoons H^+ + NH_3$$

$$HCO_3^- \rightleftharpoons H^+ + CO_3^{2-}$$

$$H_2O \rightleftharpoons H^+ + OH^-$$

另外，质子理论的酸碱概念具有相对性，例如在下列两个酸碱半反应中

$$H^+ + HPO_4^{2-} \rightleftharpoons H_2PO_4^-$$

$$HPO_4^{2-} \rightleftharpoons H^+ + PO_4^{3-}$$

HPO_4^{2-} 在 $H_2PO_4^- - HPO_4^{2-}$ 共轭酸碱对中为碱，而在 $HPO_4^{2-} - PO_4^{3-}$ 共轭酸碱对中则为酸。

2. 酸碱反应

酸碱质子理论认为，酸碱反应的实质是质子的转移。例如 HCl 在水中的解离是由于作为溶剂的水在起着碱的作用。

$$HCl + H_2O \xrightarrow{H^+} H_3O^+ + Cl^-$$

为了书写方便，通常将 H_3O^+ 简写 H^+，于是上述反应式可写成

$$HCl = H^+ + Cl^-$$

上述反应式虽经简化，但不可忘记溶剂水分子所起的作用，它所代表的仍是一个完整的酸碱反应。

NH_3 与水的反应也是一种酸碱反应，不同的是，作为溶剂的水分子起着酸的作用

$$NH_3 + H_2O \rightleftharpoons OH^- + NH_4^+$$

由此可见，作为溶剂的水既能给出质子起着酸的作用，又能接受质子起着碱的作用，所以，水是一种两性物质。由于水具有这种性质，故在水分子之间也可以发生质子的转移作用

$$H_2O + H_2O \rightleftharpoons H_3O^+ + OH^-$$

这种仅在水分子之间发生的质子传递作用称为水的质子自递反应。

二、酸碱强度

1. 酸碱强度

酸的强弱取决于它将质子给予溶剂分子的能力和溶剂接受质子的能力，碱的强度取决定于它从溶剂分子夺取质子的能力和溶剂分子给予质子的能力，即酸碱度与酸碱本身的性质及溶剂的性质有关。在水溶液中，酸碱强度可以用酸碱的解离常数 K_a 或 K_b 来衡量。酸、碱的解离常数越大，其酸、碱性越强，K_a 和 K_b 仅随温度的变化而变化。例如 HAc 和 HCN

溶于水时

$$HAc + H_2O \rightleftharpoons H_3O^+ + Ac^-, \quad K_a = 1.8\times10^{-5}$$

$$HCN + H_2O \rightleftharpoons H_3O^+ + CN^-, \quad K_a = 6.2\times10^{-10}$$

显然这两种酸的强度是 HAc>HCN。

又如 NH_3 和 CH_3NH_2 溶于水时

$$NH_3 + H_2O \rightleftharpoons NH_4^+ + OH^-, \quad K_b = 1.8\times10^{-5}$$

$$CH_3NH_2 + H_2O \rightleftharpoons CH_3NH_3^+ + OH^-, \quad K_b = 4.2\times10^{-4}$$

这两种碱的强弱顺序是 $NH_3 < CH_3NH_2$。

2. K_a 和 K_b 的关系

酸与碱既然是共轭的，其解离常数 K_a 和 K_b 之间必然有一定的联系。

现以 $HAc-Ac^-$ 共轭酸碱对为例：

$$HAc + H_2O \rightleftharpoons H_3O^+ + Ac^-$$

$$K_a = \frac{[H_3O^+][Ac^-]}{[HAc]}$$

$$Ac^- + H_2O \rightleftharpoons HAc + OH^-$$

$$K_b = \frac{[HAc][OH^-]}{[Ac^-]}$$

将 K_a 与 K_b 相乘，得

$$K_aK_b = \frac{[H_3O^+][Ac^-]}{[HAc]}\frac{[HAc][OH^-]}{[Ac^-]} = [H_3O^+][OH^-]$$

即

$$K_aK_b = K_w = 1.0\times10^{-14}\ (25℃)$$

$$pK_a + pK_b = pK_w = 14.00 \qquad (2-1)$$

由此可见，对于任一 $HA-A^-$ 共轭酸碱对而言，酸越强，则其共轭碱越弱；同理，碱越强，则其共轭酸就越弱。由酸的解离常数 K_a，可求其共轭碱的解离常数 K_b，反之亦然。常用弱酸、弱碱的解离常数见附录一。

对于多元酸（碱），由于其在水溶液中是分级解离，溶液中存在多个共轭酸碱对。

3. 多元酸（碱）中 K_a 和 K_b 的关系

以 H_2CO_3 为例说明，H_2CO_3 逐级解离如下：

$$H_2CO_3 + H_2O \rightleftharpoons HCO_3^- + H_3O^+$$

$$K_{a1} = \frac{[HCO_3^-][H_3O^+]}{[H_2CO_3]} = 4.2\times10^{-7}$$

$$HCO_3^- + H_2O \rightleftharpoons CO_3^{2-} + H_3O^+$$

$$K_{a2} = \frac{[CO_3^{2-}][H_3O^+]}{[HCO_3^-]} = 5.6\times10^{-11}$$

由于 $K_{a1} > K_{a2}$，酸的强度是 $H_2CO_3 > HCO_3^-$。

作为碱，CO_3^{2-} 将逐级结合 H^+

$$CO_3^{2-} + H_2O \rightleftharpoons HCO_3^- + OH^-$$

$$K_{b1}=\frac{[HCO_3^-][OH^-]}{[CO_3^{2-}]}$$

$$HCO_3^- + H_2O \rightleftharpoons H_2CO_3 + OH^-$$

$$K_{b2}=\frac{[H_2CO_3][OH^-]}{[HCO_3^-]}$$

则多元酸（碱）中共轭酸碱对间的对应关系为

$$K_{a1}K_{b2}=K_{a2}K_{b1}=K_w \tag{2-2}$$

三、活度与活度系数

1. 活度与活度系数

在讨论溶液中的化学平衡时，用浓度代入化学平衡常数公式进行计算，所得结果与实验值往往有偏差。这种偏差对强电解质的浓溶液偏差更为明显。其原因是，推导各种平衡常数公式时，假设溶液中各种离子之间没有作用力，相互没有影响。在强电解质的较浓溶液中，各离子都带有电荷，由于静电引力作用，各离子周围都吸引着较多的带相反电荷的离子，它们相互牵制，影响了各离子的自由运动，因而降低了离子在化学反应中的作用能力，使离子参加化学反应的有效浓度要比实际浓度低。因此，用浓度计算所得结果与实验值就会产生一定的偏差。

为了考虑离子间相互作用的影响，引入了活度的概念。活度是指离子在化学反应中起作用的有效浓度。活度与浓度的比值称为活度系数，以 γ 表示。如果以 a 代表离子的活度，c 代表离子的浓度，则活度系数 γ 为

$$\gamma=\frac{a}{c} \quad 或 \quad a=\gamma c \tag{2-3}$$

活度系数 γ 大小，表示离子之间作用力对离子化学作用能力影响的大小。一般而言，浓度越大，离子间的相互作用越强，a 与 c 差值越大；相反浓度越小，a 与 c 的差值越小，γ 就越接近于 1。

2. 离子强度

活度系数的大小不仅与溶液中各种离子的浓度有关，而且还与离子的电荷有关。为了表示这种影响，引入了离子强度的概念，用 I 表示，其数值计算式如下

$$I=\frac{1}{2}\sum c_i z_i^2 \tag{2-4}$$

式中：c_i 为各离子的浓度，mol/L；z_i 为各离子的电荷。

表 2-1 中列出了不同离子强度时，各种相同价态的离子的平均活度系数。显然，离子强度越大，活度系数越小。

表 2-1　　离子的活度系数值

离子强度 / 离子价数	0.001	0.005	0.01	0.05	0.1
一价离子	0.96	0.95	0.93	0.85	0.80
二价离子	0.86	0.74	0.65	0.56	0.46
三价离子	0.72	0.62	0.52	0.28	0.20
四价离子	0.54	0.43	0.32	0.11	0.06

【例 2-1】 计算 0.01mol/L $CaCl_2$ 溶液中 Ca^{2+} 和 Cl^- 的活度。

解 溶液中 $c_{Ca^{2+}}=0.01mol/L$，$c_{Cl^-}=2\times0.01=0.02mol/L$

$$I=\frac{1}{2}\left(c_{Ca^{2+}}z_{Ca^{2+}}^2+c_{Cl^-}z_{Cl^-}^2\right)$$

$$=\frac{1}{2}\left(0.01\times2^2+0.02\times1^2\right)=0.03$$

查表 2-1，用内插法计算❶得 $\gamma_{Ca^{2+}}=0.605$，$\gamma_{Cl^-}=0.89$

故 $a_{Ca^{2+}}=\gamma_{Ca^{2+}}c_{Ca^{2+}}=0.605\times0.01=0.00605$（mol/L）

$a_{Cl^-}=\gamma_{Cl^-}c_{Cl^-}=0.89\times0.02=0.0178$（mol/L）

第二节 酸碱平衡中有关组分浓度的计算

一、分析浓度和平衡浓度

分析浓度是指溶液中溶质的各种型体（各种组分）的总浓度。包括已解离的各种型体浓度的总和，又称总浓度。通常所说的酸碱浓度是指分析浓度，用物质的量浓度表示，以 mol/L 为单位，用 c 表示。为指明某种物质的分析浓度，常用括号或下标注明溶质的基本单元，如 $c(NaOH)$、$c\left(\frac{1}{2}H_2SO_4\right)$等，或表示为 c_{NaOH}、$c_{\frac{1}{2}H_2SO_4}$ 等。本书统一用下标表示基本单元。

平衡浓度是指在平衡状态时，溶液中存在的各形式的物质的量浓度，以 [ ] 表示，单位是 mol/L。如 HAc 溶液的分析浓度为 c_{HAc}。HAc 在溶液中各形式的平衡浓度为 [HAc]、$[Ac^-]$，它们之间的关系为 $c_{HAc}=[HAc]+[Ac^-]$。

二、分布分数

在弱酸（碱）溶液中，酸（碱）以各种形式存在的平衡浓度与其分析浓度的比值称为分布分数，以 δ 表示。

1. 一元弱酸（碱）溶液

例如一元弱酸 HA，它在溶液中只能以 HA 和 A^- 两种形式存在，设其分析浓度为 c_{HA}，HA 和 A^- 的平衡浓度分别为 [HA] 和 $[A^-]$，其分布分数分别为 δ_{HA} 和 δ_{A^-}，则

$$c_{HA}=[HA]+[A]$$

$$K_a=\frac{[H^+][A^-]}{[HA]}$$

$$\delta_{HA}=\frac{[HA]}{c_{HA}}=\frac{[HA]}{[HA]+[A^-]}=\frac{1}{1+\frac{[A^-]}{[HA]}}=\frac{1}{1+\frac{K_a}{[H^+]}}=\frac{[H^+]}{[H^+]+K_a} \quad (2-5)$$

$$\delta_{A^-}=\frac{[A^-]}{c_{HA}}=\frac{[A^-]}{[HA]+[A^-]}=\frac{K_a}{[H^+]+K_a} \quad (2-6)$$

$$\delta_{HA}+\delta_{A^-}=1 \quad (2-7)$$

---

❶ 内插法计算：以 $\gamma_{Ca^{2+}}$ 为例，关系式为$\frac{0.03-0.01}{\gamma_{Ca^{2+}}-0.65}=\frac{0.05-0.03}{0.56-\gamma_{Ca^{2+}}}$，解之得：$\gamma_{Ca^{2+}}=0.605$。

【例 2-2】 计算 pH=5.0 时，HAc 和 Ac^- 的分布分数分别为多少？

解 $\delta_{HAc}=\frac{[H^+]}{[H^+]+K_a}=\frac{10^{-5.0}}{10^{-5.0}+1.8\times10^{-5}}=0.36$

$\delta_{Ac^-}=1-\delta_{HAc}=1-0.36=0.64$

以 pH 值为横坐标，以各种存在形式的分布分数为纵坐标作图，所得到的曲线称为分布曲线。如图 2-1 所示的 HAc 和 Ac^- 的分布曲线。

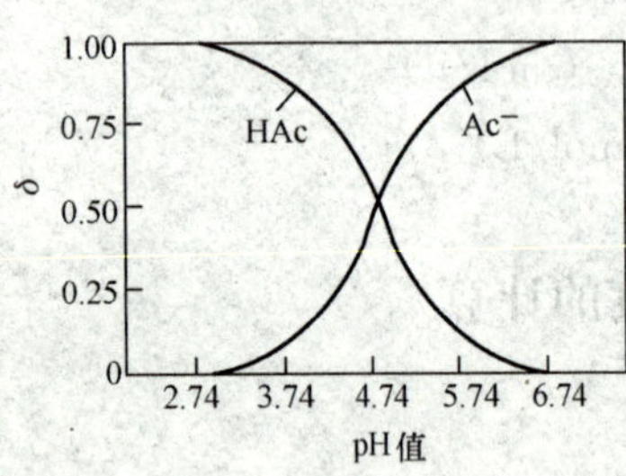

图 2-1 HAc 和 Ac^- 的分布曲线

从图 2-1 可以看出，当 $pH=pK_a$ 时，$\delta_{HAc}=\delta_{Ac^-}=0.50$，[HAc] 和 $[Ac^-]$ 各占一半。当 $pH>pK_a$ 时，$[Ac^-]>[HAc]$；反之，$[Ac^-]<[HAc]$。

2. 多元弱酸（碱）溶液

以二元弱酸 H_2A 为例，它在溶液中以 H_2A、HA^- 和 A^{2-} 3 种形式存在，其分析浓度 c_{H_2A} 为

$$c_{H_2A}=[H_2A]+[HA^-]+[A^{2-}]$$

$$=[H_2A]\left\{1+\frac{K_{a1}}{[H^+]}+\frac{K_{a1}K_{a2}}{[H^+]^2}\right\}$$

以 δ_{H_2A}、δ_{HA^-} 和 $\delta_{A^{2-}}$ 分别表示 H_2A、HA^- 和 A^{2-} 的分布分数，则

$$\delta_{H_2A}=\frac{[H_2A]}{c_{H_2A}}=\frac{1}{1+\frac{K_{a1}}{[H^+]}+\frac{K_{a1}K_{a2}}{[H^+]^2}}=\frac{[H^+]^2}{[H^+]^2+[H^+]K_{a1}+K_{a1}K_{a2}} \quad (2-8)$$

同理推得

$$\delta_{HA^-}=\frac{[HA^-]}{c_{H_2A}}=\frac{[H^+]K_{a1}}{[H^+]^2+[H^+]K_{a1}+K_{a1}K_{a2}} \quad (2-9)$$

$$\delta_{A^{2-}}=\frac{[A^{2-}]}{c_{H_2A}}=\frac{K_{a1}K_{a2}}{[H^+]^2+[H^+]K_{a1}+K_{a1}K_{a2}} \quad (2-10)$$

$$\delta_{H_2A}+\delta_{HA^-}+\delta_{A^{2-}}=1 \quad (2-11)$$

例如，草酸的 $K_{a1}=5.9\times10^{-2}$，$K_{a2}=6.4\times10^{-5}$，按上式计算并绘制分布曲线，如图 2-2 所示。

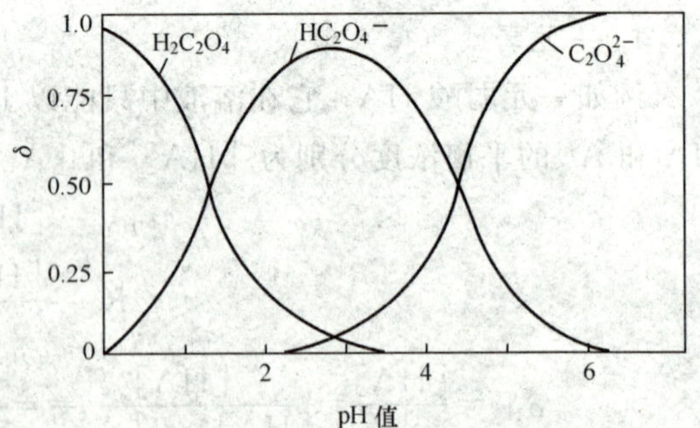

图 2-2 草酸的分布曲线

三、物料平衡、电荷平衡和质子条件

1. 物料平衡式

物料平衡式（material balance equation, MBE）是指在平衡状态下，某一物质的分析浓度等于其各种存在形式的平衡浓度之和。例如，浓度为 c（mol/L）HAc 溶液的 MBE 为

$$c_{HAc}=[HAc]+[Ac^-]$$

又如浓度为 c(mol/L) 的 Na_2HPO_4 溶液的 MBE 为

$$c=[H_3PO_4]+[H_2PO_4^-]+[HPO_4^{2-}]+[PO_4^{3-}]$$

$$2c=[Na^+]$$

2. 电荷平衡式

电荷平衡式（charge balance equation，CBE）是指单位体积溶液中正负电荷的物质的量相等，即在化学平衡体系中，溶液呈电中性。例如，浓度为 c(mol/L) NaAc 溶液

$$NaAc = Na^+ + Ac^-$$

$$Ac^- + H_2O \rightleftharpoons HAc + OH^-$$

$$H_2O \rightleftharpoons H^+ + OH^-$$

为保持溶液电中性，溶液中正负离子的总浓度相等，NaAc 溶液的 CBE 为

$$[H^+] + [Na^+] = [Ac^-] + [OH^-]$$

或

$$[H^+] + c = [Ac^-] + [OH^-]$$

又如浓度为 c (mol/L) Na_2HPO_4 溶液的 CBE 为

$$[H^+] + [Na^+] = [H_2PO_4^-] + 2[HPO_4^{2-}] + 3[PO_4^{3-}] + [OH^-]$$

注意：多价离子的平衡浓度前要乘以相应的系数（即离子所带电荷数）。

3. 质子条件式

质子条件式（proton balance equation，PBE）在酸碱反应达到平衡时，酸失去的质子数等于碱得到的质子数。这种得失质子的物质的量相等关系称为质子平衡。由 PBE 得到溶液的 H^+ 浓度与有关组分浓度的关系式，是计算各类酸、碱溶液 pH 值的依据。质子条件式可采用以下两种方法求得。

(1) 由物料平衡和电荷平衡求解。例如 c (mol/L) 的 Na_2CO_3 溶液

MBE：$[Na^+] = 2c$

$$[CO_3^{2-}] + [HCO_3^-] + [H_2CO_3] = c$$

CBE：$[H^+] + [Na^+] = [OH^-] + [HCO_3^-] + 2[CO_3^{2-}]$

将 MBE 整理得

$$[Na^+] = 2[CO_3^{2-}] + 2[HCO_3^-] + 2[H_2CO_3]$$

代入电荷平衡式，整理得质子条件式

$$[H^+] = [OH^-] - [HCO_3^-] - 2[H_2CO_3]$$

(2) 由溶液中得失质子的量相等列出。在计算酸碱溶液的 H^+ 浓度时，通常以溶液中大量存在并参与质子转移的组分为零水准，即参考水准。将所有得到质子后的产物写在等式的左边，失去质子后的产物写在右边，就可得到质子条件式。

例如，HAc 溶液有下列平衡

$$HAc \rightleftharpoons H^+ + Ac^-$$

$$H_2O \rightleftharpoons H^+ + OH^-$$

选择 HAc 和 H_2O 为零水准，得到质子后的产物是 H^+（实际是 H_3O^+），失去质子后的产物是 Ac^- 和 OH^-，则

$$\text{PBE: } [H^+] = [Ac^-] + [OH^-]$$

又如，Na_2CO_3 溶液的 PBE，选 CO_3^{2-} 和 H_2O 为参考水准，可直接写出

得质子产物	参考水准	失质子产物
$H^+(H_3O^+)$	$\longleftarrow H_2O$	$\longrightarrow OH^-$
$H_2CO_3 \longleftarrow HCO_3^-$	$\longleftarrow CO_3^{2-}$	$\longleftarrow CO_3^{2-}$

PBE：

$$[HCO_3^-] + 2[H_2CO_3] + [H_3O^+] = [OH^-]$$

整理得 $[H^+]=[OH^-]-[HCO_3^-]-2[H_2CO_3]$

应注意，质子转移的量大于或等于2时，它们的浓度之前必须乘上这一相应的系数，才符合得失质子的量相等关系。上例中 $[H_2CO_3]$ 前面的系数为2，因1mol CO_3^{2-} 转化为1mol H_2CO_3，所得到的质子为2mol，故 $[H_2CO_3]$ 所代表的 CO_3^{2-} 得到质子的浓度必须为 $[H_2CO_3]$ 的2倍。

四、pH值的计算

1. 强酸（强碱）溶液

强酸（浓度为 c_a）、强碱（浓度为 c_b）在水溶液中全部解离，而纯水中 $[H^+]=1.0\times10^{-7}$ mol/L。因此，当 $c>10^{-6}$ mol/L时，忽略水解离的 $[H^+]$，此时，强酸溶液的 $[H^+]=c_a$，强碱溶液的 $[OH^-]=c_b$。

当 $c<10^{-6}$ mol/L时，则需要考虑水解离的 $[H^+]$。强酸的质子条件为

$$[H^+]=c_a+[OH^-]$$

将 $[OH^-]=\dfrac{K_w}{[H^+]}$，代入上式，整理得

$$[H^+]^2-c_a[H^+]-K_w=0$$

$$[H^+]^2=\frac{c_a+\sqrt{c_a{}^2+4K_w}}{2} \tag{2-12}$$

这就是计算强酸溶液 $[H^+]$ 的精确式。

同理可推出计算强碱溶液 $[OH^-]$ 的精确式。

$$[OH^-]^2=\frac{c_b+\sqrt{c_b{}^2+4K_w}}{2} \tag{2-13}$$

2. 一元弱酸（弱碱）溶液

一元弱酸HA（浓度为 c）的质子条件式为

$$[H^+]=[A^-]+[OH^-]$$

利用平衡常数表达式将各项写成 $[H^+]$ 的函数，即

$$[H^+]=\frac{K_a[HA]}{[H^+]}+\frac{K_w}{[H^+]}$$

整理后得

$$[H^+]=\sqrt{K_a[HA]+K_w} \tag{2-14}$$

而 $[HA]=c\,\delta_{HA}=c\,\dfrac{[H^+]}{[H^+]+K_a}$

将上式代入式（2-11），整理后得

$$[H^+]^3+K_a[H^+]^2-(cK_a+K_w)[H^+]-K_aK_w=0 \tag{2-15}$$

这是计算一元弱酸溶液 H^+ 浓度的精确公式。在实际应用中可按照具体情况作合理的近似处理。若酸不是太弱（$cK_a\geqslant20K_w$），可略去 K_w 项，即忽略水的解离，此时计算结果的相对误差不大于5%。由式（2-14）得到

$$[H^+]=\sqrt{K_a[HA]} \tag{2-16}$$

根据物料平衡式 $[HA]=c-[A^-]$

根据质子条件式 $[A^-]=[H^+]-[OH^-]$

忽略水的解离产生的 $[OH^-]$，$[HA] \approx c-[H^+]$，则

$$[H^+]=\sqrt{K_a[HA]}=\sqrt{K_a(c-[H^+])}$$

整理得

$$[H^+]^2+K_a[H^+]-cK_a=0$$

$$[H^+]=\frac{-K_a+\sqrt{K_a^2+4cK_a}}{2} \tag{2-17}$$

这是计算一元弱酸溶液 H^+ 浓度的近似公式。

若一元弱酸的解离度小于 5%，则可忽略弱酸的解离，此时 $c-[H^+] \approx c$，即

$$[H^+]=\sqrt{cK_a} \tag{2-18}$$

这是计算一元弱酸溶液 H^+ 浓度的最简式。

当 $cK_a \geqslant 20K_w$，$\frac{c}{K_a} \geqslant 500$ 时，可采用最简式计算一元弱酸溶液 H^+ 浓度。

同理，可推导出一元弱碱溶液 OH^- 浓度的计算公式。

当 $cK_b \geqslant 20K_w$，$\frac{c}{K_b} \geqslant 500$ 时，计算一元弱碱溶液 OH^- 浓度的最简式为

$$[OH^-]=\sqrt{cK_b} \tag{2-19}$$

【例 2-3】 计算 0.10mol/L HAc 的溶液的 pH 值。

解 HAc 的 $K_a=1.8\times10^{-5}$，

由于 $cK_a>20K_w$，$\frac{c}{K_a}>500$，故可用最简式计算。

$[H^+]=\sqrt{cK_a}=\sqrt{0.10\times1.8\times10^{-5}}=1.3\times10^{-3}$ (mol/L)

pH=2.89

【例 2-4】 有一弱酸，其浓度为 0.001mol/L，$K_a=1.0\times10^{-4}$，计算溶液的 pH 值。

解 由于 $cK_a>20K_w$，$\frac{c}{K_a}<500$，采用近似公式计算。

$$[H^+]=\frac{-K_a+\sqrt{K_a^2+4cK_a}}{2}$$

$$=\frac{-1.0\times10^{-4}+\sqrt{(1.0\times10^{-4})^2+4\times0.001\times1.0\times10^{-4}}}{2}$$

$$=2.7\times10^{-4}\ (\text{mol/L})$$

pH=3.57

【例 2-5】 计算 0.10mol/L NaAc 溶液的 pH 值。

解 HAc 的 $K_a=1.8\times10^{-5}$，　则 Ac^- 的 $K_b=\frac{K_w}{K_a}=\frac{1.00\times10^{-14}}{1.8\times10^{-5}}=5.6\times10^{-10}$

$cK_b \geqslant 20K_w$，$\frac{c}{K_b}>500$，故可用最简式计算。

$[OH^-]=\sqrt{cK_b}=\sqrt{0.10\times5.6\times10^{-10}}=7.5\times10^{-6}$ (mol/L)

pOH=5.13　　pH=14.00−5.13=8.87

3. 多元弱酸（碱）溶液

浓度为 c（mol/L）二元弱酸 H_2A，其解离常数为 K_{a1} 和 K_{a2}，其质子条件式为

$$[H^+]=[HA^-]+2[A^{2-}]+[OH^-]$$

由于溶液为酸性，可略去 $[OH^-]$，根据平衡常数表达式，得

$$[HA^-]=\frac{K_{a1}[H_2A]}{[H^+]},\ [A^{2-}]=\frac{K_{a1}K_{a2}[H_2A]}{[H^+]^2}$$

代入上式得

$$[H^+]=\frac{K_{a1}[H_2A]}{[H^+]}+2\frac{K_{a1}K_{a2}[H_2A]}{[H^+]^2}=\frac{K_{a1}[H_2A]}{[H^+]}\left\{1+\frac{2K_{a2}}{[H^+]}\right\}$$

若 $\frac{2K_{a2}}{[H^+]}\ll 1$，可将其略去，即忽略弱酸的第二步解离，按一元弱酸处理。

当 $cK_{a1}>20K_w$，$\frac{c}{K_{a1}}<500$ 时，可用近似公式计算，即

$$[H^+]=\frac{-K_{a1}+\sqrt{K_{a1}^2+4cK_{a1}}}{2} \quad (2-20)$$

当 $cK_{a1}>20K_w$，$\frac{c}{K_{a1}}>500$ 时，可用最简式计算，即

$$[H^+]=\sqrt{cK_{a1}} \quad (2-21)$$

对于多元弱碱溶液 pH 值的计算，可同样近似处理，按一元弱碱来计算 OH^- 浓度。

【例 2-6】 计算 0.10mol/L 的 $H_2C_2O_4$ 溶液的 pH 值。

解 已知 $c=0.10\text{mol/L}$，$K_{a1}=5.9\times10^{-2}$，$K_{a2}=6.4\times10^{-5}$，由于 $cK_{a1}>20K_w$，$\frac{c}{K_{a1}}<500$，采用近似公式进行计算。

$$[H^+]=\frac{-K_{a1}+\sqrt{K_{a1}^2+4cK_{a1}}}{2}$$

$$=\frac{-5.9\times10^{-2}+\sqrt{(5.9\times10^{-2})^2+4\times0.10\times5.9\times10^{-2}}}{2}$$

$$=5.3\times10^{-2}\ (\text{mol/L})$$

pH=1.28

【例 2-7】 计算 0.10mol/L 的 Na_2CO_3 溶液的 pH 值。

解 $K_{b1}=\frac{K_w}{K_{a2}}=1.8\times10^{-4}$

$$K_{b2}=\frac{K_w}{K_{a1}}=2.4\times10^{-8}$$

由于 $cK_{b1}\geqslant 20K_w$，$\frac{c}{K_{b1}}>500$，故可用最简式计算：

$$[OH^-]=\sqrt{cK_{b1}}=\sqrt{0.10\times1.8\times10^{-4}}=4.2\times10^{-3}\ (\text{mol/L})$$

pOH=2.38，pH=14.00−2.38=11.62

4. 两性物质溶液

在溶液中既能提供质子，又能接受质子的物质称为两性物质，如 $NaHCO_3$、NaH_2PO_4、

Na_2HPO_4 等。以 NaHA 酸式盐为例，它在水溶液中有两种解离方式。

酸式解离：

$$HA^- + H_2O \rightleftharpoons A^{2-} + H_3O^+$$

碱式解离：

$$HA^- + H_2O \rightleftharpoons H_2A + OH^-$$

两性物质水溶液的酸碱性取决于上述两种解离常数的相对大小，其质子条件式为

$$[H^+] + [H_2A] = [A^{2-}] + [OH^-]$$

即

$$[H^+] = [A^{2-}] + [OH^-] - [H_2A]$$

根据二元弱酸 H_2A 的解离平衡关系，得

$$[H^+] = \frac{K_{a2}[HA^-]}{[H^+]} + \frac{K_w}{[H^+]} - \frac{[H^+][HA^-]}{K_{a1}}$$

整理得

$$[H^+] = \sqrt{\frac{K_{a1}(K_{a2}[HA^-] + K_w)}{K_{a1} + [HA^-]}}$$

一般而言，HA^- 的酸式解离和碱式解离的倾向都很小，可认为 $[HA^-] \approx c$，于是得到两性物质溶液 $[H^+]$ 的近似式

$$[H^+] = \sqrt{\frac{K_{a1}(K_{a2}c + K_w)}{K_{a1} + c}} \tag{2-22}$$

若 $K_{a2}c > 20K_w$，K_w 可忽略，得

$$[H^+] = \sqrt{\frac{K_{a1}K_{a2}c}{K_{a1} + c}} \tag{2-23}$$

若 $c > 20K_{a1}$，$K_{a1} + c \approx c$，则得最简式

$$[H^+] = \sqrt{K_{a1}K_{a2}} \tag{2-24}$$

对于 $NaHCO_3$、NaH_2PO_4 等溶液的 $[H^+]$，可按上述公式进行计算。对于 Na_2HPO_4 等溶液的 $[H^+]$，其近似式和最简式分别为

$$[H^+] = \sqrt{\frac{K_{a2}K_{a3}c}{K_{a2} + c}} \tag{2-25}$$

$$[H^+] = \sqrt{K_{a2}K_{a3}} \tag{2-26}$$

【例 2-8】 计算 0.10mol/L $NaHCO_3$ 溶液的 pH 值。

解 H_2CO_3 的 $K_{a1} = 4.2 \times 10^{-7}$，$K_{a2} = 5.6 \times 10^{-11}$

由于 $K_{a2}c > 20K_w$，$c > 20K_{a1}$，故可用最简式计算：

$$[H^+] = \sqrt{K_{a1}K_{a2}} = \sqrt{4.2 \times 10^{-7} \times 5.6 \times 10^{-11}}$$

$$= 4.8 \times 10^{-9} \text{ (mol/L)}$$

pH = 8.31

5. 酸碱缓冲溶液

酸碱缓冲溶液是一种对溶液的酸度起稳定作用的溶液。这种能够抵抗外加少量酸、碱或稀释，而本身的 pH 值不发生显著变化的溶液称为缓冲溶液。

(1) 分类及组成。缓冲溶液一般是由浓度较大的共轭酸碱对组成。例如，弱酸及其盐

(HAc－NaAc)，弱碱及其盐（NH_3-NH_4Cl），多元弱酸酸式盐及其次级盐（$NaH_2PO_4-Na_2HPO_4$）等。高浓度的强酸（pH＜2）、强碱（pH＞12）溶液也是缓冲溶液，由于在它们的溶液中 H^+ 或 OH^- 的浓度本来就很高，故外加少量的酸或碱不会对溶液的酸度产生太大的影响，但这类缓冲溶液不具有抗稀释作用。另一类是一些测量溶液 pH 时用作参考标准，称为标准缓冲溶液。

依据缓冲溶液的 pH 值范围不同，分为酸式缓冲溶液和碱式缓冲溶液。一般而言，pH＜7 的为酸式缓冲溶液，如 HAc－NaAc 等；pH＞7 的为碱式缓冲溶液，如 NH_3-NH_4Cl 等。

（2）缓冲作用原理。现以 HAc－NaAc 组成的缓冲溶液为例，说明缓冲溶液的作用原理。在这种溶液中，NaAc 完全解离成 Na^+ 和 Ac^-，HAc 则部分解离为 H^+ 和 Ac^-。

$$NaAc \longrightarrow Na^+ + Ac^-$$

$$HAc \rightleftharpoons H^+ + Ac^-$$

溶液中存在大量的共轭酸碱对 HAc 和 Ac^-。当向此溶液中加入少量的强酸时，加入的 H^+ 与溶液中的碱 Ac^- 反应生成难解离的共轭酸 HAc，使平衡向左移动，溶液中 $[H^+]$ 增加不多，即 pH 值变化很小；当向此溶液中加入少量强碱时，加入的 OH^- 与溶液中 H^+ 的反应生成 H_2O，促使 HAc 解离平衡向右移动，补充消耗掉的 H^+，溶液中 $[H^+]$ 降低也不多，即 pH 值变化仍很小；若将溶液加水稀释，HAc 和 Ac^- 的浓度都相应降低，但 HAc 的解离度相应增加，$[H^+]$ 或 pH 值仍然变化不大。

（3）缓冲溶液 pH 值的计算。在弱酸（HA，浓度为 c_{HA}）与其共轭碱（A^-，浓度为 c_{A^-}）共存的体系中，以 HA、A^-、H_2O 为零水准，用 $[HA]_A$ 表示 A^- 得质子产物的浓度，$[A^-]_{HA}$ 表示 HA 失质子产物的浓度，质子条件式为

$$[H^+] + [HA]_A = [OH^-] + [A^-]_{HA}$$

$$c_{HA} = [HA]_{HA} + [A^-]_{HA},\ c_{A^-} = [HA]_A + [A^-]_A$$

即 $[A^-]_{HA} = c_{HA} - [HA]_{HA}$，将其代入质子条件式，得

$$c_{HA} = [HA]_A + [HA]_{HA} + [H^+] - [OH^-]$$

$$= [HA] + [H^+] - [OH^-]$$

整理得

$$[HA] = c_{HA} - [H^+] + [OH^-]$$

同理，将 $c_{A^-} = [HA]_A + [A^-]_A$ 代入质子条件式，可得 $[A^-] = c_{A^-} + [H^+] - [OH^-]$。由解离常数表达式得

$$[H^+] = K_a \frac{[HA]}{[A^-]} = K_a \frac{c_{HA} - [H^+] + [OH^-]}{c_{A^-} + [H^+] - [OH^-]}$$

这是精确计算 $[H^+]$ 的公式，实际上很少用到。

若酸、碱的分析浓度较大，同时满足 $c_{HA} \gg \{[OH^-] - [H^+]\}$，$c_{A^-} \gg \{[H^+] - [OH^-]\}$，可得到最简式

$$[H^+] = K_a \frac{c_{HA}}{c_{A^-}}$$

即

$$pH = pK_a - \lg \frac{c_{HA}}{c_{A^-}} \tag{2-27}$$

最简式推导： $HA \rightleftharpoons H^+ + A^-$

起始浓度： c_{HA} 0 c_{A^-}

平衡浓度： $c_{HA}-[H^+]$ $[H^+]$ $c_{A^-}+[H^+]$

因 K_a 很小，c_{HA}、c_{A^-} 一般较大，$c_{HA}-[H^+] \approx c_{HA}$；$c_{A^-}+[H^+] \approx c_{A^-}$，代入 HA 平衡常数表达式可得式（2-27）。

对弱碱及其盐（如 NH_3-NH_4Cl）所组成的缓冲溶液，同样可以得到

$$[OH^-]=K_b\frac{c_{NH_3}}{c_{NH_4^+}}$$

$$pOH=pK_b-\lg\frac{c_{NH_3}}{c_{NH_4^+}} \tag{2-28}$$

【例 2-9】 计算 0.04mol/L HAc 和 0.06mol/L NaAc 组成的缓冲溶液的 pH 值。

解 已知 $pK_a=4.74$，由式（2-25）得

$$\begin{aligned}pH&=pK_a-\lg\frac{c_{HA}}{c_{A^-}}\\&=4.74-\lg\frac{0.04}{0.06}\\&=4.92\end{aligned}$$

【例 2-10】 0.30mol/L 氨水溶液与 0.10mol/L HCl 溶液等体积混合，求此溶液的 pH 值。

解 因为 $NH_3 \cdot H_2O+HCl = NH_4Cl+H_2O$

已知 NH_3 的 $K_b=1.8\times10^{-5}$

等体积混合后，生成 NH_4Cl 的浓度为 $\frac{0.10}{2}=0.050(mol/L)$

则剩余氨的浓度为 $\frac{0.30-0.10}{2}=0.10$ mol/L

NH_3 与 NH_4Cl 组成的缓冲溶液 OH^- 浓度为

$$\begin{aligned}[OH^-]&=K_b\frac{c_{NH_3}}{c_{NH_4^+}}=1.8\times10^{-5}\times\frac{0.10}{0.050}\\&=3.6\times10^{-5}(mol/L)\end{aligned}$$

$pOH=4.44$

$pH=14.00-pOH=9.56$

（4）缓冲溶液的选择。在选择缓冲溶液时，除要求缓冲溶液对分析反应没有干扰外，需要做到：

1）应根据所需要维持的 pH 值范围选择合适的缓冲对，使共轭酸碱对的浓度比接近 1，使其中的弱酸的 pK_a 等于或接近于所需的 pH 值。例如，需要 pH 值为 5.0 左右的缓冲溶液，则可选择 HAc－NaAc 缓冲对，因为 HAc 的 $pK_a=4.74$，与所需的 pH 值接近。如若配制 pH＝9.5 左右的缓冲溶液，则可选择 $NH_3 \cdot H_2O-NH_4Cl$ 缓冲对（$pK_b=4.74$）。

2）适当提高共轭酸碱对的浓度，以保证足够的缓冲能力。一般共轭酸碱对的浓度在 0.1～1.0mol/L 为宜。

（5）缓冲溶液的配制。缓冲溶液的配制方法有两种：

1）一般缓冲溶液的配制方法可利用有关公式进行计算得到。

【例 2-11】 欲配制 pH=5.00 的缓冲溶液 500mL，若用浓度为 6.00mol/L 的 HAc 溶液 34.0mL，问需要加入 NaAc 多少 g。

解 溶液中的 HAc 的浓度为

$$c_{HAc}=\frac{6.00\times 34.0\times 10^{-3}}{500\times 10^{-3}}=0.408(mol/L)$$

$$c_{Ac^-}=\frac{K_a c_{HAc}}{[H^+]}=\frac{1.80\times 10^{-5}\times 0.408}{1.0\times 10^{-5}}=0.734(mol/L)$$

在 500mL 溶液需要加入 NaAc 的质量为

$$\begin{aligned} m &= cVM \\ &= 0.734\times 0.500\times 82.03 \\ &= 30.1(g) \end{aligned}$$

称取 30.1g NaAc，用适量试剂水溶解，与 34.0mL 6.00mol/L 的 HAc 溶液混合后，用试剂水稀释至 500mL 即可。

2）标准缓冲溶液。标准缓冲溶液的 pH 值是在一定温度下由实验准确测定的。若用有关公式进行理论计算时，应校正离子强度的影响，否则会出现理论值与实验值不符。用酸度计测量溶液的 pH 值前必须先用标准缓冲溶液校准酸度计，亦称定位。这类用于校准酸度计的缓冲溶液称为标准缓冲溶液。

pH 值标准缓冲溶液可由共轭酸碱对组成，如 $H_2PO_4^- - HPO_4^{2-}$、硼砂，也可由逐级解离常数相差较小的两性物质组成，如邻苯二甲酸氢钾和酒石酸氢钾。常用的 pH 值标准缓冲溶液在 25℃的 pH 值列于表 2-2 中。

表 2-2　几种常用的标准缓冲溶液

标准缓冲溶液	pH（25℃）
饱和酒石酸氢钾（0.034mol/L）	3.57
0.050mol/L 邻苯二甲酸氢钾	4.01
0.025mol/L KH_2PO_4－0.025mol/L Na_2HPO_4	8.86
0.010mol/L 硼砂	9.18

第三节　酸碱指示剂

一、酸碱指示剂的作用原理

酸碱滴定法常借助酸碱指示剂的颜色变化来指示滴定的终点。酸碱指示剂一般是结构复杂的有机弱酸或有机弱碱，因其酸式和共轭碱式具有不同的结构，因而呈现不同的颜色。当溶液 pH 值改变时，指示剂或给出质子由酸式变为共轭碱式，或接受质子由碱式变为共轭酸式，由于结构的变化而引起颜色的改变。

（1）酚酞（phenolphthalein，PP）。它是一种有机弱酸，是一种单色指示剂。在水溶液中有如下平衡和颜色变化

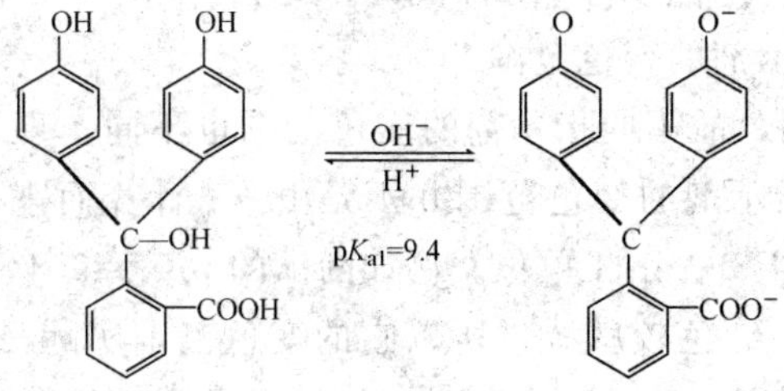

$$\xrightleftharpoons[H^+]{OH^-}$$

$pK_{a1}=9.4$

(无色)　　(红色)

为了简化起见，指示剂有机弱酸用 HIn 表示，其共轭碱用 In^- 表示，在溶液中的解离平衡

$$\underset{\text{无色}}{HIn} \rightleftharpoons H^+ + \underset{\text{红色}}{In^-}$$

随着溶液中 H^+ 浓度的不断改变，上述平衡不断被破坏。在碱性溶液中平衡向右移动，溶液颜色由无色变成红色；反之，在酸性溶液中则由红色变为无色。

(2) 甲基橙（methyl orange，MO)。它是一种有机弱碱，为双色指示剂，在溶液中存在如下的解离平衡和颜色变化

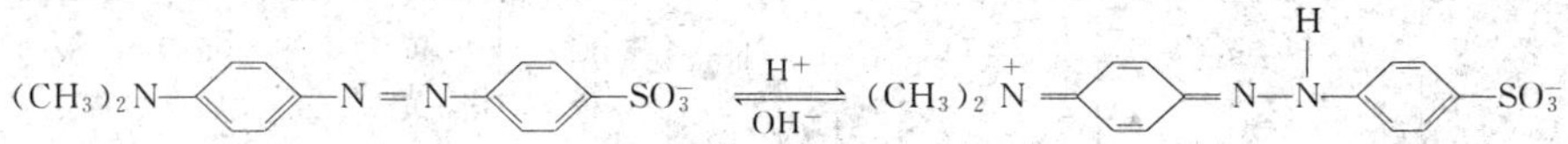

$$(CH_3)_2N-C_6H_4-N=N-C_6H_4-SO_3^- \xrightleftharpoons[OH^-]{H^+} (CH_3)_2\overset{+}{N}=C_6H_4=N-NH-C_6H_4-SO_3^-$$

黄色（偶氮式）　　$pK_a=3.4$　　红色（醌式）

由平衡关系不难看出，当溶液中 $[H^+]$ 增大时，平衡向右移动，甲基橙主要以醌式存在，显红色；当溶液中 $[H^+]$ 降低时，平衡向左移动，甲基橙主要以偶氮式存在，溶液显黄色。

二、指示剂的变色范围

弱酸型指示剂在溶液中的平衡关系式为

$$HIn \rightleftharpoons H^+ + In^-$$

$$K_a=\frac{[H^+][In^-]}{[HIn]}$$

式中：K_a 为指示剂的解离平衡常数。

将上式整理为

$$\frac{[H^+]}{K_a}=\frac{[HIn]}{[In^-]}$$

$$pH=pK_a-\lg\frac{[HIn]}{[In^-]}$$

溶液的颜色取决于指示剂酸型与碱型的比值 $[HIn]/[In^-]$。在一定的实验条件下，每种指示剂都有确定的 K_a，因此 $[HIn]/[In^-]$ 就只取决于 $[H^+]$。理论上，$pH=pK_a$ 时，$[HIn]/[In^-]=1$ 为指示剂的变色点。当 $[H^+]$ 浓度发生变化时，$[HIn]/[In^-]$ 随之发生改变，溶液的颜色也就随之发生变化。由于人眼辨别能力的限制，一般而言，在一种颜色的浓度大于另一种颜色浓度 10 倍时，就只能看到浓度大的颜色，即

(1) 当 $[HIn]/[In^-]\geqslant 10:1$，即 $pH\leqslant(pK_a-1)$ 时，只能看到酸型的颜色。

(2) 当 $[HIn]/[In^-]\leqslant 1:10$，即 $pH\geqslant(pK_a+1)$ 时，只能看到碱型的颜色。

(3) 当 $1:10<[HIn]/[In^-]<10:1$，即 $(pK_a-1)<pH<(pK_a+1)$ 时，溶液呈现指示剂的混合色。

因此，当溶液的 pH 值由 (pK_a-1) 变化到 (pK_a+1) 时，溶液才由酸型的颜色变为

碱型的颜色，这时人的视觉才能明显看到指示剂颜色的变化。故把（$pK_a \pm 1$）称为酸碱指示剂变色的范围，简称指示剂的变色范围。

由于指示剂的 K_a 不同，故不同指示剂的变色范围也不同，理论上指示剂的变色范围为 2 个 pH 单位，但实际上指示剂的变色范围并不是由 K_a 计算而来，而是通过实验测得。实验测得的变色范围通常小于 2 个 pH 单位。例如酚酞的 $pK_a=9.4$，理论变色范围应为 pH＝8.4～10.4，因人的眼睛对红色较敏感，所以它的变色范围实际是 pH＝8.0～9.6。甲基橙的 $pK_a=3.4$，理论变色范围应为 pH＝2.4～3.4，因眼睛由黄色到红色较敏感，实际测量到的变色范围为 pH＝3.1～4.4。

指示剂变色范围越窄越好，因为 pH 值稍有改变就可观察到溶液颜色的改变，有利于提高测定结果的准确度。表 2-3 列出了常用指示剂及其变色范围。

表 2-3　常用指示剂及其变色范围

指示剂	变色范围 pH 值	pK_a	颜色			浓度
			酸型色	过渡色	碱型色	
百里酚蓝	1.2～2.8	1.6	红	橙	黄	0.1%（20%乙醇溶液）
甲基橙	3.1～4.4	3.4	红	橙	黄	0.05%水溶液
甲基红	4.4～6.2	4.9	红	橙	黄	0.1%（60%乙醇溶液）
溴百里酚蓝	6.0～7.6	7.3	黄	绿	蓝	0.1%（20%乙醇溶液）
中性红	6.8～8.0	7.4	红		橙黄	0.1%（60%乙醇溶液）
酚酞	8.0～9.6	9.4	无	粉红	红	0.1%（90%乙醇溶液）
百里酚酞	9.4～10.6	10.0	无	浅蓝	蓝	0.1%（90%乙醇溶液）

三、影响指示剂的因素

影响指示剂变色范围的因素是多方面的，其中主要有温度、指示剂的用量、溶剂等。

1. 温度

温度改变时，指示剂的解离常数有所改变，因而指示剂的变色范围也随之变化。例如甲基橙在室温下的变色范围为 3.1～4.4，而在 100℃时为 2.5～3.7。所以滴定应在室温下进行，有必要加热时，最好将溶液冷却至室温后再滴定。

2. 指示剂的用量

对于双色指示剂，如甲基橙酸型色为红色，碱型色为黄色，滴定终点是橙色，指示剂用量的多少，不会影响指示剂变色点的 pH 值。若指示剂用量过多，色调变化不明显，而指示剂本身也要消耗滴定剂，则对分析不利，造成误差。

对于单色指示剂如酚酞，酸型色为无色，碱型色为红色，指示剂用量的多少对它的变色范围是有影响的。设指示剂的总浓度为 c，人眼观察到红色碱型的最低浓度为一固定值 c_0，代入平衡关系式

$$\frac{K_a}{[H^+]}=\frac{[In^-]}{[HIn]}=\frac{c_0}{c-c_0}$$

式中 K_a 和 c_0 都是定值，如果加大指示剂的用量，即 c 增大，要维持平衡只有增大 $[H^+]$，即溶液会在较低的 pH 值时显粉红色。由实验可知，在 50～100mL 溶液中加 2～3 滴 0.1%酚酞溶液，pH≈9 时显粉红色；而在同样条件下，若加 15～20 滴酚酞，则在 pH≈8 时就显粉红色。

3. 溶剂

指示剂在不同的溶剂中其 pK_a 是不同的。例如甲基橙在水溶液中 $pK_a=3.4$，在甲醇中 $pK_a=3.8$。因此，指示剂在不同的溶剂中具有不同的变色范围。

4. 指示剂变色方向

由于人眼对颜色的敏感程度不同，一般选择滴定过程中指示剂有无色变有色或由浅色变深色的方向。例如甲基橙由黄色变到红色比由红色变到黄色容易辨别，酸滴定碱时宜采用。酚酞有无色变到红色，颜色变化明显，易于辨别，故碱滴定酸时宜采用酚酞指示终点。

四、混合指示剂

单一指示剂变色范围一般都较宽，然而在酸碱滴定中有时需要将滴定终点限制在很窄的 pH 值范围内，这时可采用混合指示剂。混合指示剂具有变色范围窄，变色明显等优点。

混合指示剂配制方法有两种：一种是由一种酸碱指示剂和另一种惰性染料混合而成；另一种是由两种 pK_a 值比较接近的酸碱指示剂混合而成。表 2-4 列出了常用酸碱混合指示剂及其配制方法。

表 2-4　　常用酸碱混合指示剂及其配制方法

混合指示剂的组成	配制比例	变色点 pH 值	颜色		备注
			酸色	碱色	
0.1%甲基橙水溶液 0.25%靛蓝二磺酸钠水溶液	1∶1	4.1	紫	黄绿	
0.1%溴甲酚绿乙醇溶液 0.2%甲基红乙醇溶液	3∶1	5.1	橙红	绿	pH 5.1 灰色
0.1%溴甲酚绿钠盐水溶液 0.1%氯酚红钠盐水溶液	1∶1	6.1	黄绿	蓝紫	pH 5.4 蓝绿色，5.8 蓝色，6.0 蓝带紫，6.2 蓝紫
0.1%中性红乙醇溶液 0.1%次甲基蓝乙醇溶液	1∶1	7.0	蓝紫	绿	pH 7.0 蓝紫
0.1%甲酚红钠盐水溶液 0.1%百里酚蓝钠盐水溶液	1∶3	8.3	黄	紫	pH 8.2 玫瑰红，8.3 灰，8.4 紫
0.1%百里酚蓝 50%乙醇溶液 0.1%酚酞 50%乙醇溶液	1∶3	9.0	黄	紫	黄到绿再到紫
0.1%百里酚酞乙醇溶液 0.1%茜素黄乙醇溶液	2∶1	10.2	黄	紫	

第四节　酸碱滴定曲线和指示剂的选择

在酸碱滴定中，一般都是利用酸碱指示剂的颜色变化来指示滴定终点的到达。不同指示剂的变色有不同的 pH 值，而不同类型的酸碱反应其化学计量点 pH 值又不相同。为了正确地确定化学计量点，就需要选择一个刚好能在化学计量点附近变色的指示剂。因此，有必要了解滴定过程中溶液 pH 值变化情况，下面分别讨论各种类型的滴定曲线和选择指示剂的原则。

一、强酸（碱）的滴定

强酸强碱之间的滴定反应

$$H^+ + OH^- \rightleftharpoons H_2O$$

反应的完全程度可用滴定中反应的平衡常数来衡量，用 K_t 表示滴定反应常数。

$$K_t = \frac{1}{[H^+][OH^-]} = \frac{1}{K_w} = 1.0 \times 10^{14}$$

可见，强酸强碱之间的滴定反应进行得非常完全。

现以 0.1000mol/L NaOH 滴定 20.00mL 0.1000mol/L HCl 为例，讨论强酸碱滴定中 pH 值变化、滴定曲线的形状及指示剂选择。

1. 滴定曲线

滴定曲线采用“两点两线”法制作。即滴定前（点）、滴定开始至化学计量点前（线）、化学计量点（点）和化学计量点后（线）四个阶段。

（1）滴定前。即滴定曲线的起点，溶液的 pH 值取决于 HCl 的起始浓度。

$$[H^+] = 0.1000\text{mol/L}, \quad pH = -\lg[H^+] = 1.00$$

（2）滴定开始至化学计量点前。溶液的 pH 值取决于剩余 HCl 的浓度。

例如，滴加 NaOH 19.98mL 时，未中和的 HCl 为 0.02mL，此时溶液中

$$[H^+] = 0.1000 \times \frac{0.02}{20.00 + 19.98} = 5.0 \times 10^{-5} \ (\text{mol/L})$$

$$pH = 4.30$$

（3）化学计量点时。滴加 NaOH 20.00mL 时，HCl 全部被中和，此时溶液中 $[H^+]$ 由水的解离决定，即

$$[H^+] = [OH^-] = 1.0 \times 10^{-7} \ (\text{mol/L})$$

$$pH = 7.00$$

（4）化学计量点以后。溶液的酸度取决于过量 NaOH 浓度。如滴加 NaOH 20.02mL 时，NaOH 过量 0.02mL，则

$$[OH^-] = 0.1000 \times \frac{0.02}{20.00 + 20.02} = 5.0 \times 10^{-5} \ (\text{mol/L})$$

$$pOH = -\lg[OH^-] = 4.30$$

$$pH = 9.70$$

用上述方法可以计算滴定过程中加入任意体积 NaOH 时溶液的 pH 值，计算结果列于表2-5中。

滴定分数 T 是加入滴定剂物质的量与待滴定组分物质的量之比，用于衡量滴定反应进行程度的参数。例如，起点时 $T=0\%$，滴定开始至化学计量点前 $T<1\%$，化学计量点 $T=100\%$，化学计量点后 $T>1\%$。

以溶液的 pH 值为纵坐标，滴加 NaOH 的毫升数为横坐标作图，即可得到图 2-3 所示曲线，这就是酸碱滴定曲线。

表 2-5　**NaOH 滴定不同浓度的 HCl 20.00mL 时溶液 pH 值的变化**

滴加 NaOH (mL)	剩余 HCl (mL)	过量 NaOH (mL)	滴定分数 T (%)	酸的浓度 0.1000mol/L [H⁺]	0.1000mol/L pH	0.01mol/L pH	1mol/L pH
0.00	20.00		0	1.0×10^{-1}	1.00	2.00	0.00
18.00	2.00		90.0	5.26×10^{-3}	2.28	3.28	1.28
19.80	0.20		99.0	5.02×10^{-4}	**3.30**	**4.30**	**2.30**
19.98	**0.02**		**99.9** 突跃范围	5.00×10^{-5}	**4.30**	**5.30**	**3.30**
20.00	**0.00**		**100.0** 突跃范围	1.00×10^{-7}	**7.00**	**7.00**	**7.00**
20.02		**0.02**	**100.1** 突跃范围	2.00×10^{-10}	9.70	8.70	10.70
22.00		2.00	110.0	2.10×10^{-12}	11.68	10.68	12.68
30.00		10.00	150.0	3.00×10^{-13}	12.52	11.52	13.52

从表 2-5 的数据和图 2-3 的滴定曲线可以看出，在滴定开始时因为强酸具有较大的缓冲能力，pH 值改变缓慢，曲线比较平坦。随着 NaOH 的滴加，溶液的 pH 值升高，曲线逐渐向上倾斜，在化学计量点前后（即 0.04mL 标准溶液的滴加），溶液 pH 值急剧变化，这种 pH 值的突变称为滴定突跃（即滴定分数从 99.9%～100.1%）。化学计量点的 pH 值为 7，正处于滴定突跃范围的中间。化学计量点后，若继续滴加 NaOH 溶液，溶液 pH 值变化逐渐增大，曲线有比较平坦。酸碱滴定的 pH 值突跃范围是以误差为依据，若加入 19.98mL NaOH 溶液终止滴定，则会引起－0.1%的相对误差，若加入 20.02mL NaOH 溶液终止滴定，则会引起＋0.1%的相对误差。即只要滴定的终点控制在 pH 值突跃范围之内，则滴定的误差不超过±0.1%，才符合滴定分析准确度的要求。

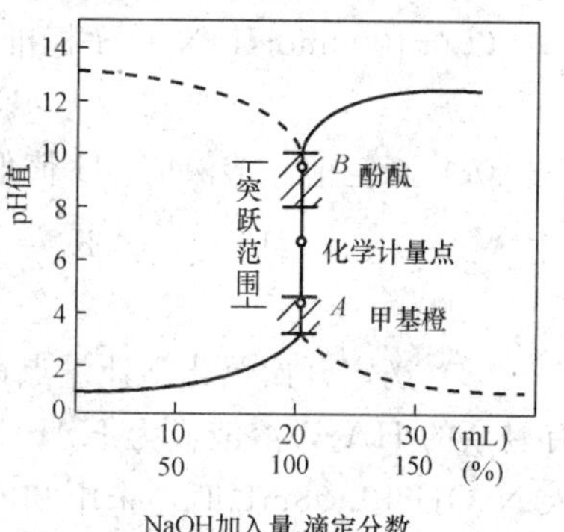

图 2-3　0.1000mol/L NaOH 滴定同浓度 HCl 的滴定曲线

如果用 0.1000mol/L HCl 滴定同浓度的 NaOH 溶液，情况相似，只是 pH 值变化方向相反，如图 2-3 中虚线所示。

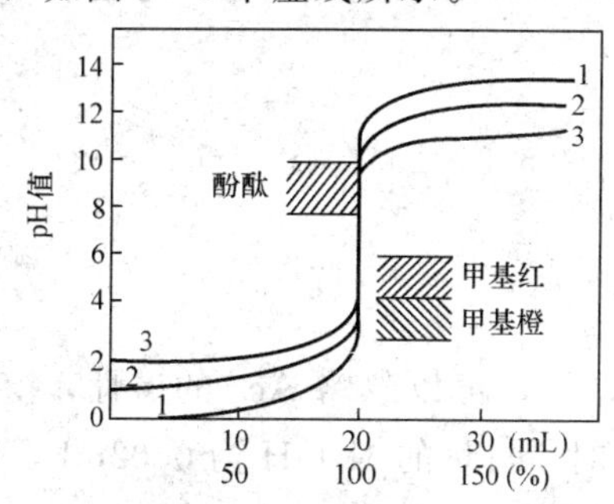

图 2-4　不同浓度 NaOH 滴定不同浓度 HCl 的滴定曲线

1—1.000mol/L NaOH 滴定同浓度 HCl 的滴定曲线；
2—0.1000mol/L NaOH 滴定同浓度 HCl 的滴定曲线；
3—0.01000mol/L NaOH 滴定同浓度 HCl 的滴定曲线

酸碱滴定的 pH 值突跃范围的大小与酸碱溶液的浓度有关。从表 2-5 可知，若增大或减小滴定体系的浓度，化学计量点的 pH 值均为 7.00，但滴定突跃的范围随之改变，如图 2-4 所示。酸碱浓度每增大 10 倍，滴定突跃范围就增加 2 个 pH 单位，若浓度降低至 1/10，滴定突跃范围则减小 2 个 pH 单位。

2. 指示剂的选择

滴定突跃是选择指示剂的依据，理想的指示剂应恰好在化学计量点变色。但实际上只要指示剂的变色范围全部或部分在滴定突跃范围内，都可以选择用来指示滴定终点的到达。例如用

0.1000mol/L NaOH 滴定同浓度的 HCl 时，甲基橙（变色点 pH 值为 4.4）、甲基红（变色点 pH 值为 6.2）和酚酞（变色点 pH 值为 9.0）均可使用。若用 0.01mol/L NaOH 滴定同浓度的 HCl 时，突跃范围 5.3～8.7，这时最好用甲基红作指示剂，若用甲基橙作指示剂，因其变色范围（pH=3.1～4.4）在滴定突跃范围之外，故造成一定的滴定误差。

二、一元弱酸（碱）的滴定

1. 强碱滴定弱酸

强碱滴定弱酸的反应

$$HA+OH^- \rightleftharpoons A^- + H_2O$$

$$K_t=\frac{[A^-]}{[HA][OH^-]}=\frac{[A^-][H^+]}{[HA][OH^-][H^+]}=\frac{K_a}{K_w}=\frac{10^{-x}}{10^{-14.00}}=10^{14.00-x}，x>0$$

强碱滴定弱酸的滴定反应常数 K_t 总是小于强碱滴定强酸的，说明强碱滴定弱酸的反应完全程度较差。且受弱酸的 K_a 值影响，K_a 值越大，K_t 值越大，反应的完全程度越高。

以 0.1000mol/L NaOH 标准溶液滴定 20.00mL0.1000mol/L HAc 为例，其滴定反应为

$$NaOH+HAc=NaAc+H_2O$$

（1）滴定前。溶液的 pH 值取决于 HAc 的起始浓度，用最简式计算

$$[H^+]=\sqrt{cK_a}=\sqrt{0.1000\times1.8\times10^{-5}}=1.3\times10^{-3}\ (mol/L)$$

$$pH=2.89$$

（2）滴定开始至化学计量点前。滴加 NaOH 后与 HAc 作用生成 NaAc，同时溶液中还有剩余的 HAc，溶液成为 HAc-NaAc 缓冲溶液，可用缓冲溶液的最简式计算 pH 值。当加入 NaOH 19.98mL 时，未中和的 HAc 为 0.02mL，则

$$c_{HAc}=\frac{0.02\times0.1000}{20.00+19.98}=5.0\times10^{-5}\ (mol/L)$$

$$c_{Ac^-}=\frac{19.98\times0.1000}{20.00+19.98}=5.0\times10^{-2}\ (mol/L)$$

$$pH=pK_a-\lg\frac{c_{HAc}}{c_{Ac^-}}=4.74-\lg\frac{5.0\times10^{-5}}{5.0\times10^{-2}}=7.74$$

（3）化学计量点时。HAc 全部被中和生成 NaAc，NaAc 是强碱弱酸盐，可用一元弱碱的最简式计算 pH 值。

$$[OH^-]=\sqrt{cK_b}=\sqrt{\frac{0.1000}{2}\times\frac{1.0\times10^{-14}}{1.8\times10^{-5}}}=5.3\times10^{-6}\ (mol/L)$$

$$pOH=5.28$$

$$pH=8.72$$

（4）化学计量点以后。溶液的组成是 NaOH 和 NaAc，可以忽略 Ac^- 的碱性，溶液的 $[OH^-]$ 由过量的 NaOH 浓度决定。当加入 20.02mL 时，过量的 NaOH 为 0.02mL，则

$$[OH^-]=\frac{0.02\times0.1000}{20.00+20.02}=5.0\times10^{-5}\ (mol/L)$$

$$pOH=4.30$$

$$pH=9.70$$

按上述方法可以计算滴定过程中的 pH 值，部分结果列于表 2-6 中，并以此绘制滴定曲

线，见图 2-5。

表 2-6 0.1000mol/L NaOH 标准溶液滴定 20.00mL 同浓度 HAc 时 pH 值变化

加入 NaOH（mL）	滴定分数 T（%）	剩余 HAc（mL）	过量 NaOH（mL）	pH
0.00	0	20.00		2.89
18.00	90.00	2.00		5.70
19.80	99.00	0.20		6.74
19.98	**99.90**	0.02		**7.74** 突跃范围
20.00	**100.0**	0.00		**8.72**
20.02	**100.1**		0.02	**9.70**
20.20	101.0		0.20	10.70
22.00	110.0		2.00	11.70

从表 2-6 和图 2-5 可以看出：

1）0.1000mol/L NaOH 滴定同浓度的 HAc 所绘制滴定曲线的起点（pH＝2.89），要比用 0.1000mol/L NaOH 滴定同浓度的 HCl 所绘制滴定曲线的起点（pH＝1.00）高，这是因为 HAc 是弱酸。

2）到达化学计量点时溶液的 pH 值不等于 7，而是 8.72，这是由于生成的 NaAc 溶液呈碱性。

3）滴定突跃的 pH 值范围为 7.74～9.70，处于弱碱性，因此甲基橙、甲基红等在酸性范围内变色的指示剂不能用来指示终点，只能选碱性范围内变色的指示剂如酚酞、百里酚蓝等作指示剂。

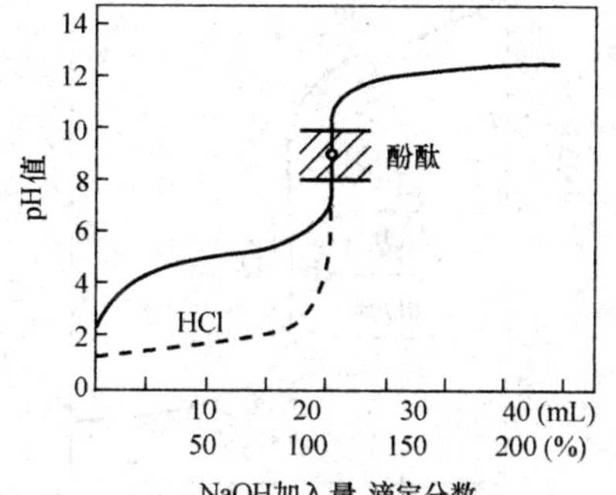

图 2-5 0.1000mol/L NaOH 滴定同浓度 HAc 的滴定曲线

4）如将 NaOH 和 HAc 溶液的浓度均增大 10 倍，突跃范围为 7.74～10.70，增加 1 个 pH 单位；而当 NaOH 和 HAc 溶液的浓度均减为原来的 1/10 时，突跃范围为 7.74～8.70，减少 1 个 pH 单位。

强碱滴定不同强度的弱酸的滴定曲线如图 2-6 所示，强碱滴定同一弱酸不同浓度的滴定曲线如图 2-7 所示。

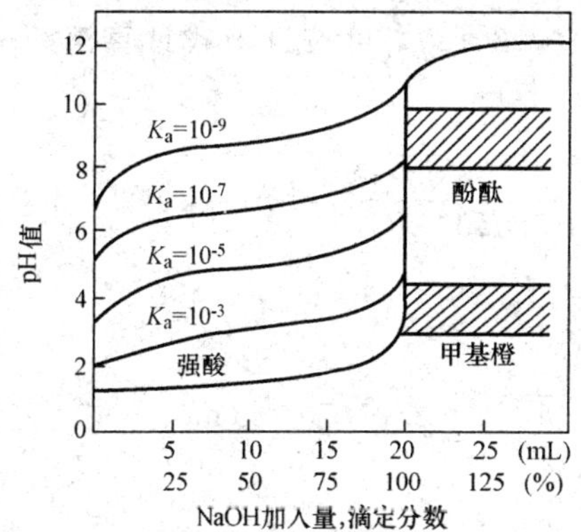

图 2-6 NaOH 滴定不同强度弱酸的滴定曲线

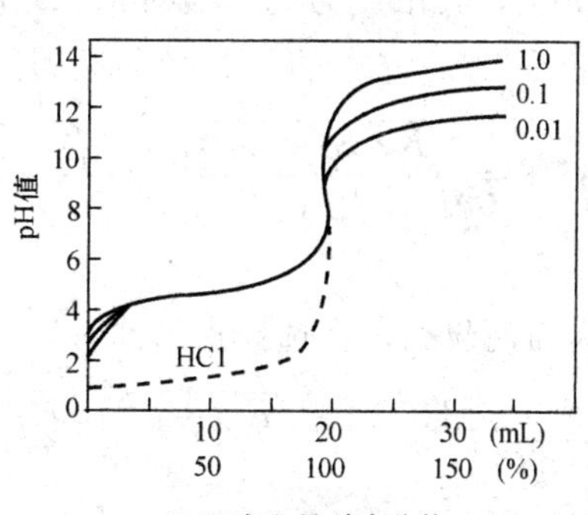

图 2-7 NaOH 滴定不同浓度弱酸的滴定曲线

由图 2-6 和图 2-7 还可以看出，影响滴定突跃大小的因素有酸的强度和酸的浓度。当弱酸的浓度一定时，酸越弱，即 K_a 值越小，滴定突跃范围就越小；对于同一弱酸，浓度越小，滴定突跃范围也就越小。因此，综合考虑酸的浓度和强度两方面对滴定突跃大小的影响，以及人眼观察指示剂变色点存在±0.3pH 单位的不确定性，所以一般要求滴定的 pH 值突跃范围在 0.3pH 单位以上。当弱酸的浓度为 0.1000mol/L 时，$K_a \leqslant 10^{-9}$，已无明显的滴定突跃，此时用指示剂已无法确定反应终点。

判断弱酸是否能被强碱准确滴定的条件是：$c_{酸} K_a \geqslant 10^{-8}$

2. 强酸滴定弱碱

强酸滴定弱碱的情况与强碱滴定弱酸类似，所不同的是溶液 pH 值由大到小，所以滴定曲线的形状刚好相反。例如用 0.1000mol/L HCl 标准溶液滴定 20.00mL 0.1000mol/L $NH_3 \cdot H_2O$，其滴定曲线见图 2-8。从图 2-8 可以看出，强酸滴定弱碱，在化学计量点时溶液呈弱酸性，其 pH 值为 5.28。滴定突跃发生在酸性范围内（pH 值突跃范围为 6.25～4.30），应选用在酸性范围内变色的指示剂，如甲基红、溴甲酚紫等。

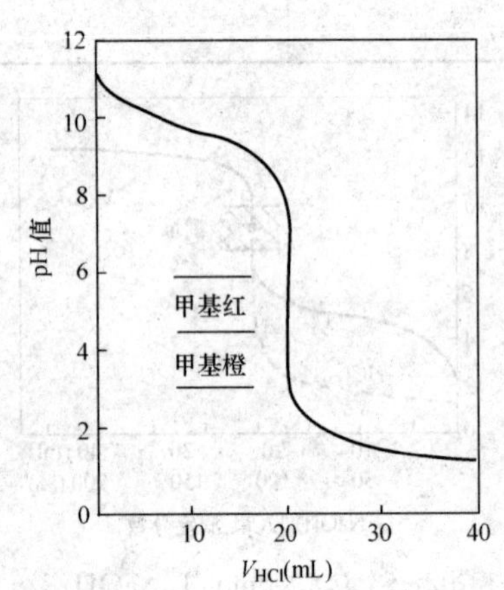

图 2-8　0.1000mol/L HCl 滴定同浓度 $NH_3 \cdot H_2O$ 的滴定曲线

与弱酸的滴定一样，弱碱的强度（K_b）和浓度（$c_{碱}$）都会影响滴定突跃的大小。只有当弱碱的 $c_{碱} K_b \geqslant 10^{-8}$，才能借助指示剂准确判定滴定终点。

三、多元酸（碱）的滴定

1. 多元酸的滴定

含有两个以上可被置换 H^+ 的酸称为多元酸。常见的多元酸多数为弱酸，它们在水溶液中分步解离。例如 H_3PO_4 是三元酸，它在水溶液中分 3 步解离，其解离常数为：$K_{a1}=7.6\times10^{-3}$、$K_{a2}=6.3\times10^{-8}$、$K_{a3}=4.4\times10^{-13}$。用强碱滴定多元酸，情况比较复杂。这里只讨论化学计量点时溶液 pH 值的计算和指示剂的选择。以 0.1000mol/L NaOH 滴定同浓度的 H_3PO_4 为例。

第一化学计量点：因 $c_{H_3PO_4} K_{a1} > 10^{-8}$，所以 H_3PO_4 第一级解离的 H^+ 被滴定为 NaH_2PO_4，其浓度为 0.0500 mol/L。因 $c_{NaH_2PO_4} K_{a2} > 20K_w$，可按近似式计算溶液的 H^+ 浓度。

$$[H^+]=\sqrt{\frac{K_{a1}K_{a2}c_{NaH_2PO_4}}{K_{a1}+c_{NaH_2PO_4}}}=\sqrt{\frac{7.6\times10^{-3}\times6.3\times10^{-8}\times0.0500}{7.6\times10^{-3}+0.0500}}=2.0\times10^{-5}\ (mol/L)$$

$$pH=4.70$$

为简便起见，在选择指示剂时，可按最简式计算

$$[H^+]=\sqrt{K_{a1}K_{a2}}=\sqrt{7.6\times10^{-3}\times6.3\times10^{-8}}=2.2\times10^{-5}\ (mol/L)$$

$$pH=4.66$$

可选用甲基红作指示剂。

第二化学计量点：因 $c_{Na_2HPO_4} K_{a2} \approx 10^{-8}$，$c_{Na_2HPO_4} \gg K_{a2}$，所以 H_3PO_4 第二级解离的 H^+ 被滴定为 Na_2HPO_4，其浓度为 0.033mol/L。应考虑水的解离计算溶液的 H^+ 浓度。

$$[H^+]=\sqrt{\frac{K_{a2}(K_{a3}c_{Na_2HPO_4}+K_w)}{K_{a2}+c_{Na_2HPO_4}}}\approx\sqrt{\frac{K_{a2}(K_{a3}c_{Na_2HPO_4}+K_w)}{K_{a2}+c_{Na_2HPO_4}}}$$

$$=\sqrt{\frac{6.3\times10^{-8}\times(4.4\times10^{-13}\times0.0330+1.0\times10^{-14})}{0.0330}}$$

$$=2.2\times10^{-10}(\text{mol/L})$$

$$pH=9.66$$

按最简式计算

$$[H^+]=\sqrt{K_{a2}K_{a3}}=\sqrt{6.3\times10^{-8}\times4.4\times10^{-13}}$$

$$=1.7\times10^{-10}(\text{mol/L})$$

$$pH=9.78$$

可选用酚酞或百里酚酞作指示剂。

第三化学计量点：因 K_{a3} 太小，所以 H_3PO_4 第三级解离的 H^+ 不能用常规的方法直接滴定，但加入 $CaCl_2$ 形成难溶的 $Ca_3(PO_4)$ 沉淀，释放出 H^+，就可以进行滴定。

$$3Ca^{2+}+2HPO_4^{2-} \longrightarrow Ca_3(PO_4)_2\downarrow+2H^+$$

用 0.1000mol/L NaOH 滴定同浓度 H_3PO_4 的滴定曲线见图 2-9。对于多元弱酸的滴定可进行以下判断：

（1）利用一元弱酸能准确滴定的判据：$c_{酸}K_{a,i}\geqslant10^{-8}$ 判断多元酸中有几级 H^+ 能被准确滴定。

（2）当多元酸中有两级或两级以上的 H^+ 可以被准确滴定，且 $K_{a,i}/K_{a,i+1}\geqslant10^4$ 时，可以分步滴定，否则，不能分步滴定。

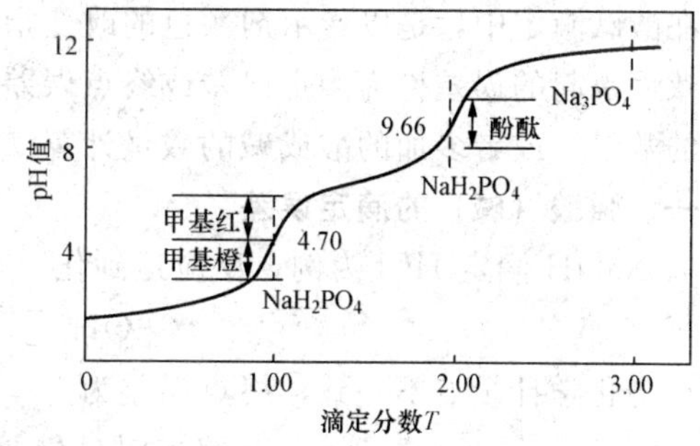

图 2-9 NaOH 滴定 H_3PO_4 的滴定曲线

例如 $H_2C_2O_4$，$K_{a1}=5.9\times10^{-2}$，$K_{a2}=6.4\times10^{-5}$，$K_{a1}/K_{a2}\approx10^3$，两个 H^+ 都能被准确滴定，但不能分步滴定。

2. 多元碱的滴定

用强酸滴定多元碱时，其情况与多元酸的滴定相似。例如用 0.1000mol/L HCl 标准溶液滴定同浓度 Na_2CO_3，Na_2CO_3 为二元弱碱，其解离常数为 $K_{b1}=1.8\times10^{-4}$，$K_{b2}=2.4\times10^{-8}$；$c_{碱}K_{b1}=1.8\times10^{-5}>10^{-8}$，$c_{碱}K_{b2}=1.2\times10^{-9}$，$K_{b1}/K_{b2}\approx10^4$。第二级解离的 OH^- 虽然被滴定，但滴定误差可达1%。

第一化学计量点，滴定产物为 $NaHCO_3$，$NaHCO_3$ 为两性物质，若其浓度不是太稀，溶液的 pH 值为

$$[H^+]=\sqrt{K_{a1}K_{a2}}$$

$$pH=\frac{1}{2}(pK_{a1}+pK_{a2})$$

$$=8.32$$

可选用酚酞作指示剂。为了准确判断第一化学计量点，通常采用 $NaHCO_3$ 溶液作参照，或使用甲酚红与百里酚蓝混合指示剂，可以提高滴定结果的准确度。

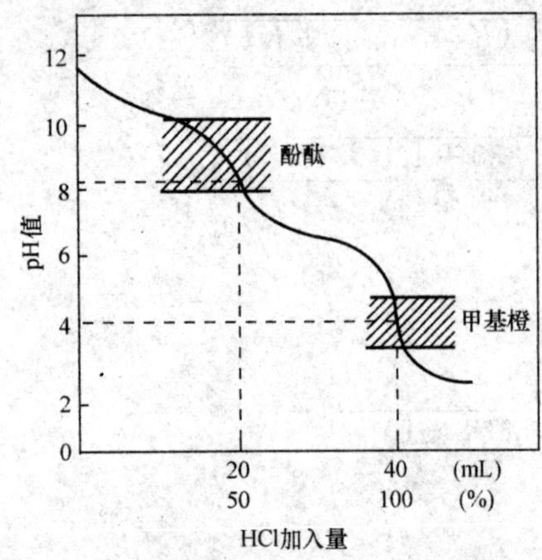

图 2-10 HCl 滴定 Na_2CO_3 的滴定曲线

第二化学计量点时，溶液是 CO_2 的饱和溶液，其饱和溶液的浓度[1]约为 0.04mol/L，则

$$[H^+] = \sqrt{cK_{a1}}$$
$$= \sqrt{0.04 \times 4.2 \times 10^{-7}}$$
$$= 1.3 \times 10^{-4} \ (mol/L)$$

$$pH = 3.88$$

可选用甲基橙作指示剂。由于 K_{b2} 不够大及溶液中 CO_2 过多，造成溶液酸度增大，致使终点出现过早。为此，在滴定快到终点时，通常采用加热的方法赶除溶液中的 CO_2，冷却后再滴定。滴定曲线如图 2-10 所示。

第五节 酸碱滴定的终点误差

在酸碱滴定中，是以指示剂颜色的改变指示滴定终点的到达，因滴定终点与化学计量点不一致而引起的误差称为滴定误差或终点误差，用 $TE\%$ 表示。根据终点时溶液中剩余的酸或碱的数量，或者多加的酸或碱的数量计算滴定误差。

一、强酸（碱）的滴定误差

以 NaOH 滴定 HCl 为例，反应达到化学计量点时，质子条件成为

$$[OH^-] = [H^+]$$

若终点与化学计量点不一致，终点误差为

$$TE = \frac{n\text{（终点时过量或不足的 NaOH）}}{n\text{（化学计量点时应加的 NaOH）}} \times 100\%$$
$$= \frac{n\text{（终点时过量或不足的 NaOH）}}{n\text{（化学计量点时应加的 HCl）}} \times 100\%$$
$$= \frac{[c_{ep}(NaOH) - c_{ep}(HCl)]V_{ep}}{c_{sp}(HCl)V_{sp}} \times 100\%$$

因为 $V_{ep} \approx V_{sp}$，所以

$$TE = \frac{[OH^-]_{ep} - [H^+]_{ep}}{c_{sp}(HCl)} \times 100\% \tag{2-29}$$

式中下角标 ep 表示滴定终点，sp 表示化学计量点。若终点 pH>7.00，则 $[OH^-] > [H^+]$，误差为正值；若终点 pH<7.00，则 $[H^+] > [OH^-]$，误差为负值。

若是用 HCl 滴定 NaOH，终点误差为

$$TE = \frac{[H^+]_{ep} - [OH^-]_{ep}}{c_{sp}(NaOH)} \times 100\% \tag{2-30}$$

【例 2-12】 计算 0.10mol/L NaOH 滴定 0.10mol/L 的 HCl 至甲基橙变橙色（pH=4.0）和酚酞变红（pH=9.0）的终点误差。

[1] 在 20℃，1 标准大气压时，CO_2 在水中的溶解度是 0.169g/100g，可计算出 CO_2 的浓度 0.038mol/L。

解　1）用甲基橙作指示剂滴定终点时 pH=4.0，即 $[H^+]_{ep}=1.0\times10^{-4}$ mol/L，$[OH^-]_{ep}=1.0\times10^{-10}$ mol/L，由于终点时溶液的体积增加一倍，c_{sp}（HCl）=0.1/2=0.05mol/L。

$$TE=\frac{[OH^-]_{ep}-[H^+]_{ep}}{c_{sp}(HCl)}\times100\%$$
$$=\frac{10^{-10}-10^{-4}}{0.1/2}\times100\%=-0.2\%$$

2）用酚酞作指示剂滴定终点时 pH=9.0，即 $[H^+]_{ep}=1.0\times10^{-9}$ mol/L，$[OH^-]_{ep}=1.0\times10^{-5}$ mol/L，由于终点时溶液的体积增加一倍，c_{sp}（HCl）=0.1/2=0.05 mol/L。

$$TE=\frac{[OH^-]_{ep}-[H^+]_{ep}}{c_{sp}(HCl)}\times100\%$$
$$=\frac{10^{-5}-10^{-9}}{0.05}\times100\%=0.02\%$$

二、一元弱酸（碱）的滴定误差

以 NaOH 滴定一元弱酸 HA 为例，反应至化学计量点时，滴定产物为 A^-，质子条件式为

$$[H^+]=[OH^-]-[HA]$$

即

$$[OH^-]=[H^+]+[HA]$$

若滴定 NaOH 过量，浓度为 c_{NaOH}，终点的质子条件应为

$$[OH^-]_{ep}=[H^+]_{ep}+[HA]_{ep}+c_{NaOH}$$

过量的 NaOH 浓度为

$$c_{NaOH}=[OH^-]_{ep}-[H^+]_{ep}-[HA]_{ep}$$

由于终点时溶液呈弱碱性，$[H^+]_{ep}$可略去，则

$$TE=\frac{[OH^-]_{ep}-[HA]_{ep}}{c_{sp}(HA)}\times100\% \tag{2-31}$$

式中 $[HA]_{ep}=c_{ep}(HA)\ \delta_{HA}=c_{ep}(HA)\ \frac{[H^+]_{ep}}{[H^+]_{ep}+K_a}$，$c_{ep}(HA)\approx c_{sp}(HA)$，代入整理，得

$$TE=\left(\frac{[OH^-]_{ep}}{c_{sp}(HA)}-\frac{[H^+]_{ep}}{[H^+]_{ep}+K_a}\right)\times100\% \tag{2-32}$$

如果用 HCl 滴定一元弱碱 BOH，终点误差公式为

$$TE=\frac{[H^+]_{ep}-[BOH]_{ep}}{c_{sp}(BOH)}\times100\%=\left(\frac{[H^+]_{ep}}{c_{sp}(BOH)}-\frac{[OH^-]_{ep}}{[OH^-]_{ep}+K_b}\right)\times100\% \tag{2-33}$$

【例 2-13】　计算用 0.10mol/L NaOH 滴定同浓度的 HAc 至酚酞变色时（pH=9.0）的终点误差。

解　用酚酞作指示剂滴定终点时 pH=9.0，即 $[H^+]_{ep}=1.0\times10^{-9}$ mol/L，$[OH^-]_{ep}=1.0\times10^{-5}$ mol/L，由于终点时溶液的体积增加一倍，c_{sp}（HAc）=0.1/2=0.05mol/L，HAc 的 $K_a=1.8\times10^{-5}$。

$$TE=\left(\frac{[OH^-]_{ep}}{c_{sp}(HA)}-\frac{[H^+]_{ep}}{[H^+]_{ep}+K_a}\right)\times100\%$$
$$=\left(\frac{10^{-5}}{0.1/2}-\frac{10^{-9}}{10^{-9}+1.8\times10^{-5}}\right)\times100\%$$
$$=0.01\%$$

第六节 酸碱滴定法的应用

一、酸碱标准溶液的配制和标定

酸碱滴定法中最常用的标准溶液是 HCl 和 NaOH 溶液，酸标准溶液也可用 H_2SO_4 溶液，因为 H_2SO_4 的沸点高，HCl 的挥发性较强，所以 H_2SO_4 标准溶液比 HCl 标准溶液稳定保存时间长。溶液的浓度常配制成 0.05～0.10mol/L。若太浓，消耗试剂少，终点难以控制，或所需样品太多，造成浪费；若太稀，则滴定突跃小，难以得到准确的结果。

1. 酸标准溶液

浓 HCl 不稳定，具有挥发性，不能直接配制标准溶液，其标准溶液一般采用标定法配制。先配成大致所需浓度，然后再用基准物质进行标定。标定 HCl 溶液的基准物质，最常用的是无水碳酸钠或硼砂。

(1) 无水碳酸钠（Na_2CO_3）。Na_2CO_3 容易制得纯品，具有一定的吸湿性，使用前在 270～300℃加热灼烧 1h，稍冷后再放入干燥器内冷至室温备用。

用 Na_2CO_3 标定 HCl 的反应

$$Na_2CO_3+2HCl \xlongequal{} 2NaCl+CO_2\uparrow+H_2O$$

化学计量点时 pH=3.9，可选用甲基橙作指示剂，则 c_{HCl}（mol/L）计算公式

$$c_{HCl}=\frac{1000m_{Na_2CO_3}}{M_{\frac{1}{2}Na_2CO_3}V_{HCl}} \tag{2-34}$$

式中：$m_{Na_2CO_3}$ 为无水碳酸钠的质量，g；$M_{\frac{1}{2}Na_2CO_3}$ 为 $\frac{1}{2}Na_2CO_3$ 的摩尔质量，g/mol；V_{HCl} 为滴定 Na_2CO_3 消耗 HCl 溶液的体积，mL。

(2) 硼砂（$Na_2B_4O_7\cdot10H_2O$）。硼砂无吸湿性，容易制得纯品。因含有结晶水，在干燥的空气中易失去部分结晶水，因此常保存在相对湿度为 60%的恒湿器内（装有食盐和蔗糖饱和溶液的干燥器）。

硼砂与 HCl 的反应为

$$Na_2B_4O_7+2HCl+5H_2O \xlongequal{} 2NaCl+4H_3BO_3$$

化学计量点时产物为 NaCl 和 H_3BO_3（$K_a=5.8\times10^{-10}$），溶液的 pH 值约为 5.3，可选用甲基红作指示剂。

标定 c_{HCl}（mol/L）按下式计算

$$c_{HCl}=\frac{1000m_{Na_2B_4O_7\cdot10H_2O}}{M_{\frac{1}{2}Na_2B_4O_7\cdot10H_2O}V_{HCl}} \tag{2-35}$$

式中：$m_{Na_2B_4O_7\cdot10H_2O}$ 为硼砂的质量，g；$M_{\frac{1}{2}Na_2B_4O_7\cdot10H_2O}$ 为 $\frac{1}{2}Na_2B_4O_7\cdot10H_2O$ 的摩尔质量，g/mol；V_{HCl} 为滴定硼砂消耗 HCl 溶液的体积，mL。

2. 碱标准溶液

碱性标准溶液常用 NaOH 和 KOH 配制，以 NaOH 标准溶液应用最多。NaOH 具有很强的吸湿性，易吸收空气中的 CO_2，因此不能用固体 NaOH 直接配制标准溶液，其标准溶液采用标定法配制。标定 NaOH 溶液的基准物质有邻苯二甲酸氢钾、草酸等。

（1）邻苯二甲酸氢钾（$KHC_8H_4O_4$）。邻苯二甲酸氢钾在空气中不易吸水，容易保存，摩尔质量大。在使用前通常在105～110℃的烘箱内烘干2～3h，稍冷后再放入干燥器内备用。它与NaOH的反应为

$$C_6H_4(COOH)(COOK) + NaOH \longrightarrow C_6H_4(COONa)(COOK) + H_2O$$

化学计量点时反应的产物是邻苯二甲酸钾钠，溶液的pH值约9.1，可选酚酞作指示剂。标定c_{NaOH}（mol/L）计算公式

$$c_{NaOH}=\frac{1000m_{KHC_8H_4O_4}}{M_{KHC_8H_4O_4}V_{NaOH}} \tag{2-36}$$

式中：$m_{KHC_8H_4O_4}$为邻苯二甲酸氢钾的质量，g；$M_{KHC_8H_4O_4}$为邻苯二甲酸氢钾的摩尔质量，g/mol；V_{NaOH}为滴定邻苯二甲酸氢钾消耗NaOH溶液的体积，mL。

（2）草酸（$H_2C_2O_4 \cdot 2H_2O$）。它是二元弱酸（$K_{a1}=5.9\times10^{-2}$，$K_{a2}=6.4\times10^{-5}$），用NaOH溶液滴定时，两级解离出的H^+可同时被中和，它与NaOH的反应为

$$H_2C_2O_4+2NaOH \longrightarrow Na_2C_2O_4+2H_2O$$

化学计量点时反应的产物是$Na_2C_2O_4$，溶液的pH值约8.4，可选酚酞作指示剂。由于草酸的摩尔质量不太大，为了减小称量误差，应当多称量一些草酸配制在容量瓶中，然后从中移取一定体积的标准溶液进行标定，则c_{NaOH}（mol/L）计算公式

$$c_{NaOH}=\frac{1000m_{H_2C_2O_4\cdot 2H_2O}\times\dfrac{\text{移取体积}}{\text{配制总体积}}}{M_{\frac{1}{2}H_2C_2O_4\cdot 2H_2O}V_{NaOH}} \tag{2-37}$$

式中：$m_{H_2C_2O_4\cdot 2H_2O}$为草酸的质量，g；$M_{\frac{1}{2}H_2C_2O_4\cdot 2H_2O}$为$\frac{1}{2}H_2C_2O_4 \cdot 2H_2O$的摩尔质量，g/mol；$V_{NaOH}$为滴定草酸消耗NaOH溶液的体积，mL。

二、酸碱滴定中CO_2的影响

在酸碱滴定中CO_2来源：如水中溶解的CO_2，配制碱标准溶液的试剂本身吸收了CO_2，碱标准溶液在存放过程中吸收的CO_2，在滴定过程中吸收空气中的CO_2等。

酸碱滴定中CO_2的影响程度由滴定终点的pH值决定。溶解在水中的CO_2存在如下平衡：

$$CO_2+H_2O \rightleftharpoons \underset{pH<6.4}{H_2CO_3} \xrightleftharpoons{pK_{a1}=6.4} \underset{pH=6.4\sim10.3}{HCO_3^-} \xrightleftharpoons{pK_{a2}=10.3} \underset{pH>10.3}{CO_3^{2-}}$$

由上述平衡关系可知，各型体浓度的大小取决于溶液的pH值。当pH<6.4时，溶液中主要以CO_2型体存在，这时CO_2对滴定的影响较小。因此，滴定终点时溶液的pH值越低，CO_2的影响越小。如果滴定终点时溶液的pH<5，CO_2影响可忽略不计。

用HCl滴定NaOH时，吸收CO_2后，2mol NaOH生成1mol Na_2CO_3。若采用甲基橙作指示剂，终点时pH≈4，生成CO_2（H_2CO_3）消耗2mol HCl，即2mol NaOH与CO_2发生反应则生成1mol Na_2CO_3，仍消耗2mol HCl。因而此溶液与纯的NaOH溶液消耗HCl的量相同，此时CO_2的影响忽略不计。若用酚酞作指示剂，终点时pH≈9，生成$NaHCO_3$，滴定时HCl∶Na_2CO_3=1∶1，因此，1mol Na_2CO_3只消耗了1mol HCl，此时对结果有明显的影响。

配制不含CO_3^{2-}的NaOH溶液常用的方法是：先配成饱和的NaOH溶液（约19mol/

L)，取一定体积上层清液，用煮沸除去CO_2的蒸馏水稀释至所需浓度。因为Na_2CO_3在饱和NaOH溶液中溶解度很小，可沉降到溶液底部。标定好的NaOH标准溶液应当保存在装有虹吸管及碱石灰管［含$Ca(OH)_2$］的瓶中，防止吸收空气中的CO_2。放置过久的NaOH溶液的浓度会发生改变，应重新标定。

三、酸碱滴定法应用实例

1. 酸度的测定

水的酸度是指水中含有能够接受氢氧根离子物质的量。水中酸度的形成主要有未结合的CO_2、有机酸、强酸弱碱盐等。由于水中含有的酸性物质种类繁多，不易分别测定，所以酸度是一项综合指标。酸度测定的结果，只是表示能与强碱标准溶液起反应的各种酸性物质的总量。

酸度测定数值的大小，随着所用指示剂指示终点pH值的不同而异。根据习惯，若以酚酞作指示剂，用NaOH标准溶液滴定到pH≈8.3的酸度称为酚酞酸度，它包括强酸和弱酸，即全部的酸度，故又称总酸度。若以甲基橙作指示剂，用NaOH标准溶液滴定到pH≈3.7的酸度称为甲基橙酸度，是较强类酸度的总和。它们的计算公式为

酚酞酸度：
$$(SD)_{酚}=\frac{c_{OH^-}V_{OH^-}}{V_s}\times 1000 \quad mmol/L \tag{2-38}$$

甲基橙酸度：
$$(SD)_{甲}=\frac{c_{OH^-}V_{OH^-}}{V_s}\times 1000 \quad mmol/L \tag{2-39}$$

式中：c_{OH^-}为NaOH标准溶液的浓度，mol/L；V_{OH^-}为酚酞或甲基橙变色时消耗NaOH标准溶液的体积，mL；V_s为水样的体积，mL。

2. 碱度的测定

水的碱度是指水中含有能够接受氢离子的物质的量。水中的碱度是由碳酸盐、重碳酸盐及氢氧化物造成的，天然水中碱度主要是重碳酸盐，当水中含有磷酸盐、硅酸盐、亚硫酸盐、氨等也会产生一定碱度，所以总碱度就是这些成分的总和。废水中含有的有机碱类、金属水解性盐类等，均为碱度的成分。所以碱度是一项综合指标，代表能接受质子物质的量的总和。

测定水中碱度通常采用酸碱指示剂滴定法，也可采用电位滴定法。用酸碱指示剂滴定法测定水中碱度，有连续滴定法和分别滴定法。用HCl或H_2SO_4标准溶液滴定水中碱度至终点，根据所消耗酸标准溶液的体积计算水样的碱度，或者判断碱度的成分。

(1) 连续滴定法。取一定体积的水样（V_s，mL），先加酚酞（PP）指示剂，若溶液呈现红色，用强酸标准溶液（c_{H^+}，mol/L），滴定至恰好无色为终点，消耗强酸标准溶液的体积为P（mL），再加甲基橙指示剂，溶液显黄色，继续用强酸标准溶液滴定至橙色为终点，又消耗强酸标准溶液的体积为M（mL），根据P与M数值的大小可判断水中OH^-、CO_3^{2-}和HCO_3^-碱度组成，并计算各种碱度的含量，见表2-7。酚酞碱度（$A_{酚}$）和总碱度（用A或T表示）计算公式为

$$A_{酚}=\frac{c_{H^+}P}{V_s}\times 1000 \quad mmol/L \tag{2-40}$$

$$T=\frac{c_{H^+}(P+M)}{V_s}\times 1000 \quad mmol/L \tag{2-41}$$

$$T=\frac{c_{H^+}(P+M)M_{\frac{1}{2}CaCO_3}}{V_s}\times 1000 \quad mg/L(以\ CaCO_3\ 计) \tag{2-42}$$

$$T=\frac{c_{H^+}(P+M)M_{\frac{1}{2}CaO}}{V_s}\times 1000 \quad mg/L(以 CaO 计) \qquad (2-43)$$

注意：碱度通常分为酚酞碱度和总碱度。酚酞碱度是以酚酞作指示剂测定的碱度，终点 pH≈8.3；总碱度是以甲基橙作指示剂测定的碱度，终点 pH≈4。如果不要求区分水中各种碱度的含量，只要求测定水中的总碱度，可在一定体积的水样中，直接加甲基橙指示剂（不用先加酚酞指示剂进行滴定，为什么?），用酸标准溶液滴定至橙色为终点，根据消耗酸标准溶液的体积，计算总碱度。若总碱度小于 0.5mmol/L，宜选用甲基红—亚甲基蓝作指示剂，终点 pH≈5。

表 2-7　　水中碱度成分的判断与相应成分消耗酸的体积

P 与 M 的关系	碱度成分	碱度成分消耗酸标准溶液的体积（mL）		
		OH^-	CO_3^{2-}	HCO_3^-
$P>0$，$M=0$	OH^-	P	—	—
$P>M$	OH^- 和 CO_3^{2-}	$P-M$	$2M$	—
$P=M\neq 0$	CO_3^{2-}	—	$2P$	—
$P<M$	HCO_3^- 和 CO_3^{2-}	—	$2P$	$M-P$
$P=0$，$M>0$	HCO_3^-	—	—	M

【例 2-14】 取 100.0mL 水样用 0.1000mol/L 的 HCl 标准溶液测定水的碱度。先用酚酞作指示剂滴定，溶液由红色变为无色时，消耗盐酸标准溶液的体积为 1.65mL，然后加入甲基橙指示剂，继续用盐酸标准溶液滴定至溶液由黄色转变为橙色时，又消耗滴定液 4.18mL。试判断该水样的碱度成分，并计算各碱度成分的含量及全碱度。

解　$P=1.65mL$，$M=4.18mL$

因为 $P<M$，所以水样碱度成分：HCO_3^- 和 CO_3^{2-}。

$$\rho_{CO_3^{2-}}=\frac{c_{HCl}2P\cdot M_{\frac{1}{2}CO_3^{2-}}}{V_s}\times 1000$$

$$=\frac{0.1000\times 2\times 1.65\times \frac{1}{2}\times 60.03}{100.0}\times 1000$$

$$=99.0(mg/L)$$

$$\rho_{HCO_3^-}=\frac{c_{HCl}(M-P)M_{HCO_3^-}}{V_s}\times 1000$$

$$=\frac{0.1000\times(4.18-1.65)\times 61.03}{100.0}\times 1000$$

$$=154(mg/L)$$

$$T=\frac{c_{HCl}(P+M)}{V_s}\times 1000=\frac{0.1000\times(4.18+1.65)}{100.0}\times 1000$$

$$=5.83(mmol/L)$$

或

$$T=\frac{c_{HCl}(P+M)M_{\frac{1}{2}CaCO_3}}{V_s}\times 1000$$

$$=\frac{0.1000\times(4.18+1.65)\times\frac{1}{2}\times100.09}{100.0}\times1000$$

$$=292(\text{mg/L}，以\ CaCO_3\ 计)$$

【例 2-15】 取 100.0mL 水样，可能含有 OH^-、HCO_3^-、CO_3^{2-} 或者是它们的混合物。以酚酞为指示剂，用 0.1000 mol/L HCl 标准溶液滴定至终点，消耗 10.00 mL。问

1）若水样中含有 OH^- 和 CO_3^{2-} 的物质的量相同，再以甲基橙为指示剂，还需加入多少毫升 HCl 溶液才能滴定至终点？OH^- 和 CO_3^{2-} 的含量各为多少（mg/L)？

2）若水样中含有 HCO_3^- 和 CO_3^{2-} 的物质的量相同，再以甲基橙为指示剂，还需加入多少毫升 HCl 溶液才能滴定至终点？HCO_3^- 和 CO_3^{2-} 的含量各为多少（mg/L)？

3）若再加入甲基橙指示剂，不滴入 HCl 溶液，就已显终点颜色，则水样含有何种物质？该物质含量为多少（mg/L)？

解 设以酚酞为指示剂，消耗 HCl 溶液的体积为 P mL，以甲基橙为指示剂，消耗 HCl 溶液的体积为 M mL。

1）因为水样中含有 OH^- 和 CO_3^{2-} 的物质的量相同，即 $n_{OH^-}=n_{CO_3^{2-}}$

所以 $n_{CO_3^{2-}}=\frac{1}{2}c_{HCl}2M$，$n_{OH^-}=c_{HCl}(P-M)$

$$\frac{1}{2}c_{HCl}2M=c_{HCl}(P-M)$$

$$M=P/2=10.00/2=5.00\text{mL}$$

$$\rho_{OH^-}=\frac{c_{HCl}(P-M)M_{OH^-}}{V_s}\times1000$$

$$=\frac{0.1000\times(10.00-5.00)\times17.01}{100.0}\times1000$$

$$=85.05\ (\text{mg/L})$$

$$\rho_{CO_3^{2-}}=\frac{c_{HCl}2M\cdot M_{\frac{1}{2}CO_3^{2-}}}{V_s}\times1000$$

$$=\frac{0.1000\times2\times5.00\times\frac{1}{2}\times60.03}{100.0}\times1000$$

$$=300.2\ (\text{mg/L})$$

2）因为水样中含有 HCO_3^- 和 CO_3^{2-} 的物质的量相同，即 $n_{HCO_3^-}=n_{CO_3^{2-}}$

所以 $n_{CO_3^{2-}}=\frac{1}{2}c_{HCl}2P$，$n_{HCO_3^-}=c_{HCl}(M-P)$

$$\frac{1}{2}c_{HCl}2P=c_{HCl}(M-P)$$

$$M=2P=2\times10.00=20.00\text{mL}$$

$$\rho_{HCO_3^-}=\frac{c_{HCl}(M-P)M_{HCO_3^-}}{V_s}\times1000$$

$$=\frac{0.1000\times(20.00-10.00)\times61.30}{100.0}\times1000$$

$$=613.0(\text{mg/L})$$

$$\rho_{CO_3^{2-}}=\frac{c_{HCl}2P\cdot M_{\frac{1}{2}CO_3^{2-}}}{V_s}\times 1000$$

$$=\frac{0.1000\times 2\times 10.00\times \frac{1}{2}\times 60.03}{100.0}\times 1000$$

$$=600.3(\text{mg/L})$$

3）因为 $M=0$，所以水样中只有 OH^-。

$$\rho_{OH^-}=\frac{c_{HCl}pM_{OH^-}}{V_s}\times 1000$$

$$=\frac{0.1000\times 10.00\times 17.01}{100.0}\times 1000$$

$$=170.1(\text{mg/L})$$

（2）分别滴定法。分别滴定法除采用酚酞和甲基橙外，经常采用两种混合指示剂：

1）百里酚蓝和甲酚红混合指示剂，变色点 pH=8.3，由紫色变为黄色终点。

2）溴甲酚绿和甲基红混合指示剂，变色点 pH=4.8，终点为浅灰紫色。

分别取两份相同体积的水样，其中一份用百里酚蓝和甲酚红混合指示剂，以 HCl 标准溶液滴定至终点，溶液由紫色变为黄色，消耗酸标准溶液的体积 $V_{pH8.3}$(mL)，相当于酚酞指示剂消耗酸标准溶液的体积 P(mL)，即强碱碱度（等于酚酞碱度）。

另一份水样用溴甲酚绿和甲基红混合指示剂，以 HCl 标准溶液滴定至终点，溶液由绿色变为浅灰色，消耗酸标准溶液的体积 $V_{pH4.8}$(mL)，相当于连续滴定法甲基橙作指示剂，又消耗酸标准溶液的体积 M（mL），即全碱度。

同样根据 $V_{pH8.3}$ 与 $V_{pH4.8}$ 的数值大小可判断水中 OH^-、CO_3^{2-} 和 HCO_3^- 碱度组成，并计算各种碱度的含量。

（3）碱度单位及其表示法。

1）以 mmol/L 表示。酚酞碱度见式（2-40），总碱度见式（2-41）。

2）以 $CaCO_3$(mg/L)、CaO(mg/L) 表示。总碱度见式（2-42）、式（2-43）。水质单一组分的含量通常以该组分计，用 mg/L 表示，见例 2-15。

3）用“度”表示。碱度单位也有用度表示。1 度（通常指德国度）相当于每升水中含有 10mg CaO，即 1 度=10mg/L CaO。因为 $\left(\frac{1}{2}\text{CaO}\right)$ 的摩尔质量为 28.04g/mol，所以

$$1\text{ 度}=10\text{mg/L CaO}=\frac{1}{2.804}\text{mmol/L}$$

3. 酸度、碱度和 pH 值的关系

酸度、碱度和 pH 值都是水的酸碱性质的指标，它们即相互联系，又有区别。水中的酸度或碱度表示水中酸碱物质的含量，而 pH 值表示水中酸或碱的强度，即水的酸碱性强弱，pH 值是反映水的酸碱性强度的一项指标。例如浓度均为 0.1mol/L 的 HCl 和 HAc 溶液，二者的酸度相同，但它们的 pH 值却不同。大多数天然水的 pH 值在 6～8，其水中的酸度和碱度同时存在，因为 $H_2CO_3 \xrightleftharpoons{pK_{a1}=6.4} H^+ + HCO_3^-$ 平衡时既有 CO_2 酸度，又有 HCO_3^- 碱度。因此，同一水样既可测得酸度，又可测得碱度。

4. 水中游离CO_2的测定

取一定体积（V_s）的水样，加入酚酞指示剂，用NaOH标准溶液滴定至微红色即为终点，其反应如下

$$CO_2+NaOH \longrightarrow NaHCO_3$$

根据滴定过程中消耗NaOH标准溶液的体积，计算水中游离CO_2的含量，计算公式为

$$游离CO_2\ (mg/L)=\frac{c_{NaOH}V_{NaOH}M_{CO_2}}{V_s}\times 1000 \tag{2-44}$$

式中：c_{NaOH}为NaOH标准溶液的浓度，mol/L；V_{NaOH}为NaOH标准溶液的体积，mL；M_{CO_2}为CO_2的摩尔质量，g/mol；V_s为水样的体积，mL。

注意：水样甲基橙酸度为零时，可按式（2-38）进行计算。若甲基橙酸度不为零，应在酚酞酸度消耗NaOH的体积中减去甲基橙酸度消耗NaOH溶液的体积。

5. 侵蚀性CO_2的测定

天然水中含有游离CO_2，可与岩石中的碳酸盐建立如下平衡

$$CaCO_3+CO_2+H_2O \rightleftharpoons Ca(HCO_3)_2$$

$$MgCO_3+CO_2+H_2O \rightleftharpoons Mg(HCO_3)_2$$

如果水中游离CO_2的含量大于上述平衡所需的CO_2，就会溶解碳酸盐，使上述平衡向右移动，这部分能与碳酸盐起反应的CO_2称为侵蚀性CO_2。

侵蚀性CO_2对水工建筑物具有侵蚀破坏作用，当侵蚀性CO_2与氧共存时对金属（铁）具有强烈侵蚀作用，因此，对水体进行侵蚀性CO_2的测定有着重要的实用意义。

采样要求用虹吸法，将采样吸管插入采样瓶底部并溢流出采样瓶内的空气，取满瓶水样，妥善保存，避免与空气接触，同时在现场另采集一份水样加入$CaCO_3$粉末。

水中侵蚀性CO_2能与$CaCO_3$作用析出相当量的HCO_3^-，其反应：

$$CaCO_3+CO_2+H_2O \longrightarrow Ca(HCO_3)_2$$

由此，可在水样中加入$CaCO_3$粉末放置5d，待水样中侵蚀性CO_2完全与其作用之后，取一定体积澄清的水样（V_s，mL），以甲基橙为指示剂，用HCl标准溶液滴定，其反应：

$$Ca(HCO_3)_2+2HCl \longrightarrow CaCl_2+2H_2O+2CO_2\uparrow$$

根据滴定到达终点时，HCl标准溶液的消耗量［$V_{HCl(2)}$，mL］减去采样当天用同一HCl标准溶液滴定相同体积水样（未加$CaCO_3$粉末）消耗HCl标准溶液的体积［$V_{HCl(1)}$，mL］，即可求出水样中侵蚀性CO_2的含量。

由反应可知　　$1mol\ CO_2 \sim 1mol\ Ca(HCO_3)_2 \sim 2mol\ HCl$

$$n_{HCl}=n_{\frac{1}{2}CO_2}$$

$$侵蚀性CO_2=\frac{c_{HCl}[V_{HCl(2)}-V_{HCl(1)}]M_{\frac{1}{2}CO_2}}{V_s}\times 1000(mg/L) \tag{2-45}$$

6. 废水中氨氮的测定（间接滴定法）

氨氮以游离氨或铵盐的形式存在于水中，两者的组成比取决于水的pH值和水温。当pH值偏高时，游离氨的比例较高；反之，则铵盐的比例高，水温则相反。由于NH_4^+的解离常数（$K_a=5.6\times 10^{-10}$）比较小，不能用直接滴定法，要采用间接法（蒸馏法或甲醛法）。

（1）蒸馏法。调节水样的pH值为6.0～7.4，加入轻质氧化镁使呈微碱性，蒸馏释出的氨用硼酸溶液吸收。然后用甲基红－亚甲基蓝作指示剂，用HCl标准溶液滴定至溶液由绿

色变为紫色即为终点，记录消耗 HCl 标准溶液的体积为 V_1，同时做空白试验。有关反应为

$$NH_4^+ + OH^- \xrightarrow{\triangle} NH_3\uparrow + H_2O$$

$$NH_3 + H_3BO_3 \Longrightarrow NH_4^+ + H_2BO_3^-$$

$$H^+ + H_2BO_3^- \Longrightarrow H_3BO_3$$

则水样中的氨氮以氮计（ρ_N，mg/L）的计算公式为

$$\rho_N = \frac{c_{HCl}\ (V_1 - V_2)\ M_N}{V_s} \times 1000 \quad (2-46)$$

式中：c_{HCl}为 HCl 标准溶液的浓度，mol/L；V_1 为水样消耗 HCl 标准溶液的体积，mL；V_2 为空白试验时消耗 HCl 标准溶液的体积，mL；M_N 为氮的摩尔质量，g/mol；V_s 为水样的体积，mL。

（2）甲醛法。水中铵盐能与甲醛作用定量地置换出酸

$$4NH_4^+ + 6HCHO \Longrightarrow (CH_2)_6N_4H^+ + 3H^+ + 6H_2O$$

然后用酚酞作指示剂，用 NaOH 标准溶液滴定至微红色即为终点。因 $(CH_2)_6N_4H^+$ 的酸性不太弱（$pK_a=5.13$），它也同时被 NaOH 滴定，即 1mol NH_4^+ 与 1mol NaOH 相当。根据消耗 NaOH 标准溶液的体积（V，mL），计算水样中氨的含量，计算公式为

$$\rho_{NH_3}(mg/L) = \frac{c_{NaOH} V M_{NH_3}}{V_s} \times 1000 \quad (2-47)$$

如果试样中含有游离的酸或碱，则需事先加以中和。此法可用于测定某些无机铵盐。

第七节 碱度、pH 值和游离 CO_2 的有关计算

水中碳酸化合物有 4 种存在形式：溶于水中的 CO_2 气体，分子态的 H_2CO_3，HCO_3^- 和 CO_3^{2-}。在水溶液中，这 4 种碳酸化合物之间有下列几种化学平衡：

$$CO_2 + H_2O \rightleftharpoons H_2CO_3$$

$$H_2CO_3 \rightleftharpoons H^+ + HCO_3^-$$

$$K_{a1} = \frac{[H^+][HCO_3^-]}{[H_2CO_3]} = 4.2\times10^{-7}\ (25℃) \quad (2-48)$$

$$HCO_3^- \rightleftharpoons H^+ + CO_3^{2-}$$

$$K_{a2} = \frac{[H^+][CO_3^{2-}]}{[HCO_3^-]} = 5.6\times10^{-11} \quad (2-49)$$

在进行水质分析时，不能区分水中的 CO_2 和 H_2CO_3，用酸碱滴定法测得的游离 CO_2 实际是它们两者之和（可表示成 CO_2）。实际上 CO_2 的形态占最主要的部分，而 H_2CO_3 的形态只占分子状态碳酸总量的 1%以下，故把水中溶解的气体 CO_2 的含量作为游离碳酸的总量，不至于引起过大的误差，即分析中可以用 $[CO_2]$ 或 $[H_2CO_3]$ 代替游离碳酸的总量。

对于式（2-48），用 $[CO_2]$ 代替 $[H_2CO_3]$ 时，将两边取对数整理得

$$pH = pK_{a1} + lg\,[HCO_3^-] - lg\,[CO_2]$$

$$pH = 6.38 + lg\,[HCO_3^-] - lg\,[CO_2] \quad (2-50)$$

天然淡水多数是碳酸盐型，而水的 pH 值一般在 8.3 以下，水中 HCO_3^- 的浓度实际上就是水的碱度（A），于是式（2-50）改为

$$pH=6.38+\lg[A]-\lg[CO_2] \tag{2-51}$$

式(2-51)指出了淡水中 pH、A 和游离 CO_2 之间的关系。

设水中碳酸化合物的总浓度为 c(mol/L),则

$$c=[CO_2]+[HCO_3^-]+[CO_3^{2-}]$$

$$\delta_{CO_2}=\frac{[CO_2]}{c}=\frac{[H^+]^2}{[H^+]^2+K_{a1}[H^+]+K_{a1}K_{a1}} \tag{2-52}$$

$$\delta_{HCO_3^-}=\frac{[HCO_3^-]}{c}=\frac{K_{a1}[H^+]}{[H^+]^2+K_{a1}[H^+]+K_{a1}K_{a1}} \tag{2-53}$$

$$\delta_{CO_3^{2-}}=\frac{[CO_3^{2-}]}{c}=\frac{[H^+]^2}{[H^+]^2+K_{a1}[H^+]+K_{a1}K_{a1}} \tag{2-54}$$

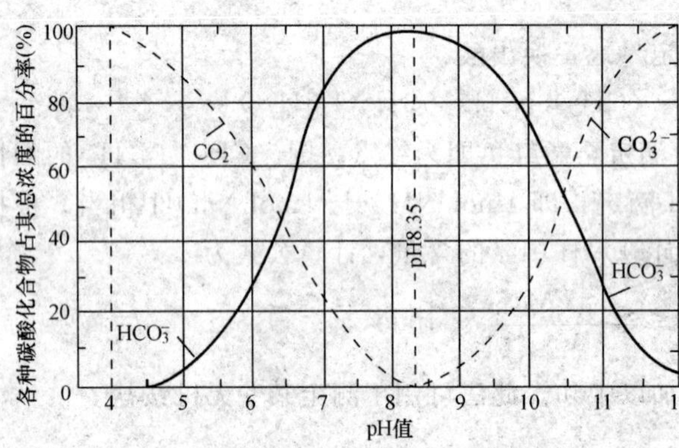

图 2-11 水中各种碳酸化合物的相对含量和 pH 值的关系

由式(2-52)~式(2-54)可计算出不同 pH 值时各种碳酸化合物含量的相对比例,见图 2-11。

由图 2-11 可知,当水的 pH≤4.3(甲基橙变色点)时,水中碳酸化合物基本上都是 CO_2;当 pH≤8.3(酚酞变色点)时,98%以上的碳酸化合物都转化为 HCO_3^-;当 pH≥8.3 时,HCO_3^- 和 CO_3^{2-} 同时存在;当 pH≥10 以后,HCO_3^- 迅速减少。

当 pH>8.3 时,水中 CO_2 的含量很小,只考虑碳酸的二级解离平衡,将式(2-49)整理,得

$$pH=pK_{a2}-\lg[HCO_3^-]+\lg[CO_3^{2-}] \tag{2-55}$$

在讨论水中 OH^-、CO_3^{2-} 和 HCO_3^- 这 3 种碱度的测定时,曾假设水中 OH^- 和 HCO_3^- 不能共存。以这种假设为基础进行的各种碱度计算,一般是允许的。因为酸碱平衡中,不同 pH 值的溶液有一种或两种物质的浓度很低时,可忽略不计。实际上在任何 pH 值下 3 种碱度可同时共存。如 CO_3^{2-} 的解离,必然会产生一定量的 OH^- 和 HCO_3^-。因此,做精确计算时,应考虑 OH^- 和 HCO_3^- 同时存在于水中。

水中的总碱度是用强酸标准溶液进行滴定至终点,依据所消耗酸标准溶液的量计算总碱度,即加入的 $[H^+]$ 与 $[A]_{总}$ 的物质的量相等。由质子条件式得

$$[A]_{总}+[H^+]=[OH^-]+2[CO_3^{2-}]+[HCO_3^-] \tag{2-56}$$

因为

$$[OH^-]=\frac{K_w}{[H^+]} \tag{2-57}$$

$$[CO_3^{2-}]=\frac{K_{a2}[HCO_3^-]}{[H^+]} \tag{2-58}$$

将式(2-57)和式(2-58)代入式(2-56)得

$$[HCO_3^-]=\frac{[A]_{总}+[H^+]-K_w/[H^+]}{1+2K_{a2}/[H^+]} \tag{2-59}$$

将式(2-59)代入式(2-58)得

$$[CO_3^{2-}] = \frac{K_{a2}}{[H^+]}\left(\frac{[A]_{总} + [H^+] - K_w/[H^+]}{1 + 2K_{a2}/[H^+]}\right) \tag{2-60}$$

由式（2-57)、式（2-59）和式（2-60）可看出，通过测定溶液的总碱度和pH值，可准确计算溶液的3种碱度。

当水溶液的pH<8.3时，可近似认为溶液中只有HCO_3^-，即$[HCO_3^-]=[A]_{总}$。由H_2CO_3的一级解离平衡式得

$$[H_2CO_3] = \frac{[H^+][HCO_3^-]}{K_{a1}} \tag{2-61}$$

将式（2-59）代入式（2-61）得

$$[H_2CO_3] = \frac{[H^+]}{K_{a1}}\frac{[A]_{总} + [H^+] - K_w/[H^+]}{1 + 2K_{a2}/[H^+]} \tag{2-62}$$

由式（2-62）可以准确计算游离CO_2的含量。

【例2-16】 有一水样的pH=9.0，总碱度为2.00mmol/L，求水样中3种碱度各为多少？

解 已知$[A]_{总}=2.00$（mmol/L)，pH=9.0，即$[H^+]=1.0\times10^{-9}$（mol/L)

由式（2-57）得：$[OH^-]=\dfrac{1.0\times10^{-14}}{1.0\times10^{-9}}=1.0\times10^{-5}$（mol/L)

由式（2-59）得：$[HCO_3^-]=\dfrac{2.00\times10^{-3}+1.00\times10^{-9}-1.0\times10^{-14}/1.00\times10^{-9}}{1+2\times5.6\times10^{-11}/1.00\times10^{-9}}$

$=1.97\times10^{-3}$（mol/L)

由式（2-58）得：$[CO_3^{2-}]=\dfrac{5.6\times10^{-11}\times1.97\times10^{-3}}{1.00\times10^{-9}}=1.10\times10^{-4}$（mol/L)

【例2-17】 有一水样的pH=7.0，总碱度为4.50mmol/L，求水样中游离的CO_2的含量。

解 已知pH=7.0，即$[H^+]=1.0\times10^{-7}$（mol/L)

$[A]_{总}=4.50$（mmol/L)

因为pH<8.3，可认为只有HCO_3^-碱度，即$[HCO_3^-]=[A]_{总}$

由式（2-61）得：$[H_2CO_3]=\dfrac{1.0\times10^{-7}\times4.50\times10^{-3}}{4.2\times10^{-7}}=1.07\times10^{-3}$（mol/L)

游离$CO_2=1.07\times10^{-3}\times44\times10^3=47.1$（mg/L)

思考题

2-1 解释下列术语：甲基橙碱度，酚酞碱度，总碱度，侵蚀CO_2。

2-2 根据酸碱质子理论，什么叫酸？什么叫碱？酸碱的强弱如何衡量？共轭酸碱对中K_a与K_b有何关系？

2-3 写出NH_4Cl，HAc，NaH_2PO_4，C_6H_5COOH的酸性由强至弱的顺序。

2-4 写出下列物质的共轭碱：H_2CO_3，HPO_4^{2-}，NH_4^+，H_2O，HS^-，HClO。

2-5 写出下列酸碱组分的质子条件。

(1) c_1(mol/L)NH_3 + c_2(mol/L)NaOH；

(2) c_1(mol/L)HAc＋c_2(mol/L)NaAc；

(3) c(mol/L)$(NH_4)_2CO_3$；

(4) c(mol/L)Na_2S。

2-6 什么是酸碱指示剂？酸碱指示剂的作用原理是什么？什么是指示剂的变色范围？

2-7 什么是缓冲溶液？缓冲溶液是如何分类的？缓冲溶液的作用原理是什么？

2-8 强碱滴定强酸和强碱滴定弱酸过程中，溶液 pH 值的变化规律如何？

2-9 什么是 pH 值突跃范围？pH 值突跃与哪些因素有关？pH 值突跃在滴定分析中有何意义？

2-10 酸度和碱度的测定原理各是什么？

2-11 用基准 Na_2CO_3 标定 HCl 溶液时，下列情况会对 HCl 的浓度产生何种影响（偏高，偏低或没有影响)？

(1) 滴定时速度太快，附在滴定管壁的 HCl 来不及流下来就读取滴定体积；

(2) 称取 Na_2CO_3 时，实际质量为 0.1834g，记录时误记为 0.1824g；

(3) 在 HCl 标准溶液倒入滴定管之前，没有用 HCl 溶液荡洗滴定管；

(4) 锥形瓶中的 Na_2CO_3 用蒸馏水溶解时，多加了 50mL 蒸馏水；

(5) 滴定开始之前，忘记调节零点，HCl 溶液的液面高于零点；

(6) 滴定管旋塞漏出 HCl 溶液；

(7) 称取 Na_2CO_3 时，撒在天平盘上；

(8) 配制 HCl 溶液时没有混匀。

2-12 一试液可能是 NaOH、$NaHCO_3$、Na_2CO_3 或它们的固体混合物的溶液。用 20.00mL 0.1000mol/L HCl 标准溶液，以酚酞为指示剂可滴定至终点。问在下列情况下，继续以甲基橙作指示剂滴定至终点，还需加入多少 mLHCl 溶液？第 3 种情况试液的组成如何？

(1) 试液中所含 NaOH 与 Na_2CO_3 物质的量比为 3∶1；

(2) 原固体试样中所含 $NaHCO_3$ 和 NaOH 的质量比为 2∶1；

(3) 加入甲基橙后滴半滴 HCl 溶液，试液即成终点颜色。

2-13 用 HCl 标准溶液滴定混合碱溶液，滴定至酚酞指示剂变色，用去 V_1（mL)，再继续滴定至甲基橙指示剂变色，又用去 V_2（mL)。若 $V_1>V_2$，则试样中含______；若 $V_1<V_2$，则含______；若 $V_1=V_2$，则含______。

2-14 标定浓度约为 0.1mol/L 的 NaOH，欲消耗 NaOH 溶液 20mL 左右，应称取基准物质 $H_2C_2O_4\cdot 2H_2O$ 多少 g？其称量的相对误差能否达到 0.1%？若不能，可以用什么方法予以改善？若改用邻苯二甲酸氢钾为基准物，结果又如何？

2-15 游离 CO_2 和侵蚀 CO_2 的测定原理各是什么？

2-16 怎样用最简便的方法确定水中只有 HCO_3^- 碱度？

2-17 设计一个测定水中总碱度的实验方案。

习　题

2-1 计算 pH 值为 8.0 和 12.0 时 0.1mol/L KCN 溶液中 CN^- 浓度。

(5.8×10^{-3}mol/L，1.0×10^{-1}mol/L)

2-2 欲使 100mL 0.10mol/L HCl 溶液的 pH 值从 1.00 增加至 4.44，需加入固体 NaAc 多少 g（忽略溶液体积的变化）？ (1.23g)

2-3 通过计算说明 0.20mol/L HCl 和 0.20mol/L HAc 两种溶液的 H^+ 浓度是否相等？若用相同浓度的 NaOH 中和时，消耗的 NaOH 体积是否相等？

(0.20mol/L，1.0×10^{-3}mol/L)

2-4 计算下列溶液的 pH 值：

(1) 0.05mol/L NaAc 溶液；

(2) 0.05mol/L HAc 溶液；

(3) 0.10mol/L $NH_3 \cdot H_2O$ 溶液；

(4) 0.2mol/L $H_2C_2O_4$ 溶液；

(5) 0.20mol/L $NaHCO_3$ 溶液；

(6) 0.10mol/L Na_2CO_3 溶液；

(7) 0.10mol/L HAc 和 0.10mol/L NaAc 溶液等体积混合溶液；

(8) 0.10mol/L NH_3 和 0.15mol/L NH_4Cl 溶液等体积混合溶液；

(9) 15mol/L 氨水 350mL，加入 50.27g NH_4Cl（忽略体积变化）。

[(1)8.72，(2)3.02，(3)11.11，(4)1.08，(5)8.31，(6)11.62，(7)4.74，(8)9.08，(9)10.0]

2-5 下列酸或碱的溶液能否准确进行滴定？能否分步滴定？

(1) 0.1mol/L NH_4Cl 溶液；

(2) 0.1mol/L HCN 溶液；

(3) 0.1mol/L NaAc 溶液；

(4) 0.1mol/L 邻苯二甲酸溶液；

(5) 0.1mol/L 酒石酸；

(6) 0.1mol/L 水杨酸。

2-6 用 0.1000mol/L HCl 滴定 20.00mL 0.1000mol/L 氨水。

(1) 当加入 HCl 溶液的体积为 19.98mL，20.00mL，20.02mL 时，计算各点溶液的 pH 值。

(2) 在此滴定过程中，化学计量点的 pH 值是多少？滴定突跃范围为多大？

(3) 滴定应选择何种指示剂？ (6.26，5.28，4.30)

2-7 现有 250mL 的 pH＝5.0 的缓冲溶液，问在 125mL 1.0mol/L NaAc 溶液中应加入 6.0mol/L 的 HAc 溶液多少 mL？简述如何配制此缓冲溶液？ (11.6mL)

2-8 称取 1.000g 草酸（$H_2C_2O_4 \cdot 2H_2O$），加水溶解并定容到 250mL。移取 25.00mL，加入酚酞指示剂，用 NaOH 溶液滴定至由无色变成粉红色，消耗的体积为 15.00mL，计算 NaOH 溶液的准确浓度。 (0.1058mol/L)

2-9 用硼砂（$Na_2B_4O_7 \cdot 10H_2O$）标定 HCl 溶液的浓度。称取 0.5722g 硼砂，溶于水后加入甲基橙指示剂，用 HCl 溶液滴定，消耗 HCl 25.30mL，计算 HCl 溶液的浓度。如欲改变其浓度为 0.1000mol/L，问需将此酸 1000mL 稀释到多少 mL。

(0.1186mol/L，1186mL)

2-10 一样品仅含 NaOH 和 Na_2CO_3，一份重 0.3720g 试样需用 40.00mL，

0.1500mol/L HCl 溶液滴定至酚酞变色，那么以甲基橙为指示剂时还需要加入多少 mL 0.1500mol/L HCl 溶液，可以达到甲基橙的变色点？并计算试样中 NaOH 和 Na_2CO_3 的质量分数。 (13.33mL，NaOH：43.02%，Na_2CO_3：56.98%)

2-11 取 100.0mL 水样，若用甲基橙指示剂，在滴定终点时用去 0.05000mol/L HCl 溶液 35.00mL；而用酚酞指示剂，在滴定终点时用去 HCl 溶液 5.00mL，判断水样的碱度组成并计算其含量。 (CO_3^{2-}：150mg/L，HCO_3^-：763mg/L)

2-12 测定某工厂废水的碱度，用 0.1000mol/L HCl 溶液滴定，当用酚酞指示剂滴定至终点时，消耗 HCl 溶液 16.48mL；而用甲基橙指示剂滴定至终点时，消耗 HCl 溶液为 22.24mL，水样体积为 50.00mL，计算水样的总碱度及碱度成分的含量。(以 mg/L 表示)

(总碱度：2226mg/L (以 $CaCO_3$ 计)，CO_3^{2-}：692mg/L，OH^-：364mg/L)

2-13 已知某试样可能含有 NaOH 或 Na_2CO_3，或者是它们的混合物，同时存在惰性杂质。称取试样 0.5000g，用 0.2000mol/L HCl 溶液滴定至酚酞变色时，用去 HCl 28.00mL，加入甲基橙后，继续用 HCl 滴定，又消耗 20.00mL，问试样中有哪些组分？各组分的含量为多少？ (NaOH：12.80%，$NaCO_3$：84.80%)

2-14 将 3.00mmol NaOH 和 2.00mmol $NaHCO_3$ 混合并于适量水中，问此水溶液中存在何种碱度？若以连续滴定法测定碱度，当 c_{HCl}=0.1000mol/L 时，问溶液碱度成分各消耗酸的体积是多少毫升？ (NaOH：10.00mL，$NaCO_3$：20.00mL)

2-15 采取水样时，当天取 100.0mL 水样，加甲基橙指示剂，用 0.1000mol/L HCl 溶液滴定至终点，消耗 HCl 2.50mL。取加过大理石粉末放置 5d 后的水样 100.0mL，用同浓度 HCl 滴定终点消耗 2.90mL，计算水样中侵蚀性 CO_2 的含量。 (8.80mg/L)

2-16 将 250mL 水样调至微碱性，加热蒸馏，将氨水吸收在硼酸溶液中，馏出液定容至 250mL。取 200.0mL 馏出液水样，加甲基红－亚甲基蓝混合指示剂，用 0.0200mol/L $\left(\frac{1}{2}H_2SO_4\right)$ 溶液滴定至终点，消耗 H_2SO_4 6.80mL；以无氨水代替水样，同水样全程序步骤进行测定，消耗 H_2SO_4 0.20mL，计算水样氨氮的含量。 (9.25mg/L)

2-17 某水样的 pH＝9.00，总碱度为 4.20mmol/L，求水样中 3 种碱度各为多少 mmol/L。 (OH^-：1.0×10^{-2}mmol/L，HCO_3^-：3.95mmol/L，CO_3^{2-}：0.221mmol/L)

2-18 某水样的 pH＝7.0，总碱度为 4.00mmol/L，求水样中游离的 CO_2 的含量 (mg/L)。 (41.9mg/L)

第三章　配位滴定法

内容提要

本章介绍了配位平衡的基本概念和基本理论，采用副反应系数及条件稳定常数，讨论了 EDTA 配位化合物的稳定性，介绍了金属指示剂及配位滴定法的基本原理，重点讨论了配位滴定法测定水中硬度等方面的应用。

学习要求

(1) 熟悉 EDTA 的性质及其与金属离子配位的特点。

(2) 理解副反应对配位平衡的影响，酸效应系数及条件稳定常数的关系。

(3) 理解金属指示剂的作用原理和具备的条件，熟悉常用的金属指示剂。

(4) 理解配位滴定曲线绘制、突跃范围 pM 值的计算、影响滴定突跃的因素及金属指示剂的选择，金属离子能被准确滴定的条件及干扰离子的消除方法。理解酸效应曲线及配位滴定金属离子最低 pH 值的计算。

(5) 重点掌握 EDTA 标准溶液的配制和标定方法。水中总硬度及钙硬度的测定原理和计算，硬度的表示单位及换算。

第一节　概　　述

配位反应是金属离子（M）和中性分子或阴离子（称为配位体，以 L 表示）以配位键结合生成配合物的反应。例如

$$Ag^{+}+2CN^{-} = [Ag(CN)_2]^{-}$$

配位滴定法以配位反应为基础，用配位剂作标准溶液，直接或间接测定金属离子，并选用适当的指示剂指示滴定终点的一种方法。在水质分析中，配位滴定法主要用于测定水中的硬度、Ca^{2+}、Mg^{2+}、Fe^{3+}、Al^{3+} 等多种金属离子，也可间接测定水中的 SO_4^{2-} 等阴离子。

配位反应具有一定的普遍性，例如在水溶液中，金属离子与水分子形成水合离子，如 $[Cu(H_2O)_4]^{2+}$、$[Fe(H_2O)_6]^{3+}$ 的反应等也是配位反应。但并非所有的配位反应都可用于配位滴定，能够用于滴定的反应必须满足下列条件：

(1) 配位反应必须完全，即生成的配合物要有足够大的稳定常数。

(2) 在一定条件下，配位比恒定，即只形成一种配位数的化合物。

(3) 反应速度要快。

(4) 有适当方法确定反应的计量点。

配位滴定中所用的配位剂分无机和有机两类。许多无机配位剂如 H_2O、CN^- 等仅含一个可以配位的原子，与金属离子配位时是逐级地形成 ML_n 型的简单配合物，且配合物多数不稳定，相邻两级的稳定常数相差很小，所以反应条件难以控制。滴加配位剂时，容易形成

配位数不同的配合物，终点判断困难。因此，除个别反应（如 Ag^+ 与 CN^-、Hg^{2+} 与 Cl^- 等的反应）外，大多数不能用于滴定分析。

有机配位剂如乙二胺、乙二胺四乙酸等常含有两个或两个以上的配位原子，与金属离子配位时，形成配位比简单、具有环状结构的螯合物。由于形成了环状结构，减少甚至消除了分级配位现象，能使配合物的稳定性大大增加，所以有机配位反应在水分析化学中得到广泛应用。

目前广为应用的是含有—N（$CH_2COOH)_2$ 基团的氨羧配位剂，氨羧配位剂是一类含有氨基（$—NH_2$）和羧基（$—C(=O)OH$）的有机化合物，它们是以氨基二乙酸（$—N(CH_2COOH)_2$）为主体的衍生物。其中最常用的是乙二胺四乙酸（euhylene diamine tetraacetic acid，EDTA）。用 EDTA 标准溶液可以滴定几十种金属离子，所以通常所谓的配位滴定法主要是 EDTA 滴定法。

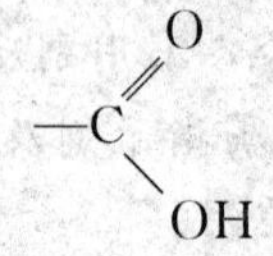

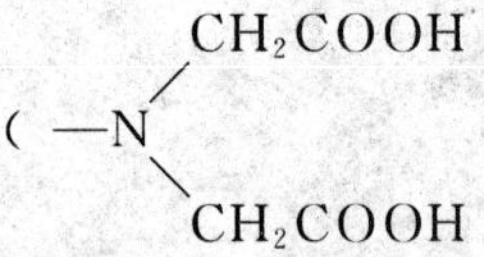

第二节　EDTA 的性质及其配合物

一、EDTA 的解离平衡

EDTA 是一个四元酸，常用 H_4Y 表示，其结构式为

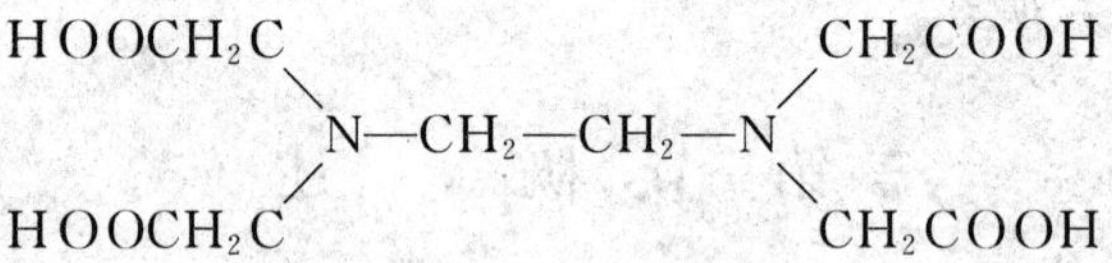

$$(HOOCH_2C)_2N—CH_2—CH_2—N(CH_2COOH)_2$$

其配位原子分别为 N 原子和－COOH 中的羧基 O 原子，共 6 个配位原子。在水溶液中，乙二胺四乙酸两个羧基上的质子转移到氮原子上，形成双偶极离子。

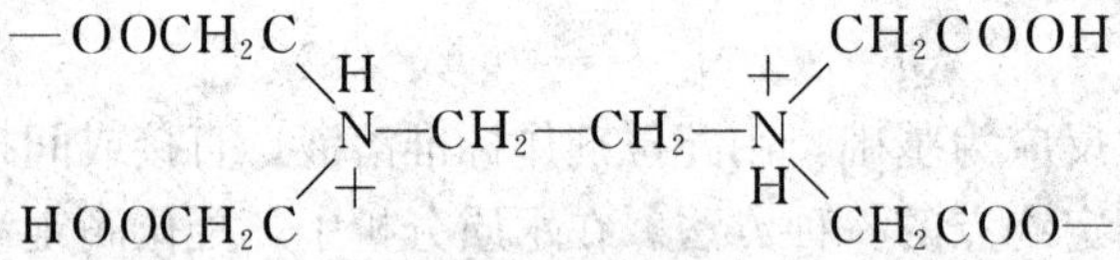

$$(^-OOCH_2C)(HOOCH_2C)\overset{+}{N}H—CH_2—CH_2—\overset{+}{N}H(CH_2COOH)(CH_2COO^-)$$

EDTA 的两个羧基可再接受 H^+，在溶液酸度较大时，形成六元酸（H_6Y^{2+}），相应地有六级解离平衡常数：

$$H_6Y^{2+} \rightleftharpoons H^+ + H_5Y^+, \qquad K_{a1}=10^{-0.9}$$
$$H_5Y^+ \rightleftharpoons H^+ + H_4Y, \qquad K_{a2}=10^{-1.6}$$
$$H_4Y \rightleftharpoons H^+ + H_3Y^-, \qquad K_{a3}=10^{-2.07}$$
$$H_3Y^- \rightleftharpoons H^+ + H_2Y^{2-}, \qquad K_{a4}=10^{-2.75}$$
$$H_2Y^{2-} \rightleftharpoons H^+ + HY^{3-}, \qquad K_{a5}=10^{-6.24}$$
$$HY^{3-} \rightleftharpoons H^+ + Y^{4-}, \qquad K_{a6}=10^{-10.34}$$

水溶液中，EDTA 能以 H_6Y^{2+}、H_5Y^+、H_4Y、H^3Y^-、H_2Y^{2-}、HY^{3-} 和 Y^{4-} 这 7 种形式存在，它们存在一系列的酸碱平衡。在不同酸度下，各种型体的浓度不同，它们的分布系数与 pH 值的关系如图 3-1 所示。

由图 3-1 可知，pH<1，EDTA 主要以 H_6Y^{2+} 存在；pH=2.75～6.24，主要以 H_2Y^{2-} 存在；pH>10.34，主要以 Y^{4-} 存在；只在 pH≥12 时才几乎完全以 Y^{4-} 形式存在。这种关系也可从平衡移动的原理定性说明：

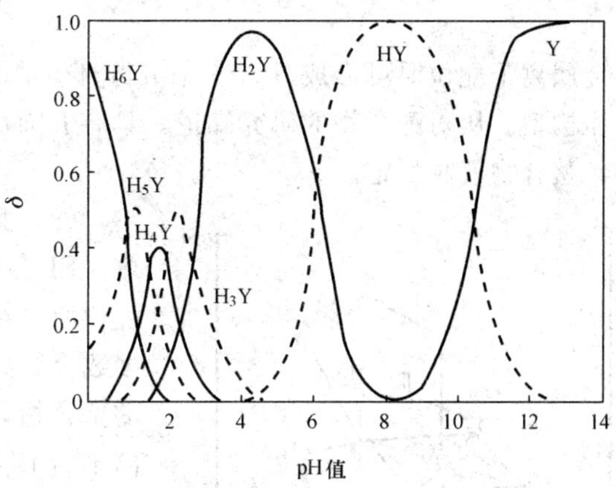

图 3-1 不同 pH 值时 EDTA 各种型体的分布

$$H_6Y^{2+} \xrightleftharpoons{pK_a=0.9} H_5Y^{+} \xrightleftharpoons{pK_{a2}=1.6}$$

$$H_4Y \xrightleftharpoons{pK_{a3}=2.07} H_3Y^{-} \xrightleftharpoons{pK_{a4}=2.75}$$

$$H_2Y^{2-} \xrightleftharpoons{pK_{a5}=6.24} HY^{3-} \xrightleftharpoons{pK_{a6}=10.34} Y^{4-}$$

一般 Y^{4-} 与金属离子直接配位形成稳定的配位化合物。pH 值的变化，直接影响 EDTA 各型体的摩尔分数，进而影响配位反应。所以，溶液的酸度便成为影响 EDTA 配合物稳定性及滴定终点的一个重要因素。

EDTA 在水中溶解度较小（22℃时仅为 0.02g/100mL），难溶于酸和有机溶剂，易溶于 NaOH 和 NH_3，并形成相应的盐，该钠盐在水中的溶解度较大（22℃时为 11.1g/100mL，浓度约为 0.3mol/L，pH 值约为 4.4）。因此，滴定剂实际使用的是 EDTA 二钠盐（$Na_2H_2Y \cdot 2H_2O$）。EDTA 二钠盐通常也简称 EDTA。

二、EDTA 配合物的特点

（1）EDTA 具有广泛而稳定的配位性能。EDTA 几乎能与所有金属离子 M^{n+}（M，为讨论问题方便，略去离子电荷）形成配合物，表 3-1 列出了一些金属离子 M 与 EDTA 形成配合物（MY）的稳定常数。由表 3-1 可见，绝大多数 EDTA 配合物相当稳定。三价、四价金属离子及 Hg^{2+} 所形成的配合物相当稳定，$\lg K_{MY}>20$；二价过渡金属离子、稀土金属离子及 Al^{3+} 所形成配合物的 $\lg K_{MY}$ 为 14～18；碱金属离子与其他配位剂形成配合物的倾向较小，但其与 EDTA 的配合物比较稳定，$\lg K_{MY}$ 在 8～11 之间，可用于滴定分析；一价金属离子的配合物不稳定。

表 3-1　EDTA 配合物的稳定常数（25℃，I=0.1）

金属离子	$\lg K_{MY}$	金属离子	$\lg K_{MY}$	金属离子	$\lg K_{MY}$
Na^+	1.66	Fe^{2+}	14.33	Cu^{2+}	18.80
Li^+	2.79	La^{3+}	15.50	Hg^{2+}	21.80
Ag^+	7.30	Al^{3+}	16.13	Sn^{2+}	22.10
Ba^{2+}	7.76	Co^{2+}	16.31	Cr^{3+}	23.0
Sr^{2+}	8.63	Cd^{2+}	16.46	Th^{4+}	23.20
Mg^{2+}	8.69	Zn^{2+}	16.50	Fe^{3+}	25.10
Ca^{2+}	10.69	Pb^{2+}	18.04	Bi^{3+}	27.94
Mn^{2+}	14.04	Ni^{2+}	18.67	Zr^{4+}	29.90

EDTA 配合物之所以具有很高的稳定性，是因为 EDTA 分子能与绝大多数金属离子形成具有多个五圆环结构的螯合物，其立体结构如图 3-2 所示。从图 3-2 可以看出，EDTA

与金属离子配位时可形成具有 5 个五圆环（4 个 O—C—C—N（与 M 成环）和一个 N—C—C—N（与 M 成环））的立体构型。从对配合物的研究知道，具有五圆环或六圆环的螯合物很稳定，而且形成的环越多，螯合物就越稳定。

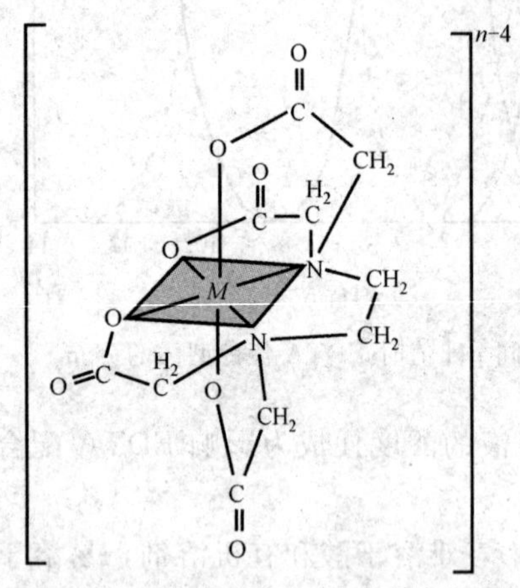

图 3-2 EDTA 与金属离子螯合物的立体结构

(2) 配位比简单，多数为 1∶1，没有分级配位现象。EDTA 是多基配位体，有 6 个配位原子，且这 6 个配位原子在空间位置上均能与同一金属离子配位，而大多数金属离子的配位数不超过 6，因此一般均生成 1∶1 的螯合物，无分级配位现象。如在 pH=4～5 时，金属离子与 EDTA 的反应式如下

$$Zn^{2+} + H_2Y^{2-} = ZnY^{2-} + 2H^+$$
$$Fe^{3+} + H_2Y^{2-} = FeY^- + 2H^+$$
$$Sn^{4+} + H_2Y^{2-} = SnY + 2H^+$$

从反应式可以看出，尽管配合物所带电荷不同，但配位比均为 1∶1。

(3) MY 螯合物大多带有电荷，易溶于水，配位反应速度较快，这些都有利于配位滴定。

(4) EDTA 与无色金属离子生成无色的螯合物，这有利于用指示剂确定终点。与有色金属离子一般生成颜色更深的螯合物，如 Cu^{2+} 显浅蓝色，而 CuY^{2-} 显深蓝色。滴定这些离子时，要控制金属离子的浓度，否则配合物的颜色将干扰终点颜色的观察。如果颜色太深，只能用电位滴定法来指示终点，如 Cr^{3+} 的测定。

第三节 影响 EDTA 配合物稳定性的因素

一、配合物的稳定常数

对于 1∶1 型的配合物 ML（为讨论问题方便，略有离子电荷），其配位反应为

$$M + L = ML$$

当反应达到平衡时

$$K = K_{ML} = \frac{[ML]}{[M][L]} \qquad (3\text{-}1)$$

K_{ML} 是配合物 ML 的稳定常数（也称形成常数）。可见，K_{ML} 等于平衡状态时所生成配合物的浓度是游离金属离子和配位剂浓度乘积的倍数。显然，K_{ML} 值越大，配合物越稳定。

金属离子还能与配位剂 L 形成 1∶n 型配合物 ML_n，此配合物是逐级形成的，它的逐级形成反应和相应的稳定常数为

$M + L \rightleftharpoons ML$，　　第一级稳定常数 $K_1 = \frac{[ML]}{[M][L]}$

$ML + L \rightleftharpoons ML_2$，　　第二级稳定常数 $K_2 = \frac{[ML_2]}{[ML][L]}$

⋮　　　　⋮　　　　⋮

$$ML_{n-1} + L \rightleftharpoons ML_n, \quad 第 n 级稳定常数 K_n = \frac{[ML_n]}{[ML_{n-1}][L]} \tag{3-2}$$

也可用各级累积稳定常数 β_i 表示，例如：

$$M + L \rightleftharpoons ML, \quad 第一级累积稳定常数 \beta_1 = \frac{[ML]}{[M][L]} = K_1$$

$$M + 2L \rightleftharpoons ML_2, \quad 第二级累积稳定常数 \beta_2 = \frac{[ML_2]}{[M][L]^2} = K_1 K_2$$

$$\vdots \qquad\qquad \vdots \qquad\qquad \vdots$$

$$M + nL \rightleftharpoons ML_n, \quad 第 n 级累积稳定常数 \beta_n = \frac{[ML_n]}{[M][L]^n} = K_1 K_2 \cdots K_n \tag{3-3}$$

最后一级累积稳定常数 β_n 又称为总稳定常数。运用各级累积稳定常数，可以比较方便地计算溶液中各级配合物型体的平衡浓度

$$[ML] = \beta_1 [M][L]$$
$$[ML_2] = \beta_2 [M][L]^2$$
$$\vdots$$
$$[ML_n] = \beta_n [M][L]^n$$

配位体能与金属离子配位，也能与 H^+ 结合。在处理配位平衡时，常把酸作为配合物处理，即把配位体与 H^+ 的反应可写成形成反应 H＋L＝HL，它的形成常数（也称 L 的质子化常数）为

$$K_{HL}^{H} = \frac{[HL]}{[H][L]} \tag{3-4}$$

很明显，K_{HL}^{H} 是 HL 解离常数 $K_{a(HL)}$ 的倒数。

用 EDTA 滴定金属离子时，在水溶液中，配位剂 Y 的逐级质子化反应和相应的质子化常数为

$$H + Y \underset{K_{a6}}{\overset{K_1^H}{\rightleftharpoons}} HY, \quad K_1^H = \frac{[HY]}{[H][Y]} = 10^{10.34}, \quad \beta_1 = K_1^H = 10^{10.34}$$

$$HY + H \underset{K_{a5}}{\overset{K_2^H}{\rightleftharpoons}} H_2Y, \quad K_2^H = \frac{[H_2Y]}{[H][HY]} = 10^{6.24}, \quad \beta_2 = K_1^H K_2^H = 10^{16.58}$$

$$H_2Y + H \underset{K_{a4}}{\overset{K_3^H}{\rightleftharpoons}} H_3Y, \quad K_3^H = \frac{[H_3Y]}{[H][H_2Y]} = 10^{2.75}, \quad \beta_3 = K_1^H K_2^H K_3^H = 10^{19.33}$$

$$H_3Y + H \underset{K_{a3}}{\overset{K_4^H}{\rightleftharpoons}} H_4Y, \quad K_4^H = \frac{[H_4Y]}{[H][H_3Y]} = 10^{2.07}, \quad \beta_4 = K_1^H K_2^H K_3^H K_4^H = 10^{21.40}$$

$$H_4Y + H \underset{K_{a2}}{\overset{K_5^H}{\rightleftharpoons}} H_5Y, \quad K_5^H = \frac{[H_5Y]}{[H][H_4Y]} = 10^{1.6}, \quad \beta_5 = K_1^H K_2^H K_3^H K_4^H K_5^H = 10^{23.0}$$

$$H_5Y + H \underset{K_{a1}}{\overset{K_6^H}{\rightleftharpoons}} H_6Y, \quad K_6^H = \frac{[H_6Y]}{[H][H_5Y]} = 10^{0.9}, \quad \beta_6 = K_1^H K_2^H K_3^H K_4^H K_5^H K_6^H = 10^{23.9}$$

二、副反应与副反应系数

配位滴定中所涉及的化学平衡是复杂的，除了被测金属离子 M 与配位剂 Y 之间的主反应外，溶液中还往往存在其他离子或分子，如 H^+、OH^-、干扰离子 N 及其他配位剂 L 等，会与 M、Y 发生副反应，干扰主反应的进行。其平衡关系可表示如下：

$$
\begin{array}{ccccccc}
M & + & Y & = & MY & & \text{主反应} \\
OH \swarrow \quad \searrow L & & H \swarrow \quad \searrow N & & H \swarrow \quad \searrow OH & & \\
M(OH) \quad ML & & HY \quad NY & & MHY \quad MOHY & & \text{副反应} \\
\vdots \qquad \vdots & & \vdots & & & & \\
M(OH)_n \quad ML_n & & H_6Y & & & &
\end{array}
$$

羟基配位效应　辅助配位效应　酸效应　干扰离子副反应　　混合配位效应

显然，反应物 M 或 Y 发生副反应时，平衡向左移动，使主反应的完全程度降低。反应产物 MY 发生副反应时，形成酸式或碱式配合物，使平衡向右移动，有利于主反应的进行。但酸式或碱式配合物只有在 pH 值很低或很高时才能形成，而且不够稳定，故一般可忽略不计。因此，通常只讨论反应物的副反应对配位平衡的影响，下面将分别进行讨论。

(一) EDTA 的副反应

1. 酸效应及酸效应系数

配位剂本身是碱，易于接受质子形成其共轭酸，从而使配位剂的浓度降低，主反应受到影响。这种由于 H^+ 的存在，使配位体参加主反应能力降低的现象称为酸效应，其大小可用酸效应系数 $\alpha_{Y(H)}$ 表示。$\alpha_{Y(H)}$ 表示未参加配位反应的 EDTA 总浓度 $[Y']$ 是游离配位剂浓度 $[Y]$ 的倍数，即

$$\alpha_{Y(H)}=\frac{[Y']}{[Y]}=\frac{[Y]+[HY]+[H_2Y]+[H_3Y]+[H_4Y]+[H_5Y]+[H_6Y]}{[Y]} \tag{3-5}$$

由式 (3-5) 可看出，EDTA 的 $\alpha_{Y(H)}$ 是 Y^{4-} 的分布系数 $\delta_{Y^{4-}}$ 的倒数，即

$$\alpha_{Y(H)}=\frac{1}{\delta_Y}$$

因为 $$\delta_{Y^{4-}}=\frac{K_{a1}K_{a2}K_{a3}K_{a4}K_{a5}K_{a6}}{[H^+]^6+[H^+]^5K_{a1}+[H^+]^4K_{a1}K_{a2}+\cdots+K_{a1}K_{a2}K_{a3}K_{a4}K_{a5}K_{a6}}$$

所以 $$\alpha_{Y(H)}=\frac{[Y]+[HY]+[H_2Y]+\cdots+[H_6Y]}{[Y]}$$

$$=\frac{[Y]+\beta_1[H^+][Y]+\beta_2[H^+]^2[Y]+\cdots+\beta_6[H^+]^6[Y]}{[Y]}$$

$$=1+\beta_1[H^+]+\beta_2[H^+]^2+\cdots+\beta_6[H^+]^6 \tag{3-6}$$

可见，$\alpha_{Y(H)}$ 是 H^+ 的函数，溶液的酸度越高，$\alpha_{Y(H)}$ 越大，表示 EDTA 的平衡浓度越小，即副反应越严重。$\alpha_{Y(H)}$ 的值一般较大，为使用方便，常采用它的对数值 $\lg\alpha_{Y(H)}$。表 3-2 列出了不同 pH 值时 EDTA 的 $\lg\alpha_{Y(H)}$。在多数情况下，$[Y']$ 总大于 $[Y]$，即 $\alpha_{Y(H)}>1$。只有当 pH≥12 时，才有 $\alpha_{Y(H)}=1$，$[Y']=[Y]$，此时 EDTA 的配位能力最强。表 3-1 列出的是 $[Y']=[Y]$ 时的稳定常数，即 EDTA 没有酸效应时的稳定常数。要了解不同酸度下配合物的稳定性，就必须考虑具体酸度条件下的酸效应。

2. 共存离子效应

若溶液中有其他金属离子 N 存在，它也与 Y 配位，这种干扰离子 N 与 Y 发生配位反应使 Y 参加主反应能力降低的现象，称为共存离子效应，其相应的副反应系数 $\alpha_{Y(N)}$ 为

$$\alpha_{Y(N)}=\frac{[Y]+[NY]}{[Y]}=\frac{[Y]+[N][Y]K_{NY}}{[Y]}=1+[N]^{K_{NY}} \quad (3-7)$$

表 3-2　　不同 pH 值时 EDTA 的 $\lg\alpha_{Y(H)}$

pH	$\lg\alpha_{Y(H)}$	pH	$\lg\alpha_{Y(H)}$	pH	$\lg\alpha_{Y(H)}$
0.0	23.64	3.4	9.70	6.8	3.55
0.4	21.32	3.8	8.85	7.0	3.32
0.8	18.08	4.0	8.44	7.5	2.78
1.0	18.01	4.4	7.64	8.0	2.26
1.4	16.02	4.8	6.84	8.5	1.77
1.8	14.27	5.0	6.60	9.0	1.29
2.0	13.51	5.4	5.69	9.5	0.83
2.4	12.19	5.8	4.98	10.0	0.45
2.8	11.09	6.0	4.65	11.0	0.07
3.0	10.60	6.4	4.06	12.0	0.00

可以看出，共存离子效应系数 $\alpha_{Y(N)}$ 随游离 N 的平衡浓度 [N] 和 NY 的稳定常数 K_{NY} 的增大而增大。

当配位剂 Y 同时与 H^+ 和 N 发生副反应时，Y 的总副反应系数 α_Y 为

$$\alpha_Y=\frac{[Y]+[HY]+[H_2Y]+\cdots+[H_6Y]+[NY]+[Y]-[Y]}{[Y]}$$

$$=\alpha_{Y(H)}+\alpha_{Y(N)}-1 \quad (3-8)$$

（二）金属离子的副反应

金属离子 M 可与其他配位剂 L（如辅助配位剂、缓冲剂或掩蔽剂等）或 OH^- 发生副反应。由于其他配位剂的存在，使金属离子参加主反应能力降低的现象称为金属配位效应，其副反应系数 $\alpha_{M(L)}$ 表示为

$$\alpha_{M(L)}=\frac{[M]+[ML]+[ML_2]+\cdots+[ML_n]}{[M]}$$

$$=1+\beta_1[L]+\beta_2[L]^2+\cdots+\beta_n[L]^n \quad (3-9)$$

式中：β_1，β_2，…，β_n 分别是 M 和 L 配合物的各级累积稳定常数。若溶液中有 OH^- 与 M 发生副反应，生成羟基配合物，其副反应系数 $\alpha_{M(OH)}$ 表示为

$$\alpha_{M(OH)}=1+\beta_1[OH^-]+\beta_2[OH^-]^2+\cdots+\beta_n[OH^-]^n \quad (3-10)$$

若溶液中有配位剂 L 和 OH^- 同时与 M 发生副反应，则 M 的总副反应系数 α_M 表示为

$$\alpha_M=\frac{[M]+[ML]+[ML_2]+\cdots+[ML_n]+[MOH]+[M(OH)_2]+\cdots+[M(OH)_n]}{[M]}$$

$$=\alpha_{M(L)}+\alpha_{M(OH)}-1 \quad (3-11)$$

金属离子的 $\lg\alpha_{M(OH)}$ 值见表 3-3。

三、条件稳定常数

当有副反应发生时，配位反应的平衡常数应表示为

$$K'_{MY}=\frac{[MY]}{[M'][Y']}=\frac{[MY]}{[M][Y]\alpha_M\alpha_Y}=\frac{K_{MY}}{\alpha_M\alpha_Y} \quad (3-12)$$

表 3-3　　金属离子的 $\lg\alpha_{M(OH)}$ 值

金属离子	离子强度	pH值													
		1	2	3	4	5	6	7	8	9	10	11	12	13	14
Al^{3+}	2					0.4	1.3	5.3	9.3	13.3	17.3	21.3	25.3	29.3	33.3
Bi^{3+}	3	0.1	0.5	1.4	2.4	3.4	4.4	5.4							
Ca^{2+}	0.1													0.3	1.0
Cd^{2+}	3									0.1	0.5	2.0	4.5	8.1	12.0
Co^{2+}	0.1								0.1	0.4	1.1	2.2	4.2	7.2	10.2
Cu^{2+}	0.1								0.2	0.8	1.7	2.7	3.7	4.7	5.7
Fe^{2+}	1									0.1	0.6	1.5	2.5	3.5	4.5
Fe^{3+}	3			0.4	1.8	3.7	5.7	7.7	9.7	11.7	13.7	15.7	17.7	19.7	21.7
Hg^{2+}	0.1			0.5	1.9	3.9	5.9	7.9	9.9	11.9	13.9	15.9	17.9	19.9	21.9
La^{3+}	3										0.3	1.0	1.9	2.9	3.9
Mg^{2+}	0.1											0.1	0.5	1.3	2.3
Mn^{2+}	0.1										0.1	0.5	1.4	2.4	3.4
Ni^{2+}	0.1									0.1	0.7	1.6			
Pb^{2+}	0.1							0.1	0.5	1.4	2.7	4.7	7.4	10.4	13.4
Th^{4+}	1				0.2	0.8	1.7	2.7	3.7	4.7	5.7	6.7	7.7	8.7	9.7
Zn^{2+}	0.1									0.2	2.4	5.4	8.5	11.8	15.5

K'_{MY}是考虑了 M、Y 发生副反应时，配合物 MY 所表现出的实际稳定常数，称为条件稳定常数或表观稳定常数。在给定条件下，其值为常数。当条件改变时，由于发生的副反应程度不同，K'_{MY}亦不同。K'_{MY}越大，主反应进行得越完全。

由于 α_Y 和 α_M 一般大于 1，所以 K'_{MY}通常小于 K_{MY}。即当有副反应发生时，配合物的实际稳定性降低。

式（3-12）常用对数式表示为

$$\lg K'_{MY}=\lg K_{MY}-\lg\alpha_M-\lg\alpha_Y \tag{3-13}$$

如果溶液中除酸效应外，其他副反应不存在或可以忽略，则

$$\lg K'_{MY}=\lg K_{MY}-\lg\alpha_{Y(H)} \tag{3-14}$$

【例 3-1】　已知 $\lg K_{ZnY}=16.5$，仅考虑酸效应，计算 pH 值为 2.0 和 10.0 时 $\lg K'_{ZnY}$。

解　查表知，pH=2.0 时，$\lg\alpha_{Y(H)}=13.5$；pH=10.0，$\lg\alpha_{Y(H)}=0.5$

所以，pH=2.0 时，$\lg K'_{ZnY}=\lg K_{ZnY}-\lg\alpha_{Y(H)}=16.5-13.5=3.0$

pH=10.0 时，$\lg K'_{ZnY}=\lg K_{ZnY}-\lg\alpha_{Y(H)}=16.5-0.5=16.0$

从计算可以看出，尽管 $\lg K_{ZnY}=16.5$，但当 pH=2.0 时，$\lg K'_{ZnY}=3.0$，ZnY 很不稳定，在此条件下 Zn^{2+} 不能被滴定。而在 pH=10.0 时，$\lg K'_{ZnY}=16.0$，ZnY 相当稳定，配位反应进行得很完全。由此可见配位滴定中控制酸度很重要。

第四节　配位滴定法的基本原理

与酸碱滴定法类似，配位滴定法被滴定的是金属离子，随着滴定剂的加入，金属离子不

断形成配合物，其浓度不断减小，和用 pH 值表示［H^+］一样，用 pM 值表示［M^{n+}］，当滴定达到终点时，pM 值将发生突变，形成滴定突跃，利用适当方法可以指示滴定终点。

一、配位滴定曲线

以浓度为 c（0.01000mol/L）的 EDTA 溶液滴定浓度为 c_0（0.01000mol/L）、体积为 V_0（20.00mL）的 Ca^{2+} 溶液为例，计算 pH＝12 时，滴定过程中 pCa 的变化。假设滴定溶液中不存在其他辅助配位剂，只考虑 EDTA 的酸效应。已知 $\lg K_{CaY}=10.69$，pH＝12 时 $\lg\alpha_{Y(H)}=0$，所以 $\lg K'_{CaY}=\lg K_{CaY}-\lg\alpha_{Y(H)}=10.69$。

$$\frac{[CaY]}{[Ca^{2+}][Y']}=K'_{CaY}=10^{10.69}$$

（1）滴定前。$[Ca^{2+}]=0.01000$mol/L，pCa＝2.00

（2）滴定开始至化学计量点前。溶液中未被滴定的 Ca^{2+} 与产物 CaY 共存，［Ca^{2+}］包括未被滴定的 Ca^{2+} 和有 CaY 解离产生的 Ca^{2+}，由于 $K'_{CaY}=10^{10.69}$，计量点前 CaY 解离作用可忽略。［Ca^{2+}］主要取决于溶液中剩余 Ca^{2+} 的浓度。

当滴入 19.98mL EDTA 溶液时：

$$[Ca^{2+}]=0.02\times0.01000/(20.00+19.98)=5.0\times10^{-6}\ (\text{mol/L})$$

$$pCa=5.30$$

（3）化学计量点时。当滴入 20.00 mL EDTA 溶液时，Ca^{2+} 与 EDTA 几乎全部生成 CaY，$[CaY]_{sp}=c_0/2=5.0\times10^{-3}$ mol/L，此时溶液中的 Ca^{2+} 浓度 $[Ca^{2+}]_{sp}$ 近似由 CaY 的解离计算：

因为

$$[Ca^{2+}]_{sp}=[Y']$$

所以

$$\frac{[CaY]_{sp}}{[Ca^{2+}]_{sp}[Y']}=\frac{c_0}{2[Ca^{2+}]_{sp}^2}=K'_{CaY}$$

$$[Ca^{2+}]_{sp}=\sqrt{\frac{c_0}{2K'_{CaY}}}=\sqrt{\frac{5.0\times10^{-3}}{10^{10.69}}}$$

$$[Ca^{2+}]_{sp}=3.2\times10^{-7}(\text{mol/L})$$

$$pCa_{sp}=6.50$$

（4）化学计量点后。溶液中过量的 EDTA 抑制了 CaY 的解离，$[CaY]\approx[CaY]_{sp}$，但 Ca^{2+} 仍近似按 CaY 的解离计算。

当滴入 20.02mLEDTA 溶液时：

$$[Y']_{过量}=0.02\times0.01000/(20.00+19.98)=5.0\times10^{-6}\ (\text{mol/L})$$

$$\frac{[CaY]_{sp}}{[Ca^{2+}][Y']_{过量}}=K'_{CaY}$$

$$\frac{5.0\times10^{-3}}{[Ca^{2+}]\times5.0\times10^{-6}}=10^{10.69}$$

$$[Ca^{2+}]=3.2\times10^{-7}\ (\text{mol/L})$$

$$pCa=7.70$$

按照上述计算方法，将部分数据列于表 3-4 中。以 pCa 为纵坐标，加入 EDTA 溶液的百分数为横坐标，即可绘制出用 EDTA 溶液滴定 Ca^{2+} 的滴定曲线，如图 3-3 所示。可以看出，在达到化学计量点附近±0.1%范围内，溶液的 pM 值发生突变，形成滴定突跃。

表 3-4　pH=12 时，0.01mol/L EDTA 滴定 20.00mL 0.01mol/L Ca^{2+} 时溶液中 pCa 的变化

加入 EDTA 溶液		溶液组成	$[Ca^{2+}]$ 计算公式	pCa	
mL	%				
0	0	Ca^{2+}	$[Ca^{2+}]=c_0$	2.00	
18.00	90	$CaY+Ca^{2+}$	按剩余的 Ca^{2+} 计算（考虑体积变化）	3.30	
19.80	99			4.30	
19.98	**99.9**			**5.30**	↓
20.00	**100.0**	CaY	$[Ca^{2+}]=\sqrt{\dfrac{c_0}{2K'_{CaY}}}$	**6.50**	滴定突跃
20.02	**100.1**	CaY+Y	$[Ca^{2+}]=\dfrac{[CaY]}{K'_{CaY}[Y']}$	**7.70**	↑
20.20	101			8.70	
40.00	200			10.70	

二、影响滴定突跃的因素

酸碱滴定中，用强碱滴定弱酸，当浓度一定时，弱酸的 K_a 值越大，滴定突跃越大；当 K_a 一定时，酸的浓度越大，滴定突跃越大。与酸碱滴定法相似，影响滴定突跃的因素主要有配合物的条件稳定常数和被滴定金属离子浓度。

(1) 配合物条件稳定常数的影响。金属离子的浓度一定时，K'_{MY}越大，滴定突跃越大（见图 3-3）。而 K'_{MY}的大小主要取决于 K_{MY}和 pH 值（或 $\alpha_{Y(H)}$）。因而：

1) 在金属离子的浓度、K_{MY}一定的条件下，pH 值越大［或 $\alpha_{Y(H)}$ 越小］，相应的 K'_{MY}也越大，pM 值突跃越大（见图 3-3），反之就小。pH 值［或 $\alpha_{Y(H)}$］影响滴定突跃的上限。

2) 在金属离子的浓度、pH 值［或 $\alpha_{Y(H)}$］一定的条件下，K_{MY}越大，相应的 K'_{MY}也越大，pM 值突跃越大，反之就小。K_{MY}影响滴定突跃的上限。

(2) 被滴定金属离子浓度的影响。K'_{MY}一定时，金属离子浓度越小，滴定曲线的起点就越高，滴定突跃越小（见图 3-4）。金属离子的浓度决定滴定突跃的下限。

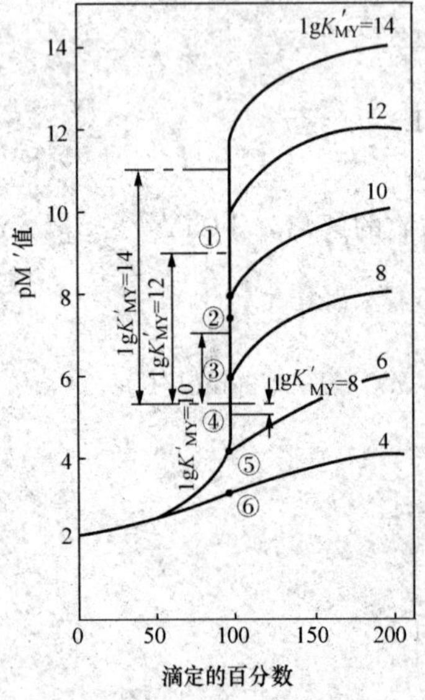

图 3-3　0.01mol/L EDTA 滴定 0.01mol/L 金属离子

（图中①，②，③，④依次为 $\lg K'_{MY}=$ 14，12，10，8 的化学计量点）

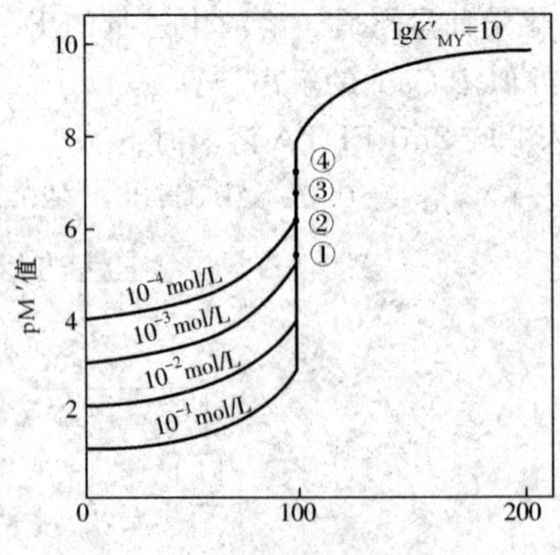

图 3-4　不同浓度溶液的滴定曲线

（图中①，②，③，④依次为浓度为 10^{-1}mol/L，10^{-2}mol/L，10^{-3}mol/L，10^{-4}mol/L 的化学计量点）

三、单一金属离子被定量滴定的条件

在滴定分析中，如用目视法观察指示剂的变色，若要求滴定误差≤±0.1%，在计量点前后必须有>0.2pM单位的变化。要满足此要求，K'_{MY}及c_M的数值应为多少？为了讨论问题方便，用同浓度EDTA滴定金属离子M时，计量点前后的pM值变化情况列于表3-5中。

由表3-5可见，只有当金属离子浓度与其配合物条件稳定常数的乘积等于或大于10^6［或$\lg(c_M K'_{MY})\geqslant 6$］时，才能有>0.2pM的突跃。因此，金属离子被定量滴定的条件是

$$\lg(c_M K'_{MY})\geqslant 6 \qquad (3-15)$$

表3-5　EDTA滴定金属离子M时计量点附近pM值的变化

K'_{MY}	0.1000mol/L溶液				0.01000mol/L溶液			
	-0.1% pM值	计量点 pM值	+0.1% pM值	突跃 ΔpM	-0.1% pM值	计量点 pM值	+0.1% pM值	突跃 ΔpM
10^4	2.655	2.660	2.665	0.010	3.180	3.181	3.183	0.003
10^5	3.138	3.154	3.169	0.031	3.655	3.660	3.665	0.010
10^6	3.603	3.651	3.700	0.097	4.138	4.154	4.169	0.031
10^7	**4.000**	**4.151**	**4.301**	**0.301**	4.603	4.651	4.700	0.097
10^8	4.232	4.651	5.069	0.837	**5.000**	**5.151**	**5.301**	**0.301**
10^9	4.292	5.151	6.003	1.717	5.232	5.615	6.069	0.837
10^{10}	4.300	5.651	7.001	2.701	5.282	6.151	7.008	1.716

如果滴定时的允许误差再大些，$\lg(c_M K'_{MY})$的数值就可再小些。

【例3-2】 在pH=6.0时，能否用0.01mol/LEDTA直接准确滴定同浓度的Mg^{2+}？在pH=10.0的氨性缓冲溶液中是否可行？

解 查表3-1得$\lg K_{MgY}=8.69$，pH=6.0时，查表3-2得：$\lg\alpha_{Y(H)}=4.65$

$$\lg K'_{MgY}=\lg K_{MgY}-\lg\alpha_{Y(H)}=8.69-4.65=4.04<8$$

所以pH=6.0时，不能用0.01mol/LEDTA直接准确滴定同浓度的Mg^{2+}。

pH=10.0时，查表得$\lg\alpha_{Y(H)}=0.45$

$$\lg K'_{MgY}=\lg K_{MgY}-\lg\alpha_{Y(H)}=8.69-0.45=8.24>8$$

所以pH=10.0时，能用0.01mol/LEDTA直接准确滴定同浓度的Mg^{2+}。

【例3-3】 在pH=10的NH_3-NH_4Cl缓冲溶液中，$[NH_3]=0.1$mol/L，以0.0100mol/L的EDTA溶液能否准确滴定同浓度的Zn^{2+}溶液？若能准确滴定，化学计量点时pZn为多少？已知Zn^{2+}与NH_3逐级累积稳定常数$\beta_1\sim\beta_4$分别为$10^{2.37}$、$10^{4.81}$、$10^{7.31}$、$10^{9.46}$。

解 本题需要考虑酸效应及配位效应。

查表得：pH=10时，$\lg\alpha_{Y(H)}=0.45$，$\lg\alpha_{Zn(OH)}=2.4$

$\alpha_{Zn(NH_3)}=1+\beta_1[NH_3]+\beta_2[NH_3]^2+\beta_3[NH_3]^3+\beta_4[NH_3]^4$

$=1+10^{2.37}\times 0.1+10^{4.81}\times 0.1^2+10^{7.31}\times 0.1^3+10^{9.46}\times 0.1^4\approx 10^{5.46}$

pH=10 时，$\alpha_{Zn(OH)}=10^{2.4}\ll\alpha_{Zn(NH_3)}=10^{5.46}$，所以 $\alpha_{Zn(OH)}$ 可以忽略。

$\lg K'_{ZnY}=\lg K_{ZnY}-\lg\alpha_{Y(H)}-\lg\alpha_{Zn(NH_3)}$

$=16.5-0.45-5.46=10.59$

则 $\lg(c_{Zn^{2+}}K'_{ZnY})=10.59-2=8.59>6$

所以，在此情况下能准确滴定。

化学计量点时，$[Zn^{2+}]=\sqrt{\dfrac{c_{Zn^{2+}}/2}{K'_{ZnY}}}=\sqrt{\dfrac{\frac{1}{2}\times 0.01}{10^{10.59}}}=3.6\times 10^{-7}$ (mol/L)

所以，pZn=6.44

四、配位滴定中 pH 值范围的确定

1. 确定配位滴定中的最低 pH 值（最高酸度）和酸效应曲线

在配位滴定中，除配位剂的酸效应外，如果不存在其他副反应，则 K'_{MY} 仅受 $\alpha_{Y(H)}$ 的影响。随着酸效应的增大，K'_{MY} 值降低。从前面关于滴定条件的讨论知道，若滴定的允许误差小于±0.1%，被测离子必须满足 $\lg(c_M K'_{MY})\geqslant 6$ 方可被准确滴定。满足此条件时 K'_{MY} 所限制溶液的 pH 值即为最低 pH 值，显然这一 pH 值是判断能否准确滴定某金属离子时溶液的最高酸度。

在配位滴定中，通常 $c_M=0.01$mol/L，如果只考虑酸效应，准确滴定的条件可写成

$$\lg K'_{MY}\geqslant 8$$

由式（3-14）得，$\lg K'_{MY}=\lg K_{MY}-\lg\alpha_{Y(H)}\geqslant 8$，即

$$\lg\alpha_{Y(H)}\leqslant\lg K_{MY}-8 \quad (3-16)$$

由此式可算出滴定某金属离子时所允许的最大 $\lg\alpha_{Y(H)}$，查表 3-2 便可得到所对应的最低 pH 值。

【例 3-4】 若要准确滴定浓度为 0.01mol/L 的 Bi^{3+}、Zn^{2+}、Mg^{2+}，求溶液的最低 pH 值。

解 已知：$\lg K_{BiY}=27.9$，$\lg K_{ZnY}=16.5$，$\lg K_{MgY}=8.7$。又知：当 $c_M=0.01$mol/L 时，准确滴定的条件是 $\lg K'_{MY}\geqslant 8$，所允许的最大 $\lg\alpha_{Y(H)}=\lg K_{MY}-8$，故可得到如下结果：

Bi^{3+}，$\lg\alpha_{Y(H)}=27.9-8=19.9$，由表 3-2 可见，$\lg\alpha_{Y(H)}=19.9$ 对应 pH 值处于 0.4 与 0.8 之间，采用内插法，则有

$$\frac{19.9-18.08}{x-0.8}=\frac{21.32-19.9}{0.4-x}$$

$$x=0.6$$

所以最低 pH=0.6

同理，Zn^{2+}，$\lg\alpha_{Y(H)}=16.5-8=8.5$，由表 3-2 可知，最低 pH=4.0

Mg^{2+}，$\lg\alpha_{Y(H)}=8.7-8=0.7$，由表 3-2 可知，最低 pH=9.7

以各种金属离子能被准确滴定的最低 pH 值与其 K_{MgY} [或其所允许的最大 $\lg\alpha_{Y(H)}$]，绘制得到的曲线称为 EDTA 的酸效应曲线，也称林旁曲线，见图 3-5。

酸效应曲线可用于解决以下三方面的问题：

(1) 确定某一金属离子单独滴定时溶液的最低 pH 值。例如，滴定 Fe^{3+} 时溶液的 pH 值须大于 1.2；若滴定 Zn^{2+}，pH 值必须大于 4；滴定 Mg^{2+} 时，pH 值必须大于 9.7。

(2) 判断在一定的 pH 值范围内，哪些离子可以被准确滴定，哪些离子有干扰。如在 pH＝8.0 时滴定 Ca^{2+}，当溶液中有一定量的 Mg^{2+}、Sr^{2+} 或 Mn^{2+} 存在时，便会干扰其滴定反应的进行。因为在此酸度条件下，Mn^{2+} 可被准确滴定，Mg^{2+}、Sr^{2+} 虽不能被准确滴定，但由于其与 Ca^{2+} 的 $\lg K_{CaY}$ 相差并非很大，故仍有部分将被滴定，从而产生滴定误差。

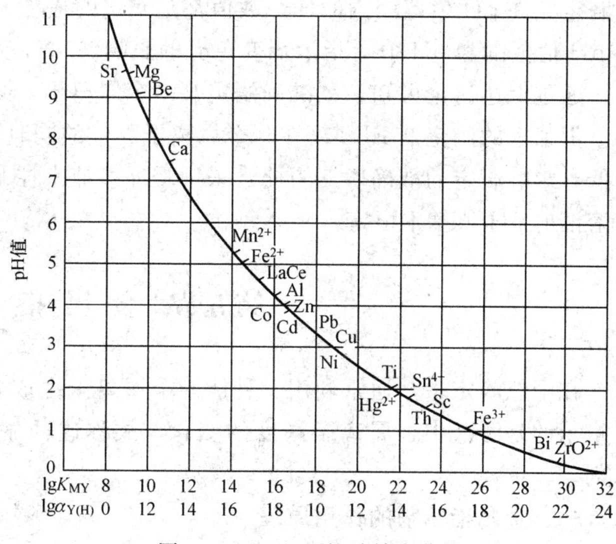

图 3-5 EDTA 的酸效应曲线

(金属离子浓度为 10^{-2} mol/L)

(3) 选择在同一溶液中连续或分别滴定不同金属离子的 pH 值。例如，当溶液中含有 Bi^{3+}、Zn^{2+} 及 Mg^{2+} 时，在 pH＝1.0 时，用 EDTA 滴定 Bi^{3+}，然后在 pH＝5.0～6.0 时连续滴定 Zn^{2+}，最后在 pH＝10.0～11.0 时滴定 Mg^{2+}。

必须注意，从图 3-5 查得的滴定某种金属的最低 pH 值，相应于以下条件：c_M＝0.01mol/L，滴定的允许误差≤±0.1%，且仅有酸效应存在。如果条件改变，要求的最低 pH 值也就不同。

2. 确定配位滴定中的最高 pH 值（最低酸度）

在满足准确滴定允许最低 pH 值的前提下，升高溶液的 pH 值会使 $\lg\alpha_{Y(H)}$ 降低，则 $\lg K'_{MgY}$ 增大，配位反应进行得越完全。过高的 pH 值会引起金属离子的水解，形成羟基配合物或氢氧化物沉淀，反而影响主反应的进行。在只考虑酸效应时，配位滴定中的允许最高 pH 值仅取决于金属离子的水解反应，可借助于该式建立在氢氧化物的溶度积求得。

【例 3-5】 计算 0.010mol/L EDTA 滴定同浓度的 Fe^{3+} 的适宜 pH 值范围。

解 准确滴定 Fe^{3+} 的最低 pH 值应满足

$$\lg K'_{FeY}=(\lg K_{FeY}-\lg\alpha_{Y(H)})\geqslant 8$$

即
$$\lg\alpha_{Y(H)}\leqslant \lg K_{FeY}-8=25.10-8=17.10$$

由表 3-2 采用内插法得滴定允许的最低 pH 值为 1.2。

滴定 Fe^{3+} 最高 pH 值为 Fe^{3+} 不产生水解时的 pH 值。

因为
$$c_{Fe^{3+}}c^3_{OH^-}\leqslant K_{sp,\ Fe(OH)_3}=4\times10^{-38}$$

所以
$$c_{OH^-}\leqslant\sqrt[3]{\frac{K_{sp,\ Fe(OH)_3}}{c_{Fe^{3+}}}}=\sqrt[3]{\frac{4\times10^{-38}}{0.010}}=1.6\times10^{-12}$$

pOH＝11.8 即 pH＝2.2。

所以，0.010mol/L EDTA 滴定同浓度的 Fe^{3+} 的适宜 pH 值为 1.2～2.2。

实际工作中使用的 pH 值是稍高于最低 pH 值而低于最高 pH 值的某一数值，但并不是在滴定允许 pH 值范围内的任一数值都是滴定的最佳 pH 值。最佳数值还应考虑指示剂的合适 pH 值范围和 pH 值对指示剂变色点的影响。

通过上述讨论可知，欲准确滴定某一金属离子，必须使溶液的 pH 值控制在一定范围之内。但加入的滴定剂 EDTA 在与金属离子配位的同时还释放出 H^+，从而导致溶液的 pH 值降低，影响滴定的准确度。为此常采用缓冲溶液来控制溶液的 pH 值，以保持整个滴定过程中溶液的 pH 值基本恒定。

第五节 金属指示剂

在配位滴定中，通常利用一种能与金属离子生成有色配合物的显色剂来指示滴定终点，其指示的是溶液中金属离子浓度的变化，故称这种显色剂为金属离子指示剂，简称金属指示剂。

一、金属指示剂的作用原理

在滴定开始，金属指示剂 In 与少量被滴定金属离子 M 形成一种与指示剂本身颜色不同的配合物 MIn。

$$\underset{\text{颜色A}}{\mathrm{M}} + \mathrm{In} \rightleftharpoons \underset{\text{颜色B}}{\mathrm{MIn}}$$

随着 EDTA 的不断加入，游离金属离子逐渐被配位形成 MY，当达到化学计量点时，EDTA 从 MIn 中夺取金属离子 M，使指示剂 In 游离出来，溶液的颜色从 MIn 的颜色变为 In 的颜色，指示滴定终点的到达：

$$\underset{\text{颜色B}}{\mathrm{MIn}} \rightleftharpoons \underset{\text{颜色A}}{\mathrm{M}} + \mathrm{In}$$

金属指示剂 In 与金属离子 M 形成配合物 MIn 反应达到平衡时，考虑指示剂的酸效应，配合物 MIn 的条件稳定常数为

$$K'_{\mathrm{MIn}} = \frac{[\mathrm{MIn}]}{[\mathrm{M}][\mathrm{In}']}$$

当到达指示剂的变色点时，$[\mathrm{MIn}] = [\mathrm{In}']$，此时 pM 值即为指示剂的理论变色点，通常认为是滴定终点时的 $\mathrm{pM_{ep}}$ 值。

$$\lg K'_{\mathrm{MIn}} = \mathrm{pM_{ep}}$$

可见，金属指示剂的理论变色点随滴定条件而变化。常用的金属指示剂为有机弱酸，滴定中存在酸效应，K'_{MIn} 将随 pH 值的变化而变化，指示剂的理论变色点也将随 pH 值改变。在选择指示剂时应考虑溶液的酸度，使指示剂的理论变色点与化学计量点 $\mathrm{pM_{sp}}$ 值尽量一致，至少应在滴定的 $\mathrm{pM_{ep}}$ 值突跃范围内，否则终点误差较大。

二、金属指示剂应具备的条件

作为金属指示剂，应具备以下条件：

(1) 在滴定的 pH 值范围内，金属指示剂配合物 MIn 与指示剂 In 本身的颜色应有明显区别，终点颜色变化才明显。

(2) 金属指示剂配合物 MIn 的稳定性要适当，既要有足够的稳定性，又要比 MY 配合物的稳定性小。如果稳定性太低，就会使滴定终点提前到达，而且颜色变化不敏锐；如果稳定性太高，就会使终点拖后，甚至使 EDTA 不能夺取 MIn 中的 M，使滴定到达计量点时也

不发生颜色转变，从而无法确定滴定终点，这种现象称为指示剂的封闭。例如，用铬黑T作指示剂，在 pH＝10.0 的条件下，用 EDTA 滴定 Ca^{2+}、Mg^{2+} 时，若有 Al^{3+}、Fe^{3+}、Cu^{2+}、Co^{2+}、Ni^{2+} 等离子存在，铬黑T便被封闭，不能指示滴定终点。此情况下可加入配位能力比该指示剂还强的掩蔽剂消除封闭现象，如 Al^{3+}、Fe^{3+} 可用三乙醇胺掩蔽；Cu^{2+}、Co^{2+}、Ni^{2+} 等可用 KCN 掩蔽；也可用抗坏血酸将 Fe^{3+} 还原为 Fe^{2+} 以消除 Fe^{3+} 的封闭作用。如果干扰离子量太大，则需预先分离除去。

（3）指示剂配合物应易溶于水。有些指示剂或金属－指示剂配合物 MIn 在水中的溶解度很小，滴定时 EDTA 与 MIn 的交换缓慢，终点拖延或颜色转变很不敏锐，这种现象称之为指示剂的僵化。这时，可加入适当的有机溶剂或加热，以增大其溶解度。例如，用 PAN 作指示剂时，与 Cu^{2+}、Bi^{3+}、Cd^{2+}、Hg^{2+}、Pb^{2+}、Zn^{2+}、Ni^{2+}、Mn^{2+} 等形成的配位化合物出现沉淀呈胶体，使终点变色缓慢或拖长，可以加入乙醇或加热，增大 MIn 溶解度或加快转换速度，在接近终点时应缓慢滴定，剧烈摇动。如果僵化现象不严重，在接近终点时，采取紧摇慢滴的操作可以得到满意的结果。

（4）指示剂与金属离子的反应必须灵敏、迅速，且有良好的变色可逆性。

（5）指示剂比较稳定，便于储存和使用。有些指示剂易被日光、氧化剂、空气所分解，有些指示剂的水溶液不稳定。例如配制铬黑T时，常加入适量的还原剂或配成三乙醇胺溶液；钙指示剂配成固体混合物等。一般金属指示剂溶液都不宜久存，最好临用时配制。

三、常用的金属指示剂

（1）铬黑T（eriochrome black T，简称 EBT）。化学名称是 1-(1-羟基-2-萘偶氮基)-6-硝基-2-萘酚-4-磺酸钠。例如铬黑T（HIn^{2-}）与 Mg^{2+} 形成铬黑T镁（$MgIn^{2-}$）配合物，其结构如下

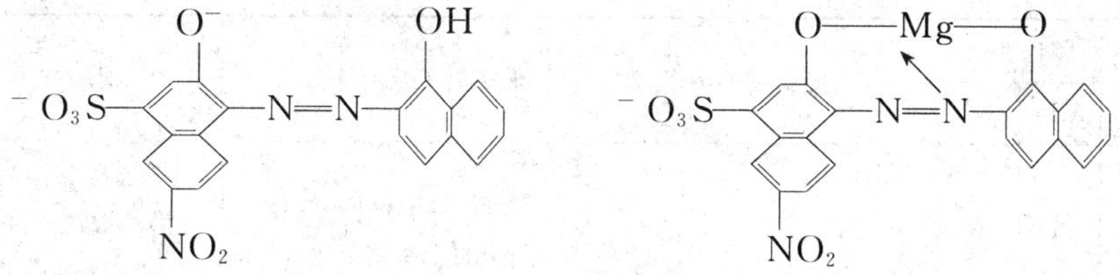

HIn^{2-}（蓝色）　　　　$MgIn^{-}$（红色）

铬黑T是三元酸的钠盐，在水溶液中有下列平衡

$$\underset{\text{红色}}{H_2In^-} \underset{}{\overset{pK_{a2}=6.2}{\rightleftharpoons}} \underset{\text{蓝色}}{HIn^{2-}} \overset{pK_{a3}=11.6}{\rightleftharpoons} \underset{\text{橙色}}{In^{3-}}$$

铬黑T在 pH<6 时，呈红色；pH>12 时，呈橙色；pH 为 9～11 时，呈蓝色。而在此 pH 值范围内，铬黑T与金属离子（如 Mg^{2+}、Ca^{2+}、Zn^{2+} 等）的配合物呈红色，因此，在 pH<6.3 和 pH>11.6 的溶液中，由于指示剂本身颜色接近红色，故不能使用。

（2）钙指示剂（简称 NN 或称钙红），化学名称是 2-羟基-1-(2-羟基-4-磺酸基-1-萘偶氮基)-3-萘甲酸。钙指示剂（Na_2H_2In）在水溶液中有下列平衡：

$$\underset{\text{酒红色}}{H_2In^{2-}} \overset{pK_{a3}=7.26}{\rightleftharpoons} \underset{\text{蓝色}}{HIn^{3-}} \overset{pK_{a4}=13.67}{\rightleftharpoons} \underset{\text{酒红色}}{In^{4-}}$$

钙指示剂在 pH＝12～13 与 Ca^{2+} 形成红色配位化合物，常用于测定 Ca^{2+} 的含量，此条

件下 Mg^{2+} 生成 $Mg(OH)_2$ 减小而不干扰 Ca^{2+} 的测定。钙指示剂为紫色粉末，它的水溶液或乙醇溶液均不稳定，常与干燥 NaCl 按 1∶100 混合研细配成固体指示剂使用。

(3) 酸性铬蓝 K，化学名称是 1，8 - 二羟基 - 1 - (2 - 羟基 - 5 - 磺酸基 - 1 - 偶氮苯) - 3，6 - 二磺酸萘钠盐。其水溶液在 pH<7 为玫瑰红色，pH=8～13 呈蓝色，在此条件下与 Ca^{2+}、Mg^{2+} 等离子形成红色配合物，使用时应控制 pH 值在 8～13。它对 Ca^{2+} 的灵敏度较铬黑 T 高，在 pH=10 时，用于测定 Ca^{2+}、Mg^{2+} 总量，在 pH=12～13 时测定 Ca^{2+}。为提高终点敏锐性，常将酸性铬蓝 K 与萘酚绿 B 混合使用，简称 K－B 指示剂。萘酚绿 B 在滴定过程中没有颜色的变化，只起衬托终点颜色的作用。

(4) 二甲酚橙 (xylenol orange，简称 XO)。化学名称是 3 - 3′ - 双 (二羧甲基氨甲基) - 邻甲酚磺酞。常用二甲酚橙的四钠盐，为紫色结晶，易溶于水，在 pH>6.3 呈红色，pH<6.3 呈黄色。它与金属离子的配位化合物呈红紫色。因此，它适用在 pH<6.3 的酸性溶液中使用。Fe^{3+}、Al^{3+}、Ni^{2+}、Ti^{4+} 等对 XO 有封闭作用，可用 NH_4F 掩蔽 Al^{3+}、Ti^{4+}，抗坏血酸将 Fe^{3+} 还原为 Fe^{2+}，邻二氮菲掩蔽 Fe^{2+} 等，以消除封闭现象。

(5) PAN。化学名称是 1 - (2 - 吡啶偶氮) - 2 - 萘酚。PAN 在 pH=2～12 范围内呈黄色，而 PAN 与金属离子的配合物是紫红色。所以，PAN 适宜的 pH 值为 2～12。在适宜的 pH 值条件下，与 Th^{4+}、Bi^{3+}、Cu^{2+}、Ni^{2+}、Pb^{2+}、Cd^{2+}、Zn^{2+}、Mn^{2+}、Fe^{2+} 等形紫红色成配合物，自身显黄色。

(6) 磺基水杨酸 (简称 SSA)。磺基水杨酸为无色晶体，溶于水。在 pH=1.5～2.5 时与 Fe^{3+} 形成紫红色配合物 $(FeSSA)^{3+}$，磺基水杨酸通常作为锅炉酸洗溶液中测定 Fe^{3+} 的指示剂，终点由红色变为亮黄色。

配位滴定中常用的金属指示剂列于表 3 - 6 中。

表 3 - 6　　常用金属指示剂

指示剂	使用 pH 值范围	颜色变化		直接滴定的离子	干扰离子及消除方法	配制方法
		MIn	In′			
铬黑 T	9～11	红	蓝	pH 10，Ca^{2+}，Mg^{2+}，Zn^{2+} Cd^{2+}，Pb^{2+}，Mn^{2+}，稀土离子等	微量 Al^{3+}，Fe^{3+} 用三乙醇胺消除；Cu^{2+}，Co^{2+}，Ni^{2+} 用 KCN 消除	三乙醇胺溶液并加盐酸羟胺；1∶100 NaCl（固体）
钙指示剂	10～13	红	蓝	pH 12～13，Ca^{2+}		1∶100 NaCl(固体)
K－B	8～13	红	蓝	pH 10，Ca^{2+}、Mg^{2+} 总量，pH 12～13，Ca^{2+}		0.2g 酸性铬蓝 K 与 0.3g 萘酚绿 B 与 20gNaCl 混合研细
二甲酚橙	<6	紫红	亮黄	pH 1～3，Bi^{3+}，Th^{4+} pH 5～6，Zn^{2+}，Pb^{2+}，Cd^{2+}，Hg^{2+}，稀土离子	Fe^{3+} 用抗坏血酸消除；Al^{3+}，Th^{4+} 用 NH_4F 掩蔽；Cu^{2+}，Co^{2+}，Ni^{2+} 加邻二氮菲消除	0.5%水溶液
PAN	2～12	红	黄	pH 2～3，Bi^{3+}，Th^{4+} pH 4～5，Cu^{2+}，Ni^{2+}		0.1%乙醇溶液

续表

指示剂	使用pH值范围	颜色变化		直接滴定的离子	干扰离子及消除方法	配制方法
		MIn	In′			
磺基水杨酸*	1.5～2.5	紫红	无色*	pH 1.5～2.5，Fe^{3+}		2%水溶液

* 磺基水杨酸本身无色，与 Fe^{3+} 形成紫红色配合物。滴定到达终点时，溶液中有 FeY，使溶液呈亮黄色。

第六节 提高配位滴定选择性的方法

EDTA 与金属离子具有广泛的配位作用，这使得它应用广泛。但是，当多种金属离子同时存在时，往往产生互相干扰。因此，如何消除共存离子的干扰、提高配位滴定的选择性，就成为配位滴定中一个重要的问题。

一、控制溶液的 pH 值

当待测离子与干扰离子的稳定常数值相差较大时，控制溶液酸度是消除干扰比较方便的方法。一般地，当符合下述条件时

$$\lg(c_M K'_{MY}) \geqslant 6 \text{ 且} \frac{c_M K'_{MY}}{c_N K'_{NY}} \geqslant 10^5\text{，或 } \lg(c_M K'_{MY}) - \lg(c_N K'_{NY}) \geqslant 5 \quad (3-17)$$

可以通过控制酸度来准确滴定 M 而 N 不产生干扰。

考虑到待测离子与干扰离子共处于同一溶液中，$\alpha_{Y(H)}$ 的数值相同，可用 $\lg K$ 代替 $\lg K'$，于是上式变为

$$\lg(c_M K_{MY}) \geqslant 6 \text{ 且} \frac{c_M K_{MY}}{c_N K_{NY}} \geqslant 10^5\text{，或 } \Delta\lg(cK) \geqslant 5 \quad (3-18)$$

【例 3-6】 同一溶液中 Fe^{3+}、Al^{3+} 浓度均为 0.010mol/L，能否控制溶液的 pH 值用 EDTA 滴定 Fe^{3+}，Al^{3+} 不干扰？如何控制溶液的 pH 值？

解 已知 $K_{FeY}=10^{25.10}$，$K_{AlY}=10^{16.13}$

同一溶液中 EDTA 的酸效应相同，在无其他副反应时：

$$\frac{c_{Fe^{3+}} K_{FeY}}{c_{Al^{3+}} K_{AlY}} = \frac{0.010 \times 10^{25.10}}{0.010 \times 10^{16.13}} = 10^{8.8} > 10^5$$

所以可以控制溶液的 pH 值滴定 Fe^{3+}，而 Al^{3+} 不干扰。

通过例 3-5 的计算，实际控制溶液 pH 值为 1.5～1.8 滴定 Fe^{3+}，此时 Al^{3+} 不被滴定。

通过控制溶液酸度，可以在同一溶液中对不同金属离子进行连续滴定或分别滴定。例如，溶液中的 Bi^{3+}、Pb^{2+} 都在 0.01mol/L 左右时，从 $\Delta\lg(cK)=9.9>5$ 判断，可选择滴定 Bi^{3+}。查酸效应曲线可知，Bi^{3+}、Pb^{2+} 被滴定的最低 pH 值分别是 0.7 和 3.3 左右。故可用二甲酚橙作指示剂，先调节溶液的酸度在 pH=1.0～1.3 时滴定 Bi^{3+}；然后在 pH=5～6 时滴定 Pb^{2+}。

二、利用掩蔽和解蔽

当待测离子与共存离子配合物的稳定性相差不大时（$\Delta\lg K<5$），有时甚至 $\lg K_{MY}<\lg K_{NY}$，就不能用控制酸度的方法分别滴定。通常利用加入掩蔽剂的方法消除干扰。掩蔽法是通过加入一种试剂，使其与干扰离子 N 反应，降低溶液中干扰离子 N 的浓度，来减小或

消除 N 对 M 测定的干扰。常用的掩蔽法分为下述几类。

(1) 配位掩蔽法。利用配位反应降低干扰离子浓度以消除干扰的方法，是滴定分析中应用最广泛的一种方法。常用的掩蔽剂有 NaF、KCN、三乙醇胺等。例如：测定 Ca^{2+}、Mg^{2+} 离子时，Fe^{3+}、Al^{3+} 等离子的存在会产生干扰，可加入三乙醇胺作为掩蔽剂。三乙醇胺能与 Fe^{3+}、Al^{3+} 生成稳定的配合物，而且不与 Ca^{2+}、Mg^{2+} 作用。由于 Fe^{3+}、Al^{3+} 在 pH＝2～4 形成氢氧化物沉淀，因而必须在酸性溶液中加入三乙醇胺进行掩蔽，然后再调节 pH 值至 10 或 12 测定 Ca^{2+}、Mg^{2+}。

(2) 氧化还原掩蔽法。利用氧化还原反应改变干扰离子价态以消除干扰的方法。例如：Fe^{3+} 干扰 Bi^{3+} 的测定（$\lg K_{BiY^-}=28.2$，$\lg K_{FeY^-}=25.1$），加入盐酸羟胺使 Fe^{3+} 还原成 Fe^{2+}，由于 FeY^{2-} 稳定性较低（$\lg K_{FeY^{2-}}=14.33$），就可以用控制溶液酸度的方法滴定 Bi^{3+}，消除 Fe^{3+} 的干扰。除盐酸羟胺外，常用的还原剂还有抗坏血酸、联胺、硫脲、$Na_2S_2O_3$ 等；常用的氧化剂有 H_2O_2、$(NH_4)_2S_2O_8$ 等。

(3) 沉淀掩蔽法。利用沉淀反应降低干扰离子的浓度，在不分离沉淀的条件下直接滴定的方法。例如：为消除 Mg^{2+} 对 Ca^{2+} 测定的干扰，利用 pH≥12 时 Mg^{2+} 与 OH^- 生成 $Mg(OH)_2$ 沉淀，可消除 Mg^{2+} 对 Ca^{2+} 测定的干扰。

(4) 解蔽法。在掩蔽一些离子进行滴定后，采用适当的方法解除掩蔽，并将已配位的配位剂或金属离子释放出来的作用称为解蔽。利用选择性的解蔽剂，也可以提高配位滴定的选择性。例如：Zn^{2+} 和 Pb^{2+} 两种离子共存时，可以用氨水调节溶液 pH 值为 10 左右，滴加 KCN，使 Zn^{2+} 形成 $[Zn(CN)_4]^{2-}$ 而掩蔽，用 EDTA 标准溶液滴定 Pb^{2+} 后，加入甲醛或三氯乙醛破坏$[Zn(CN)_4]^{2-}$，释放出 Zn^{2+}，再用 EDTA 滴定释放出的 Zn^{2+}：

$$Zn(CN)_4^{2-}+4HCHO+4H_2O \rightleftharpoons Zn^{2+}+4HOCH_2CN+4OH^-$$

第七节　配位滴定方式及其应用

一、配位滴定方式

在配位滴定中采用不同的滴定方式，不仅可以扩大配位滴定的应用范围，同时也可以提高配位滴定的选择性。常用的方式有以下 4 种。

1. 直接滴定法

这是配位滴定中最基本的方法。此法是将被测试样溶液，调节适宜酸度，加入必要的其他试剂和指示剂，直接用 EDTA 标准溶液进行滴定，然后根据消耗 EDTA 溶液的量计算试样中被测组分的含量。

采用直接滴定法时，必须符合以下几个条件：

(1) 被测离子的浓度及其配合物的条件稳定常数满足 $\lg(c_M K'_{MY})\geqslant 6$ 的要求，且反应速度快。

(2) 应有变色敏锐的指示剂，且无封闭现象。

如 Al^{3+} 对许多指示剂有封闭作用，不宜用直接滴定法；有些金属离子（如 Sr^{2+}、Ba^{2+}）缺乏灵敏的指示剂，也不能用直接滴定法测定。

(3) 在选用的滴定条件下，被测组分不发生水解和沉淀反应，必要时可先加入辅助配位剂来防止这些反应发生。

可直接滴定的金属离子很多，如在 pH＝2～3 时滴定 Fe^{3+}、Bi^{3+}、Th^{4+}、Ti^{4+}、Hg^{2+}；pH＝5～6 时滴定 Zn^{2+}、Pb^{2+}、Cd^{2+}、Cu^{2+}、Mn^{2+} 及稀土离子；pH＝10 时滴定 Mg^{2+}、Ca^{2+}、Co^{2+}、Ni^{2+}、Zn^{2+}；pH＝12～13 时滴定 Ca^{2+} 等。

2. 返滴定法

返滴定法是在试液中先加入已知过量的 EDTA 标准溶液，再用另一种金属盐类的标准溶液滴定过量的 EDTA，由两种标准溶液的浓度和用量即可求得被测组分的含量。

用作返滴定剂的金属离子与 EDTA 的配合物应有足够的稳定性，但不能比待测离子的配合物更稳定，否则在滴定过程中，返滴定剂会置换出被测离子，引起误差。

这种滴定方法适用于无适当指示剂或与 EDTA 不能迅速配位，或在测定条件下易发生水解等副反应的金属离子的测定。例如 Al^{3+} 与 EDTA 配位缓慢，Al^{3+} 对二甲酚橙指示剂有封闭作用，酸度不高时，Al^{3+} 水解形成多种多核羟基配合物，因此，Al^{3+} 不能直接滴定。为了避免上述问题，可先加入一定过量的 EDTA 溶液，在 pH≈3.5 煮沸。此时因酸度较大，不至于形成多核配合物，且又有过量的 EDTA 存在，能使 Al^{3+} 与 EDTA 配位完全。再调节 pH＝5～6，加入二甲酚橙作指示剂（此时 Al^{3+} 已形成 AlY，不再封闭指示剂），用 Zn^{2+} 标准溶液返滴定过量的 EDTA。

【例 3-7】 称铝盐混凝剂试样 1.200g，溶解后加入过量 0.1000mol/L EDTA 溶液 50.00mL，在 pH≈3.5 煮沸，调 pH＝5～6，以 XO 为指示剂，用 0.1000mol/L Zn^{2+} 标准溶液回滴，消耗 10.90mL，求该混凝剂中 Al_2O_3 的含量？

解 根据题意分析示意图：

Zn^{2+} 滴定 EDTA 物质的量

	$m_{样}$：1.200g，试样溶液 Al 的量，求 Al_2O_3

先加入 EDTA 物质的量

因为

$$Al^{3+} + H_2Y^{2-}(过量) \rightleftharpoons AlY^- + 2H^+$$

$$H_2Y^{2-}(过量) + Zn^{2+} \rightleftharpoons ZnY^{2-} + 2H^+$$

关系式：1mol EDTA～1mol Al^{3+}～$\frac{1}{2}$mol Al_2O_3，1mol EDTA～1mol Zn^{2+}

$$w_{Al_2O_3} = \frac{(c_{EDTA}V_{EDTA} - c_{Zn^{2+}}V_{Zn^{2+}}) \times \frac{Al_2O_3}{2000}}{m_{样}} \times 100\%$$

$$= \frac{(0.1000 \times 50.00 - 0.1000 \times 10.90) \times \frac{101.96}{2000}}{1.200} \times 100\%$$

$$= 16.61\%$$

3. 置换滴定法

在直接滴定法和返滴定法遇到困难时，可以利用置换反应置换出等物质的量的另一金属离子，或置换出 EDTA，然后滴定，这就是置换滴定法。在配位滴定中用到的置换滴定有下述两类。

(1) 置换出金属离子。如被测定的离子 M 与 EDTA 反应不完全或所形成的配合物不稳定，这时可让 M 置换出另一种配位物 NL 中等物质的量的 N，用 EDTA 溶液滴定 N，从而可求得 M 的含量。

例如，Ag^+ 与 EDTA 的配合物不够稳定（$\lg K_{AgY}=7.32$），不能用 EDTA 直接滴定。若在含 Ag^+ 的试液中加入过量的 $[Ni(CN)_4]^{2-}$，发生如下置换反应：

$$2Ag^+ + [Ni(CN)_4]^{2-} = 2[Ag(CN)_2]^- + Ni^{2+}$$

然后在 pH＝10 的氨性溶液中，以紫脲酸铵为指示剂，用 EDTA 标准溶液滴定置换出的 Ni^{2+}，即可求得 Ag^+ 的含量。

(2) 置换出 EDTA。将被测定的金属离子 M 与干扰离子全部用 EDTA 配位，加入选择性高的配位剂 L 以夺取 M，释放出 EDTA：

$$MY + L = ML + Y$$

反应完全后，释放出与 M 等物质的量的 EDTA，然后再用金属盐类标准溶液滴定释放出来的 EDTA，即可求得 M 的含量。

这种方法适用于多种金属离子存在下测定其中一种金属离子。例如，测定某复杂试样中的 Al^{3+}，试样中可能含有 Pb^{2+}、Zn^{2+}、Fe^{3+} 等杂质离子。用返滴定法测定 Al^{3+} 时，实际测得的是这些离子的总量。为了得到 Al^{3+} 的准确含量，在返滴定至终点后，加入 NH_4F 选择性地将 AlY 中的 EDTA 释放出来（置换出与 Al^{3+} 等量的 EDTA），再用 Zn^{2+} 标准溶液滴定 EDTA，得到 Al^{3+} 的含量。

4. 间接滴定法

有些金属离子和 EDTA 生成的配合物不稳定，如 Li^+、Na^+、K^+ 等；有些离子不能和 EDTA 配位，如 SO_4^{2-}、PO_4^{3-} 等阴离子，不能用配位滴定法测定，这时可采用间接滴定法测定。

例如 PO_4^{3-} 的测定，在一定条件下，可将 PO_4^{3-} 沉淀为 $MgNH_4PO_4$，沉淀经过滤、洗涤、溶解后，调节溶液的 pH＝10，用铬黑 T 作指示剂，以 EDTA 标准溶液滴定沉淀后的 Mg^{2+}，由 Mg^{2+} 的含量间接计算出磷的含量。

间接滴定法由于操作手续较繁琐，引入误差的机会较多，不是一种理想的测定方法。

二、EDTA 标准溶液的配制与标定

EDTA 标准溶液常采用 EDTA 二钠盐（$Na_2H_2Y \cdot 2H_2O$）配制。EDTA 二钠盐是白色结晶粉末，结晶粉末常因吸附约 0.3%的水分及含有少量杂质而不能作为基准物质使用，其标准溶液一般采用间接配制法。为防止 EDTA 与玻璃中的 Ca^{2+} 反应形成 CaY，EDTA 标准溶液应储存于聚乙烯塑料瓶。

用于标定 EDTA 的基准试剂很多，有纯金属（如 Zn 等）、金属氧化物（如 ZnO、MgO 等）及其盐类（如 $CaCO_3$、$MgSO_4 \cdot 7H_2O$）。金属比较稳定，纯度高（99.99%），能在 pH＝5～6 时以二甲酚橙作指示剂进行标定；也可在 pH＝10 的氨性溶液中以铬黑 T 为指示剂，用 $MgSO_4 \cdot 7H_2O$ 作基准物质进行标定。

实际工作中，如果标定和测定条件不同，会带来较大误差。这是因为：①不同金属离子与 EDTA 反应的完全程度不同；②不同指示剂的变色点不同；③不同条件下溶液中存在的杂质离子的干扰情况不同。因此，为了提高测定结果的准确度，标定和测定条件应尽可能接近，一般选用被测元素的纯金属或其化合物作基准物质。

三、水中硬度的测定

1. 硬度的分类

水的硬度是指水中 Ca^{2+}、Mg^{2+} 浓度的总量，常称为总硬度。水的硬度是水质控制的一个常重要指标。

按阳离子分：总硬度＝钙硬度＋镁硬度。

按阴离子组成分：总硬度＝碳酸盐硬度＋非碳酸盐硬度。

（1）碳酸盐硬度。包括水中钙、镁的重碳酸盐［$Ca(HCO_3)_2$、$Mg(HCO_3)_2$］和溶解的碳酸盐（$CaCO_3$、$MgCO_3$）的含量。水中钙、镁的重碳酸盐在加热煮沸时会析出沉淀［$CaCO_3\downarrow$、$Mg(OH)_2\downarrow$］而去除，又称为暂时硬度。因钙、镁的碳酸盐溶解度很小，所以碳酸盐硬度近似于重碳酸盐硬度。

（2）非碳酸盐硬度。包括水中钙、镁的硫酸盐（$CaSO_4$、$MgSO_4$）、氯化物（$CaCl_2$、$MgCl_2$）等盐类的含量。这种硬度不能用加热煮沸的方法去除，所以称为永久硬度。

2. 硬度的危害

当水中硬度值较高时，会对人们的生活、生产带来诸多不便。长期饮用硬度过大的水会影响人们的身体健康，甚至引发各种疾病，硬水洗衣服也会浪费肥皂。工农业生产用水硬度值过高会使给水管网中产生水垢，造成堵塞和腐蚀。硬度高的水对锅炉威胁很大，形成水垢既浪费燃料还会造成锅炉爆炸。在纺织行业，硬度高的水会生成沉淀黏附在纺织纤维上，影响印染质量。因此，水中硬度的测定是一项重要的水质分析指标。

3. 表示硬度的单位

（1）mmol/L。以（$n_{Ca^{2+}}+n_{Mg^{2+}}$）或（$n_{\frac{1}{2}Ca^{2+}}+n_{\frac{1}{2}Mg^{2+}}$）计。

（2）mg/L。以 $CaCO_3$ 或 CaO 计。

（3）德国度（简称度）。是国内外应用较多的硬度单位。1°（G）＝10mgCaO/L。

（4）法国度。1°（F）＝10mg $CaCO_3$/L。

硬度的单位换算：

1mmol/L（$n_{Ca^{2+}}+n_{Mg^{2+}}$）＝100mg/L（以 $CaCO_3$ 计）＝56mg/L（以 CaO 计）＝5.6°（G）

1mmol/L（$n_{\frac{1}{2}Ca^{2+}}+n_{\frac{1}{2}Mg^{2+}}$）＝50mg/L（以 $CaCO_3$ 计）＝28mg/L（以 CaO 计）＝2.8°（G）

1mmol/L（$n_{Ca^{2+}}+n_{Mg^{2+}}$）＝2mmol/L（$n_{\frac{1}{2}Ca^{2+}}+n_{\frac{1}{2}Mg^{2+}}$）

根据水中硬度的大小可分 4 类。硬度在 4 度以下为最软水，4～8 度为软水，8～16 度为稍硬水，16～30 度为硬水，超过 30 度为最硬水。废水和污水一般不考虑硬度。我国饮用水标准规定硬度不超过 450mg/L（以 $CaCO_3$ 计），即≤25.2 度。一般不加说明时，硬度指的是德国度。

4. 硬度测定原理及其计算

水中硬度的测定常采用配位滴定法。在一定体积的水样（V_s）中，加入 pH＝10 的氨性缓冲溶液，以铬黑 T 为指示剂，用 EDTA 可直接测定出 Ca^{2+}、Mg^{2+} 的总量。反应中形成配合物的稳定顺序为 $K_{CaY}>K_{MgY}>K_{MgIn}>K_{CaIn}$。

滴定前，溶液中有 Mg^{2+}、Ca^{2+} 与铬黑 T 形成的酒红色配合物 MgIn、CaIn，及未与指示剂形成配位化合物的 Ca^{2+}、Mg^{2+}。

$$Mg^{2+} + HIn^{2-} \rightleftharpoons MgIn^{-} + H^{+}$$

$$Ca^{2+} + HIn^{2-} \rightleftharpoons CaIn^{-} + H^{+}$$

蓝色　　　　酒红色

滴定时，EDTA 先与 Ca^{2+} 配位，后与 Mg^{2+} 配位：

$$Ca^{2+} + Y^{4-} \rightleftharpoons CaY^{2-},\ Mg^{2+} + Y^{4-} \rightleftharpoons MgY^{2-}$$

终点时 EDTA 从配合物 MgIn、CaIn 中夺取 Ca^{2+}、Mg^{2+}，从而使指示剂游离出来，溶液由酒红色变蓝色，指示滴定终点。根据 EDTA 标准溶液的浓度和消耗体积计算水的硬度(用 H 或 YD 表示)。

$$H = \frac{c_{EDTA}V_{EDTA}}{V_s} \times 1000\text{mmol/L}$$

$$H\text{（以 CaO 计）} = \frac{c_{EDTA}V_{EDTA}M_{CaO}}{V_s} \times 1000\text{mg/L}$$

$$H\text{（以 }CaCO_3\text{ 计）} = \frac{c_{EDTA}V_{EDTA}M_{CaCO_3}}{V_s} \times 1000\text{mg/L} \tag{3-19}$$

水中含有 Fe^{3+}、Al^{3+}、Cu^{2+}、Pb^{2+}、Mn^{2+} 等离子量较大时，对测定有干扰，应加掩蔽剂掩蔽。如 Fe^{3+}、Al^{3+} 用三乙醇胺，Cu^{2+}、Pb^{2+} 等可用 KCN 或 Na_2S 等掩蔽。通常天然水中含有上述离子极少，可不加掩蔽剂，也不影响测定。

5. 钙硬度的测定及镁硬度的计算

如需分别测得 Ca^{2+}、Mg^{2+} 的含量，先按上述方法测得总量，然后另取一份同体积的水样，用 NaOH 溶液调节 pH=12～13，此时 Mg^{2+} 产生 $Mg(OH)_2$ 沉淀被掩蔽。加入钙指示剂，用 EDTA 滴定溶液中的 Ca^{2+}，当溶液由红色变为蓝色时为终点。设测定总量时消耗溶液体积为 $V_{总}$，测 Ca^{2+} 时消耗 $V_{Ca^{2+}}$，Ca^{2+}、Mg^{2+} 的含量分别为

$$\rho_{Ca^{2+}} = \frac{c_{EDTA}V_{EDTA}M_{Ca^{2+}}}{V_s} \times 1000\text{mg/L} \tag{3-20}$$

$$\rho_{Mg^{2+}} = \frac{c_{EDTA}(V_{总} - V_{Ca^{2+}})M_{Mg^{2+}}}{V_s} \times 1000\text{mg/L} \tag{3-21}$$

【例 3-8】 取 100.0mL 水样，调节 pH=10，以铬黑 T 为指示剂，用 0.010 00mol/L EDTA 溶液滴定至终点，用去 20.00mL；另取一份同积的水样，调 pH=12～13，加钙指示剂，然后用同浓度的 EDTA 溶液滴定至终点，用去 16.00mL。计算：

1）水样的总硬度[表示单位分别用：①mmol/L（$n_{Ca^{2+}} + n_{Mg^{2+}}$）；②mmol/L（$n_{\frac{1}{2}Ca^{2+}} + n_{\frac{1}{2}Mg^{2+}}$）；③以 $CaCO_3$ 计 mg/L；④用度数表示]。

2）水样中 Ca^{2+} 和 Mg^{2+} 的含量各为多少。

解 1）①$H = \dfrac{c_{EDTA}V_{总} \times 1000}{V_s}$

$$= \frac{0.010\ 00 \times 20.00 \times 1000}{100.0} = 2.000\ (\text{mmol/L})\ (n_{Ca^{2+}} + n_{Mg^{2+}})$$

②因为 1mmol/L（$n_{Ca^{2+}} + n_{Mg^{2+}}$）=2（mmol/L）（$n_{\frac{1}{2}Ca^{2+}} + n_{\frac{1}{2}Mg^{2+}}$）

所以水样的总硬度：2×2.000=4.000（mmol/L）（$n_{\frac{1}{2}Ca^{2+}} + n_{\frac{1}{2}Mg^{2+}}$）

③因为 1mmol/L（$n_{Ca^{2+}} + n_{Mg^{2+}}$）=100mg/L（以 $CaCO_3$ 计）

所以水样的总硬度：2.000×100=200.0（mg/L）（以 $CaCO_3$ 计）

④因为 1mmol/L（$n_{Ca^{2+}}+n_{Mg^{2+}}$）＝5.6°（G）

所以水样的总硬度：2×5.6°（G）＝11.2°（G）

2）

$$\rho_{Ca^{2+}}=\frac{c_{EDTA}V_{EDTA}M_{Ca^{2+}}\times 1000}{V_s}=\frac{0.01000\times 16.00\times 40.08\times 1000}{100.0}=64.13(mg/L)$$

$$\rho_{Mg^{2+}}=\frac{c_{EDTA}V_{EDTA}M_{Mg^{2+}}\times 1000}{V_s}=\frac{0.01000\times(20.00-16.00)\times 24.31\times 1000}{100.0}=9.72(mg/L)$$

四、水中硫酸盐的测定

SO_4^{2-} 可利用 EDTA 间接滴定法来测定。方法是：在一定体积的水样中加入过量的已知准确浓度 $c_{Ba^{2+}}$ 的 $BaCl_2$ 溶液（$V_{Ba^{2+}}$），使 SO_4^{2-} 与 Ba^{2+} 生成 $BaSO_4$ 沉淀，再用 EDTA 标准溶液滴定过量的 Ba^{2+}。由于是在 pH＝10 的条件下以铬黑 T 为指示剂，水中的 Ca^{2+}、Mg^{2+} 也同时被滴定，所以这一滴定中包括对总硬度测定所消耗 EDTA 的量。因此，计算时需要扣除另外测定的水总硬度。由于 Mg^{2+} 能使终点颜色变化明显，为了提高测定的灵敏度，向水样中加入 $BaCl_2$ 和 $MgCl_2$ 的混合溶液进行滴定。

此过程示意图：

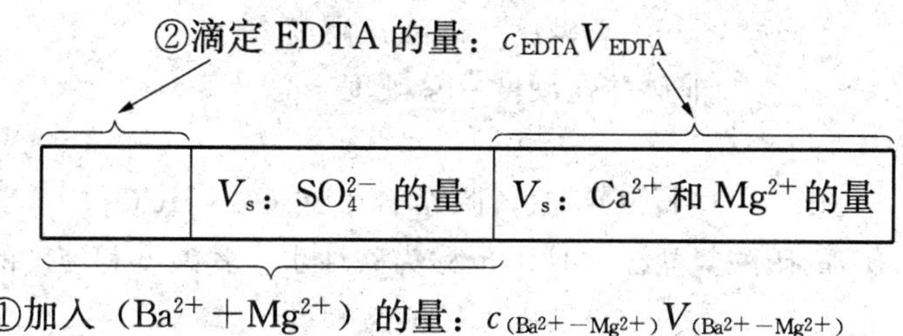

③同体积水样 V_s 中硬度消耗 EDTA 的量：$c_{EDTA}V'_{EDTA}$，水样中 SO_4^{2-} 含量计算式为

$$\rho_{SO_4^{2-}}=\frac{[c_{(Ba^{2+}-Mg^{2+})}V_{(Ba^{2+}-Mg^{2+})}-c_{EDTA}(V_{EDTA}-V'_{EDTA})]M_{SO_4^{2-}}}{V_s}\times 1000mg/L \quad (3-22)$$

【例 3-9】 取 100.0mL 水样测定 SO_4^{2-}，加入 0.01000mol/L（$Ba^{2+}-Mg^{2+}$）混合液 15.00mL，使 SO_4^{2-} 完全沉淀，然后加入 NH_3-NH_4Cl 缓冲溶液及铬黑 T 指示剂，用 0.01000mol/L 的 EDTA 标准溶液滴定至终点，消耗 14.60mL。另取 100.0mL 水样测定 Ca^{2+}、Mg^{2+} 总量，消耗同浓度 EDTA 4.50mL，求水中 SO_4^{2-} 含量。

解　依题意得

$$\rho_{SO_4^{2-}}=\frac{[c_{(Ba^{2+}-Mg^{2+})}V_{(Ba^{2+}-Mg^{2+})}-c_{EDTA}(V_{EDTA}-V'_{EDTA})]M_{SO_4^{2-}}}{V_s}\times 1000$$

$$=\frac{[0.01000\times 15.00-0.01000\times(14.60-4.50)]\times 96.09}{100.0}\times 1000$$

$$=47.08\ (mg/L)$$

第八节　天然水中硬度与碱度的关系

天然水中的阳离子主要有 Ca^{2+}、Mg^{2+}、Na^{+}、K^{+}，阴离子主要有 HCO_3^-、SO_4^{2-}、Cl^-。在进行水质组分判断和选择水处理工艺时，为了处理方便，将它们组成假想的化合物。假想化合物的组成原则是，将阴阳离子按照水体蒸发浓缩时所形成化合物的溶解度由小到大的次序进行先后组合。假设这些离子相互结合形成盐类，其结合的先后次序为：阳离子按 Ca^{2+}、Mg^{2+}、Na^{+}、K^{+}；阴离子按 HCO_3^-、SO_4^{2-}、Cl^-。即 Ca^{2+} 首先与 HCO_3^- 按化学计量关系组成 $Ca(HCO_3)_2$，若水中 Ca^{2+} 含量比 HCO_3^- 大，则当 HCO_3^- 全部化合完后，剩余的 Ca^{2+} 依次与 SO_4^{2-}、Cl^- 化合。反之，若 HCO_3^- 大，则当 Ca^{2+} 全部化合完后，剩余的 HCO_3^- 再依次与 Mg^{2+}、Na^{+}、K^{+} 化合，其余依次类推。

需要说明的是，此时离子常表示为 $mmol/L\left(\frac{1}{n}I^{n\pm}\right)$。

1. 总硬度>总碱度

天然水中的总碱度主要是 HCO_3^-，而 CO_3^{2-} 含量一般非常小，因而认为总碱度近似等于 HCO_3^-。当 $(Ca^{2+}+Mg^{2+})>HCO_3^-$ 时，水中有碳酸盐硬度和非碳酸盐硬度，没有 Na^{+}、K^{+} 的碳酸氢盐碱度，即没有过剩碱度，也称负碱度。这种水是非碱性水，其碱度和硬度的关系为

$$总碱度=碳酸盐硬度$$
$$非碳酸盐硬度=总硬度-总碱度$$

2. 总硬度<总碱度

当水中 $(Ca^{2+}+Mg^{2+})<HCO_3^-$ 时，除结合生成 $Ca(HCO_3)_2$ 和 $Mg(HCO_3)_2$ 外，还结合生成 Na^{+}、K^{+} 的碳酸氢盐。这种水也称为碱性水，其碱度和硬度的关系为

$$总硬度=碳酸盐硬度$$
$$负硬度=总碱度-总硬度$$

3. 总硬度=总碱度

当水中 $(Ca^{2+}+Mg^{2+})=HCO_3^-$ 时，二者结合生成 $Ca(HCO_3)_2$ 和 $Mg(HCO_3)_2$，水中总硬度与总碱度相等。

【例 3-10】　某水质分析结果：Ca^{2+}、Mg^{2+}、Na^{+}、HCO_3^-、SO_4^{2-} 和 Cl^- 的含量分别为 54、9.6、11.5、170.8、43.2 和 10.6mg/L。通过计算：(1) 判断分析结果是否合理？(2) 各种假想化合物的量；(3) 碳酸盐硬度、总硬度、非碳酸盐硬度各为多少？(用度和以 $CaCO_3$ 计 mg/L 表示)。

解　先将各离子的 mg/L 换算成 $mmol/L\left(\frac{1}{n}I^{n\pm}\right)$

Ca^{2+}：$\dfrac{54}{\frac{1}{2}\times 40.08}=2.69$ (mmol/L)，HCO_3^-：$\dfrac{170.8}{61.03}=2.80$ (mmol/L)

Mg^{2+}：$\dfrac{9.6}{\frac{1}{2}\times 24.31}=0.79$ (mmol/L)，SO_4^{2-}：$\dfrac{43.2}{\frac{1}{2}\times 96.06}=0.90$ (mmol/L)

Na^+：$\frac{11.5}{22.99}$=0.50（mmol/L），Cl^-：$\frac{10.6}{35.45}$=0.30（mmol/L）

（1）$\sum_{阳离子}$=2.69+0.79+0.50=3.98（mmol/L）

$\sum_{阴离子}$=2.80+0.90+0.30=4.00（mmol/L）

因为 $\sum_{阳离子} \approx \sum_{阴离子}$

所以，分析结果合理。

（2）阴、阳离子组成各种假想化合物的量

$Ca(HCO_3)_2$：2.69mmol/L

$Mg(HCO_3)_2$：2.80−2.69=0.11（mmol/L）

$MgSO_4$：0.79−0.11=0.68（mmol/L）

Na_2SO_4：0.90−0.68=0.22（mmol/L）

NaCl：0.50−0.22=0.28（mmol/L）

（3）因为总硬度：2.69+0.79=3.48（mmol/L），总碱度：2.80mmol/L

总硬度＞总碱度

所以碳酸盐硬度等于总碱度：2.80×2.8=7.8 度

2.80×50=140mg/L（以 $CaCO_3$ 计）

非碳酸盐硬度等于总硬度减去总碱度：（3.48−2.80）×2.8=1.9 度

（3.48−2.80）×50=34mg/L（以 $CaCO_3$ 计）

总硬度：3.48×2.8=9.7 度

3.48×50=174mg/L（以 $CaCO_3$ 计）

【例 3-11】 某水样分析结果：酚酞碱度为零，甲基橙碱度为 12.6 度，Ca^{2+} 含量为 80.0mg/L，Mg^{2+} 含量为 20.0mg/L。问水样中有哪几种硬度？其值各为多少度？以$CaCO_3$ mg/L 计各为多少？

解 因为酚酞碱度为零，所以甲基橙碱度为总碱度。

总碱度：$[HCO_3^-]=\frac{12.6\times10}{56.08/2}$=4.49（mmol/L）

钙硬度：$\frac{80.0}{40.08/2}$=3.99（mmol/L）

镁硬度：$\frac{20.0}{24.31/2}$=1.65（mmol/L）

总硬度=3.99+1.65=5.64（mmol/L）

因为总硬度大于总碱度，所以水中有碳酸盐硬度和非碳酸盐硬度。

碳酸盐硬度=总碱度=4.49（mmol/L）

非碳酸盐硬度=5.64−4.49=1.15（mmol/L）

若以度表示：

总硬度=5.64×2.8=15.9 度

碳酸盐硬度=4.49×2.8=12.6 度

非碳酸盐硬度=1.15×2.8=3.2 度

若以 $CaCO_3$ mg/L 表示：

$$总硬度=5.64\times\frac{1}{2}\times100.0=282\ (mg/L)$$

$$碳酸盐硬度=4.49\times\frac{1}{2}\times100.0=225\ (mg/L)$$

$$非碳酸盐硬度=1.15\times\frac{1}{2}\times100.0=57.5\ (mg/L)$$

思考题

3-1 EDTA与金属离子的配合物有哪些特点?

3-2 配合物的稳定常数与条件稳定常数有何不同?二者之间有何关系?哪些因素影响条件稳定常数的大小?

3-3 什么是酸效应曲线?酸效应曲线在配位滴定中有何用途?

3-4 以EBT为例,说明金属指示剂的作用原理及具备条件。

3-5 配位滴定的条件如何选择?主要从哪些方面考虑?

3-6 提高配位滴定选择性的方法有哪些?

3-7 欲用EDTA滴定法测水样中Fe^{3+}、Al^{3+}、Ca^{2+}、Mg^{2+}的含量,试根据滴定的主要条件,设计一个测定方案。

3-8 水的硬度是指什么?简要说明水中总硬度的测定原理及计算方法。

3-9 简述水中硫酸根的测定原理。

3-10 碱度和硬度各由哪些物质构成?它们之间有何关系?

3-11 设计一个测定铝盐混凝剂中Al_2O_3含量试验方案。

3-12 举例说明常见掩蔽技术有哪些。

3-13 设计一个滴定法计算天然水中镁离子含量的方案,要求写明具体计算过程及计算公式。

3-14 天然水中硬度存在的主要类型有几种?根据硬度与碱度的关系,如何判别水中硬度的类型?

习 题

3-1 计算pH=6时,$c_{Mg^{2+}}=c_{EDTA}=0.01mol/L$,$Mg^{2+}$和EDTA配合物的条件稳定常数,并说明在此pH下能用EDTA标准溶液滴定。 (4.0)

3-2 计算用EDTA标准溶液滴定浓度均为0.01mol/L的Ca^{2+}、Fe^{3+}、Zn^{2+}溶液时所允许的最低pH值是多少?实际分析中pH值应控制在多大? (7.5,1.2,4.0)

3-3 用0.02000mol/L EDTA溶液滴定同浓度的Ca^{2+}溶液,(1)计算pH=6.0时,$\lg K'_{CaY}$为多少?判断能否准确滴定Ca^{2+}?(2)滴定Ca^{2+}的最低pH值为多少?(6.04,7.6)

3-4 准确称取0.2000g纯$CaCO_3$,用盐酸溶解并煮沸除去CO_2后,在容量瓶中稀释至500mL,吸取50.00mL,调节pH=12,以钙指示剂指示终点,用EDTA标准溶液滴定,用去18.83mL,求EDTA溶液的浓度和该溶液对Ca^{2+}、CaO和$CaCO_3$的滴定度(mg/

mL)。

(0.0106mol/L, 0.4252, 0.5950, 1.062mg/mL)

3-5 取100.0mL水样，调节pH=10，以铬黑T指示剂，用0.01000mol/L的EDTA溶液滴定到终点，用去25.40mL；另取一份同样水样100.0mL，调节pH=12，加钙指示剂，然后用同浓度的EDTA滴定到终点，用去14.52mL，求水样中Ca^{2+}和Mg^{2+}的含量。

(58.20mg/L, 26.50mg/L)

3-6 测定水样的总硬度时，吸取100.0mL水样，以铬黑T为指示剂，调节pH=10，用0.01000mol/L的EDTA溶液滴定到终点，用去24.10mL，计算水的总硬度（分别用mmol/L、mg/L CaO、mg/L $CaCO_3$ 和硬度度数表示）。

[2.410, 135.2, 241.2, 13.52°(G), 24.12°(F)]

3-7 某厂原水化验结果如下：Ca^{2+}=46mg/L；Mg^{2+}=8.5mg/L；Na^{+}=46mg/L；HCO_3^-=128.1mg/L；SO_4^{2-}=72mg/L；Cl^-=49.7mg/L。试计算回答下列各项：

(1) 审核阴、阳离子含量是否合理？

(2) 含盐量（以mmo/L和mg/L表示）；

(3) 总硬度、总碱度、碳酸盐硬度、非碳酸盐硬度各为多少？（分别用mmol/L和mg/L$CaCO_3$表示单位）；

(4) 写出假想化合物的分子式，并计算它们的含量。

[(1) $\sum_{阳}=\sum_{阴}$=5.0mmol/L，故阴、阳离子含量合理；(2) 含盐量=5.0mmol/L，350.3mg/L；(3) 总硬度=3.0mmol/L，150mg/L（以$CaCO_3$计）；总碱度=2.1mmol/L，105mg/L（以$CaCO_3$计）；碳酸盐硬度=2.1mmol/L，105mg/L（以$CaCO_3$计）；非碳酸盐硬度=0.9mmol/L，45mg/L（以$CaCO_3$计）；(4) $Ca(HCO_3)_2$=2.1mmol/L，$CaSO_4$=0.2mmol/L，$MgSO_4$=0.7mmol/L，Na_2SO_4=0.6mmol/L，NaCl=1.4mmol/L]

3-8 取100.0mL水样两份，一份加入过量的0.0110mol/L（$Ba^{2+}-Mg^{2+}$）混合溶液20.00mL，使SO_4^{2-}完全沉淀，过量的$Ba^{2+}-Mg^{2+}$混合液用0.0100mol/L的EDTA溶液滴定到终点消耗31.39mL。另一份水样在pH=10时，加铬黑T指示剂，消耗同浓度的EDTA 25.00mL。求水中SO_4^{2-}的含量。 (150.0mg/L)

3-9 用配位滴定法连续滴定某试液中的Fe^{3+}和Al^{3+}。取50.00mL试液，调节溶液pH=2，以磺基水杨酸作指示剂，加热至约50℃，用0.04852mol/L EDTA标准溶液滴定至紫红色恰好消失，用去20.45mL。在滴定Fe^{3+}后的溶液中加入上述EDTA标准溶液50.00mL，煮沸片刻，使Al^{3+}和EDTA充分配位，冷却后，调节pH=5，用二甲酚橙作指示剂，用0.05069mol/L Zn^{2+}标准溶液回滴过量的EDTA，用14.96mL，计算试液中Fe^{3+}和Al^{3+}的含量（以mg/L表示）。 (1108, 899)

3-10 称取0.5000g煤试样，灼烧并使其中硫完全氧化成为SO_4^{2-}。处理成溶液，除去金属离子后，加入c_{BaCl_2}=0.05000mol/L溶液20.00mL，使之生成$BaSO_4$沉淀，用0.02500mol/L EDTA溶液滴定过量的Ba^{2+}，用去20.00mL。计算煤中的含硫量。

(3.207%)

3-11 某化工废水中含Cu^{2+}、Zn^{2+}、Mg^{2+}离子，移取50.00mL，调至pH=6，用PAN为指示剂，用0.01025mol/L EDTA标准溶液滴定Cu^{2+}和Zn^{2+}，用去22.30mL。另取50.00mL试液，调至pH=10，加KCN掩蔽Cu^{2+}和Zn^{2+}，以铬黑T为指示剂，用同浓

度的 EDTA 溶液滴定 Mg^{2+}，用去 4.10mL；然后滴加甲醛解蔽 Zn^{2+}，用同浓度的 EDTA 继续滴定，用去 13.40mL。计算废水中 Cu^{2+}、Zn^{2+}、Mg^{2+} 的含量（以 mg/L 表示）。

（20.4，179.6，115.9）

3-12 某水样碳酸盐碱度为 3.20mmol/L，重碳盐碱度为 4.80mmol/L，水中的 Ca^{2+}、Mg^{2+} 总量为 320.3mg/L（以 $CaCO_3$ 计）。问水样中有哪几种硬度？其值各为多少度？

[碳酸盐硬度为 17.9°（G），负硬度为 4.45°（G）]

第四章　氧化还原滴定法

内容提要

本章介绍了氧化还原反应的基本知识，条件电极电位，影响氧化还原反应的方向、反应速率的因素，氧化还原反应进行的程度。讨论了氧化还原滴定法的基本原理及氧化还原指示剂，重点讨论了以氧化剂命名的氧化还原滴定法、高锰酸钾法、重铬酸钾法、碘量法和溴酸钾法在水质分析中的应用。

学习要求

（1）理解氧化还原反应的实质及条件电极电位的应用。

（2）了解影响氧化还原反应的方向、反应速率的因素，理解氧化还原反应进行的程度及其要求。

（3）掌握氧化还原滴定过程电极电位突跃的计算，理解氧化还原滴定中指示剂。

（4）掌握高锰酸钾法、重铬酸钾法、碘量法和溴酸钾法的基本原理及在水质分析中的应用。

氧化还原滴定法是以氧化还原反应为基础的滴定分析法。可用氧化剂作滴定剂，如高锰酸钾法、重铬酸钾法、溴酸钾法、直接碘量法等；也可用还原剂作滴定剂，如间接碘量法等。氧化还原滴定法应用十分广泛，能直接或间接测定许多无机物和有机物。在水质分析中可用于测定 COD_{Mn}、COD_{Cr}、BOD_5、DO、挥发酚及硫化物等。

氧化还原滴定是基于氧化剂和还原剂之间电子转移的反应，反应机理比较复杂。有些氧化还原反应除主反应外，常伴有副反应发生，或者反应分步进行，使反应物之间没有确定的化学计量关系；有些反应因介质不同而生成不同产物。因此，在讨论氧化还原滴定法时，除了从反应的平衡常数来判断反应的可行性外，还应考虑反应速度和反应条件等问题。

第一节　氧化还原反应

一、标准电极电位与条件电极电位

氧化剂和还原剂的强弱可以用氧化还原电对的电极电位来衡量。

1. 可逆电对与不可逆电对

氧化还原电对分为可逆电对与不可逆电对两类。

（1）可逆氧化还原电对。可逆电对是指在反应中氧化态和还原态能很快建立平衡的电对，其电极电位符合能斯特方程式，可准确计算。如 Fe^{3+}/Fe^{2+}，I_2/I^-，$[Fe(CN)_6]^{3-}/[Fe(CN)_6]^{4-}$ 等电对。

（2）不可逆氧化还原电对。不可逆电对是指在反应中不能真正建立起按氧化还原反应式所表示的氧化还原平衡电对，实际电极电位与理论电极电位相差较大，以能斯特方程式计算所得的结果仅作初步判断，如 MnO_4^-/Mn^{2+}、$Cr_2O_7^{2-}/Cr^{3+}$、O_2/H_2O_2 等电对。

根据电对氧化态与还原态系数是否相同，分对称电对和不对称电对。氧化态与还原态系数相同者为对称电对，否则为不对称电对。如 $Fe^{3+}+e^-=Fe^{2+}$，$MnO_4^-+8H^++5e^-=Mn^{2+}+4H_2O$ 等，Fe^{3+}/Fe^{2+}，MnO_4^-/Mn^{2+} 为对称电对；如 $I_2+2e^-=2I^-$，$Cr_2O_7^{2-}+14H^++6e^-=2Cr^{3+}+7H_2O$ 等，I_2/I^-，$Cr_2O_7^{2-}/Cr^{3+}$ 为不对称电对。

2. 标准电极电位

对于任意的氧化还原电对可表示为 Ox/Red，氧化还原半反应为

$$Ox+ne^- \rightleftharpoons Red$$

其电对的电极电位可用能斯特方程式求得，即

$$\varphi_{Ox/Red}=\varphi^{\circ}_{Ox/Red}+\frac{RT}{nF}\ln\frac{a_{Ox}}{a_{Red}} \tag{4-1}$$

式中：$\varphi_{Ox/Red}$ 为氧化还原电对（Ox/Red）的电极电位；$\varphi^{\circ}_{Ox/Red}$ 为电对的标准电极电位；a_{Ox}、a_{Red} 分别为氧化型及还原型的活度；R 为气体常数，8.314J/(mol·K)；F 为法拉第常数，96485C/mol；T 为热力学温度，K；n 为电极反应中电子转移数。在 298.15K 时

$$\varphi_{Ox/Red}=\varphi^{\circ}_{Ox/Red}+\frac{0.0592V}{n}\lg\frac{a_{Ox}}{a_{Red}} \tag{4-2}$$

在一定温度（通常为 298K）下，当氧化型和还原型的活度均为 1mol/L 或 $a_{Ox}/a_{Red}=1$，如有气体参加反应，且其分压为标准压力时，该电对相对于标准氢电极的电位为标准电极电位，用 $\varphi^{\circ}_{Ox/Red}$ 表示。$\varphi^{\circ}_{Ox/Red}$ 的大小仅取决于电对的本性及温度，当温度一定时，$\varphi^{\circ}_{Ox/Red}$ 为常数。一些常见电对的标准电极电位见附录三。

3. 条件电极电位

在实际应用中，氧化还原电对的电位常用浓度代替活度进行计算，实际上是忽略了溶液中离子强度和副反应的影响，在定量分析中它们对电位值的影响往往很大。因此，需要考虑溶液中离子强度和副反应的影响，从而引出条件电极电位。

例如，计算 HCl 溶液中 Fe(Ⅲ)/Fe(Ⅱ) 体系的电极电位时，由能斯特方程式得到

$$\begin{aligned}\varphi&=\varphi^{\circ}+0.0592V\lg\frac{a_{Fe^{3+}}}{a_{Fe^{2+}}}\\&=\varphi^{\circ}+0.0592V\lg\frac{\gamma_{Fe^{3+}}[Fe^{3+}]}{\gamma_{Fe^{2+}}[Fe^{2+}]}\end{aligned} \tag{4-3}$$

但是，在 HCl 溶液中，Fe(Ⅲ) 以 Fe^{3+}、$FeOH^{2+}$、$FeCl^{2+}$、$FeCl_6^{3-}$ 等形式存在；而 Fe(Ⅱ) 同样也以 Fe^{2+}、$FeOH^+$、$FeCl^+$、$FeCl_4^{2-}$ 等形式存在。若设 $c_{Fe(Ⅲ)}$、$c_{Fe(Ⅱ)}$ 表示溶液中 Fe^{3+} 及 Fe^{2+} 的总浓度，则 Fe^{3+}、Fe^{2+} 的副反应系数为

$$\alpha_{Fe(Ⅲ)}=\frac{c_{Fe(Ⅲ)}}{[Fe^{3+}]} \tag{4-4}$$

$$\alpha_{Fe(Ⅱ)}=\frac{c_{Fe(Ⅱ)}}{[Fe^{2+}]} \tag{4-5}$$

将式（4-4）、式（4-5）代入式（4-3）得

$$\varphi=\varphi^{\circ}+0.0592V\lg\frac{\gamma_{Fe^{3+}}\alpha_{Fe(Ⅱ)}c_{Fe(Ⅲ)}}{\gamma_{Fe^{2+}}\alpha_{Fe(Ⅲ)}c_{Fe(Ⅱ)}} \tag{4-6}$$

式（4-6）是考虑了上述两个因素后的能斯特方程式。当溶液的离子强度很大时；γ 值也不易求得；当副反应很多时，求 α 值也很麻烦，因此这个式子的应用是很复杂的。为了简化计算，将式（4-6）改写为

$$\varphi=\varphi^{\ominus}+0.0592\text{V}\lg\frac{\gamma_{Fe^{3+}}\alpha_{Fe(\text{II})}}{\gamma_{Fe^{2+}}\alpha_{Fe(\text{III})}}+0.0592\text{V}\lg\frac{c_{Fe(\text{III})}}{c_{Fe(\text{II})}} \tag{4-7}$$

当 $c_{Fe(\text{III})}=c_{Fe(\text{II})}=1\text{mol/L}$ 时，可得到

$$\varphi=\varphi^{\ominus}+0.0592\text{V}\lg\frac{\gamma_{Fe^{3+}}\alpha_{Fe(\text{II})}}{\gamma_{Fe^{2+}}\alpha_{Fe(\text{III})}} \tag{4-8}$$

但在一定的条件时，γ 和 α 是一固定值，因而式（4-8）应为常数，以 $\varphi^{\ominus'}$ 表示

$$\varphi^{\ominus'}=\varphi^{\ominus}+0.0592\text{V}\lg\frac{\gamma_{Fe^{3+}}\alpha_{Fe(\text{II})}}{\gamma_{Fe^{2+}}\alpha_{Fe(\text{III})}} \tag{4-9}$$

$\varphi^{\ominus'}$ 称为条件电极电位，它是在特定条件下，氧化型和还原型的总浓度均为 1mol/L 或它们的浓度比率为 1 时的电位。它是校正了各种外界条件因素影响后的实际电极电位，它在条件不变时为常数，此时

$$\varphi=\varphi^{\ominus'}+0.0592\text{V}\lg\frac{c_{Fe(\text{III})}}{c_{Fe(\text{II})}}$$

对于一般反应，通式可写成

$$\varphi_{Ox/Red}=\varphi^{\ominus'}_{Ox/Red}+\frac{0.0592\text{V}}{n}\lg\frac{c_{Ox}}{c_{Red}} \tag{4-10}$$

$$\varphi^{\ominus'}_{Ox/Red}=\varphi^{\ominus}_{Ox/Red}+\frac{0.0592\text{V}}{n}\lg\frac{\gamma_{Ox}\alpha_{Red}}{\gamma_{Red}\alpha_{Ox}} \tag{4-11}$$

标准电极电位与条件电极电位的关系，与配位反应的稳定常数 K 和条件稳定常数 K' 的关系相似。$\varphi^{\ominus'}$ 取决于温度、活度系数和副反应系数，反映了离子强度以及各种副反应影响的总结果，用它处理问题更符合实际情况。

附录四中列出了部分氧化还原电对的条件电极电位。在处理有关氧化还原反应的电位计算时，采用条件电极电位是较为合理的。但由于条件电极电位的数据目前还较少，在缺乏数据的情况下，亦可采用条件相近的条件电极电位。但是，对于没有条件电极电位的氧化还原电对，则采用标准电极电位。

二、影响氧化还原反应方向的因素

氧化还原反应是由较强的氧化剂与较强的还原剂相互作用转化为较弱的还原剂和较弱的氧化剂的过程，因此，氧化还原反应的方向，可以根据反应中两个电对的电极电位大小来判断。例如反应

$$2Fe^{3+}+Sn^{2+}\rightleftharpoons 2Fe^{2+}+Sn^{4+}$$

在 1mol/L HCl 溶液中，$\varphi^{\ominus'}_{Fe^{3+}/Fe^{2+}}=0.68\text{V}$，$\varphi^{\ominus'}_{Sn^{4+}/Sn^{2+}}=0.15\text{V}$，由于 $\varphi^{\ominus'}_{Fe^{3+}/Fe^{2+}}>\varphi^{\ominus'}_{Sn^{4+}/Sn^{2+}}$，$Fe^{3+}$ 是较强的氧化剂，Sn^{2+} 是较强的还原剂。因此，反应从左向右进行。

氧化还原电对的电极电位与氧化剂和还原剂的浓度、溶液的酸度等因素有关。这些因素的变化影响到电极电位的改变，因而会影响反应进行的方向。

1. 浓度对反应方向的影响

在氧化还原反应中，氧化剂和还原剂的浓度不同，电极电位就不同。因此，改变氧化剂或还原剂的浓度，可能改变反应方向。

【例 4-1】 判断下列氧化还原反应进行的方向。

(1) $Sn+Pb^{2+}(1mol/L) \rightleftharpoons Sn^{2+}(1mol/L)+Pb$

(2) $Sn+Pb^{2+}(0.1mol/L) \rightleftharpoons Sn^{2+}(1mol/L)+Pb$

解 先从附录三中查出各电对的标准电极电位。

$$\varphi^{\circ}_{Sn^{2+}/Sn}=-0.14V,\ \varphi^{\circ}_{Pb^{2+}/Pb}=-0.13\ (V)$$

(1) 当 $[Sn^{2+}]=[Pb^{2+}]=1mol/L$ 时，用 φ° 值直接比较，因为 $\varphi^{\circ}_{Pb^{2+}/Pb}>\varphi^{\circ}_{Sn^{2+}/Sn}$，此时 Pb^{2+} 作氧化剂，Sn 作还原剂。反应方向为

$$Sn+Pb^{2+}(1mol/L) \longrightarrow Sn^{2+}(1mol/L)+Pb$$

(2) 当 $[Sn^{2+}]=1mol/L$，$[Pb^{2+}]=0.1mol/L$ 时，根据能斯特方程式，求得

$$\varphi_{Sn^{2+}/Sn}=-0.14+\frac{0.0592V}{2}\lg 1=-0.14\ (V)$$

$$\varphi_{Pb^{2+}/Pb}=-0.13+\frac{0.0592V}{2}\lg 0.1=-0.16\ (V)$$

此时，$\varphi_{Sn^{2+}/Sn}>\varphi_{Pb^{2+}/Pb}$，$Sn^{2+}$ 能氧化 Pb，反应方向为

$$Sn^{2+}\ (1mol/L)\ +Pb \longrightarrow Sn+Pb^{2+}\ (0.1mol/L)$$

应当指出，只有当两个电对的 φ°（或 $\varphi^{\circ\prime}$）值相差很小时，才能比较容易地通过改变氧化剂或还原剂浓度达到改变反应方向的目的，否则是难以实现的。在实际分析中，通常利用沉淀或配位反应使电对中某一形态的浓度改变，从而引起反应方向的改变。

2. 溶液酸度对反应方向的影响

有 H^+ 或 OH^- 参与氧化还原反应时，改变溶液的酸度将引起反应方向的改变。

例如，用 As_2O_3 作基准物质标定 I_2 标准溶液，As_2O_3 不溶于水，易溶于碱，反应式为

$$As_2O_3+6OH^- = 2AsO_3^{3-}+3H_2O$$

生成的 AsO_3^{3-} 在中性条件用 I_2 溶液滴定，反应式为

$$AsO_3^{3-}+I_2+H_2O = AsO_4^{3-}+2I^-+2H^+$$

其半反应为

$$AsO_4^{3-}+2H^++2e^- \rightleftharpoons AsO_3^{3-}+H_2O,\ \varphi^{\circ}_{AsO_4^{3-}/AsO_3^{3-}}=0.56V$$

$$I_2+2e^- \rightleftharpoons 2I^-,\ \varphi^{\circ}_{I_2/I^-}=0.54V$$

从标准电极电位来看，I_2 不能氧化 AsO_3^{3-}，相反，AsO_4^{3-} 能氧化 I^-。但由于在 AsO_4^{3-} 的半反应中有 H^+ 参加，故溶液的酸度对电极电位影响很大。如果在溶液中将 pH 值调到约为 8，即 H^+ 浓度由标准状态的 1mol/L 降到 10^{-8}mol/L，而其他物质的浓度仍为 1mol/L，则

$$\varphi_{AsO_4^{3-}/AsO_3^{3-}}=\varphi^{\circ}_{AsO_4^{3-}/AsO_3^{3-}}+\frac{0.0592V}{2}\lg\frac{[AsO_4^{3-}][H^+]^2}{[AsO_3^{3-}]}$$

$$=0.56+\frac{0.0592V}{2}\lg\ (10^{-8})^2=0.088V$$

而 $\varphi^{\circ}_{I_2/I^-}$ 不受 H^+ 浓度的影响，这时 $\varphi_{I_2/I^-}>\varphi_{AsO_4^{3-}/AsO_3^{3-}}$，故 I_2 可以氧化 AsO_3^{3-}，反应自左向右进行。由此可见，如果两电对标准电极电位相差不大，又有 H^+ 或 OH^- 参加反应，则改变溶液酸度就有可能改变氧化还原反应的方向。

3. 生成沉淀的影响

对于一个氧化还原反应，如果加入一种能与氧化型或还原型生成沉淀的沉淀剂时，或者

溶液中某种氧化型或还原型物质水解而生成沉淀时，将会改变氧化型或还原型的浓度，从而改变相应电对的电极电位，最终有可能改变氧化还原反应的方向。

例如，采用曝气法进行地下水除铁，水中的溶解氧将 Fe^{2+} 氧化成 Fe^{3+}，并生成 $Fe(OH)_3$ 沉淀，有关反应

$$Fe^{2+}+2HCO_3^- \longrightarrow Fe(OH)_2\downarrow+2CO_2\uparrow$$

$$4Fe(OH)_2\downarrow+O_2+2H_2O \longrightarrow 4Fe(OH)_3\downarrow$$

合并 $$4Fe^{2+}+8HCO_3^-+O_2+2H_2O \longrightarrow 4Fe(OH)_3\downarrow+8CO_2\uparrow$$

因为该反应氧化还原电对：$\varphi^\ominus_{Fe^{3+}/Fe^{2+}}=0.77V$ 大于 $\varphi^\ominus_{O_2/OH^-}=0.40V$，仅从标准电极电位判断此反应不能进行。由于 Fe^{3+} 生成 $Fe(OH)_3\downarrow$，Fe^{3+} 的平衡浓度为

$$[Fe^{3+}]=\frac{K_{sp,Fe(OH)_3}}{[OH^-]^3}$$

则 $$\varphi_{Fe^{3+}/Fe^{2+}}=\varphi^\ominus_{Fe^{3+}/Fe^{2+}}+0.0592V\lg\frac{[Fe^{3+}]}{[Fe^{2+}]}$$

$$=\varphi^\ominus_{Fe^{3+}/Fe^{2+}}+0.0592V\lg\frac{K_{sp,Fe(OH)_3}}{[OH^-]^3[Fe^{2+}]}$$

$$=\varphi^\ominus_{Fe^{3+}/Fe^{2+}}+0.0592V\lg K_{sp,Fe(OH)_3}+0.0592V\lg\frac{1}{[OH^-]^3[Fe^{2+}]}$$

当$[OH^-]=[Fe^{2+}]=1mol/L$ 时，体系的实际电位就是 $Fe(OH)_3/Fe^{2+}$ 电对的条件电极电位。

$$\varphi^{\ominus'}_{Fe(OH)_3/Fe^{2+}}=\varphi^\ominus_{Fe^{3+}/Fe^{2+}}+0.0592V\lg K_{sp,Fe(OH)_3}$$

$$=0.77+0.0592V\lg(3\times10^{-39})=-1.50(V)$$

即 $\varphi^{\ominus'}_{Fe(OH)_3/Fe^{2+}}<\varphi^\ominus_{O_2/OH^-}$，因此，地下水除铁采用曝气法是可行的。

又如，碘量法测定 Cu^{2+} 含量，先加入过量的 KI，其反应为

$$2Cu^{2+}+4I^- \rightleftharpoons 2CuI\downarrow+I_2$$

$$\varphi^\ominus_{Cu^{2+}/Cu^+}=0.158V,\quad \varphi^\ominus_{I_2/I^-}=0.535V$$

仅从两个电对的标准电极电位判断，Cu^{2+} 不能氧化 I^-。由于加入过量的 I^- 与 Cu^+ 生成 CuI 沉淀，此时 Cu^+ 浓度下降，改变了 Cu^{2+}/Cu^+ 电对的电极电位，使 Cu^{2+} 变成了较强的氧化剂，即

$$Cu^++I^- \rightleftharpoons CuI\downarrow,\quad K_{sp,CuI}=1.1\times10^{-12}$$

$$[Cu^+]=\frac{K_{sp,CuI}}{[I^-]}$$

则 $$\varphi_{Cu^{2+}/Cu^+}=\varphi^\ominus_{Cu^{2+}/Cu^+}+0.0592V\lg\frac{[Cu^{2+}]}{[Cu^+]}$$

$$=\varphi^\ominus_{Cu^{2+}/Cu^+}+0.0592V\lg\frac{[Cu^{2+}][I^-]}{K_{sp,CuI}}$$

$$=\varphi^\ominus_{Cu^{2+}/Cu^+}-0.0592V\lg K_{sp,CuI}+0.0592V\lg[Cu^{2+}][I^-]$$

当$[I^-]=[Cu^{2+}]=1mol/L$ 时，体系的实际电位就是 Cu^{2+}/CuI 电对的条件电极电位

$$\varphi^{\ominus'}_{Cu^{2+}/CuI}=0.158-0.0592V\lg(1.1\times10^{-12})=0.865\ (V)$$

因为 $\varphi^{\ominus'}_{Cu^{2+}/CuI}>\varphi^\ominus_{I_2/I^-}$，使反应向生成 CuI 沉淀并析出 I_2 的方向进行。

4. 生成配合物的影响

在氧化还原反应中，如果溶液中有能与氧化型或还原型生成配合物，能改变平衡体系中某种离子的浓度，从而改变有关电对的电极电位，使氧化还原反应的方向发生改变。

例如，用碘量法测定 Cu^{2+} 时，如果溶液中有 Fe^{3+} 存在，则 Fe^{3+} 氧化 I^-，对 Cu^{2+} 的测定有干扰，加入 NH_4F（或 NH_4HF_2），则 Fe^{3+} 与 F^- 生成 $[FeF_6]^{3-}$ 配合物，从而降低了 Fe^{3+}/Fe^{2+} 电对的电极电位，使 Fe^{3+} 失去氧化 I^- 的能力，不再干扰碘量法滴定 Cu^{2+}。

三、氧化还原反应进行的程度

氧化还原反应进行的程度可用平衡常数的大小来衡量，氧化还原反应的平衡常数可根据能斯方程式从有关电对的标准电极电位或条件电极电位求得。若用的是条件电极电位，则求得的是条件平衡常数 K'。

氧化还原反应的通式为

$$n_2 \mathrm{Ox}_1 + n_1 \mathrm{Red}_2 \rightleftharpoons n_2 \mathrm{Red}_1 + n_1 \mathrm{Ox}_2$$

氧化剂和还原剂两个电对的电极电位分别为

$$\varphi_1 = \varphi_1^{\ominus'} + \frac{0.0592\mathrm{V}}{n_1} \lg \frac{c_{\mathrm{Ox}_1}}{c_{\mathrm{Red}_1}}, \quad \varphi_2 = \varphi_2^{\ominus'} + \frac{0.0592\mathrm{V}}{n_2} \lg \frac{c_{\mathrm{Ox}_2}}{c_{\mathrm{Red}_2}}$$

式中：$\varphi_1^{\ominus'}$、$\varphi_2^{\ominus'}$ 分别为氧化剂、还原剂两个电对的条件电极电位；n_1、n_2 为氧化剂、还原剂半反应中的电子转移数。

反应达到平衡时，$\varphi_1 = \varphi_2$，即

$$\varphi_1^{\ominus'} + \frac{0.0592\mathrm{V}}{n_1} \lg \frac{c_{\mathrm{Ox}_1}}{c_{\mathrm{Red}_1}} = \varphi_2^{\ominus'} + \frac{0.0592\mathrm{V}}{n_2} \lg \frac{c_{\mathrm{Ox}_2}}{c_{\mathrm{Red}_2}}$$

两边同乘以 n_1、n_2，整理后得到

$$\lg K' = \lg \frac{(c_{\mathrm{Red}_1})^{n_2} (c_{\mathrm{Ox}_2})^{n_1}}{(c_{\mathrm{Red}_2})^{n_1} (c_{\mathrm{Ox}_1})^{n_2}} = \frac{(\varphi_1^{\ominus'} - \varphi_2^{\ominus'}) n_1 n_2}{0.0592V} \tag{4-12}$$

如果式中条件电极电位 $\varphi^{\ominus'}$ 用标准电极电位 $\varphi^{\ominus}$ 表示，所得平衡常数以 K 表示，即

$$\lg K = \frac{(\varphi_1^{\ominus} - \varphi_2^{\ominus}) n_1 n_2}{0.0592\mathrm{V}}$$

其中

$$K = \frac{(c_{\mathrm{Red}_1})^{n_2} (c_{\mathrm{Ox}_2})^{n_1}}{(c_{\mathrm{Red}_2})^{n_1} (c_{\mathrm{Ox}_1})^{n_2}}$$

由式（4-12）可见，氧化还原反应的条件平衡常数 K' 值的大小是由氧化剂和还原剂两电对的条件电极电位差和转移的电子数决定的。$\varphi_1^{\ominus'}$ 和 $\varphi_2^{\ominus'}$ 差值越大，K' 值也越大，反应进行得越完全。那么条件平衡常数 K' 值达到多大时，反应才能进行完全呢？对于滴定反应来说，反应的完全程度应当在99.9%以上，即在化学计量点时，反应产物的浓度应大于或等于反应物的起始浓度的99.9%，而反应后剩余物质应小于或等于起始浓度的0.1%。设 c'_{Ox_1}、c'_{Red_2} 分别为氧化剂和还原剂的起始浓度，则

$$c_{\mathrm{Red}_1} \geqslant 99.9\% c'_{\mathrm{Ox}_1}, \quad c_{\mathrm{Ox}_2} \geqslant 99.9\% c'_{\mathrm{Red}_2}$$
$$c_{\mathrm{Ox}_1} \leqslant 0.1\% c'_{\mathrm{Ox}_1}, \quad c_{\mathrm{Red}_2} \leqslant 0.1\% c'_{\mathrm{Red}_2}$$

代入式（4-12），得

$$\lg K' \geqslant \lg \frac{(99.9\% c'_{\mathrm{Ox}_1})^{n_2} (99.9\% c'_{\mathrm{Red}_2})^{n_1}}{(0.1\% c'_{\mathrm{Red}_2})^{n_1} (0.1\% c'_{\mathrm{Ox}_1})^{n_2}} \approx 3(n_1 + n_2)$$

当 $n_1=n_2=1$ 时，$\lg K'\geqslant 6$，代入式（4-12），得

$$(\varphi_1^{\ominus'}-\varphi_2^{\ominus'})\geqslant\frac{3\times(n_1+n_2)\times 0.0592\text{V}}{n_1n_2}=\frac{3\times(1+1)\times 0.0592\text{V}}{1\times 1}=0.36(\text{V})\approx 0.4(\text{V})$$

即当 $\lg K'\geqslant 6$ 时，或者两电对的条件电极电位差大于 0.4V，反应就能进行完全，这样的反应才能用于滴定分析。因此，对于电子转移数为 1 的氧化还原反应，将 $\lg K'$（$\lg K$）$\geqslant 6$ 或者 $\Delta\varphi^{\ominus'}$（$\Delta\varphi$）$\geqslant 0.4$V 作为氧化还原滴定法能够直接进行准确滴定的条件。

当氧化还原反应 $n_1=1$，$n_2=2$ 时，要求 $\lg K'\geqslant 9$，或者两电对的条件电极电位差大于 0.27V，才能用于滴定分析。

例如，在 1mol/L H_2SO_4 溶液中，$K_2Cr_2O_7$ 与 Fe^{2+} 反应

$$Cr_2O_7^{2-}+6Fe^{2+}+14H^+ \rightleftharpoons 2Cr^{3+}+6Fe^{3+}+7H_2O$$

已知　$Cr_2O_7^{2-}+14H^++6e^- \rightleftharpoons 2Cr^{3+}+7H_2O$，$\varphi_1^{\ominus'}=1.05\text{V}$，$n_1=6$

$$Fe^{3+}+e^- \rightleftharpoons Fe^{2+}，\varphi_2^{\ominus'}=0.68\text{V}，n_2=1$$

$$\lg K'=\frac{(\varphi_1^{\ominus'}-\varphi_2^{\ominus'})n_1n_2}{0.0592\text{V}}=\frac{(1.05-0.68)\text{V}\times 6\times 1}{0.0592\text{V}}=37.63$$

$$K'=4.3\times 10^{37}$$

说明反应自左向右进行得很完全，即在上述条件下可以用 $K_2Cr_2O_7$ 滴定 Fe^{2+}。

四、影响氧化还原反应速率的因素

滴定分析要求化学反应不但要能定量地进行，而且应该有足够的反应速率。在氧化还原反应中，根据电极电位及平衡常数，可以判断反应进行的方向和完全程度。但这只能指出反应进行的可能性，并不能说明反应的速率。由于许多氧化还原反应较复杂，通常在一定时间内才能完成，所以在氧化还原滴定中，必须设法创造条件加快反应速率。影响氧化还原反应速率的因素有浓度、温度和催化剂等。

1. 浓度的影响

根据质量作用定律，反应速率与反应物浓度成正比。由于氧化还原反应的机理较为复杂，反应常常是分步进行的，因此，不能从总的反应式来判断反应物浓度对反应速率的影响程度。但一般说来，增加反应物浓度可以加速反应的进行。例如，用 $K_2Cr_2O_7$ 标定 $Na_2S_2O_3$ 溶液时，加入适量的 KI，在强酸性介质中与 $K_2Cr_2O_7$ 反应

$$Cr_2O_7^{2-}+6I^-+14H^+ = 2Cr^{3+}+3I_2+7H_2O$$

提高 I^- 及 H^+ 浓度，都可以使反应速率加快，其中 H^+ 的浓度对于反应速率影响更大。为使此反应进行较快，通常 I^- 浓度过量 5 倍，并在 0.4mol/L 酸度下进行。

2. 温度的影响

一般升高温度可以增加反应速率。通常每增加 10℃，反应速率约增大 2～3 倍。例如，在酸性溶液中 $KMnO_4$ 与 $Na_2C_2O_4$ 的反应

$$2MnO_4^-+5C_2O_4^{2-}+16H^+ = 2Mn^{2+}+10CO_2+8H_2O$$

在室温下，反应缓慢。如将溶液加热，反应速率将显著提高。通常控制温度在 75～85℃，以提高反应速率。

$K_2Cr_2O_7$ 与 KI 的反应速率较慢，但不能加热，加热会使 I_2 挥发损失，通过提高 H^+ 和 I^- 的浓度，加快反应速率。

3. 催化剂的影响

有的反应需要在催化剂存在下才能进行得较快。例如，上述 MnO_4^- 与 $C_2O_4^{2-}$ 的反应，

Mn^{2+}的存在能催化反应迅速进行。若溶液中没有 Mn^{2+}，MnO_4^- 与 $C_2O_4^{2-}$ 在酸性溶液中，温度升高到75～85℃，反应仍然很慢。在溶液中即使不加入 Mn^{2+}，利用 MnO_4^- 与 $C_2O_4^{2-}$ 反应生成的 Mn^{2+} 做催化剂，也可加快化学反应进行的速率。

4. 诱导反应

在氧化还原反应中，有些反应速率很小或几乎不发生反应，当有另一个反应进行时，会加速这一反应的进行，此现象称为诱导效应。例如 $KMnO_4$ 氧化 Cl^- 的速率很慢，当溶液中同时存在 Fe^{2+} 时，$KMnO_4$ 与 Fe^{2+} 的反应会加速 $KMnO_4$ 与 Cl^- 的反应。

$$MnO_4^- + 5Fe^{2+} + 8H^+ \rightleftharpoons Mn^{2+} + 5Fe^{3+} + 4H_2O \text{（诱导反应）}$$

$$MnO_4^- + 10Cl^- + 16H^+ \rightleftharpoons 2Mn^{2+} + 5Cl_2\uparrow + 8H_2O \text{（受诱反应）}$$

在稀 HCl 介质中用 $KMnO_4$ 滴定 Fe^{2+}，因发生诱导反应，增加了 $KMnO_4$ 的用量，使测定结果偏高。所以用 $KMnO_4$ 法测定 Fe^{2+}，一般不用 HCl，而用 H_2SO_4 作介质。如果溶液加入过量的 $MnSO_4$，由于 Mn^{2+} 的催化作用，Mn^{2+} 与 Mn（Ⅶ）作用转化为 Mn（Ⅲ），Mn（Ⅲ）与 Fe^{2+} 反应，$KMnO_4$ 与 Cl^- 不起反应，就可避免 $KMnO_4$ 氧化 Cl^-。

第二节 氧化还原滴定法基本原理

一、氧化还原滴定曲线

在氧化还原滴定过程中，随着滴定剂的加入，溶液中氧化型和还原型的浓度逐渐改变，相应电对的电极电位随之不断地改变。在化学计量点附近，体系的电位发生突变，这种电位改变的情况可用氧化还原滴定曲线来表示。滴定曲线可以通过实验测定数据绘制，对于可逆电对的氧化还原反应可根据能斯特方程式计算绘制。

在 1mol/L H_2SO_4 介质中，以用 0.1000mol/L $Ce(SO_4)_2$ 溶液滴定 20.00mL 0.1000mol/L $FeSO_4$ 溶液为例，讨论可逆电对氧化还原滴定曲线的绘制。滴定反应为

$$Ce^{4+} + Fe^{2+} \rightleftharpoons Ce^{3+} + Fe^{3+}$$

查表可知：$\varphi^{\ominus'}_{Fe^{3+}/Fe^{2+}} = 0.68V$，$\varphi^{\ominus'}_{Ce^{4+}/Ce^{3+}} = 1.44V$

滴定过程中电极电位的变化计算如下。

（1）滴定前。溶液为 0.1000mol/L $FeSO_4$，由于空气中 O_2 的氧化作用，溶液中会有少量的 Fe^{3+}，组成 Fe^{3+}/Fe^{2+} 电对，但由于 Fe^{3+} 的浓度无法确定，故此时溶液的电极电位无法从理论上计算，可通过电位仪测量。

（2）滴定开始至化学计量点前。在化学计量点前，溶液中同时存在 Fe^{3+}/Fe^{2+} 和 Ce^{4+}/Ce^{3+} 两个电对。在滴定过程中的任何一点达到平衡时，两个电对的电位相等。

由于滴加的 Ce^{4+} 几乎全部被还原为 Ce^{3+}，溶液中 Ce^{4+} 浓度很小，不易直接求得，故不易采用 Ce^{4+}/Ce^{3+} 电对进行计算。对于 Fe^{3+}/Fe^{2+} 电对，只要知道滴入氧化剂的百分数（T，$T<100\%$），就可采用 Fe^{3+}/Fe^{2+} 电对计算溶液的电极电位。

$$\varphi = \varphi^{\ominus'}_{Fe^{3+}/Fe^{2+}} + 0.0592V\lg\frac{c_{Fe^{3+}}}{c_{Fe^{2+}}}$$

$$= \varphi^{\ominus'}_{Fe^{3+}/Fe^{2+}} + 0.0592V\lg\frac{T}{100\% - T}$$

例如，当滴入 Ce^{4+} 溶液 19.98mL，即滴入的百分数为 99.9%，有 99.9%的 Fe^{2+} 被氧

化成 Fe^{3+}，还有 0.1% 的 Fe^{2+} 未被氧化，则

$$\varphi = 0.68\text{V} + 0.0592\text{V}\lg\frac{99.9\%}{100\% - 99.9\%} = 0.68\text{V} + 0.0592\text{V} \times 3 = 0.86\ (\text{V})$$

(3) 化学计量点时。当滴入 Ce^{4+} 溶液 20.00 mL 时，即滴入的百分数为 100%，为化学计量点。此时，溶液中 Ce^{4+} 和 Fe^{2+} 几乎转化为 Ce^{3+} 和 Fe^{3+}，剩余 Ce^{4+} 和 Fe^{2+} 的浓度都很小，不能直接根据一个电对计算溶液的电极电位，根据两电对电极电位相等的原则，将两电对的能斯特方程联立求化学计量点时的电极电位 φ_{sp}。

$$\varphi_{sp} = \varphi^{\ominus'}_{Ce^{4+}/Ce^{3+}} + 0.0592\text{V}\lg\frac{c_{Ce^{4+}}}{c_{Ce^{3+}}}$$

$$\varphi_{sp} = \varphi^{\ominus'}_{Fe^{3+}/Fe^{2+}} + 0.0592\text{V}\lg\frac{c_{Fe^{3+}}}{c_{Fe^{2+}}}$$

将两式相加整理得

$$2\varphi_{sp} = \varphi^{\ominus'}_{Ce^{4+}/Ce^{3+}} + \varphi^{\ominus'}_{Fe^{3+}/Fe^{2+}} + 0.0592\text{V}\lg\frac{c_{Ce^{4+}}c_{Fe^{3+}}}{c_{Ce^{3+}}c_{Fe^{2+}}}$$

化学计量点时

$$\frac{c_{Ce^{4+}}}{c_{Fe^{2+}}} = \frac{1}{1},\quad \frac{c_{Fe^{3+}}}{c_{Ce^{3+}}} = \frac{1}{1}$$

即

$$\frac{c_{Ce^{4+}}c_{Fe^{3+}}}{c_{Ce^{3+}}c_{Fe^{2+}}} = 1$$

所以

$$\varphi_{sp} = \frac{\varphi^{\ominus'}_{Ce^{4+}/Ce^{3+}} + \varphi^{\ominus'}_{Fe^{3+}/Fe^{2+}}}{2} = \frac{1.44 + 0.68}{2} = 1.06(\text{V})$$

若可逆电对氧化还原反应的通式为

$$n_2\text{Ox}_1 + n_1\text{Red}_2 \rightleftharpoons n_2\text{Red}_1 + n_1\text{Ox}_2$$

在化学计量点时，两电对的电极电位分别为

$$\varphi_{sp} = \varphi^{\ominus'}_{Ox_1/Red_1} + \frac{0.0592\text{V}}{n_1}\lg\frac{c_{Ox_1}}{c_{Red_1}} \qquad (4-13)$$

$$\varphi_{sp} = \varphi^{\ominus'}_{Ox_2/Red_2} + \frac{0.0592\text{V}}{n_2}\lg\frac{c_{Ox_2}}{c_{Red_2}} \qquad (4-14)$$

将式 (4-13) $\times n_1$ 和式 (4-14) $\times n_2$，相加整理得

$$(n_1 + n_2)\varphi_{sp} = n_1\varphi_1^{\ominus'} + n_2\varphi_2^{\ominus'} + 0.0592\text{V}\lg\frac{c_{Ox_1}c_{Ox_2}}{c_{Red_1}c_{Red_2}}$$

因为可逆电对氧化还原反应，在计量点时

$$\frac{c_{Ox_1}}{c_{Red_2}} = \frac{n_2}{n_1},\quad \frac{c_{Red_1}}{c_{Ox_2}} = \frac{n_2}{n_1}$$

$$\frac{c_{Ox_1}c_{Ox_2}}{c_{Red_1}c_{Red_2}} = 1$$

所以

$$\varphi_{sp} = \frac{n_1\varphi_1^{\ominus'} + n_2\varphi_2^{\ominus'}}{n_1 + n_2} \qquad (4-15)$$

注意：不对称电对参与的氧化还原反应的化学计量点电极电位 φ_{sp} 不仅与 $\varphi^{\ominus'}$ 及 n 有关，还与反应前后有不对称系数的电对浓度有关。

(4) 化学计量点后。加入过量的 Ce^{4+}，溶液中的 Fe^{2+} 几乎全部被氧化为 Fe^{3+}，剩余极少量 Fe^{2+} 的浓度不易直接求得，根据滴入过量 Ce^{4+} 的百分数（$T\%$，$T\%>100\%$）就可知道 $c_{Ce^{4+}}/c_{Ce^{3+}}$，此时可采用 Ce^{4+}/Ce^{3+} 电对计算溶液的电极电位。

$$\varphi=\varphi^{\ominus'}_{Ce^{4+}/Ce^{3+}}+0.0592\text{V}\lg\frac{c_{Ce^{4+}}}{c_{Ce^{3+}}}$$

$$=\varphi^{\ominus'}_{Ce^{4+}/Ce^{3+}}+0.0592\text{V}\lg\frac{T\%-100\%}{100\%}$$

例如，当滴入 Ce^{4+} 溶液 20.02 mL，即滴入的百分数为 100.1%，则

$$\varphi=1.44+0.0592\text{V}\lg\frac{100.1\%-100\%}{100\%}=1.44-0.0592\text{V}\times3=1.26(\text{V})$$

按上述方法将滴定过程中不同点的电极电位计算列于表 4-1 中，以电极电位为纵坐标，加入滴定剂的百分数为横坐标绘制的滴定曲线如图 4-1 所示。

表 4-1　在 0.1000mol/L H_2SO_4 溶液中，用 0.1000mol/L $Ce(SO_4)_2$ 滴定 20.00mL 0.1000mol/L Fe^{2+} 溶液的电极电位

滴入 Ce^{4+} 溶液体积 V（mL）	滴定百分数（%）	电极电位 φ（V）
1.00	5.0	0.60
2.00	10.0	0.62
4.00	20.0	0.64
8.00	40.0	0.67
10.00	50.0	0.68
12.00	60.0	0.69
18.00	90.0	0.74
19.80	99.0	0.80
19.98	**99.9**	**0.86（A）**
20.00	**100.0**	**1.06**
20.02	**100.1**	**1.26（B）**
22.00	110.0	1.38
30.00	150.0	1.42
40.00	200.0	1.44

二、滴定突跃范围及其影响因素

1. 滴定突跃范围

由表 4-1 和图 4-1 可看出，从化学计量点前 Fe^{2+} 剩余 0.1%到化学计量点后 Ce^{4+} 过量 0.1%，突跃范围为 0.86～1.26V，溶液的电极电位变化了 0.4V。

有前面的推导可知，以氧化剂滴定还原剂时，对可逆电对的氧化还原反应的滴定突跃范围可按下式确定：

$$\left(\varphi^{\ominus'}_{Ox_2/Red_2}+\frac{0.0592\text{V}}{n_2}\times3\right)\sim\left(\varphi^{\ominus'}_{Ox_1/Red_1}-\frac{0.0592\text{V}}{n_1}\times3\right)$$

可见，滴定突跃范围取决于两电对的电子转移数和条件电极电位差，条件电极电位差越

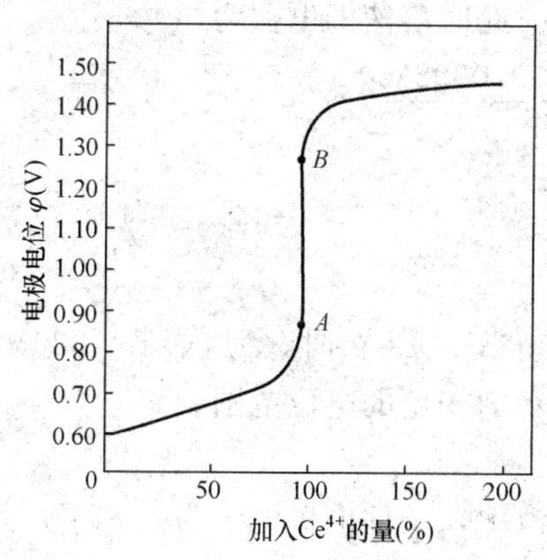

图 4-1　0.1000mol/L Ce^{4+} 溶液滴定 0.1000mol/L Fe^{2+} 的滴定曲线（1mol/L H_2SO_4）

大，滴定突跃范围越大，越容易准确滴定，与浓度无关。

2. 氧化还原反应的电子转移数

由式（4-15）可知，化学计量点电极电位与两电对的条件电极电位和氧化还原反应的电子转移数有关。用 Ce^{4+} 滴定 Fe^{2+} 的反应中，由于 $n_1=n_2=1$，突跃范围为（0.68＋0.0592×3）V～（1.44－0.0592×3）V，即 0.86 V ～1.26V，$\varphi_{sp}=1.06V$，正好位于滴定突跃范围的中心，且滴定曲线在化学计量点前后呈对称关系。如 $n_1\neq n_2$，化学计量点位置将偏向 n 值较大的电对一方。如在 1 mol/LHCl 介质中，用 Fe^{3+} 滴定 Sn^{2+} 的反应

$$Fe^{3+}+Sn^{2+}\rightleftharpoons Fe^{2+}+Sn^{4+}$$

$$\varphi^{\ominus'}_{Fe^{3+}/Fe^{2+}}=0.68V，\varphi^{\ominus'}_{Sn^{4+}/Sn^{2+}}=0.15V$$

$$n_1=1，n_2=2，\varphi_{sp}=\frac{1\times0.68+2\times0.15}{1+2}=0.33\ (V)$$

突跃范围：$\left(0.15+\frac{0.0592}{2}\times3\right)V$ ～（0.68－0.0592×3）V，即 0.24V～0.50V。可见，φ_{sp} 偏向电对 Sn^{4+}/Sn^{2+}。

另外，$KMnO_4$ 滴定 Fe^{2+} 在不同介质中的条件下，氧化还原电对的条件电极电位不同，滴定曲线的突跃范围大小和曲线的位置不同。

第三节　氧化还原指示剂

在氧化还原滴定中，除了用电位法确定终点外，还可利用指示剂颜色的转变来确定滴定终点。应用于氧化还原滴定中的指示剂有以下 3 类。

一、氧化还原指示剂

这类指示剂本身具有氧化还原性质，它的氧化型和还原型具有不同的颜色，利用指示剂由氧化型变为还原型，或由还原型变为氧化型，根据颜色的突变来指示滴定终点。

1. 氧化还原指示剂的变色范围

若用 In(Ox)和 In(Red)分别表示指示剂的氧化型和还原型，其半反应和能斯特方程式为

$$In(Ox)+ne^-\rightleftharpoons In(Red)$$

$$\varphi_{In}=\varphi^{\ominus'}_{In}+\frac{0.0592V}{n}\lg\frac{c_{In(Ox)}}{c_{In(Red)}}$$

当 $c_{In(Ox)}=c_{In(Red)}$，二者的颜色相同，溶液的电位 $\varphi_{In}=\varphi^{\ominus'}_{In}$，为氧化还原指示剂的理论变色点。

当 $c_{In(Ox)}/c_{In(Red)}\geqslant10$ 时，溶液呈现 In(Ox) 的颜色，此时溶液的电位为

$$\varphi_{In}\geqslant\varphi^{\ominus'}_{In}+\frac{0.0592V}{n}\lg10=\varphi^{\ominus'}_{In}+\frac{0.0592V}{n}$$

当 $c_{In(Ox)}/c_{In(Red)} \leqslant 0.1$ 时，溶液呈现 In(Red) 的颜色，此时溶液的电位为

$$\varphi_{In} \leqslant \varphi_{In}^{\ominus'} + \frac{0.0592V}{n}\lg 0.1 = \varphi_{In}^{\ominus'} - \frac{0.0592V}{n}$$

所以，氧化还原指示剂的理论变色范围为

$$\varphi_{In} = \varphi_{In}^{\ominus'} \pm \frac{0.0592V}{n}$$

当 $n=1$ 时，指示剂变色的电极电位范围为 $\varphi_{In}^{\ominus'} \pm 0.0592V$；$n=2$ 时，为 $\varphi_{In}^{\ominus'} \pm 0.030V$。由于此范围甚小，一般用指示剂的条件电极电位来估量指示剂变色的电位范围。

2. 常用的氧化还原指示剂

(1) 二苯胺磺酸钠。白色晶体，易溶于水。在酸性溶液中，条件电极电位为 0.85V，其氧化型为紫色，还原型为无色，电子转移数为 2，指示剂的变色范围为

$$\varphi_{In} = 0.85V \pm \frac{0.0592V}{2} = (0.85 \pm 0.03)V$$

用 $K_2Cr_2O_7$ [或 $Ce(SO_4)_2$] 滴定 Fe^{2+}，二苯胺磺酸钠作指示剂，滴定至终点时溶液由无色变为紫色。

(2) 邻二氮菲 - 亚铁，又称试亚铁灵，是由邻二氮菲 ($C_{12}H_8N_2$) 与 Fe^{2+} 形成的红色配位离子 $[Fe(C_{12}H_8N_2)_3]^{2+}$，遇到氧化剂时发生颜色变化，其反应式为

$$\underset{\text{红色}}{[Fe(C_{12}H_8N_2)_3]^{2+}} - e^- \rightleftharpoons \underset{\text{浅蓝色}}{[Fe(C_{12}H_8N_2)_3]^{3+}}$$

在 1mol/L H_2SO_4 介质中，其条件电极电位较高 ($\varphi_{In}^{\ominus'}=1.06V$)，尤其适用于滴定剂为强氧化剂的滴定分析。

表 4 - 2 列出一些常用的氧化还原指示剂。在选择时应使指示剂的条件电极电位落在滴定电位的突跃范围内，且与化学计量点的电位一致或接近。

表 4 - 2　　常用的氧化还原指示剂

指示剂	$\varphi_{In}^{\ominus'}$ (V) [H$^+$] = 1mol/L	颜色变化		配制方法
		氧化型	还原型	
次甲基蓝	0.36	蓝	无色	0.05%水溶液
二苯胺磺酸钠	0.85	红紫	无色	0.8g 二苯胺磺酸钠+2g Na_2CO_3 并稀释至 100mL
邻苯氨基苯甲酸	0.89	红紫	无色	0.11g 溶于 20mL 5% Na_2CO_3，稀释至 100mL
邻二氮菲一亚铁	1.06	浅蓝	红	1.485g 邻二氮菲+0.695g $FeSO_4 \cdot 7H_2O$ 溶于 100mL 水中

二、自身指示剂

有些标准溶液或被滴定的物质本身具有颜色，而其反应产物无色或颜色很浅，则滴定时无需另外加入指示剂，利用标准溶液本身的颜色指示滴定终点，这就是自身指示剂。例如，用 $KMnO_4$ 作滴定剂滴定无色或浅色的溶液时，滴定时无需另加指示剂，由于 MnO_4^- 本身呈深紫红色，在酸性介质中被还原为几乎无色的 Mn^{2+}，当滴定到化学计量点时，只要有稍微过量的 MnO_4^- 存在，就可使溶液呈粉红色，指示终点到达。

三、专属指示剂

有的物质本身并不具有氧化还原性，但它能与氧化剂或还原剂产生特殊的颜色，因而可以指示终点，这种指示剂称为专属指示剂。例如，可溶性淀粉与游离碘生成深蓝色的配位化

合物，淀粉本身是无色的，当I_2被还原为I^-时，蓝色消失；当I^-被氧化为I_2时，蓝色出现。因此，在碘量法中，可用淀粉溶液作指示剂。在室温下，用淀粉能检出约10^{-5} mol/L 的碘溶液。温度升高时，显色灵敏度降低。

第四节 氧化还原滴定法的应用

一、高锰酸钾法—水质耗氧量的测定

1. 高锰酸钾法简介

$KMnO_4$ 是一种强氧化剂，其氧化能力与溶液的酸度有关。在强酸性介质中，得到 5 个电子，还原为 Mn^{2+}。

$$MnO_4^- + 8H^+ + 5e^- \rightleftharpoons Mn^{2+} + 4H_2O,\ \varphi^\ominus_{MnO_4^-/Mn^{2+}} = 1.491V$$

在中性或弱碱性溶液中，获得 3 个电子，还原为 MnO_2

$$MnO_4^- + 2H_2O + 3e^- \rightleftharpoons MnO_2\downarrow\ (\text{褐色}) + 4OH^-,\ \varphi^\ominus_{MnO_4^-/MnO_2} = 0.58V$$

在强碱性介质中，获得 1 个电子，还原为 MnO_4^{2-}

$$MnO_4^- + e \rightleftharpoons MnO_4^{2-}\ (\text{绿色}),\ \varphi^\theta_{MnO_4^-/MnO_4^{2-}} = 0.564V$$

由此可见，$KMnO_4$在酸性介质中比在中性或碱性介质中具有更强的氧化能力，因此，一般都在强酸性条件下使用。

被测水样常用 H_2SO_4酸化，而不用 HNO_3，因为 HNO_3具有氧化性，可与被测的还原性物质反应；也不用 HCl 酸化，因为Cl^-有还原性，能与$KMnO_4$标准溶液反应，使测定结果产生误差。

高锰酸钾法应用非常广泛。①直接法测定 Fe^{2+}、As^{3+}、H_2O_2、$C_2O_4^{2-}$、NO_2^- 以及其他具有还原性的物质（包括有机化合物）；②间接法测定能与 $C_2O_4^{2-}$ 定量沉淀为草酸盐的金属离子（如 Ca^{2+}、Ba^{2+}等）；③返滴定法测定 MnO_2、HCHO 等。

高锰酸钾法的优点是氧化能力强，因其本身具有颜色，滴定时无需另外加指示剂。因有不同的滴定方式，应用范围广泛。高锰酸钾法的缺点是试剂常含有少量杂质，标准溶液不够稳定；由于其氧化能力强，可以和许多还原性物质发生反应，反应干扰较严重。

2. 高锰酸钾标准溶液的配制与标定

高锰酸钾试剂中常含有少量的 MnO_2 和其他杂质，而且试剂水中常含有少量的还原性的物质，这些物质与 $KMnO_4$ 反应析出 MnO（OH）沉淀；同时，热、光等也能促进 $KMnO_4$ 溶液的分解。因此，不能用直接法配制 $KMnO_4$ 标准溶液。

为了配制较稳定的$KMnO_4$溶液，可称取稍多于理论量的$KMnO_4$，溶于试剂水中加热煮沸，冷却后储于棕色瓶中，于暗处放置数天，使溶液中可能存在的还原性物质完全氧化，然后过滤除去析出的MnO_2，再进行标定。使用经长期存放后的$KMnO_4$溶液时应重新标定其浓度。

标定$KMnO_4$溶液的基准物质很多，如$Na_2C_2O_4$、$H_2C_2O_4\cdot 2H_2O$和纯铁丝等。其中最常用的是$Na_2C_2O_4$，它易于提纯、稳定、无结晶水，在 105～110℃烘 2h，放入干燥器中冷却后即可使用。

在H_2SO_4溶液中，MnO_4^-与$C_2O_4^{2-}$的反应为

$$2MnO_4^- + 5C_2O_4^{2-} + 16H^+ = 2Mn^{2+} + 10CO_2\uparrow + 8H_2O$$

为使反应能够定量地、较迅速地进行，应注意以下滴定条件

①温度。在室温下，这个反应速度很慢，应将溶液加热至75～85℃。但温度不宜过高，否则$C_2O_4^{2-}$会部分分解，使结果偏高。

$$2H^+ + C_2O_4^{2-} \xrightarrow{>90℃} CO_2\uparrow + CO + H_2O$$

②酸度。溶液酸度应保持在0.5～1mol/L。酸度过低，则MnO_4^-会部分还原为MnO_2，出现棕色沉淀；酸度过高，会促使$C_2O_4^{2-}$分解。

③滴定速度先慢后快再慢。由于MnO_4^-与$C_2O_4^{2-}$反应是一个自催化反应，随着Mn^{2+}的产生，反应速度逐渐加快。所以，开始滴定时，MnO_4^-与$C_2O_4^{2-}$的反应速度很慢，滴入的$KMnO_4$褪色较慢，因此，滴定开始阶段滴定速度不宜太快，否则，滴入的$KMnO_4$来不及和$C_2O_4^{2-}$反应，在热的酸性溶液中发生分解，产生误差。

$$4MnO_4^- + 12H^+ = 4Mn^{2+} + 5O_2 + 6H_2O$$

④滴定终点。$KMnO_4$滴定的终点是不太稳定的。这是由于空气中的还原性气体及尘埃等杂质落入溶液中能使$KMnO_4$缓慢分解，而使粉红色消失，故经过30s不褪色即可认为终点已到。

标定$KMnO_4$溶液时，准确称取一定量基准$Na_2C_2O_4$加水溶解，或准确移取一定体积的$Na_2C_2O_4$标准溶液，在适宜条件下用$KMnO_4$溶液滴定至终点。根据消耗$KMnO_4$溶液的体积，即可计算$KMnO_4$溶液的浓度。

$$c_{\frac{1}{5}KMnO_4} = \frac{m_{Na_2C_2O_4}}{V_{KMnO_4} M_{\frac{1}{2}Na_2C_2O_4}} \times 1000 \quad (4-16)$$

或

$$c_{\frac{1}{5}KMO_4} = \frac{c_{\frac{1}{2}Na_2C_2O_4} V_{Na_2C_2O_4}}{V_{KMO_4}} \quad (4-17)$$

3. 水质耗氧量的测定

耗氧量是反映水体中有机及无机可氧化物质污染的常用指标。定义为：在一定条件下，用$KMnO_4$氧化水样中的某些有机物及无机还原性物质，根据消耗的$KMnO_4$量计算相当的氧量（以O_2计，mg/L）。主要用来判别饮用水、水源水和地面水水质受有机物污染的程度。对生活饮用水及水源水，我国制定了耗氧量标准，由于用$KMnO_4$作氧化剂，故又称高锰酸盐指数，常用COD_{Mn}表示。

在一定体积的水样中加入H_2SO_4显酸性后，加入准确体积并过量的$KMnO_4$标准溶液，并在沸水浴中加热反应一定时间，使水中的还原性物质与$KMnO_4$作用，而剩余的$KMnO_4$溶液用$Na_2C_2O_4$溶液还原并加入过量，再用$KMnO_4$溶液回滴过量的$Na_2C_2O_4$至微红色，通过计算求出高锰酸盐指数。其化学反应式如下

$$4MnO_4^- + 5C(有机物) + 12H^+ = 4Mn^{2+} + 5CO_2\uparrow + 6H_2O$$

$$2MnO_4^- + 5C_2O_4^{2-} + 16H^+ \xlongequal{\triangle} 2Mn^{2+} + 10CO_2\uparrow + 8H_2O$$

此滴定过程示意图如下

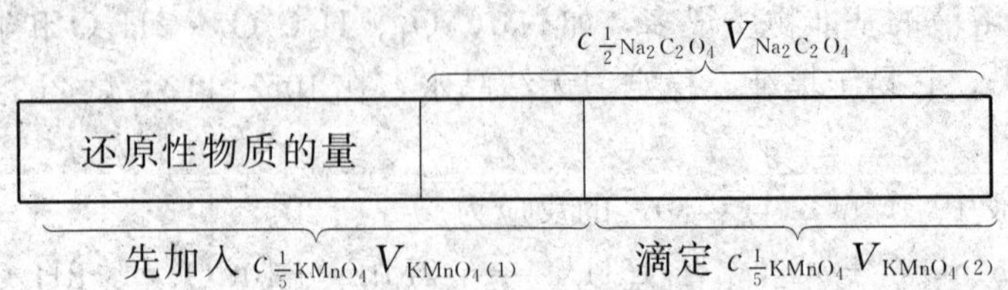

还原物质的量$=c_{\frac{1}{5}KMnO_4}V_{KMnO_4(1)}+c_{\frac{1}{5}KMnO_4}V_{KMnO_4(2)}-c_{\frac{1}{2}Na_2C_2O_4}V_{Na_2C_2O_4}$

水样不经稀释，计算公式

$$COD_{Mn}(O_2,mg/L)=\frac{[c_{\frac{1}{5}KMnO_4}(V_{KMnO_4(1)}+V_{KMnO_4(2)})-c_{\frac{1}{2}Na_2C_2O_4}V_{Na_2C_2O_4}]\times 8\times 1000}{V_s} \tag{4-18}$$

$KMnO_4$ 标准溶液的校正系数测定方法：将上述用 $KMnO_4$ 标准溶液滴定至微红色的水样，加热约 70℃，再加入 10.00mL $Na_2C_2O_4$ 标准溶液，继续用 $KMnO_4$ 标准溶液滴定至微红色，记录消耗 $KMnO_4$ 标准溶液的体积为 $V_{KMnO_4(3)}$，则

$$c_{\frac{1}{5}KMnO_4}\times V_{KMnO_4(3)}=c_{\frac{1}{2}Na_2C_2O_4}\times 10.00$$

$$c_{\frac{1}{5}KMnO_4}=c_{\frac{1}{2}Na_2C_2O_4}\times\frac{10.00}{V_{KMnO_4(3)}}$$

设

$$K=\frac{10.00}{V_{KMnO_4(3)}}$$

则

$c_{\frac{1}{5}KMnO_4}=c_{\frac{1}{2}Na_2C_2O_4}\times K$，代入式(4-18)，整理得

$$COD_{Mn}(O_2,mg/L)=\frac{[(V_{KMnO_4(1)}+V_{KMnO_4(2)})K-V_{Na_2C_2O_4}]\times c_{\frac{1}{2}Na_2C_2O_4}\times 8\times 1000}{V_s} \tag{4-19}$$

高锰酸盐指数是在规定的条件下，水中还原性物质所消耗高锰酸钾的量，它包括水中的亚硝酸盐、亚铁盐、硫化物等还原性无机物和在此条件下可被氧化的有机物。因此，高锰酸盐指数常被作为水体受还原性有机（和无机）物质污染程度的综合指标。它不是反映水体中总有机物的含量，只是一个相对的条件性指标，其测定结果与溶液的酸度、高锰酸钾的浓度、加热时间和温度有关。因此，测定时必须严格遵守操作规定，使结果具有可比性。

当水样中 Cl^- 的含量超过 300mg/L 时，Cl^- 产生干扰

$$2MnO_4^-+10Cl^-+16H^+ = 2Mn^{2+}+5Cl_2+8H_2O$$

使测定结果偏高。采取措施：①水样应先加蒸馏水稀释，降低 Cl^- 浓度后再进行测定，但稀释后的水样应做空白试验进行校正；②加 Ag_2SO_4 生成 AgCl 沉淀，除去后再进行测定；③采用碱性高锰酸钾法测定。

二、重铬酸钾法—水质化学需氧量的测定

1. $K_2Cr_2O_7$ 法简介

$K_2Cr_2O_7$ 是常用氧化剂之一，在酸性溶液中被还原成 Cr^{3+}

$$Cr_2O_7^{2-}+14H^++6e^- \rightleftharpoons 2Cr^{3+}+7H_2O,\ \varphi^\circ_{Cr_2O_7^{2-}/Cr^{3+}}=1.33V$$

可见，$K_2Cr_2O_7$ 的氧化能力比 $KMnO_4$ 稍弱些，但它仍是一种较强的氧化剂。与 $KMnO_4$ 法对比，具有以下优点

1）$K_2Cr_2O_7$ 易于提纯，在 140～150℃ 干燥后，可以准确称取一定质量的 $K_2Cr_2O_7$ 直接配制成一定浓度的标准溶液。

2）$K_2Cr_2O_7$ 溶液非常稳定，只要保存在密闭容器中，浓度可长期保持不变。

3）$K_2Cr_2O_7$ 的 $\varphi^\circ_{Cr_2O_7^{2-}/Cr^{3+}}=1.33V$，与氯的 $\varphi^\circ_{Cl_2/Cl^-}=1.36V$ 接近，因此不受 Cl^- 还原作用的影响，可在 HCl 介质中滴定 Fe^{2+}。

2. 水质化学需氧量的测定

化学需氧量（COD）是指在一定条件下，水中能被 $K_2Cr_2O_7$ 氧化的有机物的总量。用 $K_2Cr_2O_7$ 法测得化学需氧量用 COD_{Cr} 表示，其单位以 O_2 mg/L 表示。目前国内外采用回流法测定化学需氧量。

在一定体积的水样中，在强酸性条件下，加入准确体积并过量的 $K_2Cr_2O_7$ 标准溶液，加热回流 2h，与水中有机物等还原性物质充分反应后，以试亚铁灵为指示剂，用 $(NH_4)_2Fe(SO_4)_2$ 标准溶液回滴定剩余的 $K_2Cr_2O_7$，溶液由橙黄色经蓝绿色逐渐变为蓝色后，立即转变为红色为滴定终点，同时做空白试验。根据 $(NH_4)_2Fe(SO_4)_2$ 标准溶液的用量求出 COD_{Cr}。反应式为

$$2Cr_2O_7^{2-} + 3C(\text{有机物}) + 16H^+ = 4Cr^{3+} + 3CO_2 + 8H_2O$$

$$Cr_2O_7^{2-} + 6Fe^{2+} + 14H^+ = 2Cr^{3+} + 6Fe^{3+} + 7H_2O$$

此滴定过程可示意如下：

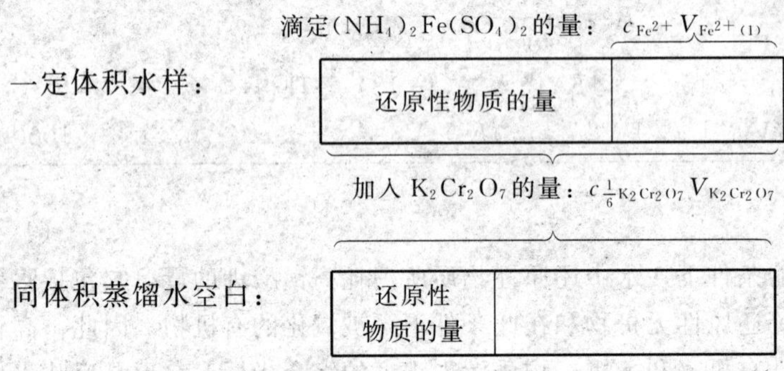

水样：还原性物质的量 $= c_{\frac{1}{6}K_2Cr_2O_7} V_{K_2Cr_2O_7} - c_{Fe^{2+}} V_{Fe^{2+}(1)}$

空白：还原性物质的量 $= c_{\frac{1}{6}K_2Cr_2O_7} V_{K_2Cr_2O_7} - c_{Fe^{2+}} V_{Fe^{2+}(0)}$

水样实际还原性物质的量 $= c_{Fe^{2+}} (V_{Fe^{2+}(0)} - V_{Fe^{2+}(1)})$

$$COD_{Cr}(O_2, mg/L) = \frac{c_{Fe^{2+}} (V_{Fe^{2+}(0)} - V_{Fe^{2+}(1)}) M_{\frac{1}{4}O}}{V_s} \times 1000 \qquad (4-20)$$

3. 回流法测定化学需氧量注意事项

(1) 用 $(NH_4)_2Fe(SO_4)_2$ 标准溶液回滴定剩余的 $K_2Cr_2O_7$，溶液的颜色变化不是由试亚铁灵氧化型的蓝色直接变为红色，而是由橙黄色→蓝绿色→蓝色，终点时立即有蓝色变为红色。是由于 $K_2Cr_2O_7$ 溶液为橙黄色，还原产物 Cr^{3+} 呈绿色造成的。

(2) $AgSO_4$ 作催化剂，加快反应速度。$K_2Cr_2O_7$ 能将大部分有机物氧化，对芳香族有机化合物、吡啶不易被氧化，挥发性直链脂肪族化合物、苯等氧化不明显。

(3) 水样中的 Cl^- 能被 $K_2Cr_2O_7$ 氧化，并与 Ag_2SO_4 作用产生沉淀，影响测定结果。需在回流前加入 $HgSO_4$，使 Hg^{2+} 与 Cl^- 生成可溶性配位化合物，消除干扰。

(4) 回流法缺点。回流法需要药品量大、试剂费用高、氧化效率低、不能进行批量分析，试剂中的汞盐对环境产生污染。

三、碘量法—水质溶解氧的测定

1. 碘量法简介

碘量法基于 I_2 的氧化性及 I^- 还原性进行测定，其半反应为

$$I_2 + 2e^- \rightleftharpoons 2I^-，\varphi^{\circ}_{I_2/I^-} = 0.535V$$

由于固体 I_2 在水中的溶解度很小（0.00133mol/L）且易挥发，故实际应用时通常将 I_2 溶解在 KI 溶液中，此时 I_2 在溶液中以 I_3^- 形式存在

$$I_2 + I^- \rightleftharpoons I_3^-$$

半反应为 $$I_3^- + 2e^- \rightleftharpoons 3I^-，\varphi^{\circ}_{I_3^-/I^-} = 0.545V$$

为简化并强调化学计量关系，一般仍简写为 I_2。

由 I_2/I^- 电对的标准电极电位可知，I_2 是一种较弱的氧化剂，能与较强的还原剂作用；而 I^- 是一种中等强度的还原剂，能与许多氧化剂作用。因此常将碘量法分为直接碘量法和间接碘法量两类。

（1）直接碘量法。直接碘量法又称为碘滴定法，它是利用 I_2 标准溶液直接滴定还原性物质，如 SO_3^{2-}、$S_2O_3^{2-}$、S^{2-}、Sn^{2+}、AsO_3^{3-} 等。直接碘量法由于 I_2 的氧化能力不强，能被 I_2 氧化的物质有限。在 pH 值较高的溶液中，不能用 I_2 溶液滴定，因为发生歧化反应

$$3I_2 + 6OH^- = IO_3^- + 5I^- + 3H_2O$$

会使结果产生误差。直接碘量法的测定反应只能在微酸性或近中性溶液中进行。因受测量条件的限制，所以应用不太广泛。

（2）间接碘量法。间接碘量法又称滴定碘法，电极电位比 $\varphi^{\circ}_{I_2/I^-}$ 大的氧化性物质，在一定条件下，用过量的 I^- 还原，产生等物质量的 I_2，然后用 $Na_2S_2O_3$ 标准溶液滴定析出的 I_2。如 MnO_4^-、NO_3^-、$Cr_2O_7^{2-}$、BrO_3^-、IO_3^-、H_2O_2、ClO_3^-、Cu^{2+}、ClO^- 等都可用间接碘量法测定，它的应用范围相当广泛。

间接碘量法的基本反应为

$$2I^- - 2e^- \rightleftharpoons I_2$$

$$I_2 + 2S_2O_3^{2-} = S_4O_6^{2-} + 2I^-$$

碘量法采用淀粉作指示剂，其灵敏度很高，I_2 浓度为 1×10^{-5} mol/L 时即显蓝色。直接碘量法是溶液呈现蓝色为终点，间接碘量法是溶液蓝色消失为终点。

（3）滴定条件。为防止碘量法中产生误差，应注意以下滴定条件：

1）溶液的酸度。I_2 与 $Na_2S_2O_3$ 的反应必须在中性或弱碱性溶液中进行，在强酸性溶液中，$Na_2S_2O_3$ 分解析出 S 沉淀。

$$S_2O_3^{2-} + 2H^+ = SO_2 + S\downarrow + H_2O$$

同时，I^- 在酸性溶液中容易被空气中的 O_2 所氧化。

$$4I^- + 4H^+ + O_2 = 2I_2 + 2H_2O$$

在碱性溶液中，除 I_2 发生歧化反应外，还可能发生如下反应

$$S_2O_3^{2-} + 4I_2 + 10OH^- = 2SO_4^{2-} + 8I^- + 5H_2O$$

2）防止 I_2 的挥发和 I^- 被空气氧化。碘量法可能产生误差的来源有两个：一是 I_2 具有挥发性，容易损失；二是 I^- 在酸性溶液中容易被空气氧化。

防止 I_2 挥发的措施：一是应加入过量 KI，一般应大于理论量的 3～4 倍。这样，一方面保证使氧化剂作用完全，另一方面使析出的 I_2 与 I^- 形成 I_3^-，并防止 I_2 挥发损失；二是反应时溶液的温度不能过高，一般在室温下进行，温度过高时，能增大 I_2 的挥发性，降低淀粉指示剂的灵敏度，加速 $Na_2S_2O_3$ 分解；三是为了减少 I^- 与空气的接触，滴定时不要剧烈摇动，操作中应使用碘量瓶。

防止 I^- 被空气氧化的措施：应避免阳光的照射；反应完全后析出的 I_2 及时滴定，滴定速度适当地快些；Cu^{2+}、NO_2^- 等将催化空气对 I^- 的氧化，应设法消除其干扰。

3）用 $Na_2S_2O_3$ 滴定 I_2 应在接近终点时加入淀粉指示剂。用 $Na_2S_2O_3$ 溶液至溶液浅黄色，即大部分 I_2 已被滴定，再加入淀粉溶液，继续用 $Na_2S_2O_3$ 溶液滴定至蓝色刚好消失为终点。如果加入淀粉指示剂太早，会引起大量的 I_2 与淀粉吸附，使部分吸附的 I_2 不易释放出来，从而使滴定产生误差。

碘量法中常使用 $Na_2S_2O_3$ 和 I_2 两种标准溶液。

2. $Na_2S_2O_3$ 标准溶液的配制与标定

硫代硫酸钠（$Na_2S_2O_3 \cdot 5H_2O$）一般含有少量的 S、Na_2SO_3、Na_2SO_4、Na_2CO_3、NaCl 等杂质，并且容易风化或潮解，所以 $Na_2S_2O_3$ 标准溶液必须采用间接法配制。$Na_2S_2O_3$ 溶液不稳定，其原因是：

（1）被酸分解，即使水中溶解的 CO_2 也能使它发生分解

$$Na_2S_2O_3 + CO_2 + H_2O \longrightarrow NaHSO_3 + NaHCO_3 + S\downarrow$$

（2）微生物作用：水中存在的微生物会消耗 $Na_2S_2O_3$ 中的 S，使它变成 Na_2SO_3，这是 $Na_2S_2O_3$ 浓度变化的主要原因。

$$Na_2S_2O_3 \xrightarrow{\text{微生物}} Na_2SO_3 + S\downarrow$$

（3）空气中氧化作用：

$$2Na_2S_2O_3 + O_2 \longrightarrow 2Na_2SO_4 + 2S\downarrow$$

因此，配制 $Na_2S_2O_3$ 溶液时，应当用新煮沸并冷却的蒸馏水，其目的在于除去水中溶解的 CO_2 和 O_2，并杀死细菌；加入少量的 Na_2CO_3 使溶液呈微碱性（pH 值为 9～10）；或加入少量 HgI_2 防腐剂以防止微生物繁殖；将溶液储存棕色瓶并置于暗处，以防止光照分解。经过一段时间后应重新标定溶液，如发现溶液变浑表示有硫析出，应弃去重配。

标定 $Na_2S_2O_3$ 的基准物质有 $K_2Cr_2O_7$、$KBrO_3$、KIO_3 等。这些物质都能与 KI 反应而析出 I_2，有关反应如下

$$Cr_2O_7^{2-} + 6I^- + 14H^+ \longrightarrow 2Cr^{3+} + 3I_2 + 7H_2O$$

$$BrO_3^- + 6I^- + 6H^+ \longrightarrow Br^- + 3I_2 + 3H_2O$$

$$IO_3^- + 5I^- + 6H^+ \longrightarrow 3I_2 + 3H_2O$$

析出的 I_2 用 $Na_2S_2O_3$ 溶液滴定，反应为

$$2S_2O_3^{2-} + I_2 \longrightarrow S_4O_6^{2-} + 2I^-$$

用 $K_2Cr_2O_7$、$KBrO_3$、KIO_3 作基准物质标定 $Na_2S_2O_3$ 溶液，$K_2Cr_2O_7$ 和 $KBrO_3$ 电子转移数均为 6，KIO_3 电子转移数为 5，这三种物质的基本单元均为 $\frac{1}{6}$（为什么?）。计算公式依据为

$$n_{\frac{1}{6}K_2Cr_2O_7} = n_{Na_2S_2O_3}$$

$$n_{\frac{1}{6}KBrO_3} = n_{Na_2S_2O_3}$$

$$n_{\frac{1}{6}KIO_3} = n_{Na_2S_2O_3}$$

标定 $Na_2S_2O_3$ 应注意以下几点：

（1）$K_2Cr_2O_7$ 与 KI 的反应进行较慢，从反应式看出，H^+ 浓度增大，能促进反应进行。

但酸度不宜太大，否则 I^- 容易被空气中的 O_2 氧化，所以在开始滴定时，酸度一般以 0.8～1.0mol/L 为宜，并于暗处放置 5～10min，反应即可定量地完成。

（2）用 $Na_2S_2O_3$ 滴定 I_2 溶液之前，应加水稀释溶液，降低酸度，因为酸度过高会影响 $Na_2S_2O_3$ 与 I_2 的定量反应，且稀释还可使 Cr^{3+} 的绿色变浅，终点颜色变化敏锐。稀释后应立即滴定。

（3）临近滴定终点时，加入淀粉指示剂。滴定至终点后，再经过几分钟，溶液又会出现蓝色，这是由于空气氧化 I^- 产生 I_2 所引起的，不影响测定结果。

3. 水质溶解氧的测定

溶解在水中的氧称为溶解氧，它以分子状态存在于水中，用 DO 表示，单位以 O_2 mg/L 表示。其浓度对评价地表水水质和控制废水生化处理过程是一项重要的指标。水质 DO 的测定通常采用碘量法，本法准确较高，但易受多种杂质干扰。

（1）采样要求。溶解氧测定水样的采集要求比较严格。水样采集通常用溶解氧瓶，其容量一般为 250～300mL，见图 4-2。如果没有溶解氧瓶，也可用 250mL 或 300mL 的碘量瓶代替。

一般情况下，水中的 DO 是不饱和的，如果水样暴露于空气或有气泡残存在采样瓶中，就会影响分析结果。因此，在采样时要做到不要和空气接触。

若从水管或水龙头采取水样，将橡皮管一端紧接水龙头，另一端插入溶解氧瓶底部，注入水样至溢流出数分钟，然后加塞盖紧。若从水池或河湖取水样，可用特制的溶解氧取样器，见图 4-3。

水样采集后，为防止 DO 的变化，应立即加固定剂，使氧“固定”于水样中，水样保存时间不能超过 6h。

图 4-2 溶解氧瓶

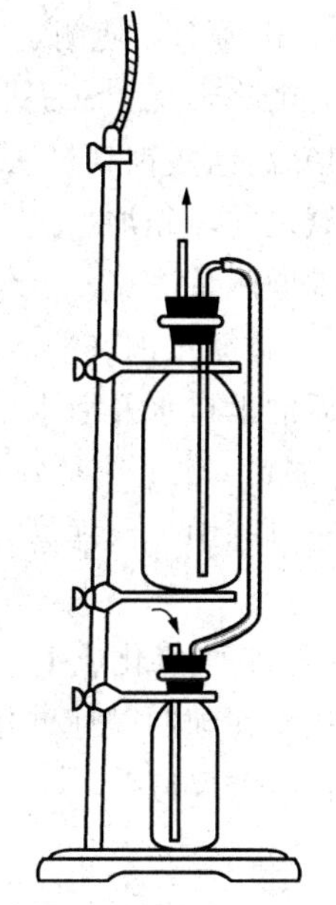

图 4-3 溶解氧取样器

（2）测定原理及方法。水样中加入硫酸亚锰和碱性碘化钾，氧在碱性溶液中，将低价锰（Mn^{2+}）氧化为高价锰（Mn^{4+}），而高价锰在酸性溶液中又能将碘化钾氧化为碘，释放出来的碘量相当于水样中原有溶解氧的量。所以用硫代硫酸钠标准溶液滴定水样中析出的碘就可算出溶解氧的含量。

1）固氧。于水样中加入 $MnSO_4$ 和碱性碘化钾（NaOH＋KI）溶液，$MnSO_4$ 与 NaOH 作用生成 $Mn(OH)_2$ 白色沉淀。

$$Mn^{2+}+2OH^- = Mn(OH)_2\downarrow$$
（白色）

水样若有DO存在，则立即与Mn（OH）$_2$作用生成棕色的碱性氧化锰沉淀。DO越多，棕色沉淀越多，颜色越深。如水中没有溶解氧，则沉淀为白色。

$$2Mn(OH)_2+O_2 = 2MnO(OH)_2\downarrow$$
棕黄色或棕色

2）加酸析出I_2。加入酸后，$MnO(OH)_2$即被溶解生成$Mn(SO_4)_2$，而$Mn(SO_4)_2$立即与先前加入的KI作用析出I_2。

$$MnO(OH)_2+2I^-+4H^+ = Mn^{2+}+I_2+3H_2O$$

3)滴定I_2。用$Na_2S_2O_3$标准溶液滴定析出的I_2,以淀粉作指示剂,根据消耗$Na_2S_2O_3$溶液的体积,可计算出水中DO的含量。

$$2S_2O_3^{2-}+I_2 = S_4O_6^{2-}+2I^-$$

关系式:$1molO_2\sim 2molMnO(OH)_2\sim 2molI_2\sim 4molS_2O_3^{2-}$

$$n_{\frac{1}{4}O_2}=n_{Na_2S_2O_3}$$

计算：
$$DO(O_2,mg/L)=\frac{c_{Na_2S_2O_3}V_{Na_2S_2O_3}M_{\frac{1}{4}O_2}}{V_s}\times 1000 \quad (4-21)$$

（3）干扰情况。碘量法只适用于清洁水。测定时受多种离子干扰，Fe^{3+}、NO^-、Cl_2能将I^-氧化为I_2，使测定结果偏高，SO_3^{2-}、S^{2-}、Fe^{2+}能将I_2还原为I^-，使测定结果结果偏低。为消除干扰，常采取以下两种修正方法。

1）高锰酸钾碘量法。此法可消除有机物、Fe^{2+}、NO_2^-等还原性物质的干扰。在测定溶解氧之前，先加入过量的$KMnO_4$和H_2SO_4，剩余的$KMnO_4$用$Na_2C_2O_4$除去，其余测定步骤同碘量法。

2）叠氮化钠（NaN_3）碘量法。此法可消除NO_2^-的干扰。NO_2^-主要存在于污水生化处理后的出口水及河水中，NO_2^-存在时有下列反应

$$2NO_2^-+2I^-+4H^+ = I_2+2NO+2H_2O$$

在测定过程中，水样易与空气接触，溶入的O_2与NO作用再生成NO_2^-

$$O_2+4NO+2H_2O = 4HNO_2$$

NO_2^-再将I^-氧化成I_2，这种循环将导致更大的误差，加入叠氮化钠（NaN_3）可消除NO_2^-的干扰。在配制碱性碘化钾溶液时加入NaN_3，一起加入水样后，加入H_2SO_4时，NO_2^-被破坏，有关反应为

$$NaN_3+H^+ = HN_3+Na^+$$
$$HN_3+NO_2^-+H^+ = N_2+N_2O+H_2O$$

其余测定步骤同碘量法。

（4）测定溶解氧的意义：

1）测DO有助于推测水被污染的程度。水中的有机物在氧化分解时需消耗氧，污染严重的水DO接近零，此时厌氧菌将参与分解有机物，并产生臭气，使水腐败发臭。因此，测定DO有助于推测水被污染的程度。

2）对研究水体自净作用有重要作用。如在一条流动的河流中，从不同地点取样测其DO，可了解河流自净作用进行的速度。

3）DO关系到水生物的生存，小于4mg/L时鱼类将窒息而死。

4）水中DO含量高时，铁的腐蚀速度加剧。锅炉用水测DO很重要。

5）用生物化学法处理污水时，为了控制曝气速率，保证有适当的好气条件，以避免过量使用空气而造成浪费，必须测DO。

四、碘量法—水质生化需氧量的测定

1. 方法概述

生物化学需氧量（BOD）简称生化需氧量。指在好氧条件下，微生物分解水中的有机物所进行的生物化学过程中，所消耗溶解氧的量称为生化需氧量。

微生物分解有机物是一个缓慢的过程。在有氧的条件下，水中有机物的分解过程可分为两个阶段：第一阶段是有机物主要被氧化成CO_2、H_2O和NH_3，这一阶段也称碳化阶段；第二阶段是含氮有机物氨化后，在硝化菌的作用下，将氨氧化为亚硝酸盐氮，并最终氧化为硝酸盐氮，这一阶段也称硝化阶段。

微生物分解有机物与温度和时间有关。在20℃时，多数有机物需要20d完成第一阶段，要全部完成整个生物氧化过程则需约100天。用这么长时间测定生化需氧量是不现实的，目前，国内外普遍规定在20℃条件下，培养5d所消耗的溶解氧作为生化需氧量的数值，称为五日生化需氧量，用BOD_5表示，以O_2mg/L计。对于生活污水和工业废水，BOD_5约为全部生化需氧量的65%～80%。因此，用BOD_5间接反映水中有机物污染的程度，具有一定的代表性和相对性。

2. BOD_5的测定意义

（1）根据BOD_5的含量判断水质状况。BOD_5数值越高，表明水中的有机物越多，水污染的程度越严重。BOD_5的数值与水质状况的关系见表4-3。

表4-3 BOD_5的数值与水质状况的关系

BOD_5（mg/L）	＜1.0	2.0	3.0	5.0	7.5	10.0	＞20.0
水质状况	非常清洁	清洁	良好	有污染	不良	污染	严重污染

（2）BOD_5是研究和选择污水处理方法、设计处理构筑物的必要数据。

（3）BOD_5是研究水体污染以及制订污水排放标准的重要参考数据。

3. 测定方法

（1）直接培养法。对于较清洁的天然水和地表水，其溶解氧接近饱和，一般BOD_5不超过7mg/L，可不经稀释直接培养测定。用虹吸法吸出两份水样于溶解氧瓶中，一瓶当即测定溶解氧，另一瓶立即放入（20±1）℃的恒温培养箱中，培养五昼夜后再测定溶解氧，二者之差即为水样的生化需氧量。

（2）稀释与接种培养法。对工业废水、生活污水及受污染的地表水，BOD_5一般大于7mg/L，它们的生化需氧量超过水中所含的溶解氧的含量，则在培养前必须用含有饱和溶解氧的水稀释后再培养测定，以降低其浓度和保证有充足的溶解氧。根据培养前后溶解氧的变化和水样的稀释比，求出水样中的生化需氧量。

4. 稀释水和接种稀释水

稀释水要求不能含有有毒物质，一般选用蒸馏水稀释进行配制。对其溶解氧、温度、pH值、营养物质和有机物含量都有一定要求。

稀释水溶解氧含量应接近饱和，以供 5d 内微生物氧化分解有机物提供充足的溶解氧，为此，要充分曝气使水中溶解氧接近饱和。

稀释水 pH 值应保持在 6.5～8.5，常用磷酸盐调节 pH 值，而适合微生物生长和活动的最佳 pH 值为 7.2。

稀释水必须有供微生物生长的营养物质，以维持其正常的生理活动，故在稀释水中应加入氯化铵、硫酸镁、氯化铁、氧化钙溶液及由磷酸二氢钾、磷酸氢二钾所组成的缓冲溶液。

一般情况下，生活污水中有足够的微生物，不需接种。而对于水样中缺乏微生物的工业废水，其中包括酸性废水、碱性废水、高温废水及经过氯化处理的废水等，则应在稀释水中投加适量微生物，这种稀释水称为接种稀释水。接种液一般采用澄清的生活污水，也可采用含有城市废水的河水或表层土壤浸出液。对含有不易被一般微生物分解的有机物或剧毒物质的工业废水，可采用这种废水所排入河道的河水作为接种液，也可采用这种废水附近的土壤浸出液作为接种液。接种液可事先加入稀释水中，要求稀释水样中有适量的微生物，偏多或偏少都将影响微生物在水中的生长规律，从而影响 BOD_5 的测定结果。一般每升稀释水中接种液的加入量为：生活污水 1～10mL；河水 10～100mL；表层土壤浸出液 20～30mL。当加入接种液后，就会引进有机物，为保证测定结果的准确性，应做空白试验，即测出稀释水培养前和培养 5d 后溶解氧的降低值，然后从水样测定中将其扣除。

5. 稀释倍数的确定

一般受污染的水、生活污水及工业废水应根据污染的程度不同，将水样用稀释水稀释，稀释倍数应根据培养 5d 后溶解氧减少的量而定。稀释倍数太大或太小，则培养 5d 后剩余的溶解氧太多或太少，都不能得到可靠的结果。稀释的程度应使 5d 培养中所消耗的溶解氧大于 2mg/L，而剩余溶解氧在 1mg/L 以上。对同一水样，应同时进行 3～4 种不同稀释倍数的实验。通常选择稀释水样在 20℃下培养 5d 后，溶解氧减小 40%～70%的稀释水样来计算水样 BOD_5 的数据。

水样的稀释倍数可根据实践经验进行估算。对于地表水等清洁的天然水体，可由测得的高锰酸盐指数来估算稀释倍数，即

$$稀释倍数 = COD_{Mn} \times 稀释系数$$

地表水稀释系数的选择见表 4-4。

表 4-4　地表水稀释系数的选择

高锰酸盐指数（mg/L）	稀释系数	高锰酸盐指数（mg/L）	稀释系数
<5	—	10～20	0.4、0.6
5～15	0.2、0.3	>20	0.5、0.7、1.0

生活污水和工业废水稀释倍数的确定：使用稀释水时，将 COD_{Cr} 值分别乘以 0.075、0.15 和 0.225 作为 3 个稀释倍数；使用接种稀释水时，则分别乘以 0.075、0.15 和 0.25 作为 3 个稀释倍数。

6. 稀释与接种培养法 BOD_5 的计算

稀释与接种培养法计算水样的五日生化需氧量公式为

$$BOD_5(mg/L) = \frac{(D_1 - D_2) - (B_1 - B_2)f_1}{f_2} \tag{4-22}$$

式中：D_1、D_2 分别为水样培养液培养前和培养后溶解氧的含量，mg/L；B_1、B_2 分别为稀释水培养前和培养后溶解氧的含量，mg/L；f_1 为稀释水在培养液中所占的比例；f_2 为水样在培养液中所占的比例。

例如培养液的稀释比为5%，即5份水样，95份稀释水，则 $f_1=0.95$，$f_2=0.05$。

【例4-2】 有一沉淀后的生活污水，取原污水当天测DO为2.20mg/L，2%稀释水样培养5d后DO为3.50mg/L，稀释水当天DO为9.80mg/L，培养5d后DO为9.55mg/L，求生活污水 BOD_5 的含量。

解： 2%稀释水样培养前：DO＝2.20×2%＋9.80×(1－2%)＝9.65（mg/L）

2%稀释水样培养5d后DO减少的百分数：$\frac{9.65-3.50}{9.65}\times 100\%=64$（%）

2%稀释水样DO减少量在40%～70%之间，符合稀释培养要求。

稀释比为2%，则 $f_1=0.98$，$f_2=0.02$，故

$$BOD_5=\frac{(9.65-3.50)-(9.80-9.55)\times 0.98}{0.02}=295\ (\text{mg/L})$$

7. 其他BOD测定方法

稀释接种法一直作为BOD的标准分析方法。但对生活污水及工业废水测定结果在一定范围内波动，或测定结果波动范围较大。同一水样采用不同的稀释倍数时，所得结果不尽相同，甚至差异较大。其原因是由于水样用曝气的水稀释后，不同稀释倍数的水样所含的初始溶解氧浓度不同，致使在培养期间的消化速率不同。为克服测定结果重现性不好及时间长等缺点，近几年开发了BOD测定仪。目前应用最多的是微生物传感器快速测定法。

水中BOD微生物快速测定采用微生物电极法，其核心部件微生物传感器是由氧电极和微生物菌膜组成。其原理是：当生物传感器置于恒温缓冲溶液中时，在不断搅拌下，溶液的氧达到饱和状态，此时生物膜中的微生物处于内源呼吸状态，溶液中的氧通过微生物的扩散作用与内源呼吸耗氧达到平衡，传感器输出一个恒定电流。当加入待测样品后，微生物由内源呼吸转入外源呼吸，呼吸活性增强，导致扩散到传感器的氧减少，使输出的电流减少，几分钟后又达到一个新的平衡状态。一定条件下，传感器输出电流值与BOD浓度呈线性关系，据此可换算出样品中生化需氧量。

BOD生物传感器同标准稀释测定法一样，都是基于微生物的呼吸代谢消耗氧这一特性来测定，只是二者达到平衡的时间不同，因此二者测试结果具有较好的一致性。由于生物传感器上的微生物的量是一定的，故只要保持微生物相对活性稳定及测试条件不变，其结果重现性高于标准稀释测定法，同时其测试周期远低于标准稀释测定法。

五、碘量法—水质余氯的测定

余氯是指水经加氯与水中还原性物质或细菌等微生物作用一定时间后，余留在水中氯的含量。其作用是保证持续杀菌，保护水不受污染。余氯包括水中游离性余氯和化合性余氯。

1. 游离性余氯

当水中无氨氮存在时，加入的氯以水溶性分子氯、次氯酸HClO、次氯酸根 ClO^- 或它们的混合物形式存在，称为游离性余氯。氯溶解于水中反应为

$$Cl_2+H_2O \rightleftharpoons HClO+HCl$$

HClO是弱酸，在水中解离为

$$HClO \rightleftharpoons H^+ + ClO^-$$

$$K_a = \frac{[H^+][ClO^-]}{[HClO]} = 3.3 \times 10^{-8}$$

根据 HClO 的分布分数，可得

$$\frac{[HClO]}{[HClO] + [ClO^-]} = \frac{[H^+]}{[H^+] + K_a} \tag{4-23}$$

可见，HClO 与 ClO^- 在水中所占的比例除了受温度影响外，主要取决于水的 pH 值。由式（4-22）可得表 4-5。

表 4-5　pH 值与 HClO 和 ClO^- 的关系

pH 值	3.0	4.0	5.0	6.0	6.5	7.0	7.5	8.0	9.0	10.0
HClO（%）	99.997	99.967	99.671	96.805	90.545	75.188	48.438	23.256	2.941	0.302
ClO^-（%）	0.003	0.033	0.329	3.195	9.455	24.812	51.562	76.744	97.059	99.698

当 HClO 与 ClO^- 作为氧化剂时，它们都有较强的氧化能力，但 HClO 的氧化能力比 ClO^- 要强得多。可从标准电极电位看出

$$HClO + H^+ + 2e^- \rightleftharpoons Cl^- + H_2O,\ \varphi^\circ_{HClO/Cl^-} = 1.49V$$

$$ClO^- + H_2O + 2e^- \rightleftharpoons Cl^- + 2OH^-,\ \varphi^\circ_{ClO^-/Cl^-} = 0.94V$$

作杀菌剂时，一般认为起主要作用的是 HClO，ClO^- 杀菌作用一般只有 HClO 的 1%～2%。为了达到良好的杀菌效果，pH 值不宜过高，pH 值在 5～6.5 时，水中氯 90%以上以 HClO 形式存在，具有较好的杀菌效果。

2. 化合性余氯

水中有氨氮或有机胺存在时，与氯化合为无机氯胺或有机氯胺，称为化合性余氯。如一氯胺 NH_2Cl、二氯胺 $NHCl_2$ 和三氯胺 NCl_3 等。此种余氯氧化能力低，杀菌作用缓慢，须有足够的接触时间才能达到消毒的目的。

我国饮用水出厂水要求游离性余氯＞0.3mg/L，管网末梢水不应低于 0.05mg/L。测定余氯含量的方法除比色法外，也可用碘量法等，结果以 Cl_2 mg/L 计。

3. 碘量法测定余氯的原理

在酸性溶液中，水中的余氯与 KI 作用生成等物质的量的 I_2，以淀粉为指示剂，用 $Na_2S_2O_3$ 标准溶液滴定至蓝色消失，由消耗 $Na_2S_2O_3$ 溶液的量可求出水中余氯的含量。有关反应为

$$Cl_2 + 2I^- = I_2 + 2Cl^-$$

$$HClO + H^+ + 2I^- = I_2 + Cl^- + H_2O$$

$$I_2 + 2S_2O_3^{2-} = 2I^- + S_4O_6^{2-}$$

本法测定的为总余氯，计算公式为

$$余氯(Cl_2, mg/L) = \frac{c_{Na_2S_2O_3} V_{Na_2S_2O_3} M_{\frac{1}{2}Cl_2} \times 1000}{V_s} \tag{4-24}$$

酸性条件用 pH＝4 乙酸缓冲溶液来控制，可减少水中 NO_2^-、Fe^{3+}、Mn（Ⅳ）等的干扰。

六、溴酸钾法—水质挥发酚的测定

1. $KBrO_3$概述

$KBrO_3$法是利用$KBrO_3$作氧化剂的滴定方法。在酸性溶液中，$KBrO_3$与还原性物质作用时，BrO_3^-被还原为Br^-，其半反应为

$$BrO_3^- + 6H^+ + 6e^- \rightleftharpoons Br^- + 3H_2O,\quad \varphi^\circ_{BrO_3^-/Br^-} = 1.44V$$

$KBrO_3$容易提纯，于180℃烘干后可以直接配制标准溶液。

$KBrO_3$法常与碘量法配合使用，先用过量的$KBrO_3$标准溶液与待测物质作用，过量的$KBrO_3$在酸性溶液中与KI作用，析出游离I_2，再用$Na_2S_2O_3$标准溶液滴定。

$KBrO_3$法主要用于测定有机物质。通常在$KBrO_3$标准溶液中加入过量的KBr，将溶液酸化后，BrO_3^-与Br^-发生如下反应

$$BrO_3^- + 5Br^- + 6H^+ = 3Br_2 + 3H_2O$$

生成的Br_2可取代某些有机化合物的氢。利用Br_2的取代反应，可以测定许多有机化合物。这样，酸化的$KBrO_3$－KBr混合溶液类似溴溶液，溴溶液不稳定，而$KBrO_3$－KBr混合溶液相当稳定，只有酸化后才析出游离Br_2，所以实际工作中应用$KBrO_3$－KBr混合溶液（或称溴化液）。现以测定挥发酚为例来说明$KBrO_3$法在水质分析中的应用。

2. 挥发酚的测定

工业废水中所含的酚类按能否与水蒸气一起蒸出，分为挥发酚与不挥发酚两种。挥发酚多指沸点在230℃以下的酚类，通常属一元酚，以苯酚（C_6H_5OH）计算。酚类属高毒物质，各种酚中挥发酚毒性最大。我国生活饮用水卫生标准规定，挥发酚的最大允许浓度为0.002mg/L。对含酚量高的废水可采用$KBrO_3$法。

在一定体积的水样中，加入一定量的$KBrO_3$－KBr标准溶液酸化后，则$KBrO_3$和KBr作用产生Br_2，Br_2与苯酚生成三溴苯酚。加入过量的KI与过量的Br_2作用，生成的I_2用$Na_2S_2O_3$标准溶液滴定，以淀粉为指示剂，滴定至终点，记录消耗$Na_2S_2O_3$溶液的体积$V_{Na_2S_2O_3(1)}$。再以同体积的蒸馏水做空白试验，按同样的操作步骤，滴定终点消耗$Na_2S_2O_3$溶液的体积记为$V_{Na_2S_2O_3(0)}$。有关反应式如下

$$BrO_3^- + 5Br^- + 6H^+ = 3Br_2 + 3H_2O$$

$$C_6H_5OH + 3Br_2 = C_6H_2Br_3OH + 3HBr$$

$$Br_2 + 2I^- = 2Br^- + I_2$$

$$2S_2O_3^{2-} + I_2 = S_4O_6^{2-} + 2I^-$$

反应式中$KBrO_3$、Br_2、I_2和$Na_2S_2O_3$之间的关系是

$$1mol\ KBrO_3 \sim 3mol\ Br_2 \sim 3mol\ I_2 \sim 6mol\ Na_2S_2O_3$$

故

$$n_{\frac{1}{6}KBrO_3} = n_{Na_2S_2O_3}$$

而且 $1mol\ C_6H_5OH \sim 3mol\ Br_2 \sim 3mol\ I_2 \sim 6mol\ Na_2S_2O_3$

故

$$n_{\frac{1}{6}C_6H_5OH} = n_{Na_2S_2O_3}$$

水样中苯酚的含量为

$$苯酚_{(1)} = \frac{(c_{\frac{1}{6}KBrO_3}V_{KBrO_3} - c_{Na_2S_2O_3}V_{Na_2S_2O_3(1)})\ M_{\frac{1}{6}C_6H_5OH}}{V_s} \times 1000mg/L \qquad (4-25)$$

空白水样中苯酚的含量为

$$苯酚_{(0)}=\frac{(c_{\frac{1}{6}KBrO_3}V_{KBrO_3}-c_{Na_2S_2O_3}V_{Na_2S_2O_3(0)})\ M_{\frac{1}{6}C_6H_5OH}}{V_s}\times 1000\text{mg/L} \tag{4-26}$$

式（4-25）减去式（4-26），即可得苯酚的实际含量

$$苯酚=\frac{c_{Na_2S_2O_3}\ (V_{Na_2S_2O_3(0)}-V_{Na_2S_2O_3(1)})\ M_{\frac{1}{6}C_6H_5OH}}{V_s}\times 1000\ \text{mg/L} \tag{4-27}$$

第五节　水中有机物污染指标

水中有机物污染指标主要有高锰酸盐指数、COD_{Cr}、BOD_5、TOC 和 TOD 等。这些污染指标从不同方面反映了水中有机物的相对含量和总的污染程度，且有其各自特点。

一、高锰酸盐指数、COD_{Cr}和 BOD_5

高锰酸盐指数、COD_{Cr}和 BOD 都是间接地表示水中有机污染的指标。高锰酸盐指数反应时间最短，但对有机物氧化率较低，主要应用于清洁水中有机物的测定。COD_{Cr}反应时间较长，对大部分有机物的氧化率可达 90%以上，主要应用于生活污水和工业废水中有机物的测定。这两种指标都不能反映出被微生物氧化分解的有机物的量。BOD_5 反映了被微生物氧化分解有机物的量，由于微生物的氧化能力有限，不能反映出全部有机物的总量，测定值低于理论计算需氧量，低于 COD_{Cr}，由于测定时间长，不利于及时指导生产。

对同一种污水和废水而言，一般有 $COD_{Cr}>BOD_5>$高锰酸盐指数，可以用 COD_{Cr}与 BOD_5 的差值近似表示水中不能被微生物氧化的有机物的量。根据废水的 BOD_5/COD_{Cr}值（一般在 0.4～0.8 之间），可以评价废水的可生化性以及是否可以采用生化法处理等。一般认为，废水中 BOD_5/COD_{Cr}值大于 0.3 时，适宜采用生化处理法；小于 0.3 则说明废水中不可生物降解的有机物较多，需寻求其他处理途径。

二、TOC 与 TOD

总有机碳（TOC）是指 1L 水中所含有机物质的总碳量，单位以 C，mg/L 表示。总需氧量（TOD）是指 1L 水中的还原性物质，主要是有机物质在燃烧中变成稳定的氧化物所需要的氧量，单位以 O_2，mg/L 表示。

TOC 与 TOD 都是利用燃烧法来测定水中有机物质的含量。所不同的是，TOC 是以碳的含量表示还原性物质所需要氧的数量，而 TOD 是以氧的含量表示还原性物质所需要的数量，它能反映出几乎全部有机物质（C、H、N、P、S）经燃烧后变成 CO_2、H_2O、NO、P_2O_5 和 SO_2 时所需要的氧量。根据 TOD 与 TOC 的比例关系，可以大体确定水中有机物的种类。对于只含有碳的化合物，一个碳原子燃烧需要两个氧原子，O_2/C 比值为 2.67，所以从理论上可知，TOD=2.67TOC。当水样的 TOD/TOC≈2.67，可认为水样中主要是含碳的有机物质；当 TOD/TOC<2.67 时，水样中硝酸盐和亚硝酸盐含量可能较大；当 TOD/TOC>4.0 时，水样中可能有较多的含 N、P 或 S 的有机物质。

思考题

4-1　氧化还原反应有何特点？影响氧化还原反应速度的主要因素有哪些？

4-2　标准电极电位与条件电极电位有何不同？影响标准电极电位与条件电极电位的因

素有哪些？

4-3 氧化还原滴定所用的指示剂有哪些种类？各有何特点？

4-4 举例说明如何选择氧化还原指示剂，简述氧化还原指示剂变色原理。

4-5 氧化还原滴定过程中电极电位的突跃如何计算？化学计量点时电极电位如何计算？化学计量点的位置与氧化剂和还原剂的电子转移数有何关系？

4-6 在1mol/L的酸度下，AsO_4^{3-} 能氧化 I^- 析出 I_2，而在pH值为8时，却能用 I_2 滴定 AsO_3^{3-} 生成 AsO_4^{3-}，试解释其原因。

4-7 比较高锰酸钾法与重铬酸钾法的特点。

4-8 简述用重铬酸钾法测定水样中有机物的含量。(要求：说明测定原理、测定条件、使用的试剂和指示剂、测定过程及出现的现象、滴定反应方程式、结果计算方法)

又：若水样中 $[Cl^-]>30mg/L$，应采取什么措施？

若加入重铬酸钾法后或水样回流后水样变绿说明什么问题？如何处理？

4-9 在化学需氧量测定过程中，从溶液回流到滴定终点颜色出现什么变化？分别代表什么物质？

4-10 简述 COD_{Cr}、COD_{Mn} 和DO的测定原理，并写出有关的反应式，各如何计算？

4-11 水中的溶解氧与哪些因素有关？测定水中溶解氧有何意义？

4-12 写出溶解氧测定过程中所观察到的现象及有关化学反应式，并指明每一个化合物的名称。

4-13 MnO_4^- 和 $C_2O_4^{2-}$ 在酸性溶液中反应时，Mn^{2+} 的存在有何影响？

4-14 碘量法中有哪些主要的误差来源？配制 $Na_2S_2O_3$ 标准溶液应注意哪些问题？

4-15 在间接碘量法中，用标准溶液滴定至终点，溶液的颜色由蓝色变为无色，经过几分钟，又出现蓝色，说明其原因。

4-16 标准溴化液由什么物质组成？写出有关的反应式。

习 题

4-1 碘量法测定水中的 Cu^{2+}，加入NaI还原 Cu^{2+}，反应方程式为

$$2Cu^{2+}+2I^- \rightleftharpoons 2Cu^+ + I_2$$

$$+)\ 2I^- + 2Cu^+ \rightleftharpoons 2CuI\downarrow$$

$$2Cu^{2+}+4I^- \rightleftharpoons 2CuI\downarrow + I_2$$

该氧化还原反应中各电对的标准电极电位为：$\varphi^{\ominus}_{Cu^{2+}/Cu^+}=0.159V$，$\varphi^{\ominus}_{I_2/I^-}=0.536V$

试通过计算 $\varphi^{\ominus'}_{Cu^{2+}/CuI}$ 电对的条件电极电位来说明该方法的可行性。已知 $K_{sp,CuI}=1.1\times10^{-12}$。

4-2 地下水除铁采用曝气法，溶解氧将水中 Fe^{2+} 氧化为 Fe^{3+}，并水解生成 $Fe(OH)_3$ 沉淀，反应方程式为：$4Fe^{3+}+8HCO_3^-+O_2+2H_2O \rightleftharpoons 4Fe(OH)_3\downarrow+8CO_2\uparrow$

该氧化还原反应中各电对的标准电极电位是：$\varphi^{\ominus}_{Fe^{3+}/Fe^{2+}}=0.77V$，$\varphi^{\ominus}_{O_2/OH^-}=0.40V$

试通过计算 $\varphi^{\ominus'}_{Fe(OH)_3/Fe^{2+}}$ 电对的条件电极电位来说明该方法的可行性。已知 $K_{sp,Fe(OH)_3}=3\times10^{-39}$。

4-3 计算0.1mol/L HCl溶液中，用 Fe^{3+} 滴定 Sn^{2+} 的化学计量点电位，并计算滴定到 99.9%和 100.1%时的电位。已知 $\varphi^{\ominus'}_{Fe^{3+}/Fe^{2+}}=0.70V$，$\varphi^{\ominus'}_{Sn^{4+}/Sn^{2+}}=0.14V$。

(0.33V，0.23～0.52V)

4-4 计算在 1mol/L H_2SO_4 溶液中用 $KMnO_4$ 溶液滴定 Fe^{2+} 的条件平衡常数。达到化学计量点时 $c_{Fe^{3+}}/c_{Fe^{2+}}$ 为多少？已知 $\varphi^{\ominus'}_{Fe^{3+}/Fe^{2+}}=0.70V$，$\varphi^{\ominus'}_{MnO_4^-/Mn^{2+}}=1.45V$。

(1.8×10^{65}，7.5×10^{10})

4-5 用 20.00mL $KMnO_4$溶液恰能氧化 0.1500g 的 $Na_2C_2O_4$，计算 $KMnO_4$溶液的浓度（$c_{KMnO_4}=$？$c_{\frac{1}{5}KMnO_4}=$？）。 (0.02238mol/L，0.1119mol/L)

4-6 将 0.1963g 纯 $K_2Cr_2O_7$溶于水，酸化后加入过量 KI，析出的 I_2需用 33.61mL $Na_2S_2O_3$溶液滴定至反应完全，计算 $Na_2S_2O_3$溶液的浓度 $c_{Na_2S_2O_3}$。 (0.1191mol/L)

4-7 用 KIO_3 为基准物标定 $Na_2S_2O_3$ 溶液，称取 0.1500g KIO_3 在酸性条件下与过量的 KI 作用，析出的碘用 $Na_2S_2O_3$ 溶液滴定，用去 24.00mL，求 $Na_2S_2O_3$ 溶液的浓度。

($c_{Na_2S_2O_3}=0.1752mol/L$)

4-8 在强酸性条件下，50.00mL 0.1200mol/L 的$\frac{1}{6}K_2Cr_2O_7$溶液与多少 mL 0.1000mol/L 的$\frac{1}{5}KMnO_4$溶液的氧化能力相等？ (60.00mL)

4-9 用 KIO_3 作基准物质标定 $Na_2S_2O_3$ 溶液，称取 0.2001g KIO_3 与过量 KI 作用，析出的碘用 $Na_2S_2O_3$ 溶液滴定，以淀粉作指示剂，终点时用去 27.80mL，问此 $Na_2S_2O_3$ 溶液浓度为多少（mol/L）？每 mL $Na_2S_2O_3$ 溶液相当于多少 g 碘（滴定度 g/mL），写出所发生的化学反应式。 (0.2018mol/L；0.02561g/mL)

4-10 用浓度为 0.1005mol/L 的 $K_2Cr_2O_7$ 溶液滴定 Fe^{2+}，1mL 该 $K_2Cr_2O_7$ 溶液能滴定多少 g Fe？若改用相同浓度的 $KMnO_4$ 溶液滴定 Fe^{2+}，则 1mL 该 $KMnO_4$ 溶液能滴定多少 g Fe_2O_3？ (0.03368g；0.04012g)

4-11 $KMnO_4$ 标准溶液的浓度为 $c_{\frac{1}{5}KMnO_4}=0.1241mol/L$，求：

(1) $T_{Fe/KMnO_4}$；(2) $T_{FeSO_4\cdot7H_2O/KMnO_4}$；(3) $T_{Fe_2O_3/KMnO_4}$。

[(1) 6.936mg/mL，(2) 34.53mg/mL，(3) 9.917mg/mL]

4-12 有一含酚废水，吸取 100.0mL 水样，加入标准溴化液（$KBrO_3-KBr$）25.00mL，加入 HCl 及过量 KI 后，用 0.1064mol/L $Na_2S_2O_3$ 溶液滴定，用去 20.04mL。另取 25.00mL 标准溴化液进行空白实验，用去同浓度 $Na_2S_2O_3$ 溶液 41.60mL，求废水中苯酚的含量。 (359.7mg/L)

4-13 取 20.00mL 废水测定化学需氧量，加入 10.00mL 0.2500mol/L 的$\frac{1}{6}K_2Cr_2O_7$，过量 $K_2Cr_2O_7$ 溶液，在强酸性条件下加热回流 2h，以试亚铁灵作指示剂，用 0.1100mol/L $(NH_4)_2Fe(SO_4)_2$ 溶液滴定至终点，消耗 18.00mL，以 20.00mL 蒸馏水按同样操作步骤作空白试验，消耗同浓度的 $(NH_4)_2Fe(SO_4)_2$ 溶液 20.18mL，计算水样中 COD_{Cr}的含量。

(95.92mg/L)

4-14 取已加入硫酸亚锰和碱性碘化钾将溶解氧固定的水样 100.0mL，用 0.02500mol/L $Na_2S_2O_3$ 溶液滴定至临近终点时加入淀粉指示剂，继续滴定至终点，消耗 $Na_2S_2O_3$溶液 4.20mL，计算水样中 DO 的含量。 (8.40mg/L)

4-15 取水样 100.0mL 于碘量瓶中，加入 0.5g KI 和 5mL 乙酸一乙酸钠缓冲溶液（pH=4），自滴定管加入 0.0100mol/L $Na_2S_2O_3$ 溶液至淡黄色，加入 1mL 淀粉溶液，继续用同浓度 $Na_2S_2O_3$ 溶液滴定至蓝色消失，共用去 1.21mL，求水样中余氯含量。

（4.29mg/L）

4-16 取水样 100.0mL，用 H_2SO_4 酸化后，加入 10.00mL 0.0100mol/L 的 $\frac{1}{5}KMnO_4$ 溶液，在沸水浴中加热 30min，趁热加入 10.00mL 0.0100mol/L 的 $\frac{1}{2}Na_2C_2O_4$ 溶液，摇匀后立即用同浓度 $KMnO_4$ 标准溶液滴定到显微红色，消耗 12.15mL，求水样中高锰酸盐指数。

（9.72mg/L）

4-17 测定水中的 SO_3^{2-}，在酸性溶液中，用 KIO_3 和过量的 KI 作用后析出游离的碘，将水中 SO_3^{2-} 氧化成 SO_4^{2-}，过量的碘与淀粉作用呈现蓝色即为终点。配制 KIO_3 标准溶液 1000mL，浓度为 1.00mL KIO_3 溶液相当于 1.00mg SO_3^{2-}，计算需称取 KIO_3 的质量。

（0.8910g）

4-18 称取 5.000g 漂白粉，加水溶解后移入 200mL 容量瓶中，稀释至刻度，摇匀后移取 20.00mL，加入 KI 和 HCl，析出的 I_2 用 0.1050mol/L $Na_2S_2O_3$ 标准溶液滴定至终点，消耗 38.75mL，计算漂白粉中有效氯的质量分数。漂白粉在酸性介质中与 KI 的反应为

$$Ca(ClO)Cl+2I^-+2H^+ = 2Cl^-+I_2+Ca^{2+}+H_2O$$ （28.84%）

4-19 取 100.0mL 含亚硝酸盐的废水，在酸性条件下，加入 25.00mL 0.01186mol/L 的 Ce^{4+} 标准溶液，反应 5min 后，过量的 Ce^{4+} 用硫酸亚铁铵标准溶液返滴定，用 22.68mL 0.01166mol/L 的亚铁标准溶液，计算水样中亚硝盐的含量（以 N 计，mg/L）。

（2.245mg/L）

4-20 取 50mL 含甲醇的工业废水，加 H_2SO_4 溶液与 25.00mL 0.2500mol/L 的 $\frac{1}{6}K_2Cr_2O_7$ 溶液作用，反应完成后，以试亚铁灵为指示剂，用 0.1000mol/L 的 $(NH_4)_2FeSO_4$ 溶液滴定至终点，消耗 10.60mL，求水样中甲醇的含量（以 mg/L 计）。

（554.3mg/L）

4-21 取含硫化物的工业废水 50.00mL，同时取 50.00mL 蒸馏水作空白试验，用乙酸锌溶液固定，过滤，其沉淀连同滤纸转入碘量瓶中，加蒸馏水 50mL 及 10mL 碘标准溶液和硫酸溶液，放置 5min，用 0.0100mol/L $Na_2S_2O_3$ 溶液滴定，水样和空白消耗 1.20mL 和 3.90mL。求水样中硫化物的含量（以 S^{2-}，mg/L 计）。 （8.66mg/L）

4-22 取生活污水 50mL，用水稀释至 1000mL，稀释水培养前的溶解氧为 9.80mg/L，稀释水培养后的溶解氧为 9.62mg/L，稀释水样培养前的溶解氧为 9.64mg/L，稀释水样培养后的溶解氧为 3.82mg/L，求生活污水的生化需量。 （113mg/L）

4-23 有一沉淀后的生活污水，20℃下测定结果为：稀释水当天 DO 为 9.80mg/L，培养 5 天后 DO 为 9.60mg/L；原污水当天 DO 为 2.20mg/L；2%稀释水样培养 5 天后 DO 为 3.50mg/L，3%稀释水样培养 5 天后 DO 为 2.50mg/L，求此生活污水的 BOD_5。

（298mg/L）

第五章　称量分析法和沉淀滴定法

内 容 提 要

本章介绍了称量分析法，沉淀溶解平衡及影响溶解度的因素，讨论了沉淀滴定法的基本原理，重点讨论了摩尔法、佛尔哈德法及其在水质分析中的应用。

学习要求

（1）了解称量分析法的一般程序、对沉淀形式和称量形式的要求，会计算称量分析法结果。

（2）理解溶度积及条件溶度积。掌握同离子效应、酸效应等因素对沉淀溶解平衡的影响。

（3）掌握分步沉淀和沉淀转化的原理及有关计算。

（4）掌握摩尔法、佛尔哈德法的滴定条件、原理及有关计算。

（5）重点掌握摩尔法在水质分析中的应用。

第一节　称 量 分 析 法

用适当的方法将待测组分从试样中分离后，转化为一定的称量形式，通过称量待测组分的质量来确定待测组分的含量，这种分析方法称为称量分析法（或质量分析法）。其特点是准确度较高，操作繁琐，需时较长，不适合微量组分的分析测定。

一、称量分析法分类

根据被测组分与试样中共存组分分离方法不同，称量分析法分沉淀法、气化法和提取法。

1. 沉淀法

利用沉淀反应使待测组分生成溶解度很小的沉淀，将沉淀经过滤、洗涤、烘干或灼烧后，转化为组成一定的物质，然后称其质量，再计算出待测组分的含量。如水中 SO_4^{2-} 含量的测定，在一定体积的试样中，先用过量的 Ba^{2+} 与 SO_4^{2-} 生成 $BaSO_4$ 沉淀，再将沉淀过滤、洗涤、灼烧至恒重，称出 $BaSO_4$ 的质量，由此求出 SO_4^{2-} 的含量。又如，用 $C_2O_4^{2-}$ 测定 Ca^{2+}，形成 $CaC_2O_4 \cdot 2H_2O$ 沉淀，经过滤、洗涤、灼烧至恒重，称出 CaO 的质量，由此求出 Ca^{2+} 的含量。

2. 气化法

利用加热或其他方法使待测组分从试样中挥发逸出，测定待测组分逸出前后试样的质量来计算待测组分的含量；或者用适当的吸收剂，将挥发逸出的待测组分吸收，测定待测组分前后吸收剂的质量来计算待测组分的含量。这种分析法称为气化质量法，简称为气化法。

用气化法可以测定样品的水分、残渣、挥发分和灰分。

（1）水分的测定。物质的水分包括表面水、吸着水、结晶水及组成水。加热几十摄氏度及自然风干后测定的是表面水；在105℃附近烘干测定的一般为吸着水；在105～200℃之间烘干测定的是结晶水；加热几百摄氏度以上测定的是组成水。表面水与吸着水之和是物质的水分。水中悬浮物质的测定就是采用在105℃附近烘干水样被过滤材料分离出来的固形物，滤液烘干后残渣部分为固体的含量。

（2）挥发分的测定。挥发分是指在灼烧（一般高于500℃）条件下，试样的有机物和无机物由于挥发和高温热解而损失掉的组分。分别称量灼烧前后样品的质量，二者之差值即为挥发分的质量。如水中挥发性固体的测定就是用这种方法测得。通常挥发分大致代表水中有机物的含量。

（3）灰分的测定。样品在高温（大于500℃）和有氧条件下灰化氧化，残留部分称为灰分。通常灰分大致代表水中无机物的含量。

3. 提取法

利用待测组分与试样中其他组分在两种互不相溶的溶剂中分配比的不同，加入某种提取剂使待测组分从试样中定量转入提取剂中，称量试样中剩余物的质量，或将提取剂中溶剂蒸发除去，称量剩下的被提物的质量，以计算待测组分的含量。

二、称量法对沉淀的要求

1. 对沉淀形式的要求

（1）沉淀的溶解度要小，要求沉淀的溶解损失不超过天平的称量误差，即小于0.2mg。

（2）沉淀易于洗涤和过滤。控制沉淀反应条件，尽量获得较大的晶形沉淀。对于无定形沉淀，应获得紧密结构的沉淀。

（3）沉淀应纯净，不含沉淀剂等杂质。

（4）沉淀应易于转化成称量形式。

2. 对称量形式的要求

（1）称量形式必须有确定的化学组成，否则无法计算。

（2）称量形式应性质稳定，不受空气中水分、CO_2 和 O_2 等的影响。

三、称量分析法计算

在称量分析中，待测组分、沉淀形式及称量形式往往是不同的，需要将称量形式的质量换算成待测组分的质量，二者的关系是

$$\frac{m_{\text{待测组分}}}{m_{\text{称量形式}}}=K\frac{M_{\text{待测组分}}}{M_{\text{称量形式}}} \tag{5-1}$$

式中：$m_{\text{待测组分}}$ 和 $m_{\text{称量形式}}$ 分别为待测组分和称量形式的质量，g；$M_{\text{待测组分}}$ 和 $M_{\text{称量形式}}$ 分别为待测组分和称量形式的摩尔质量，g/moL；K 为系数，乘上 K 后，可使分子与分母中待测元素的原子数相等。

定义换算因数 F 为

$$F=K\frac{M_{\text{待测组分}}}{M_{\text{称量形式}}}$$

于是，待测组分的质量为

$$m_{\text{待测组分}}=m_{\text{称量形式}}F \tag{5-2}$$

将上式代入待测组分质量分数或质量浓度定义式，则

$$w_{待测}=\frac{m_{称量形式}F}{m_{试样}}\times100\% \tag{5-3}$$

$$\rho_{待测}=\frac{m_{称量形式}F}{V_s}\times10^6\ \text{mg/L} \tag{5-4}$$

【例 5-1】 取 100.0mL 水样，加入过量的 $BaCl_2$，SO_4^{2-} 与 Ba^{2+} 形成 $BaSO_4$ 沉淀，灼烧后称得的质量为 0.2128g。求水样中硫酸根离子的含量。

解 本题的待测组分是 SO_4^{2-}，沉淀形式是 $BaSO_4$，称量形式是 $BaSO_4$，换算因数为

$$F=\frac{M_{SO_4^{2-}}}{M_{BaSO_4}}$$

所以 $$\rho_{SO_4^{2-}}=\frac{m_{BaSO_4}F}{V_s}\times10^6=\frac{m_{BaSO_4}\frac{M_{SO_4^{2-}}}{M_{BaSO_4}}}{V_s}\times10^6$$

$$=\frac{0.2128\times\frac{96.08}{233.39}}{100.0}\times10^6=876.0\ (\text{mg/L})$$

第二节　沉淀溶解平衡与影响溶解度的因素

一、沉淀溶解平衡

1. 固有溶解度和溶解度

对水溶液中 1∶1 型微溶化合物 MA，MA 溶解达到饱和状态时，平衡关系为

$$MA_{固} \rightleftharpoons MA_{水} \rightleftharpoons M^+ + A^-$$

在水溶液中有 M^+、A^- 及未解离的 $MA_{水}$。$MA_{水}$ 可以是分子状态，也可以是 $M^+\cdot A^-$ 离子对化合物，如

$$AgCl_{固} \rightleftharpoons AgCl_{水} \rightleftharpoons Ag^+ + Cl^-$$

$$CaSO_{4,固} \rightleftharpoons Ca^{2+}_{水}\cdot SO^{2-}_{4,水} \rightleftharpoons Ca^{2+} + SO_4^{2-}$$

根据 $MA_{固}$ 和 $MA_{水}$ 之间的沉淀平衡，以 s^0 表示常数，则

$$s^0=\frac{\alpha_{MA,水}}{\alpha_{MA,固}}$$

因固体活度 $\alpha_{MA,固}=1$，中性分子的活度系数近似为 1，则

$$s^0=\alpha_{MA,水}=\gamma_{MA}\ [MA]_{水}=[MA]_{水}$$

可见溶液中分子或离子对化合物状态 $MA_{水}$ 的浓度为一常数，s^0 称为该物质的固有溶解度或分子溶解度。若溶液中不存在其他平衡，则固体 $MA_{固}$ 的溶解度 s 等于固有溶解度 s^0 和离子 M^+ 或 A^- 的浓度之和，即

$$s=s^0+[M^+]=s^0+[A^-]$$

对于大多数微溶化合物，s^0 较小，计算时可忽略不计。此时微溶化合物的溶解度 s 等于离子 M^+ 或 A^- 的浓度，即

$$s=[M^+]=[A^-] \tag{5-5}$$

2. 活度积与溶度积

当微溶化合物 MA 溶解于水中，除简单的水合离子外，其他形式的化合物均可忽略，

根据 MA 在水溶液中的平衡关系，得到

$$K_{sp}^{0}=\alpha_{M^+}\alpha_{A^-}$$

K_{sp}^{0}是微溶化合物的活度积常数，简称活度积。它仅随温度变化，若以浓度表示沉淀的溶解平衡，则

$$K_{sp}^{0}=\alpha_{M^+}\alpha_{A^-}$$
$$=\gamma_{M^+}[M^+]\gamma_{A^-}[A^-]=\gamma_{M^+}\gamma_{A^-}[M^+][A^-]=\gamma_{M^+}\gamma_{A^-}K_{sp}$$

故
$$K_{sp}=[M^+][A^-]=\frac{K_{sp}^{0}}{\gamma_{M^+}\gamma_{A^-}} \tag{5-6}$$

K_{sp}称为溶度积常数，简称溶度积。其大小与溶液中离子强度有关。由于微溶化合物的溶解度一般都很小，溶液中的离子强度不大，故通常不考虑离子强度的影响。如果溶液中离子强度较大时，使用活度积才符合实际情况。

3. 溶解度与溶度积的关系

对于 1∶1 型的沉淀 MA，由式（5-5）和式（5-6）可知

$$s=[M^+]=[A^-]=\sqrt{K_{sp}}$$

对于 M_mA_n 型沉淀，其溶解平衡关系为

$$M_mA_n\text{（固）}\rightleftharpoons mM^{n+}+nA^{m-}$$
$$K_{sp}=[M^{n+}]^m[A^{m-}]^n \tag{5-7}$$

设 M_mA_n 的溶解度为 s，即表示平衡时每升溶液中有 s（mol）的 M_mA_n 溶解，此时同时产生 ms 的 M^{n+} 和 ns 的 A^{m-}，即

$$[M^{n+}]=ms,\ [A^{m-}]=ns$$
$$K_{sp}=(ms)^m(ns)^n=m^mn^ns^{m+n}$$
$$s=\left(\frac{K_{sp}}{m^mn^n}\right)^{\frac{1}{m+n}} \tag{5-8}$$

4. 条件溶度积

在一定温度下，微溶电解质 MA 在纯水中其 K_{sp}是一定的，它的大小是由微溶电解质本身的性质决定的。实际上，在沉淀溶解反应中除主反应外，还有副反应发生。例如，在溶液中 M^+可能与其他配位剂发生配位反应或与 OH^-反应，A^-可能与 H^+反应，总的副反应为

$$\begin{array}{cccccc} MA(\text{固}) & \rightleftharpoons & M & & + & A \\ & OH\swarrow & & \searrow L & & \Vert H \\ & MOH & & ML & & HA \\ & \vdots & & \vdots & & \vdots \end{array}$$

此时溶液中 M^+和 A^-的总浓度分别为 $[M']$ 和 $[A']$，引入相应的副反应系数 α_M 和 α_A，则

$$K_{sp}=[M^+][A^-]=\frac{[M'][A']}{\alpha_M\alpha_A}=\frac{K'_{sp}}{\alpha_M\alpha_A}$$

即
$$K'_{sp}=[M'][A']=K_{sp}\alpha_M\alpha_A \tag{5-9}$$

K'_{sp}称为条件溶度积。考虑了沉淀溶解平衡反应中副反应的影响因素，只有在温度、离子强度和酸度等条件一定时才是常数。由此可见，由于副反应发生，α_M、α_A 大于 1，使条件溶度积 K'_{sp}大于 K_{sp}。

二、影响沉淀溶解度的因素

1. 同离子效应

当沉淀达平衡后，若向溶液中加入组成沉淀的构晶离子试剂或溶液，使沉淀溶解度降低的现象称为同离子效应。组成沉淀晶体的离子称为构晶离子。

【例 5-2】 称量法测定 SO_4^{2-} 含量时，以 $BaCl_2$ 为沉淀剂，计算加入等物质的量和过量 0.01mol/L $BaCl_2$ 时，在 200mL 溶液中 $BaSO_4$ 沉淀的溶解损失。

解 Ba^{2+} 与 SO_4^{2-} 等物质的量反应，$BaSO_4$ 沉淀溶解度为

$$s=\sqrt{K_{sp}}=\sqrt{1.1\times10^{-8}}=1.0\times10^{-5}\text{mol/L}$$

在 200mL 溶液中 $BaSO_4$ 沉淀的溶解损失为

$$1.0\times10^{-5}\times233.4\times200=0.5\text{mg}>0.2\text{mg}$$

Ba^{2+} 过量 0.01mol/L 与 SO_4^{2-} 反应，$BaSO_4$ 沉淀溶解度为

$$s=[SO_4^{2-}]=\frac{K_{sp}}{[Ba^{2+}]}=\frac{1.1\times10^{-10}}{0.01}=1.1\times10^{-8}\text{mol/L}$$

在 200mL 溶液中，$BaSO_4$ 沉淀的溶解损失为

$$1.0\times10^{-8}\times233.4\times200=5.1\times10^{-4}\text{mg}\ll0.2\text{mg}$$

此时沉淀已经完全。

在实际工作中，加入过量沉淀剂可以增大构晶离子的浓度，降低沉淀溶解度，减小沉淀溶解损失。但过多加入沉淀剂会增大盐效应或其他配位副反应，而使溶解度增大。沉淀剂用量一般过量 50%～100%为宜，对非挥发性的沉淀剂，以过量 20%～30%为宜。

2. 盐效应

溶液中存在大量强电解质使沉淀溶解度增大的现象称为盐效应。

【例 5-3】 分别计算 $BaSO_4$ 在纯水和 0.01mol/L $NaNO_3$ 溶液中的溶解度。

解 $BaSO_4$ 在水中溶解度为

$$s_1=\sqrt{K_{sp,BaSO_4}}=\sqrt{1.1\times10^{-10}}=1.0\times10^{-5}\ (\text{mol/L})$$

已知 $\gamma_{Ba^{2+}}=\gamma_{SO_4^{2-}}=0.67$，则 $BaSO_4$ 在 0.01mol/L $NaNO_3$ 溶液中溶解度为

$$s_2=[Ba^{2+}]=[SO_4^{2-}]=\sqrt{\frac{K^0_{sp,BaSO_4}}{\gamma_{Ba^{2+}}\gamma_{SO_4^{2-}}}}=\sqrt{\frac{1.1\times10^{-10}}{0.67\times0.67}}=1.6\times10^{-5}\ (\text{mol/L})$$

与纯水中的溶解度相比较增加 60%。

同理可计算，AgCl 在纯水和 0.01mol/L $NaNO_3$ 溶液中的溶解度分别为 1.3×10^{-5}mol/L 和 1.5×10^{-5}mol/L，已知 $\gamma_{Ag^+}=\gamma_{Cl^-}=0.90$，与纯水中的溶解度相比增加 15%。

盐效应增大沉淀的溶解度，且构晶离子的电荷越高，影响越严重。这是由于高价离子的活度系数受离子强度的影响较大。在利用同离子效应降低沉淀溶解度时，应考虑盐效应的影响。沉淀剂过量太多，除产生同离子效应外，还会产生盐效应。会使沉淀的溶解度增大。例如 $PbSO_4$ 在不同浓度的 Na_2SO_4 溶液中溶解度的变化情况见表 5-1。

表 5-1 **$PbSO_4$ 在不同浓度的 Na_2SO_4 溶液中溶解度**

$c_{Na_2SO_4}$(mol/L)	0	0.001	0.01	0.02	0.04	0.10	0.20
s_{PbSO_4}(mol/L)	0.15	0.024	0.016	0.014	0.013	0.016	0.023

由表 5-1 可看出，开始 $PbSO_4$ 的溶解度随着 Na_2SO_4 浓度的增大而减小，以同离子效应为主；当 Na_2SO_4 浓度超过 0.04mol/L 以后，以盐效应为主。

3. 酸效应

溶液的酸度对沉淀溶解度的影响称为酸效应。酸效应产生的原因是溶液中的 H^+ 或 OH^- 与组成沉淀的构晶离子发生反应，使构晶离子的浓度降低，沉淀的溶解度增大。

以 CaC_2O_4 为例，在溶液中有下列平衡

$$CaC_2O_4 \rightleftharpoons Ca^{2+} + C_2O_4^{2-} \xrightleftharpoons{+H^+} HC_2O_4^- \xrightleftharpoons{+H^+} H_2C_2O_4$$

当溶液中 H^+ 浓度增大时，平衡向右移动，使 CaC_2O_4 的溶解度增大。设 CaC_2O_4 的溶解度为 s（mol/L），则

$$s = [Ca^{2+}] = [C_2O_4^{2-}]_{总}$$

$$\alpha_{C_2O_4^{2-}(H)} = \frac{[C_2O_4^{2-}]_{总}}{[C_2O_4^{2-}]} = \frac{[C_2O_4^{2-}] + [HC_2O_4^-] + [H_2C_2O_4]}{[C_2O_4^{2-}]}$$

$$= 1 + \frac{[H^+]}{K_{a2}} + \frac{[H^+]^2}{K_{a1}K_{a2}} = 1 + \beta_1[H^+] + \beta_2[H^+]^2 \tag{5-10}$$

考虑由溶液的酸度所引起的 $C_2O_4^{2-}$ 酸效应系数，则 CaC_2O_4 的条件溶度积为

$$K'_{sp} = [Ca^{2+}][C_2O_4^{2-}]_{总} = [Ca^{2+}][C_2O_4^{2-}]\alpha_{C_2O_4^{2-}(H)} = K_{sp}\alpha_{C_2O_4^{2-}(H)}$$

故

$$s = [Ca^{2+}] = [C_2O_4^{2-}]_{总} = \sqrt{K_{sp}\alpha_{C_2O_4^{2-}(H)}}$$

【例 5-4】 比较 CaC_2O_4 在纯水及 pH 值为 4.00 的溶液中的溶解度。已知 $K_{sp} = 2.0 \times 10^{-9}$，$H_2C_2O_4$ 的 $K_{a1} = 5.9 \times 10^{-5}$，$K_{a2} = 6.4 \times 10^{-5}$。

解　设在纯水中的溶解度为 s_1：

$$s_1 = [Ca^{2+}] = [C_2O_4^{2-}] = \sqrt{K_{sp}}$$

$$= \sqrt{2.0 \times 10^{-9}} = 4.5 \times 10^{-5} \text{（mol/L）}$$

在 pH=4.00 溶液中的溶解度为 s_2：

$$s_2 = \sqrt{K'_{sp}} = \sqrt{K_{sp}\alpha_{C_2O_4^{2-}(H)}}$$

$$\alpha_{C_2O_4^{2-}(H)} = 1 + \frac{[H^+]}{K_{a2}} + \frac{[H^+]^2}{K_{a1}K_{a2}}$$

$$= 1 + \frac{10^{-4.00}}{6.4 \times 10^{-5}} + \frac{(10^{-4.00})^2}{5.9 \times 10^{-2} \times 6.4 \times 10^{-5}}$$

$$= 2.56$$

$$s_2 = \sqrt{K_{sp}\alpha_{C_2O_4^{2-}(H)}} = \sqrt{2.0 \times 10^{-9} \times 2.56} = 7.2 \times 10^{-5} \text{（mol/L）}$$

由上述计算可知，CaC_2O_4 随溶液酸度的增加，其溶解度降低。

4. 配位效应

当溶液中存在能与沉淀的构晶离子形成配合物的配位剂时，使沉淀溶解度增大，甚至不产生沉淀，这种现象称为配位效应。例如，在 AgCl 的沉淀溶液中加入氨水，由于 NH_3 与 Ag^+ 形成 $[Ag(NH_3)_2]^+$，而使 AgCl 的溶解度增大，甚至全部溶解。

$$AgCl \rightleftharpoons Ag^+ + Cl^-$$
$$Ag^+ \xrightleftharpoons{2NH_3} [Ag(NH_3)_2]^+$$

【例 5-5】 计算 AgCl 沉淀在 0.010mol/L 氨性溶液中的溶解度。已知 AgCl 的 $K_{sp}=1.8\times10^{-10}$，$[Ag(NH_3)_2]^+$ 的 $\beta_1=2.1\times10^3$，$\beta_2=1.7\times10^7$。

解 由于 AgCl 沉淀的溶解平衡中有副反应发生，所以应考虑配位效应的影响。

$$s=\sqrt{K'_{sp}}=\sqrt{K_{sp}\alpha_{Ag(NH_3)}}$$
$$\alpha_{Ag(NH_3)}=1+\beta_1[NH_3]+\beta_2[NH_3]^2$$
$$=1+2.1\times10^3\times0.010+1.7\times10^7\times(0.010)^2$$
$$=1.7\times10^3$$
$$s=\sqrt{K_{sp}\alpha_{Ag(NH_3)}}$$
$$=\sqrt{1.8\times10^{-10}\times1.7\times10^3}=5.5\times10^{-4}\ (mol/L)$$

有些沉淀剂进行沉淀反应时本身就是配位剂，沉淀剂过量时，既有同离子效应，又有配位效应。如果沉淀剂适当过量，则有利于沉淀的生成；如果过量太多，则会促使沉淀溶解，影响测定结果。例如用 NaCl 沉淀溶液中的 Ag^+，最初生成 AgCl 沉淀，当 NaCl 浓度较小时，AgCl 的溶解度随 NaCl 浓度的增大而迅速减小，同离子效应起主要作用。当 NaCl 浓度增加到一定程度之后，过量的 Cl^- 与 AgCl 配位形成 $AgCl_2^-$、$AgCl_3^{2-}$ 等配位离子，使 AgCl 沉淀溶解度反而增大，甚至比在纯水中的溶解度还要大。表 5-2 列出 AgCl 沉淀在不同浓度的 NaCl 溶液中的溶解度。

表 5-2　AgCl 沉淀在不同浓度的 NaCl 溶液中的溶解度

过量 NaCl 浓度（mol/L）	0	3.9×10^{-3}	9.2×10^{-3}	3.6×10^{-2}	8.8×10^{-2}	3.5×10^{-1}	5×10^{-1}
AgCl 溶解度（mol/L）	1.3×10^{-5}	7.2×10^{-7}	9.1×10^{-7}	1.9×10^{-6}	3.6×10^{-6}	1.7×10^{-5}	2.8×10^{-5}

5. 影响沉淀溶解度的其他因素

（1）温度的影响。沉淀溶解反应一般是吸热反应，沉淀的溶解度一般随温度的升高而增大。

（2）溶剂的影响。无机物沉淀大多数是离子晶体，在纯水中的溶解度比在有机溶剂中大。例如，$PbSO_4$、$CaSO_4$ 沉淀在水中的溶解度大于在乙醇、丙酮等有机溶剂中的溶解度。

（3）沉淀颗粒大小。同一种沉淀，颗粒越小，溶解度越大。这是因为小颗粒沉淀的总表面积大，与溶液接触的机会就多，沉淀溶解的量也就多。

三、分步沉淀与沉淀的转化

1. 分步沉淀

当溶液中存在多种可被沉淀的离子时，加入沉淀剂，根据溶度积大小的不同进行先后沉淀的次序，叫做分步沉淀。

【例 5-6】 溶液中含有浓度均为 0.1mol/L 的 Cl^- 和 CrO_4^{2-}，逐滴加入 $AgNO_3$，通过计算说明沉淀的先后顺序。当第二种沉淀生成时，第一种沉淀是否完全？

解 溶液中的反应为

$$Ag^+ + Cl^- \rightleftharpoons AgCl\downarrow\ （白色），K_{sp,AgCl}=1.8\times10^{-10}$$

$$2Ag^+ + CrO_4^{2-} \rightleftharpoons Ag_2CrO_4\downarrow \text{（砖红色）}，K_{sp,Ag_2CrO_4} = 2.0\times10^{-12}$$

开始形成 $AgCl\downarrow$ 时所需 Ag^+ 的浓度为

$$[Ag^+]_{AgCl} = \frac{K_{sp,AgCl}}{[Cl^-]} = \frac{1.8\times10^{-10}}{0.1} = 1.8\times10^{-9}(mol/L)$$

开始形成 $Ag_2CrO_4\downarrow$ 时所需 Ag^+ 的浓度为

$$[Ag^+]_{Ag_2CrO_4} = \sqrt{\frac{K_{sp,Ag_2CrO_4}}{[CrO_4^{2-}]}} = \sqrt{\frac{2.0\times10^{-12}}{0.1}} = 4.5\times10^{-6}(mol/L)$$

可见，开始形成 $AgCl\downarrow$ 时所需 Ag^+ 的浓度小，先达到 AgCl 的溶度积，即生成 $AgCl\downarrow$。

当滴入 Ag^+ 的浓度达到 4.5×10^{-6} mol/L，开始形成 $Ag_2CrO_4\downarrow$，此时溶液中 Cl^- 的浓度为

$$[Cl^-] = \frac{K_{sp,AgCl}}{[Ag^+]} = \frac{1.8\times10^{-10}}{4.5\times10^{-6}} = 4\times10^{-5}(mol/L)$$

可见，溶液中 Cl^- 的浓度远小于起始浓度 0.1mol/L，可以认为在开始形成 $Ag_2CrO_4\downarrow$，Cl^- 已经沉淀完全，通常将溶液中离子浓度小于 10^{-5} mol/L 可认为沉淀完全。

2. 沉淀的转化

将微溶化合物溶解度较大的沉淀转化为溶解度较小的沉淀叫沉淀的转化。根据溶解度的大小判断沉淀的转化。

例如，在微溶化合物 AgCl 溶液中，到达沉淀溶解平衡后，加入 NH_4SCN 溶液，$AgCl\downarrow$ 会转化为 $AgSCN\downarrow$。由于 $K_{sp,AgCl}$（1.8×10^{-10}）大于 $K_{sp,AgSCN}$（1.0×10^{-12}）。转化反应为

$$AgCl\downarrow + SCN^- = AgSCN\downarrow + Cl^-$$

第三节　沉淀滴定法的基本原理

一、概述

利用物质之间的沉淀反应进行滴定分析的方法称为沉淀滴定法。沉淀反应虽然很多，但并不是所有的沉淀反应都能用于滴定分析。用于沉淀滴定分析的反应需具备以下条件：

（1）按一定的化学反应式定量地完成，生成沉淀的溶解度要小。

（2）反应速度要快。

（3）能够用适当的指示剂或其他方法确定滴定的终点。

（4）沉淀的共沉和吸附现象不影响终点的确定。

能满足上述条件且应用较广的微溶银盐的沉淀反应为

$$Ag^+ + X^- = AgX\downarrow$$

这里 X^- 可以是 Cl^-、Br^-、I^-、CN^- 和 SCN^- 等离子。以这类反应为基础的沉淀滴定法称为银量法。银量法主要用于测定 Cl^-、Br^-、I^-、CN^-、SCN^- 和 Ag^+ 等离子。按测定条件及选用指示剂的不同，银量法分为莫尔法、佛尔哈德法及法扬司法。

二、沉淀滴定曲线

沉淀滴定曲线是以加入的沉淀剂量为横坐标，以溶液中金属离子浓度的负对数（pM）或阴离子浓度的负对数（pX）为纵坐标绘制的曲线。

以 0.1000mol/L $AgNO_3$ 溶液滴定 20.00mL 0.1000mol/L NaCl 溶液为例进行讨论。

$$Ag^+ + Cl^- \longrightarrow AgCl\downarrow$$

$$[Ag^+][Cl^-] = K_{sp,AgCl} = 1.8\times10^{-10}$$

$$pAg + pCl = pK_{sp,AgCl} = 9.74$$

（1）滴定前。为 0.1000mol/L NaCl 溶液，$[Cl^-]=0.1000$mol/L，pCl=1.00。

（2）滴定开始至化学计量点前。溶液中的剩余的 $[Cl^-]$，取决于剩余的 NaCl 的浓度。

当滴入 19.98mL $AgNO_3$ 溶液时

$$[Cl^-] = \frac{0.1000\times(20.00-19.98)}{20.00+19.98} = 5.0\times10^{-5}(mol/L)$$

$$pCl = 4.30$$

$$pAg = 5.44$$

（3）化学计量点时。滴入 20.00mL $AgNO_3$ 溶液，溶液为 AgCl 的饱和溶液。

$$[Ag^+] = [Cl^-] = \sqrt{K_{sp,AgCl}} = 1.3\times10^{-5}(mol/L)$$

$$pAg = pCl = 4.87$$

（4）化学计量点后。溶液的 Ag^+ 浓度由过量的 $AgNO_3$ 浓度决定。

当滴入 20.02 mL $AgNO_3$ 溶液时

$$[Ag^+] = \frac{(20.02-20.00)\times0.1000}{20.02+20.00} = 5.0\times10^{-5}(mol/L)$$

$$pAg = 4.30$$

$$pCl = 5.44$$

同样按照类似方法可以求出其他各点的 pAg、pCl，列于表 5-3 中。以 0.1000mol/L $AgNO_3$ 溶液的加入量为横坐标，以对应的 pAg（或 pCl）为纵坐标绘制的沉淀滴定曲线见图 5-1。

表 5-3　$AgNO_3$ 溶液滴定 NaCl 溶液 pAg、pCl 的变化

$AgNO_3$ 体积（mL）	$AgNO_3$ 百分数（%）	pAg	pCl
0.00	0.0		1.00
10.00	50.0	8.26	1.48
18.00	90.0	7.46	2.28
19.80	99.0	6.44	3.30
19.98	**99.9**	**5.44**	**4.30**
20.00	**100.0**	**4.87**	**4.87**
20.02	**100.1**	**4.30**	**5.44**
30.00	150.0	1.70	8.04
40.00	200.0	1.48	8.26

沉淀滴定曲线与酸碱滴定曲线相似。突跃范围的大小取决于反应物浓度和沉淀的溶度积常数 K_{sp}。反应物的浓度越大，滴定突跃就越大；沉淀的溶度积常数 K_{sp} 越大，滴定突跃就越小。图 5-1 分别做出了用 $AgNO_3$ 滴定同浓度 Cl^- 和 I^- 的滴定曲线，由于 $K_{sp,AgCl}$（1.8×

10^{-10}）大于 $K_{sp,AgI}$（1.0×10^{-12}），所以，用 $AgNO_3$ 滴定 Cl^- 的突跃比滴定同浓度 I^- 的滴定突跃小。

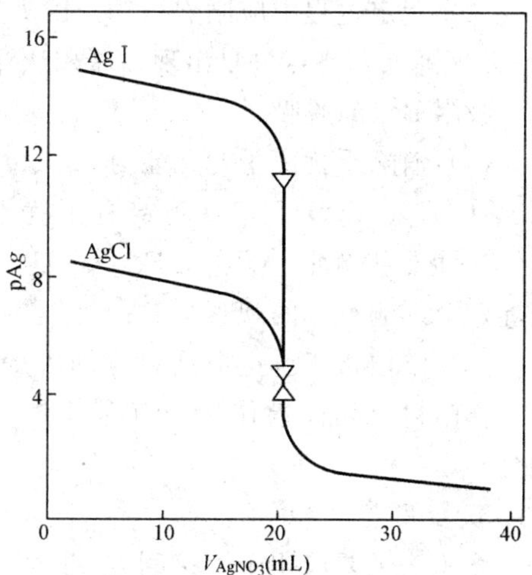

图 5-1　0.1000mol/L $AgNO_3$ 滴定同浓度 Cl^- 和 I^- 的滴定曲线

三、摩尔法—利用生成有色沉淀指示滴定终点

1. 原理

摩尔法是以 K_2CrO_4 为指示剂，$AgNO_3$ 作标准溶液，主要用于直接滴定 Cl^-（或 Br^-）。由于 AgCl（或 AgBr）的溶解度比 Ag_2CrO_4 小，而且颜色有显著的差异，根据分步沉淀的原理，溶液中首先析出 AgCl（或 AgBr）沉淀：

$$Ag^+ + Cl^- = AgCl\downarrow \text{（白色）}$$

当 Cl^-（或 Br^-）反应完全后，微过量加入的 $AgNO_3$ 与 K_2CrO_4 形成砖红色 Ag_2CrO_4 沉淀：

$$2Ag^+ + CrO_4^{2-} = Ag_2CrO_4\downarrow \text{（砖红色）}$$

从而指示滴定终点。

2. 滴定条件

（1）指示剂的用量。用 $AgNO_3$ 标准溶液滴定 Cl^-，达到化学计量点时，恰好析出 Ag_2CrO_4 沉淀所应控制的浓度可以从理论上求得。

$$[Ag^+] = [Cl^-] = \sqrt{K_{sp,AgCl}} = \sqrt{1.8\times10^{-10}} = 1.34\times10^{-5}\ \text{(mol/L)}$$

此时，若 Ag_2CrO_4 开始析出沉淀，CrO_4^{2-} 的浓度应为

$$[Ag^+]^2\,[CrO_4^{2-}] \geqslant K_{sp,Ag_2CrO_4}$$

$$[CrO_4^{2-}] \geqslant \frac{K_{sp,Ag_2CrO_4}}{[Ag^+]^2} = \frac{2.0\times10^{-12}}{(1.34\times10^{-5})^2} = 1.1\times10^{-2}\ \text{(mol/L)}$$

滴定过程中，若 K_2CrO_4 浓度大于理论浓度，即 K_2CrO_4 浓度大，则会使终点提前出现，而且 K_2CrO_4 的黄色较深，将影响滴定终点的观察；若 K_2CrO_4 浓度过于小于理论浓度，即浓度过低，滴定终点将延后，也会影响滴定的准确度。在实际工作中，K_2CrO_4 的浓度比理论用量要小一些，以 5.0×10^{-3} mol/L 为宜，在 100mL 滴定液中，加入 10% K_2CrO_4 溶液 1mL 就符合要求。因为 $AgNO_3$ 标准溶液滴定 Cl^-，滴定终点出现 Ag_2CrO_4 砖红色沉淀，此时，$AgNO_3$ 是稍微过量的，过量的 $AgNO_3$ 可通过空白试验消除。

（2）滴定应在中性或弱碱性介质中进行，即适宜 pH＝6.5～10.5。因为在酸性介质中，CrO_4^{2-} 将转化为 $Cr_2O_7^{2-}$

$$2H^+ + 2CrO_4^{2-} = 2HCrO_4^- = Cr_2O_7^{2-} + H_2O$$

由于 CrO_4^{2-} 浓度减小，使 Ag_2CrO_4 沉淀出现过迟，甚至无法指示滴定终点。对于酸性溶液，应事先用稀 $NaHCO_3$ 中和。在强碱性溶液中，Ag^+ 形成 Ag_2O 沉淀，可用稀 HNO_3 中和。

对于有 NH_4^+ 存在的溶液，pH 值应控制在 6.5～7.2，因为 pH 值高时，NH_4^+ 生成的 NH_3 与 AgCl 反应

$$AgCl + 2NH_3 = Ag(NH_3)_2Cl$$

AgCl 的溶解度增大，结果偏高。

(3) 滴定过程中应剧烈摇动。因为生成的 AgCl 沉淀容易吸附溶液中的 Cl^-，使溶液中 Cl^- 浓度降低，终点过早出现。摩尔法测定 Br^- 时，更容易吸附 Br^-，应剧烈摇动，使 AgBr 沉淀吸附 Br^- 的脱吸。

(4) 消除干扰离子。凡能与 Ag^+ 生成难溶化合物的阴离子，如 PO_4^{3-}、AsO_4^{3-}、SO_3^{2-}、S^{2-}、CO_3^{2-}、$C_2O_4^{2-}$ 等对测定有干扰。能与 CrO_4^{2-} 生成难溶化合物的阳离子，如 Ba^{2+}、Pb^{2+} 等也干扰测定。另外，Fe^{3+}、Al^{3+} 等高价阳离子在中性或弱碱性溶液中发生水解产生沉淀，会影响终点的观察。

(5) 空白校正。空白试验应加入少许纯 $CaCO_3$（相当于滴定时产生的 AgCl 沉淀的底色）作陪衬，起背景作用，有利于终点颜色的判断，用 $AgNO_3$ 标准溶液滴定相同终点颜色。

3. 应用范围

摩尔法主要应用于直接测定 Cl^-、Br^- 和 CN^-，不适宜测定 I^- 和 SCN^-，因为 AgI 和 AgSCN 沉淀对 I^- 和 SCN^- 有强烈吸附作用，即使剧烈摇动也无法使之释放出来。

此法不适用于以 NaCl 标准溶液直接滴定 Ag^+，因为 Ag_2CrO_4 转化为 AgCl 沉淀的速度比较慢，使终点出现过迟。如果用摩尔法测定 Ag^+，则必须采用返滴定法，即在试液中先加入准确量的 NaCl 标准溶液，然后再用 $AgNO_3$ 标准溶液回滴过量的 Cl^-。

4. 摩尔法的应用

(1) $AgNO_3$ 标准溶液的配制与标定。用基准试剂 $AgNO_3$ 可以直接配制标准溶液。市售 $AgNO_3$ 常含有杂质，如金属银、氧化银、游离硝酸等。通常先配制近似浓度的 $AgNO_3$ 溶液，然后用基准物质 NaCl 进行标定。NaCl 易吸潮，应将 NaCl 在 500～600℃灼烧，再放入干燥器中冷却至室温后使用。

此外应注意三点：一是配制 $AgNO_3$ 溶液所用的蒸馏水应不含 Cl^-；二是 $AgNO_3$ 溶液见光易分解，遇还原性有机物质也能分解，应将配好的 $AgNO_3$ 溶液储存在棕色试剂瓶中，用棕色滴定管装 $AgNO_3$ 标准溶液；三是标定时应作空白试验。

(2) 水中氯离子的测定。天然水几乎都含有 Cl^-，其含量变化范围很大，若饮用水含量达到 250mg/L 时，会令人感到咸味。生活污水和工业废水都含有大量的 Cl^-，工业用水中 Cl^- 含量高时，对设备、金属管道和构筑物都有腐蚀作用。电厂锅炉用水对 Cl^- 含量有严格的要求。水中 Cl^- 含量一般采用摩尔法测定。

在一定体积水样中，中性或弱碱性条件下，用 K_2CrO_4 作指示剂，用 $AgNO_3$ 标准溶液直接滴定至橙红色为终点，记下消耗体积为 V_{AgNO_3}，同时作空白试验，消耗 $AgNO_3$ 溶液的体积为 $V_{AgNO_3(0)}$。水中 Cl^- 含量为

$$\rho_{Cl^-}=\frac{c_{AgNO_3}\ (V_{AgNO_3}-V_{AgNO_3(0)})\ \times 35.45\times 1000}{V_s}\text{mg/L} \tag{5-11}$$

四、佛尔哈德法—利用生成有色配合物指示滴定终点

佛尔哈德法是以铁铵矾 $NH_4Fe(SO_4)_2\cdot 12H_2O$ 作指示剂的沉淀滴定法。它包括直接滴定法和返滴定法。

1. 直接滴定法测定 Ag^+

在含有 Ag^+ 的酸性溶液中，用铁铵矾作指示剂，NH_4SCN（或 KSCN）为标准溶液直接滴定。滴定时，首先析出 AgSCN 白色沉淀，当 Ag^+ 沉淀完全后，过量的 SCN^- 与 Fe^{3+} 生

成红色配合物，即为终点，其反应为

$$SCN^- + Ag^+ \rightleftharpoons AgSCN\downarrow \text{（白色）}, \quad K_{sp}=1.0\times10^{-12}$$

$$SCN^- + Fe^{3+} \rightleftharpoons FeSCN^{2+} \text{（红色）}, \quad K=138$$

滴定反应必须在 HNO_3 溶液中进行，溶液的酸度一般控制在 0.1～1mol/L 之间。酸度过低，Fe^{3+} 易水解。在滴定过程中，首先析出的 AgSCN 沉淀具有强烈的吸附作用，使 Ag^+ 浓度降低，SCN^- 浓度增加，以致未到计量点时指示剂就显色，使结果偏低。滴定时必须充分摇动溶液，使被吸附的 Ag^+ 及时地释放出来。

2. 返滴定法测定卤素离子

用佛尔哈德法测定卤素离子时，在 HNO_3 酸性条件下，先加入已知过量的 $AgNO_3$ 标准溶液，以铁铵矾作指示剂，用 NH_4SCN 标准溶液回滴剩余的 $AgNO_3$。当 AgSCN 定量沉淀后，稍过量的 SCN^- 与 Fe^{3+} 反应生成红色的配合物可指示终点到达。以测定 Cl^- 为例，其反应式为

$$Ag^+ \text{（过量）} + Cl^- \longrightarrow AgCl\downarrow \text{（白色）}$$

$$Ag^+ \text{（剩余）} + SCN^- \longrightarrow AgSCN\downarrow \text{（白色）}$$

$$SCN^- + Fe^{3+} \longrightarrow Fe(SCN)^{2+} \text{（红色，量少时为橙色）}$$

根据两个标准溶液的浓度和消耗的量，可测得一定体积水样中 Cl^- 的含量。

由于 AgCl 的溶度积远大于 AgSCN 溶度积，当到达化学计量点时，在 SCN^- 过量和剧烈摇动滴定溶液的情况下，AgCl↓转化为 AgSCN↓，反应式如下

$$AgCl\downarrow + SCN^- \longrightarrow AgSCN\downarrow + Cl^-$$

可见由于这种沉淀转化现象的存在，势必要多消耗一部分 NH_4SCN 标准溶液，造成较大的误差。为了避免上述误差，通常可采用以下措施：

(1) 将溶液煮沸，使 AgCl 沉淀凝聚，以减小 AgCl 沉淀对 Ag^+ 的吸附。将生成的 AgCl 沉淀滤去，并用稀 HNO_3 充分洗涤沉淀，然后用 NH_4SCN 标准溶液滴定滤液中过量的$AgNO_3$。

(2) 用 NH_4SCN 标准溶液回滴之前，先加入硝基苯 1～2mL，在摇动后，AgCl 沉淀表面覆盖一层硝基苯，减少 NH_4SCN 与 AgCl 沉淀的接触，可防止沉淀转化。

用本法测定 Br^- 和 I^- 时，因为 AgBr 和 AgI 的溶度积都小于 AgSCN 溶度积，不发生上述转化反应，故不会引入误差。

由于指示剂铁铵矾中的 Fe^{3+} 在中性或碱性溶液中将产生沉淀，因此佛尔哈德法应在酸性溶液中进行滴定。

五、法扬司法—利用吸附指示剂指示滴定终点

1. 吸附指示剂的作用原理

用吸附指示剂指示滴定终点的银量法称为法扬司法。吸附指示剂是一类有色的有机化合物，在水溶液中被胶状沉淀吸附后，因结构的改变引起颜色的改变，从而指示滴定终点。

以 $AgNO_3$ 标准溶液滴定 Cl^- 为例，说明指示剂荧光黄的作用。荧光黄是一种有机弱酸，用 HFIn 表示，在溶液中的解离为黄绿色的阴离子 FIn^-。

$$HFIn \rightleftharpoons FIn^- \text{（黄绿色）} + H^+$$

在化学计量点前，溶液中 Cl^- 过量，AgCl 沉淀吸附 Cl^- 形成（AgCl）Cl^- 沉淀，沉淀带负电荷，FIn^- 受排斥，沉淀溶液呈现黄绿色。在化学计量点附近，Cl^- 浓度降低，吸附作用减小，沉淀凝聚显著。到达化学计量点时，稍过量的 $AgNO_3$ 溶液使 AgCl 沉淀吸附 Ag^+ 形成

(AgCl) Ag^+沉淀，沉淀带正电荷，它会强烈吸附 FIn^-，指示剂呈（AgCl）$Ag^+ \cdot FIn^-$ 状态，因荧光黄结构变化而呈粉红色，从而指示滴定终点。此过程表示为

Cl^- 过量时：(AgCl) $Cl^-\downarrow + FIn^-$（黄绿色）

Ag^+ 过量时：(AgCl) $Ag^+\downarrow + FIn^-$（黄绿色）$=\!=\!=$（AgCl）$Ag^+ \cdot FIn^-$（粉红色）

如果用 NaCl 溶液滴定 Ag^+，则颜色的变化正好相反。这种因胶体沉淀带电荷吸附指示剂，并能改变指示剂结构和颜色的性质就是吸附指示剂的基本依据。

2. 滴定条件

(1) 由于吸附指示剂的颜色变化发生在胶粒沉淀的表面，因此，应尽量使胶体微粒沉淀具有较大的表面积。为此，在滴定前应将溶液稀释，并加入糊精、淀粉等高分子化合物作为保护胶体，以保持溶液的胶体状态。

(2) 吸附指示剂大多是有机弱酸，为使其能在溶液中更多的解离出阴离子，必须控制溶液的酸度，如荧光黄作指示剂只能在中性或碱性溶液中使用。

(3) 滴定过程中应尽量避免强光照射，否则 AgCl 沉淀易分解出金属银使沉淀变为灰黑色，影响滴定终点的观察。

(4) 要求沉淀吸附待测离子的能力略大于沉淀对指示剂的吸附能力，否则在化学计量点之前，指示剂颜色将发生变化。卤化银沉淀对卤素离子和指示剂的吸附能力顺序为

$$I^- > SCN^- > Br^- > \text{曙红} > Cl^- > \text{荧光黄}$$

因此，用 $AgNO_3$ 滴定 Cl^- 时，应选荧光黄为指示剂而不选曙红，曙红用于滴定 I^-、SCN^- 和 Br^-等。

思考题

5-1 什么是沉淀滴定法？它对沉淀反应有哪些要求？

5-2 什么是分步沉淀？试用分步沉淀现象说明摩尔法的依据。

5-3 说明用下述方法进行测定是否会引入误差。

(1) 在 pH=2 的溶液中用摩尔法测定 Cl^-；

(2) 用佛尔哈德法测定 Cl^-，但没有加硝基苯。

5-4 为了使终点颜色变化明显，使用吸附指示剂应注意哪些问题？

5-5 摩尔法测定水中 Cl^- 应注意哪些滴定条件？佛尔哈德法测定 Cl^- 应在什么条件下进行测定？

5-6 试述摩尔法测定 Cl^- 的原理，并写出计算公式。

5-7 用摩尔法测定 Cl^- 时，加入 $CaCO_3$ 和作空白试验的目的是什么？

习 题

5-1 在含有相等浓度的 Cl^- 和 I^- 的溶液中，逐滴加入 $AgNO_3$ 溶液，哪一种离子先生成沉淀？

5-2 将 30.00mL $AgNO_3$ 溶液作用于 0.1256g NaCl，过量的银离子需要用 3.20mL NH_4SCN 溶液滴定至终点。预先知道滴定 20.00mL $AgNO_3$ 溶液需要 19.85mL NH_4SCN 溶

液。试计算：

（1）$AgNO_3$溶液的浓度；

（2）NH_4SCN 溶液的浓度。　　[(1)0.08025mol/L，(2)0.08086mol/L]

5-3　称取 0.2000g 基准 NaCl，溶于水后，加入 $AgNO_3$标准溶液 50.00mL，以铁铵矾为指示剂，用 NH_4SCN 标准溶液滴定至终点，用去 25.00mL。已知 1.00mL NH_4SCN 标准溶液相当于 1.20mL $AgNO_3$标准溶液，计算 $AgNO_3$和 NH_4SCN 溶液的浓度。

(0.1711mol/L，0.2053mol/L)

5-4　取水样 100.0mL 测定氯化物，在酸性条件下，加入 0.1100mol/L $AgNO_3$ 溶液 25.00mL，以铁铵矾为指示剂，用 0.1100mol/L NH_4SCN 溶液滴定过量的 $AgNO_3$，消耗 12.00mL，求水样中氯化物的含量。　　(506.9mg/L)

5-5　含有纯 NaCl 及纯 KCl 的试样 0.1200g，用 0.1000mol/L $AgNO_3$ 标准溶液滴定，用去 $AgNO_3$ 溶液 20.00mL。求试样中 NaCl 及 KCl 的含量。　　(88.08%，11.92%)

5-6　取 100.0mL 水样在中性或弱碱性条件下，用 K_2CrO_4作指示剂，$AgNO_3$标准溶液浓度为 1mL 相当于 Cl^- 1.0mg，用这种标准溶液滴定至终点时耗去 10.00mL，计算水样中 Cl^- 含量。　　(100.0mg/L)

5-7　取 200.0mL 水样测定 Cl^-，加入 30.00mL 0.1121mol/L $AgNO_3$ 溶液，过量的 $AgNO_3$用 0.1185mol/L NH_4SCN 溶液滴定至终点用 6.50mL，计算水样中 Cl^- 的含量。

(459.6mg/L)

5-8　称取 0.7306g 基准 NaCl，溶解后定容至 200mL 容量瓶中，移取 20.00mL 于锥形瓶中，加入 K_2CrO_4指示剂，用 $AgNO_3$溶液滴定至终点消耗 25.00mL，计算 $AgNO_3$溶液的准确浓度。　　(0.05000mol/L)

5-9　将 4.7920g 干燥的基准 $AgNO_3$ 溶于少量蒸馏水中，加水至 1000mL，计算此溶液 1mL 相当于 Cl^- 多少 mg? 用此溶液滴定自来水，消耗了 4.00mL，滴定蒸馏水作空白试验时，消耗了 0.20mL。自来水和蒸馏水的水样均取 100.0mL，求自来水中 Cl^- 的含量。

(38.0mg/L)

5-10　称铁矿石试样 0.3872g，溶解后将 Fe^{3+} 沉淀为 $Fe(OH)_3$，灼烧后为 Fe_2O_3，称得 Fe_2O_3 的质量为 0.2702g。求试样中 Fe_2O_3 和 Fe_3O_4 的质量分数。(69.78%，67.44%)

5-11　称取含硫的纯有机化合物 1.000g，用 Na_2O_2 熔融，使其中的硫定量转化为 Na_2SO_4，加入 $BaCl_2$ 后生成 $BaSO_4$ 的质量为 1.0890g，若该有机化合物摩尔质量为 214.33g/mol，试计算有机化合物中硫原子个数。　　(硫原子个数=1)

5-12　称取含 NaCl 和 NaI 的试样 0.4863g，溶解后用 0.1012mol/L $AgNO_3$ 标准溶液滴定，测得两个滴定终点，第一滴定终点用去 $AgNO_3$ 溶液 24.08mL；第二滴定终点用去 $AgNO_3$ 溶液 12.20mL。

（1）Cl^- 和 I^- 哪个先生成沉淀？

（2）分别求出试样中 NaCl 和 NaI 的质量分数。　　(14.84%，75.12%)

第六章　吸 光 光 度 法

内 容 提 要

本章介绍了吸光光度法的特点，吸光光度法的基本原理、分析方法和测量条件的选择，紫外—可见分光光度计主要部件及作用，重点讨论了紫外—可见吸光光度法在水质分析中的应用。

学习要求

（1）了解吸光光度法的特点及物质对光的选择性吸收。

（2）掌握光吸收定律的基本内容。

（3）掌握吸光光度法定量测定的原理和分析方法。

（4）理解吸光光度法测量条件的选择。

（5）重点掌握吸光光度法在水质分析中的应用。

吸收光谱分析法是根据物质对不同波长的光具有选择性吸收而建立起来的分析方法，它既可对物质进行定性分析又可定量测定物质含量。主要包括紫外—可见吸光光度法、原子吸收分光光度法和红外吸收光谱法。其中原子吸收分光光度法将在第 7 章介绍。红外吸收光谱法已超出本教材大纲，故不做讨论。本章主要介绍可见光区的吸光光度法。

第一节　吸 光 光 度 法 概 述

许多物质的溶液具有颜色，例如 $KMnO_4$ 溶液呈紫红色，$CuSO_4$ 溶液呈蓝色等。还有许多物质的溶液本身虽无色或呈浅色，但与某种试剂反应后生成有色物质或比原物质颜色更深的物质。溶液颜色深浅与物质浓度有关，浓度越大，溶液颜色越深，因此，可以通过比较溶液颜色深浅，确定物质的浓度，这种分析方法称为比色法。用眼睛比较溶液颜色的深浅以测定物质含量的方法称为目视比色法。目前，已普遍采用分光度计，利用单色器获得的单色光作入射光，测定物质对光的吸收能力，称为吸光光度法（或分光光度法）。人眼能产生颜色的光区称可见光区，其波长范围为 400～750nm。可见—紫外光分光光度法是根据物质分子对 200～750nm 光区的吸收特性而进行分析的方法。吸光光度法具有以下特点：

（1）灵敏度高。一般吸光光度法所测定的下限可达 10^{-6}～10^{-5} mol/L，因而有较高的灵敏度，适用于微量组分的分析。有时可以测定相对含量为 10^{-5}%～10^{-4}%的痕量组分。

（2）准确度高。吸光光度法的相对误差为 2%～5%，采用精密的分光光度计测量，相对误差为 1%～2%，其准确度虽不如滴定分析法和称量分析法高，但已满足微量组分测定的准确度要求；而对微量组分的测定，滴定分析法和称量分析法是难以进行的。

（3）操作简便、快捷。近年来，由于一些灵敏度高、选择性好的显色剂和各种掩蔽剂不断出现，可不经分离显色后直接测定，仪器设备简单，操作方便，容易掌握。

（4）应用广泛。大多数无机离子和许多有机物都可直接或间接测定。

第二节　吸光光度法基本原理

一、物质对光的选择性吸收

1. 光的基本性质

光是一种电磁波（又称电磁辐射），具有波动性和微粒性。光的波动性指光按波的形式传播，光的波动性用波长（λ）或频率（ν）表示，二者的关系为

$$\lambda=\frac{c}{\nu}$$

式中 c 为光在真空中的传播速度（3×10^{8}m/s）。

光的粒子性指每个光量子（光子）具有能量，光量子的能量（e）与波长（λ）或频率（ν）的关系为

$$e=h\nu=h\frac{c}{\lambda} \tag{6-1}$$

式（6-1）中 h 为普朗克常数（6.626×10^{-34}J·s）。

不同波长的光具有不同的能量，波长越长，光量子的能量越小。光量子的能量与物质中的原子、离子、分子或电子等微观粒子由一种状态变化到另一种状态的能量变化值 ΔE 相对应。电磁波按不同波长进行排列，可得到表 6-1 所示的电磁波谱表。

表 6-1　电磁波谱及分析方法分类

光谱区	波长范围*	原子或分子的运动形式	辐射源	分析方法
X 射线	0.01～10nm	原子内层电子的跃迁	X 射线管	X 射线光谱法
远紫外	10～200nm	分子中原子外层电子的跃迁	氢、氘、氙灯	真空紫外光度法
紫外	200～380nm	分子中原子外层电子的跃迁	氢、氘、氙灯	紫外光度法
可见光	400～750nm	分子中原子外层电子的跃迁	钨灯	可见光度法
近红外	750nm～2.5μm	分子中涉及氢原子的振动	碳化硅热棒	近红外光度法
红外	2.5～50μm	分子中原子的振动及分子转动	碳化硅热棒	红外光度法
远红外	50～300μm	分子的转动	碳化硅热棒	远红外光度法
微波	0.3mm～1m	分子的转动	电磁波发生器	微波光谱法
无线电波	1～1000m	核磁共振		核磁共振光谱法

* 波长范围的划分不是很严格的，在不同的文献资料中会有所不同。

我们日常所见到的日光、白炽灯光都是由红、橙、黄、绿、青、蓝、紫 7 种不同颜色（即不同波长）的光，按一定的比例组合而成的复合光。每一种颜色的光（即单色光）具有一定的波长范围，波长范围越窄，单色光的纯度就越高。如果将两种适当颜色的光按一定的比例混合可得到白光，这两种颜色的光称为互补色光。如图 6-1 所示，处于对角线的两种单色光为互补色光，例如绿色光和紫色光互补。

2. 物质的颜色和对光的选择性吸收

溶液呈现不同的颜色是由于物质对不同波长的光具有选择性吸收的结果。当白光通过某一均匀溶液时，某些波长的光被溶液吸收，其余波长的光则透过溶液，溶液的颜色就是透过

图 6-1　互补色光与波长（nm）范围示意图

的这部分波长的光所呈现的颜色。若溶液对所有的光全部吸收，溶液则呈黑色；若对所有的光都不吸收，溶液则呈无色；如果对不同波长的光进行选择性吸收某种波长的光，则溶液呈现的是它吸收光的互补色光的颜色。例如，$KMnO_4$ 溶液因选择性吸收了白光中的绿色光，与绿色光互补色的紫色光因不被吸收而通过溶液，所以呈现紫色。

物质吸收不同波长光的本质，因为物质粒子（原子、离子、分子）都处于一定的能级状态（基态），当光照射到该物质时，物质中的微粒从基态跃迁到较高能级的激发态，产生吸收谱线，这就是物质对光的吸收作用。只有照射光的能量（$h\nu$）与物质微粒的基态到激发态能量之差相当时才能发生吸收。由于不同的物质结构不同，其能量差不同。因此，物质对光的吸收具有选择性。

3. 光吸收曲线

上面是用溶液对光的选择吸收说明溶液呈现的颜色。实际上，任何一种溶液对不同波长光的吸收程度是不同的。如果使用不同波长的单色光依次通过一定浓度的有色溶液，测量每一波长下溶液对光的吸收程度（即吸光度 A），然后以入射光波长为横坐标，吸光度为纵坐标作图，可得到一条曲线，称为吸收光谱曲线或光吸收曲线。根据这种曲线可以了解溶液对不同波长光的吸收情况。

图 6-2 是不同浓度 $KMnO_4$ 溶液的光吸收曲线。由图可以看出：

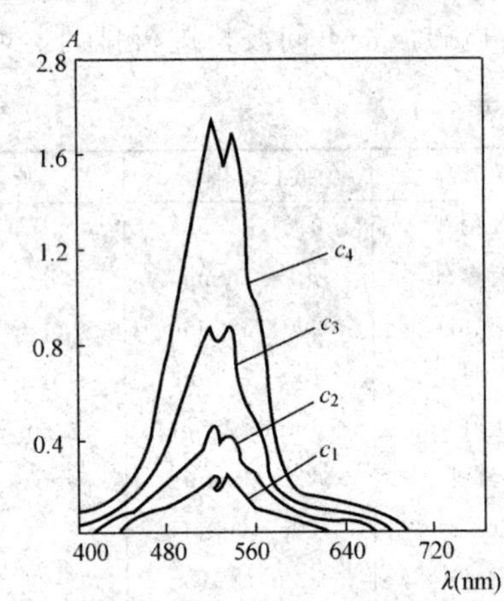

图 6-2　不同浓度 $KMnO_4$ 溶液的光吸收曲线

c_1—1×10^{-5}mg/mL；c_2—2×10^{-5}mg/mL；c_3—4×10^{-5}mg/mL；c_4—8×10^{-5}mg/mL

（1）同一溶液对不同波长光的吸收程度不同。在可见光范围内，$KMnO_4$ 溶液对波长 525nm 附近的绿色光吸收最强，有一吸收高峰，而对红色和紫色光的吸收很少，所以 $KMnO_4$ 溶液呈紫红色。光吸收程度最大处的波长称为最大吸收波长，用 λ_{max} 表示。$KMnO_4$ 溶液的 $\lambda_{max}=525$nm。

（2）同一物质不同浓度的溶液，在一定波长下，溶液浓度愈大，溶液对光的吸收程度愈大，据此可作为物质定量分析的依据。由于不同波长处的吸光度不同，其灵敏度不同，只有在最大波长处吸光度随浓度的变化较为灵敏，因此，为了提高分析的灵敏度，常选用最大吸收波长的光作为入射光进行测定。

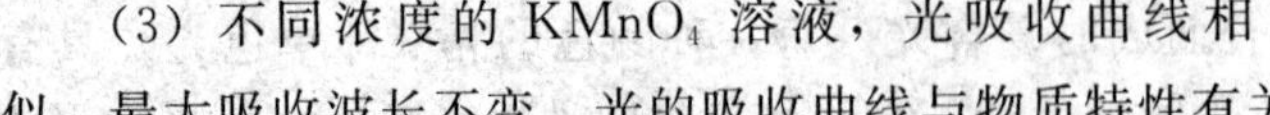

（3）不同浓度的 $KMnO_4$ 溶液，光吸收曲线相似，最大吸收波长不变。光的吸收曲线与物质特性有关，不同物质吸收曲线的形状和最大吸收波长均不同，据此可作为物质定性分析的依据。不同物质吸收光谱不同，相同物质吸收光谱相同。

二、光吸收的基本定律

1. 朗伯—比尔定律

当一束单色光垂直照射到均匀溶液时，光的一部分被吸收，一部分透过溶液，一部分被比色皿的表面反射。设入射光的强度为 I_0，吸收光的强度为 I_a，透过光的强度为 I_t，反射光的强度为 I_r，则它们的关系为

$$I_0 = I_a + I_t + I_r$$

在比色分析中，将溶液置于相同材料及厚度的光学玻璃制成的比色皿中，因此，反射光的强度基本不变，其影响可以互相抵消，故上式可简化为

$$I_0 = I_a + I_t$$

透过光的强度 I_t 与入射光的强度 I_0 之比称为透光率或透光度，用 T 表示：

$$T = \frac{I_t}{I_0} \tag{6-2}$$

溶液的透光率常用百分数表示。当入射光的强度 I_0 一定时，I_t 愈大，表示溶液对光的吸收强度 I_a 愈小；反之，I_t 愈小，表示 I_a 愈大。

实践证明，当保持入射光的波长不变时，溶液对光的吸收程度与和溶液浓度有关。早在1729年，波格首先发现溶液中物质对光的吸收与物质的厚度有关。1760年朗伯（Lambert）进一步研究指出，当入射光的波长 λ 和吸光物质的浓度 c 一定时，溶液的吸光度 A 与液层厚度 b 成正比，其数学表达式为

$$\lg \frac{I_0}{I_t} = K_1 b$$

1852年比尔（Beer）通过大量实验研究发现，当入射光的 λ 和液层厚度 b 一定时，溶液的吸光度 A 与吸光物质的 c 成正比，其数学表达式为

$$\lg \frac{I_0}{I_t} = K_2 c$$

同时考虑溶液浓度和液层厚度对吸光度的影响，二者结合称为朗伯—比尔定律。其数学表达式为

$$A = Kbc \tag{6-3}$$

式（6-3）中：K 为比例常数；A 为吸光度，定义 $A = \lg \frac{I_0}{I_t}$，根据式（6-2）可知，A 与 T 的关系为

$$A = \lg \frac{I_0}{I_t} = -\lg T = 2 - \lg T\% \tag{6-4}$$

式（6-3）表明：当一束平行的单色光通过均匀的某吸收溶液时，溶液对光的吸收程度 A 与吸光物质的浓度和光通过的液层厚度的乘积成正比。朗伯－比耳定律不仅适用于可见光区，也适用于紫外光和红外光区；不仅适用于溶液，也适用于其他均匀的、非散射的吸光物质（包括气体和固体），是各类吸光光度法的定量依据。

2. 吸光系数、摩尔吸光系数和桑德尔灵敏度

式（6-3）中比例常数 K 随 c、b 所取单位的不同而不同。如果液层厚度 b 的单位为 cm，浓度 c 的单位为 g/L，K 用 k 表示，称为吸光系数，单位为 L/（g·cm）；若液层厚度 b 以 cm、浓度 c 以 mol/L 为单位，K 用 ε 表示，称为摩尔吸光系数，单位为 L/（mol·cm），则

$$A = \varepsilon bc \tag{6-5}$$

吸光系数 k 和摩尔吸光系数 ε 是吸光物质在一定条件下的特征常数，其大小取决于溶液的性质、入射光波长、溶液温度等，也与测量仪器的性能有关。同一物质与不同显色剂反

应，生成不同的有色化合物时具有不同的 ε 值，同一化合物在不同波长处的 ε 也可能不同。在最大吸收波长处的摩尔吸光系数以 ε_{max} 表示。ε 越大，表示该有色物质对入射光的吸收能力越强，显色反应越灵敏。所以可根据不同显色剂与待测组分形成有色化合物的 ε 值，比较它们对测定该组分的灵敏度。因此 ε 值也是选择显色反应的重要依据。但有色化合物的化学式不明确时，常用 k 值表示反应的灵敏度。

应该指出：ε 表示在数值上等于浓度为 1mol/L、液层厚度为 1cm 时有色溶液的吸光度，在分析实践中不可能直接取浓度为 1mol/L 的有色溶液测定 ε，而是根据低浓度时的吸光度，通过计算求得。一般显色反应的 ε 约为 10^4 L/（mol·cm）。

吸光光度法分析的灵敏度有时用桑德尔灵敏度 S 表示。桑德尔灵敏度原指人眼对有色质点在单位截面积液柱内能够检出物质的最低量，以 $\mu g/cm^2$ 表示。后将此概念推广到光度仪器，规定当仪器所能检测的最低吸光度 $A=0.001$ 时，单位截面积光程内所能检测出来的吸光物质的最低量，单位仍以 $\mu g/cm^2$ 表示。

桑德尔灵敏度 S 与吸光系数 k 的关系：

当 $A=0.001$ 时，根据 $A=kbc$ 可知

$$bc=\frac{0.001}{k} \tag{6-6}$$

c 的单位为 g/L，即 $10^6 \mu g/1000cm^3$，b 的单位为 cm，则 bc 就是单位截面积（cm^2）光程内吸光物质的含量（μg），所以

$$S=bc \cdot \frac{10^6}{1000}=bc \cdot 10^3$$

将式（6-6）代入上式，得

$$S=\frac{1}{k} \tag{6-7}$$

桑德尔灵敏度 S 与摩尔吸光系数 ε 的关系为

$$S=\frac{M}{\varepsilon} \tag{6-8}$$

【例 6-1】 取 Fe^{2+} 浓度为 5.0mg/L 的溶液 10mL，加邻二氮菲显色后定容至 100mL，取此溶液用 2cm 的比色皿在波长为 510nm 处测得吸光度 A 为 0.190，计算吸光系数和桑德尔灵敏度。

解 将 Fe^{2+} 浓度换算为 g/L、mol/L 分别为

$$5\times10^{-3}\times\frac{10}{100}=5.0\times10^{-4}(g/L)$$

$$\frac{5.0\times10^{-4}}{55.85}=9.0\times10^{-6}(mol/L)$$

根据 $A=kbc$ 得

$$k=\frac{A}{bc}=\frac{0.190}{2\times5.0\times10^{-4}}=1.9\times10^2[L/(g\cdot cm)]$$

根据 $A=\varepsilon bc$ 得

$$\varepsilon=\frac{A}{bc}=\frac{0.190}{2\times9.0\times10^{-6}}=1.1\times10^4[L/(mol\cdot cm)]$$

$$S=\frac{M}{\varepsilon}=\frac{55.85}{1.1\times10^4}=5.1\times10^{-3}(\mu g/cm^2)$$

上例求得的 ε 值是把待测组分看作完全转变为有色化合物计算的。实际上，溶液中的有色物质浓度常因副反应和显色反应平衡的存在，并不完全符合这种化学计量关系，因此，求得的摩尔吸光系数称为表观摩尔吸光系数。

3. 吸光度的加合性

在含有多种吸光物质的溶液中，各吸光物质对某一波长的单色光均有吸收。如果各种吸光物质之间没有相互作用，则体系在该波长处的总吸光度等于各组分吸光度之和，即吸光度具有加合性，表示为

$$A = A_1 + A_2 + \cdots + A_n = \varepsilon_1 bc_1 + \varepsilon_2 bc_2 + \cdots + \varepsilon_n bc_n \qquad (6-9)$$

根据这一性质可进行多组分的测定。

第三节 显色反应及其条件的选择

一、显色反应

在进行光度分析时，有些待测物质本身具有颜色，如 $KMnO_4$ 等，可直接进行比色或测定吸光度；而有些物质本身没有颜色或颜色太浅，如 PO_4^{3-}（无色）、Fe^{3+}（淡黄）等，测定时需要加入一种适当的试剂，使待测组分变成有色物质或颜色更深。这种将试样中待测组分转变成有色物质的反应称为显色反应。显色反应主要有氧化还原反应和配位反应两大类，其中配位反应是最主要的。一定条件下能与待测组分发生显色反应的试剂称显色剂。

1. 吸光光度法对显色反应的要求

同一组分常常能与多种显色剂反应，生成不同的有色物质。在分析时，究竟选用何种显色反应较为适宜，应考虑以下条件进行选择。

(1) 选择性好。比色分析要求所选显色剂只与被测组分反应，干扰少或干扰容易消除。

(2) 灵敏度高。吸光光度分析一般用于测定微量组分，要使显色反应灵敏度高，应选择生成的有色化合物摩尔吸光系数 ε 大的显色反应。测定高含量的组分不一定选用灵敏度过高的反应。

(3) 有色化合物组成恒定。显色反应所生成的有色化合物应有固定的组成，符合一定的化学式，这样被测物质与有色化合物之间才有定量的关系。对于能形成不同配位比的配位反应，必须注意严格控制反应条件，使之生成组成一定的配合物，以免引起较大误差。

(4) 有色化合物稳定性高。要求有色化合物不容易受外界环境（如日光照射、空气中的 O_2、CO_2 等）的影响，也不应受溶液中其他化学因素的影响，要求至少在测定过程中溶液的吸光度变化很小。

(5) 显色剂在测定波长处无明显吸收，试剂空白吸光度小。显色剂（R）与显色化合物（MR）之间的颜色差别要大，通常要求 MR 与 R 的最大吸收波长差别大于 60nm，这种差别叫反衬度（或对比度）。用下式表示为

$$\Delta\lambda = |\lambda_{max}^{MR} - \lambda_{max}^{R}| \geq 60\text{nm}$$

2. 显色剂

光度分析中采用的显色剂分有机和无机两大类。无机显色剂大多生成的配合物不够稳定，灵敏度和选择性都较差。目前只有少部分无机显色剂（见表 6-2）可用于比色分析。

表 6-2 常用的无机显色剂

显色剂	测定元素	反应介质	有色化合物组成	颜色	测定波长（nm）
硫氰酸盐	Fe（Ⅲ）	0.1～0.8mol/L HNO_3	$Fe(SCN)_5^{2-}$	红	480
	Mo（Ⅵ）	1.5～2mol/L H_2SO_4	$MoO(SCN)_5^-$	橙	460
	W（Ⅴ）	1.5～2mol/L H_2SO_4	$WO(SCN)_4^-$	黄	405
	Nb（Ⅴ）	3～4mol/L HCl	$NbO(SCN)_4^-$	黄	420
钼酸铵	Si（Ⅳ）	0.15～3mol/L H_2SO_4	$H_4SiO_4 \cdot 10MoO_3 \cdot Mo_2O_3$	蓝	670～820
	P（Ⅴ）	0.5mol/L H_2SO_4	$H_3PO_4 \cdot 10MoO_3 \cdot Mo_2O_3$	蓝	670～820
	V（Ⅴ）	1mol/L HNO_3	$P_2O_5 \cdot V_2O_5 \cdot 22MoO_3 \cdot nH_2O$	黄	420
H_2O_2	Ti（Ⅳ）	1～2mol/L H_2SO_4	$TiO(H_2O)^{2+}$	黄	420

分光光度法中主要使用有机显色剂。有机显色剂与金属离子能形成有色稳定的配合物，具有很高的灵敏度和选择性。有机显色剂的种类很多，常用的有机显色剂列于表 6-3 中。

表 6-3 常用有机显色剂

显色剂	被测离子	显色条件	颜色	λ_{max}（nm）	ε［L/（mol·cm）］
双硫腙	Pb^{2+}	pH 8～11，CCl_4 萃取	紫色	520	7.0×10^4
	Cd^{2+}	碱性，$CHCl_3$ 或 CCl_4 萃取	红色	520	8.8×10^4
	Hg^{2+}	微酸性，CCl_4 萃取	橙色	480	7.0×10^4
	Cu^{2+}	0.1mol/L HCl，CCl_4 萃取	紫色	520	6.9×10^4
磺基水杨酸	Fe^{3+}	pH 1.8～2.5	紫色	520	1.6×10^3
丁二酮肟	Ni^{2+}	pH 11～12，萃取	红色	470	1.3×10^4
邻二氮菲	Fe^{2+}	pH 3～9	红色	510	1.1×10^4

二、反应的影响因素

显色反应能否满足光度分析的要求，关键是显色剂的性质。除要求选用适当的显色剂外，还要求严格控制显色反应的条件。显色反应的影响因素一般包括显色剂的用量、溶液的酸度及温度、显色时间、溶剂和干扰离子等。

1. 显色剂的用量

显色反应在一定程度上是可逆反应，为了保证反应进行完全，一般需要加入过量的显色剂。但并非显色剂越多越好，有些显色反应的显色剂加入量过多时会引起副反应，对测定不利。

实际工作中常根据实验结果确定显色剂用量。其方法是：在一系列浓度相同的试液中，加入不同量的显色剂，相同条件下分别测定其吸光度，以吸光度对显色剂浓度作图，得到如图 6-3 所示 3 种情况的变化曲线。根据此曲线，若显色剂用量（即浓度）在某个范围内测得的吸光度不变，即可在此范围内确定显色剂的加入量。

其中（a）的曲线比较常见，它说明显色剂的用量达到一定的数值后，溶液的吸光度不再增加，出现 ab 平坦部分，表明显色剂的用量已足够，这时可在 ab 之间选择显色剂的用量。（b）的曲线表明，显色剂的用量在 $a'b'$ 这一较窄的范围内，吸光度比较稳定，此后显色剂的用量再增加，吸光度反而下降，这种情况只能在 $a'b'$ 这一较窄的范围内选择显色剂的用量。（c）的曲线表明，随着显色剂浓度增大，吸光度也增大。例如，用 SCN^- 测定 Fe^{3+}，随

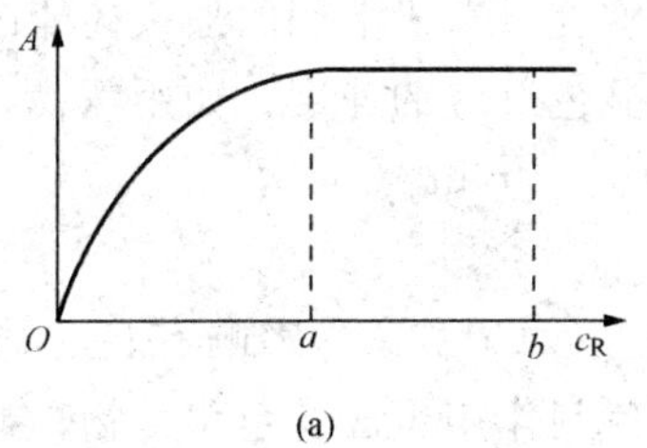

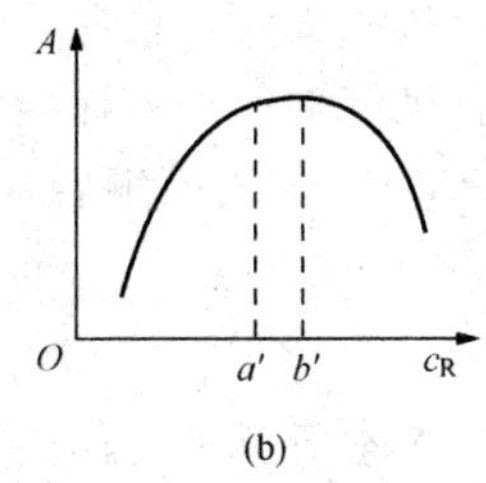

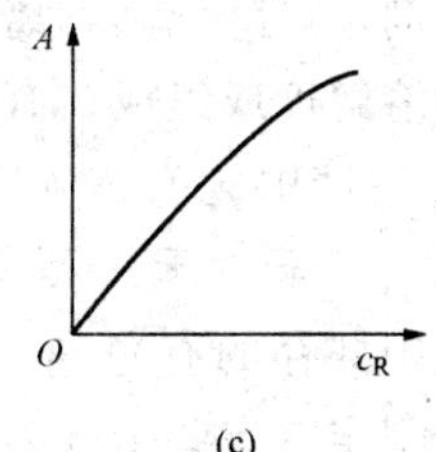

图 6-3　吸光度与显色剂浓度的关系

着 SCN^- 用量的不断增加，生成颜色越来越深的高配位数配合物 $[Fe(SCN)_4]^-$ 和 $[Fe(SCN)_5]^{2-}$，溶液的颜色由橙黄色变为血红色。这种情况下，显色剂的用量必须严格控制，才能得到准确的结果。

2. 溶液的酸度

溶液酸度直接影响显色剂、金属离子的存在形式，同时也影响配合物的组成和稳定性。

（1）影响显色剂浓度和颜色。显色反应使用的显色剂大部分是有机弱酸，溶液酸度直接影响其解离程度，从而影响显色反应的完全程度。

（2）影响被测金属离子的存在形态。大部分高价金属离子在酸度较低时很容易水解，它们在水溶液中除了以简单的金属离子形式存在外，还可生成氢氧化物沉淀、一系列羟基或多核羟基酸离子，影响显色反应的正常进行，因此常采用缓冲溶液来控制溶液的酸度。

（3）影响配合物的组成。有些配位反应是逐级进行的。利用这些反应作显色反应时，由于酸度不同，形成配合物的配位比不同，其颜色也就不同。如 Fe^{3+} 用磺基水杨酸（H_2SSal）显色时，在 pH＝1.8～2.5 的溶液中，生成紫红色 $[Fe(SSal)]^+$；pH＝4～8 时，生成橙色 $[Fe(SSal)_2]^-$；pH＞9 时，生成黄色 $[Fe(SSal)_3]^{3-}$。因此，必须控制适宜的酸度才能获得较好的分析结果。

显色反应的适宜酸度通常是通过实验来确定的。先将溶液中待测组分和显色剂的浓度固定，调节不同的 pH 值，再测定溶液的吸光度，作出吸光度与 pH 值的关系曲线，如图 6-4所示，选择曲线平坦部分对应的 pH 值作为测定时应控制的酸度范围。

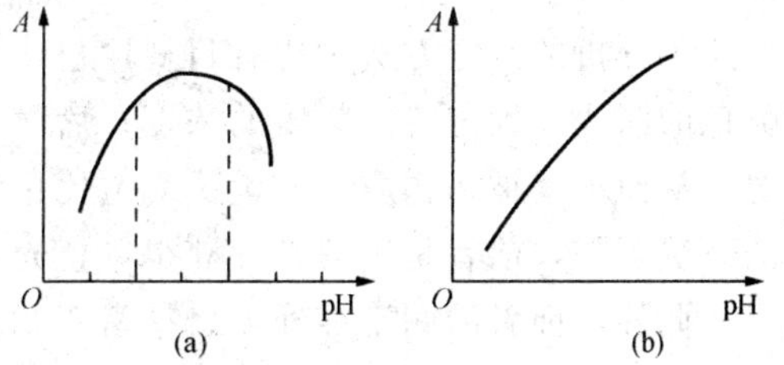

图 6-4　溶液酸度的选择

3. 溶液的温度

显色反应一般在室温下进行，但有些反应需要加热至一定的温度才能完成；而有些有色物质在高温时反而不稳定，如硫氰酸铵配合物加热易分解，因而对不同的反应要通过实验选择合适的温度。

4. 显色时间

显色反应的反应速度相差很大。有的显色反应几乎是瞬间即可完成，并在较长的时间内不发生变化。有的有色化合物虽能很快形成，但很不稳定，易褪色。多数的显色反应需要一定的时间才能达到稳定状态。因此，应根据实验结果，确定在最合适的时间内进行测定。

5. 溶剂的影响

显色反应大多数在水溶液中进行。许多有色化合物在水中的解离程度较大，若加入适当的有机溶剂，可降低其解离度，从而提高显色反应的灵敏度。有机溶剂的加入还能改变有色化合物的溶解度或组成；有些有机溶剂的加入还能加快显色反应的速度。如用氯代磺酸S测Nb，在水溶液中显色必须几个小时，加入丙酮后，则只需30min。

6. 共存离子的干扰及消除

溶液中共存的有色离子如 Fe^{3+}、Cu^{2+}、Ni^{2+}、Co^{2+}、Cr^{3+} 等会影响有色化合物的颜色，干扰测定。有些干扰离子虽然本身无色，但能与显色剂作用生成有色化合物，或与显色剂及被测离子发生副反应，影响主反应的进行，从而引起较大误差。要消除干扰离子的影响，通常采用下列几种方法：

(1) 控制溶液酸度。选择合适的酸度，使被测组分能发生反应，而其他离子不发生显色反应。

(2) 加入掩蔽剂。使干扰离子形成稳定的无色配合物以消除干扰。如用 NH_4SCN 作显色剂测定 Co^{2+} 时，可加入氟化物使 Fe^{3+} 转变成无色的 $[FeF_6]^{3-}$ 来消除 Fe^{3+} 的干扰。

(3) 改变干扰离子的价态。利用氧化还原反应改变干扰离子的价态，消除其影响，如用铬天菁S比色测定铝时，Fe^{3+} 有干扰，加入抗坏血酸将 Fe^{3+} 还原为 Fe^{2+} 后，即可消除 Fe^{3+} 的干扰。

(4) 利用校正系数。例如用 SCN^- 法测定 W（Ⅵ），但 V（Ⅴ）干扰测定，V 与 SCN^- 生成蓝色配合物 $(NH_4)_2[VO(SCN)_4]$。这时可利用 W 和 V 的标准混合液测出 1%V 相当于 W 的量，然后对试样溶液从 W 中减去 V 相当 W 的量，从而求得 W 的含量。

(5) 分离干扰离子。用上述方法不能排除干扰离子的影响时，则可选用适当的分离方法，将干扰离子除去。

第四节　吸光光度分析方法和仪器

比色分析的测定方法主要有目视比色法、光电比色法和分光光度法等，前者是用肉眼观察颜色的深浅，确定待测物质的浓度；后两者是利用仪器测定有色溶液对某一波长光的吸收情况，从而求得被测物质的含量。光电比色法和分光光度法的不同之处在于，二者获得单色光的方法不同，前者是用滤光片获得单色光，后者采用棱镜或光栅等分光器将复合光变为单色光。此外，前者的测定准确度、精密度和灵敏度不如后者。所以，随着现代测试仪器的迅速发展，分光光度法已取代了光电比色法。

一、目视比色法

用眼睛直接观察比较待测溶液与标准溶液颜色的深浅，从而确定被测物质含量的分析方法称为目视比色法。常用的目视比色测定方法是标准系列法。

标准系列法使用一套质地相同、粗细均匀、形状大小相同的比色管（又叫奈氏比色管，容量有10、25、50mL等规格），放在下面垫有反射镜的木架上，将已知浓度的标准溶液，取不同体积依次加入各比色管（一般是5～8个）中，取一定量的待测溶液置于另一比色管，然后分别加入等量的显色剂及其他试剂，最后稀释至刻度。摇匀待反应达到平衡后，从管口垂直向下观察，比较未知试样与标准色阶中哪一个相同，便表明二者浓度相等。如果未知试样的颜色介于相邻两个标准溶液之间，则试样浓度也介于这两标准溶液之间，一般取这两标准溶液浓度的平均值作为待测试样的浓度，如图6-5所示。

当被测物质溶液和已知浓度的标准溶液在相同条件下显色，两种溶液的液层厚度相等，而且颜色深浅相同时，两种溶液的吸光度相等。

标准溶液：$A_s=\varepsilon_s b_s c_s$

被测溶液：$A_x=\varepsilon_x b_x c_x$

由于 $A_s=A_x$，即 $\varepsilon_x b_x c_x=\varepsilon_s b_s c_s$

因为两溶液为同一有色物质，所以 $\varepsilon_x=\varepsilon_s$；而且厚度相同，$b_x=b_s$，则

$$c_x=c_s$$

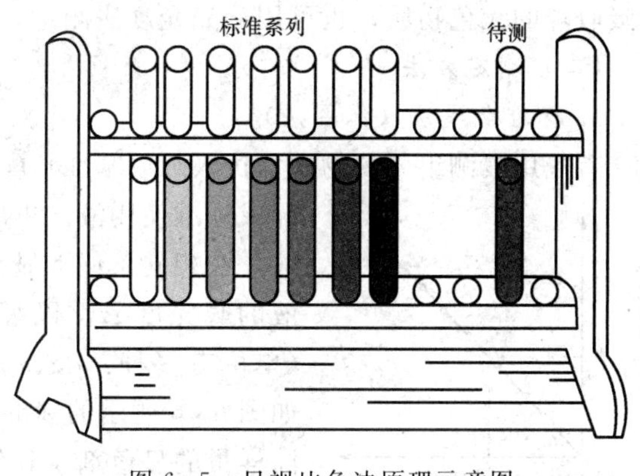

图 6-5 目视比色法原理示意图

标准系列目视比色法有以下三方面的优点：

(1) 仪器简单、操作方便。配好标准色阶后，可进行大批试样分析。使用的仪器仅一套比色管，经济方便，操作简单易行。

(2) 灵敏度较高。由于比色管较长，形成观察的液层厚度大，比色的灵敏度高，可以比较颜色很浅的溶液，适用于微量组分测定。

(3) 适用范围广。因为测定是在完全相同条件下进行的，而且可以在复合光——白光下完成。因此，某些显色反应不符合朗伯－比耳定律，仍可用目视比色法进行测定。

目视比色法的缺点是用人眼来观察颜色的深浅，时间长了辨色能力会变差，产生主观误差，因此准确度不高，其测定相对误差为5%～20%。若有色溶液不稳定，标准系列需要与样品同时配制，繁琐费时。

二、分光光度法

(一) 测定原理及特点

用棱镜或光栅选择被测溶液最大吸收波长的单色光，将此单色光照射有色溶液，一部分单色光被溶液吸收，一部分透过溶液。根据光电效应原理，光电管或光电池将照射在它上面的透过光通过光电转换产生电流，产生的光电流直接或经放大器放大后推动电流计。电流计的表尺刻度已将透过光电流换算成吸光度或百分透光率，所以由电流计可直接读出溶液的吸光度和百分透光率。在相同条件下，测得标准溶液和待测试液的吸光度或透光率，即可根据朗伯－比耳定律求出被测试液的浓度。

与目视比色法相比，分光光度法具有以下几个特点：

(1) 用光电池或光电管代替肉眼进行测定，消除了人为的主观误差，提高了分析的精确度。一般仪器测定的相对误差为2%～5%，精密仪器为1%～2%。

(2) 一般情况下，入射光是选择有色物质的最大吸收波长 λ_{max} 进行测定，提高了分析的灵敏度。

(3) 测定过程中有其他干扰物质共存时，可采用选择适当的测定波长和参比溶液来消除干扰，从而提高了测定的选择性。

(4) 由于可任意选取入射光的波长，所以可利用吸光度的加合性，在一定条件下同时测定两种或两种以上的组分。

(5) 由于入射光的选择范围已扩大到紫外和红外区域，所以许多在紫外或红外区域有适

当吸收峰的无色物质，也可用分光光度法测定，因此测定范围扩大。

(二) 测定方法

1. 标准曲线法（作图法）

首先用被测组分的物质（优级纯或基准）配制一定浓度的储备溶液，然后由储备溶液稀释成标准使用液。再用标准使用液配制一系列不同浓度的标准溶液，在相同条件下显色，在同一波长（λ_{max}）下测量每个标准溶液的吸光度 A。以吸光度 A 为纵坐标，标准溶液对应的浓度 c（单位有多种：μg、μg/mL、mg/L、μg/L 等）为横坐标，绘制如图 6-6 所示的标准曲线。待测试液按标准系列相同的方法，加同样量的显色剂及其他试剂，并稀释至相同体积，在同一波长下测定吸光度 A_x，从标准曲线上查出待测试液对应的浓度，最后根据待测试液的体积，计算出待测组分的含量。

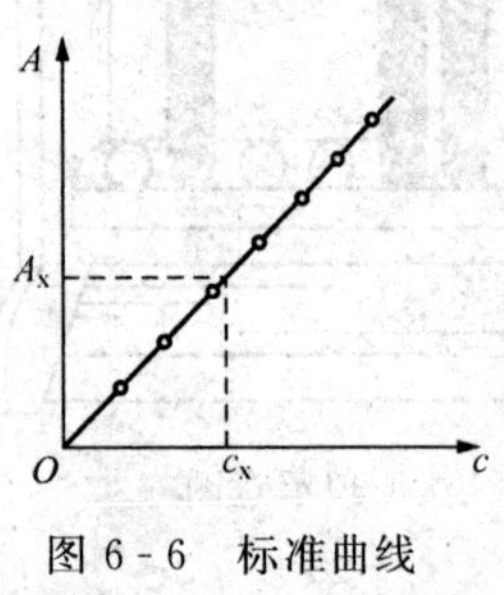

图 6-6 标准曲线

【例 6-2】 用邻二氮菲分光光度法测定铁的标准曲线，得到的数据见下表：

铁标准浓度 $c_{Fe^{2+}}$ (μg)	0	10	20	30	40	50
吸光度 A	0.000	0.050	0.120	0.180	0.240	0.310

取 40.00mL 水样，加入相同量的显色剂，稀释与测定铁标准曲线相同体积至 50mL，用 1cm 比色皿，在相同条件下，测定水样的吸光度为 0.160，求水样铁的含量（mg/L）。

解 以 $c_{Fe^{2+}}$（μg）为横坐标，吸光度 A 为纵坐标，作铁标准曲线如图 6-7 所示。当水样的吸光度为 0.160 时，从标准曲线查出所对应的铁标准浓度为：$c_{Fe^{2+}}=26.8\mu g$

所以，水样铁的含量为

$$c_{Fe}=\frac{26.8}{40.00}=0.670(\mu g/mL)=0.670(mg/L)$$

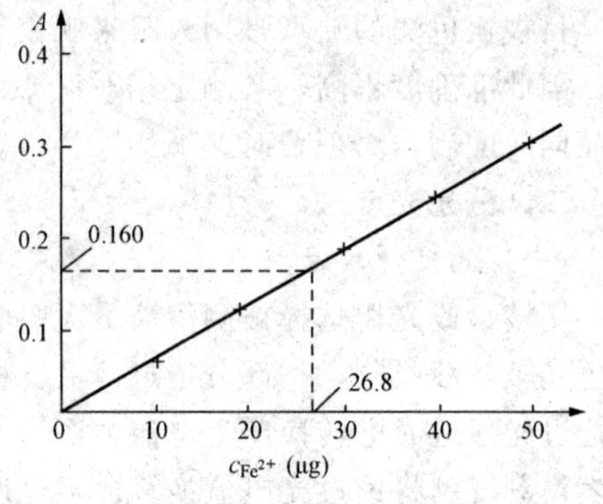

图 6-7 铁标准曲线

2. 一元线性回归法（最小二乘法）

从上述可以看出，作图法是凭眼睛的估计，绘出一条与各实验点最为接近的直线，难免有人为因素的影响，误差较大（特别是在各实验点不很接近一条直线时），而且比较麻烦。根据吸光度与浓度之间的线性关系，通过一元线性回归分析法（详见第一章第七节），找出对各数据点误差最小的直线，并据此计算得到待测试液的浓度。

设吸光度 A 与浓度 c 之间的线性方程为

$$A=a+bc$$

式中：b 为斜率，a 为截距。

b 和 a 计算公式为

$$b=\frac{\sum_{i=1}^{n}(c_i-\bar{c})(A_i-\bar{A})}{\sum_{i=1}^{n}(c_i-\bar{c})^2} \qquad (6-10)$$

$$a=\frac{\sum_{i=1}^{n}A_i-b\sum_{i=1}^{n}c_i}{n}=\overline{A}-b\overline{c} \tag{6-11}$$

线性相关系数 r 的计算公式为

$$r=\frac{\sum_{i=1}^{n}(c_i-\overline{c})(A_i-\overline{A})}{\sqrt{\sum_{i=1}^{n}(c_i-\overline{c})^2\sum_{i=1}^{n}(A_i-\overline{A})^2}} \tag{6-12}$$

将［例 6-2］中的数据代入上式（6-10）～式（6-12）得

$$b=0.0062,\quad a=-0.057,\ r=0.9992$$

所以，一元线性回归方程为

$$A=-0.057+0.0062c_{Fe^{2+}}(\mu g)$$

将水样的吸光度 0.160 代入上式，计算对应铁的含量为

$$c_{Fe^{2+}}=\frac{0.160+0.0057}{0.0062}=26.7(\mu g)$$

所以，水样中铁的含量为

$$\rho_{Fe}=\frac{26.7\times1000}{40.00\times1000}=0.668(mg/L)$$

将［例 6-2］标准系列 $c_{Fe^{2+}}$ 浓度换算 mg/L，标准曲线数据见下表：

$c_{Fe^{2+}}$ (mg/L)	0	0.200	0.400	0.600	0.800	1.000
A	0.000	0.050	0.120	0.180	0.240	0.310

分别用标准曲线法和一元线性回归法计算水样铁的含量（mg/L）。

（1）标准曲线法。以吸光度 A 为纵坐标，浓度 $c_{Fe^{2+}}$（mg/L）为横坐标，绘制标准曲线（此处略，课后练习）。然后查找水样吸光度 0.160 对应的浓度为 $c_{Fe^{2+}}=0.535$mg/L，再换算水样铁的含量：

$$\rho_{Fe}=\frac{0.535\times50}{40.00}=0.669(mg/L)$$

（2）一元线性回归法。设一元线性回归方程为：$A=a+bc$

将表中数据代入式（6-10）、式（6-11）得

$$b=0.3114,\ a=-0.0057$$

所以，一元线性回归方程为

$$A=-0.057+0.3114c_{Fe^{2+}}(mg/L)$$

将水样的吸光度 0.160 代入得

$$c_{Fe^{2+}}=\frac{0.160+0.0057}{0.3114}=0.532(mg/L)$$

水样铁含量为

$$\rho_{Fe}=\frac{0.532\times50}{40.00}=0.665(mg/L)$$

直线斜率的简单计算及摩尔吸光系数的计算。根据一元线性回归方程计算斜率 b 较为复

杂，可根据标准曲线数据任意两点相对应的纵坐标与横坐标差之比进行简单的计算。根据［例 6-2］中的数据计算斜率 b

$$b=\frac{0.240-0.120}{40-20}=0.0060$$

由朗伯一比耳定律可知，直线斜率即为摩尔吸光系数。对［例 6-2］，由斜率 b 求摩尔吸光系数 ε

$$\varepsilon=\frac{0.0064}{\frac{1\times1000}{50\times1000\times1000\times55.85}}=1.8\times10^{4}[\mathrm{L/(mol\cdot cm)}]$$

3. 标准对照法（比较法）

标准对照法是在相同条件下，先配制与被测溶液浓度 c_x 相近的标准溶液 c_s，然后测其相应的吸光度为 A_x 和 A_s，根据朗伯比尔定律：

标准溶液 $A_s=\varepsilon_s bc_s$

被测溶液 $A_x=\varepsilon_x bc_x$

同一种物质在相同条件下，$\varepsilon_s=\varepsilon_x$，两式相除得

$$c_x=\frac{A_x}{A_s}c_s$$

标准对照法常用于个别单一样品的测定。在测定时，所用标准溶液的浓度应与被测溶液相近，以避免产生较大的测量误差。

此外，在待测试样的组成复杂，且对测定结果有很大影响时，可采用标准加入法。关于标准加入法，详见第七章第四节。

4. 标准内插法

根据标准系列与被测溶液的吸光度，可采用标准内插法计算得出被测溶液吸光度所对应的标准溶液的浓度。

对于［例 6-2］采用标准内插法计算：

$$\begin{array}{ccc}20 & c & 30\\0.120 & 0.160 & 0.180\end{array}$$

$$\frac{c-20}{0.160-0.120}=\frac{30-20}{0.180-0.120}$$

解得 $c=26.7$（μg）

所以，水样铁的含量为

$$\rho_{\mathrm{Fe}}=\frac{26.7}{40.00}\times\frac{1000}{1000}=0.668(\mathrm{mg/L})$$

（三）校准曲线、标准曲线与工作曲线

校准曲线又称校正曲线，是描述被测物质浓度（含量）与分析仪器响应信号值（如吸光度）之间定量关系的曲线。在一些仪器分析方法中，利用被测物质浓度与其在仪器上响应信号值之间在一定范围内呈直线关系的特性，从预先绘制的校准曲线上查找试样的结果。由此可见，校准曲线的制作及使用是否正确，将会直接影响测定结果的准确性。

校准曲线包括标准曲线和工作曲线。标准曲线是用标准系列直接测量，标准系列没有经过与水样相同的预处理，这对于废水样品或基体复杂的水样往往造成较大误差；而工作曲线

所使用的标准溶液经过了与水样相同的消解、预处理、测量等全过程。尽管实际应用中二者经常混用，但在用标准溶液配制标准系列时还是有所不同。在实际工作中，由于样品组成大多不很清楚，且为了简便起见，常常不考虑基体效应，仅用纯标准溶液与样品作完全相同的分析处理来制作工作曲线。

三、紫外—可见分光光度计

1. 分光光度计的主要部件

分光光度计一般按工作波长范围分为：可见光分光光度计（420～700nm）和紫外—可见分光光度计（200～1000nm），但基本结构和作用原理相同，是由光源、单色器、吸收池、检测系统、信号显示系统5部分组成。

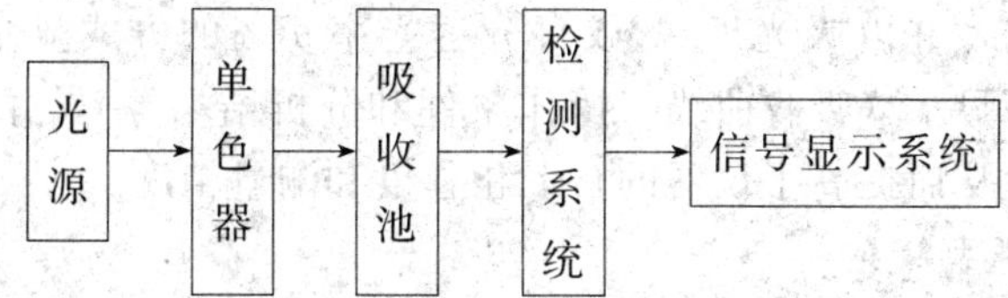

（1）光源。光源能提供一个稳定的、有足够强度的所需波长范围的入射光。紫外－可见分光光度计常用的光源分热光源和气体放电灯两种。热光源有钨灯和卤钨灯，钨灯是可见光区和近红外光区最常用的光源，发射的是连续光谱，适用的波长范围为320～2500nm。钨灯中常充有一些惰性气体，可延长其使用寿命。卤钨灯是在钨灯中加入适量卤化物或卤素，灯泡用石英制成，具有较长的寿命和高的发光效率。要使光源稳定，必须对电源电压严加控制，也可用6V直流电源供电。

常用的气体放电灯有氢灯和氘灯，适用的波长范围是165～375nm，属紫外光区。

（2）单色器。单色器是一种将来自光源的混合光分解为单色光，并能在一定范围内改变波长的装置。单色器是分光光度计的核心部分，主要由狭缝、色散元件和准直镜等组成。其中，色散元件是关键，紫外－可见分光光度计均采用棱镜或光栅作为色散元件。

棱镜由玻璃或石英制成，玻璃棱镜对紫外光有吸收，用于可见光区，在紫外区必须用石英棱镜。

光栅是在金属或玻璃表面上每毫米内刻有一定数量等宽等距离的平行条纹而制成的。适用的波长范围宽，色散均匀，分辨能力强。

（3）吸收池。吸收池也称比色皿，是盛放试液的容器，它具有两个相互平行、透光且具有精确硬度的平面。由无色透明的光学玻璃或石英材料制成，玻璃吸收池用于可见光区，紫外光区用石英吸收池。吸收池的光程有0.5、1.0、2.0、3.0cm等规格，其中1.0cm的比色皿最常用。同一规格的比色皿彼此之间的透光率误差应小于0.5%。在同系列的比色测定中，液层的厚度必须固定统一，使用时应保持比色皿的光洁，特别是要注意透光面不受磨损。

（4）检测系统。检测系统是利用光电效应将透过吸收池的光信号变成可测的电信号。其输出电信号的大小与透过光的强度成正比。常用的检测器有光电池、光电管和光电倍增管。

光电池是在光的照射下直接产生电流的光电转换元件，常用的是硒光电池，其波长范围为300～800nm。光电池受强光照射或长时间连续使用会出现“疲劳”现象，即照射光的强度不变而产生的光电流会逐渐下降，导致灵敏度降低。此时，应暂停使用，使之恢复原来的灵敏度。光电池也应注意防潮。

光电管是一个真空或充有少量惰性气体的二极管，阳极是一个镍片或镍环，阴极是涂有一层光敏物质的半圆筒状金属片。当与电池相连时，阴极放出的电子会在电场作用下流向阳极，形成光电流。适用的波长范围取决于阴极的光敏材料，紫敏光电管阴极表面上涂有锑和铯光敏物质，适用 200～625nm 波长；红敏光电管在阴极表面上涂的是银和氧化铯，适用波长为 625～1000nm。

光电倍增管是一个具有放大作用的真空光电管，利用二次电子发射原理来放大光电流。使用的波长范围与光电管一样，取决于阴极的光敏材料。灵敏度比光电管高 200 多倍，在现代分光光度计中被广泛采用。

(5) 信号显示系统。信号显示系统是将检测系统送来的光电信号（或者是经放大器放大的光电信号）计量测出，并以吸光度 A 或百分透光率 $T\%$ 的方式显示或记录下来。目前，分光光度计多采用屏幕显示（吸收曲线、操作条件和分析结果等），并利用计算机进行仪器自动控制和结果处理，从而提高了仪器的自动化程度和测量精度。

2. 分光光度计的类型简介

分光光度计从结构上可分为单光束分光光度计和双光束分光光度计两大类；从测量过程中同时提供的波长数又分为单波长和双波长分光光度计。

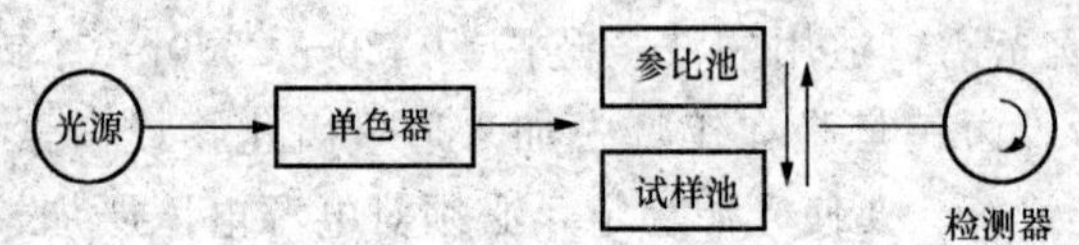

图 6-8 单光束分光光度计结构示意图

(1) 单光束分光光度计。图 6-8 为单光束分光光度计结构示意图。经单色器分光后的一束平行单色光，轮流测定参比溶液和试样溶液的吸光度。

单光束分光光度计结构简单，价格便宜，适于在给定波长处测量吸光度，但一般不能作全波段光谱扫描。另外，单光束分光光度计要求光源和检测器均具有很高的稳定性。

国产 721 型和 722 型分光光度计就属于这种类型。721 型分光光度计采用棱镜为色散元件，适用波长为 350～800nm，直接由微安表读数。722 型分光光度计采用光栅为色散元件，适用于 330～800nm 波长，数字显示。

751 型和 752 型紫外—可见分光光度计也是单光束分光光度计，用于 200～1000nm 波长的测量。751 型采用石英棱镜分光，电位补偿式读数；752 型为光栅分光，数字显示。

(2) 双光束分光光度计。双光束分光光度计是将单色器色散后的单色光分成两束，一束通过参比溶液，一束通过试样溶液，光度计能自动比较两束光的强度，经一次测量即可。双光束分光光度计一般都能自动记录吸收光谱曲线。由于两光束同时分别通过参比溶液和试样溶液，还能补偿光源和检测系统的不稳定性。如国产的 710 型、730 型和 740 型等属于这类仪器。

(3) 双波长分光光度计。它是由同一光源发出的光，分别经过两个单色器后，得到不同波长的两束单色光（λ_1 和 λ_2），交替照射同一溶液，然后经过光电倍增管和电子控制系统，由测量系统显示出两个波长下吸光度的差值，其差值与溶液中待测组分的浓度成正比。

双波长分光光度计的主要特点是可以降低杂散光，光谱精度高。它不仅能测定高浓度试样、多组分混合试样，而且能测定一般分光光度计不宜测定的浑浊试样。

四、偏离朗伯—比尔定律的因素

根据朗伯－比耳定律，对某有色溶液，当光程一定时，吸光度与浓度之间呈线性关系。即配制一系列已知浓度的标准溶液，在一定波长时测定各溶液的吸光度，以吸光度为纵坐标，浓度为横坐标，应得到一条通过原点的直线，但实际测定中常发现有弯曲现象（如图6-9所示）。这种现象称为偏离朗伯—比耳定律。如果在标准曲线的弯曲部分进行分析，将会引起较大的误差。

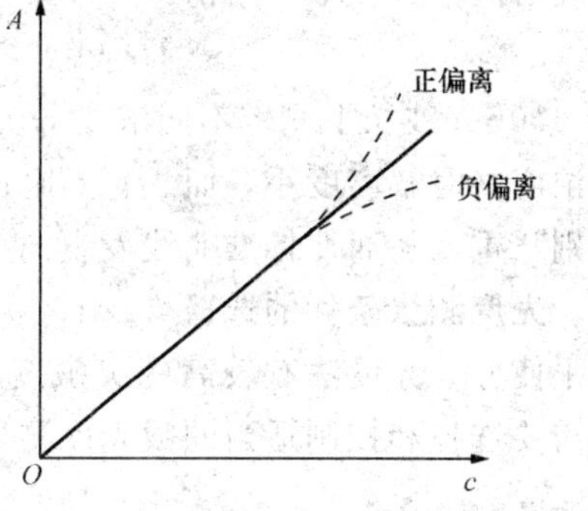

图6-9 标准曲线对朗伯—比耳定律的偏离

引起偏离朗伯—比尔定律的因素很多，基本上可分为物理因素和化学因素两大类。

1. 物理因素

物理因素主要来源于分光光度计，包括单色光不纯、杂散光（非吸收光）、非平行光及光源波动等；另外，溶液本身不均匀性，将引起光的散射和反射现象而引入误差。在这些因素中，最主要受单色光不纯和散射光的影响。

（1）单色光不纯。严格地讲，朗伯—比尔定律只适用于单色光，但实际上使用连续光源和单色器分光后的光，并不是真正的单色光。为了保证足够的光强度，狭缝必须有一定的宽度，到达样品的入射光仍具有一定狭缝的波长范围。由于物质对不同波长光的吸收程度不同，因而导致对朗伯—比尔定律的偏离。

设入射光是由λ_1和λ_2两种波长的光组成，溶液的吸光度对λ_1和λ_2的光都符合朗伯—比尔定律，则

$$A_1=\lg\frac{I_{0_1}}{I_{t_1}}=\varepsilon_1 bc \quad 即\ I_{t_1}=I_{0_1}10^{-\varepsilon_1 bc}$$

$$A_2=\lg\frac{I_{0_2}}{I_{t_2}}=\varepsilon_2 bc \quad 即\ I_{t_2}=I_{0_2}10^{-\varepsilon_2 bc}$$

总的入射光强度为（$I_{0_1}+I_{0_2}$），透射光强度为（$I_{t_1}+I_{t_2}$），该光透过溶液后的吸光度为

$$A=\lg\frac{I_{0_1}+I_{0_2}}{I_{t_1}+I_{t_2}}=\lg\frac{I_{0_1}+I_{0_2}}{I_{0_1}10^{-\varepsilon_1 bc}I_{0_2}10^{-\varepsilon_2 bc}}$$

由上式可见，当$\varepsilon_1=\varepsilon_2=\varepsilon$时，即入射光为单色光时，$A=\varepsilon bc$，$A$与$c$成直线关系；当$\varepsilon_1\neq\varepsilon_2$时，则$A\neq\varepsilon bc$，故$A$与$c$不成直线关系。$\varepsilon_1$与$\varepsilon_2$相差越大，即$\lambda_1$与$\lambda_2$相差越大，对朗伯—比尔定律偏离就越严重。实验证明，只有在入射光波长范围内，朗伯—比尔定律才成立。

（2）散射光的影响（或介质不均匀引起的偏离）。朗伯—比尔定律只适用于吸光物质的均匀溶液。对于不均匀的溶液如胶体、悬浊液或乳浊液等，入射光透过时，将会发生散射现象使透光率减小，从而引起吸光度增加，标准曲线向吸光度轴弯曲发生偏离。

2. 化学因素

（1）溶液浓度过大。测定高浓度样品或高浓度电解质溶液中的痕量组分时，容易引起对朗伯一比耳定律的偏离。原因是高浓度时，吸收质点靠得很近，会互相影响对方的电荷分布，使吸收质点对某一给定波长光的吸收能力改变，从而产生偏离。因此，朗伯一比耳定律一般只适用于稀溶液。

（2）化学反应的影响。不同物质，甚至同一物质的不同型体对某给定波长光的吸收程度可能不同。溶液中的吸光物质常因条件变化会发生解离、缔合或溶剂化作用形成新的化合

物，或发生互变异构等，引起浓度变化，从而导致对朗伯—比耳定律的偏离。如 $K_2Cr_2O_7$ 在弱酸性溶液中存在下列平衡：

$$Cr_2O_7^{2-} + H_2O \rightleftharpoons 2HCrO_4^-$$

在 450nm 波长下测定不同浓度 $K_2Cr_2O_7$ 溶液的吸光度。由于在 $Cr_2O_7^{2-}$ 浓度低时解离度大，浓度高时解离度小，而 $\varepsilon_{HCrO_4^-}$ 比 $\varepsilon_{Cr_2O_7^{2-}}$ 小很多。所以低浓度时测得 $Cr_2O_7^{2-}$ 的吸光度降低特别严重，从而使标准曲线发生向上弯曲。

五、光度测量条件的选择

为了使分光光度法有较高的灵敏度和准确度，除了要注意选择和控制适当的显色条件外，还需要选择和控制适当的吸光度测量条件。

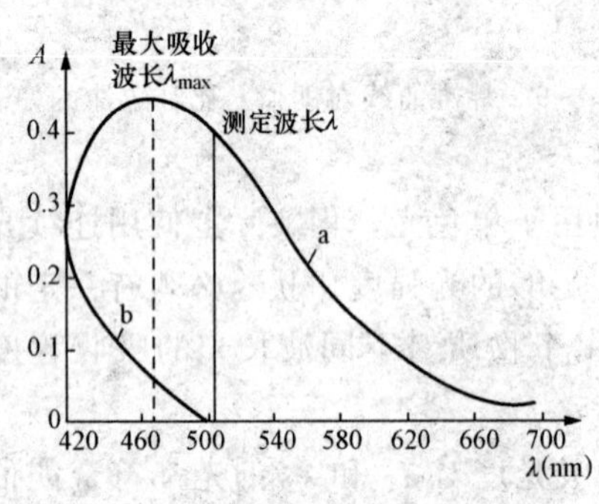

图 6-10 吸收曲线

a—丁二酮圬镍；b—酒石酸铁

1. 入射光波长的选择

入射光波长的选择遵循“最大吸收原则”和“吸收最大、干扰最小”原则。根据吸收曲线，选择被测物质具有最大吸收时的波长（λ_{max}）的光作为入射光进行分析，不仅灵敏度高，而且能够减少或消除由非单色光引起的对朗伯一比尔定律的偏离。这就是“最大吸收原则”。如果在 λ_{max} 处有其他吸光物质干扰时，则应根据“吸收最大、干扰最小”原则，选择入射光波长。例如，丁二酮肟测定 Ni^{2+} 时，丁二酮肟镍配合物的 λ_{max} 在 470nm 处（图 6-10），由于加入酒石酸钾钠以掩蔽铁的干扰时形成的配合物在此波长处也有吸收，因此选择 500nm 进行测量，就可以避免干扰。

2. 吸光度读数范围的选择

任何分光光度计都有一定的测量误差，读数误差是测量误差的主要影响因素。

测定结果的准确度常用浓度的相对误差 $\Delta c/c$ 表示。根据朗伯—比耳定律，透光率 T 与被测物质的浓度 c 呈现负对数关系，即

$$A = -\lg T = -\frac{1}{2.303}\ln T = -0.434\ln T = \varepsilon bc \tag{6-13}$$

将上式微分得

$$-0.434\frac{dT}{T} = \varepsilon b dc \tag{6-14}$$

将式（6-14）与式（6-13）相比，并整理得

$$\frac{0.434}{T\lg T}dT = \frac{dc}{c}$$

用有限值表示，可得

$$\frac{\Delta c}{c} = \frac{0.434}{T\lg T}\Delta T \tag{6-15}$$

式（6-15）表明，浓度测量的相对误差 $\Delta c/c$ 不仅与仪器的读数误差 ΔT 有关，而且也与被测溶液的透光率有关。大多数光度计透光率的读数误差 ΔT 变化在±0.2%～±2%，对一给定的光度计来说，其透光率读数误差 ΔT 是一常数。可以证明，当 $T=36.8\%$（$A=0.434$）时，测量的相对误差最小。图 6-11 表明了相对误差与透光率之间的关系。从图中可以看出，在 $T=15\%\sim65\%$（$A=0.8\sim0.2$）范围内，浓度的相对误差比较合理，能满足

吸光光度法的误差要求（4%以下）。因此，为减少测量待测溶液浓度的相对误差，需将 A 控制在 0.2～0.8 范围内。通常采取的措施：一是控制待测溶液浓度，对高含量试样，减少称样量或增大稀释度；二是选择合适厚度的比色皿。

3. 参比溶液的选择

在吸光光度法的测量中，必须将溶液装入比色皿中。由于比色皿和溶剂对入射光具有反射、吸收和透射等作用，为了使吸光度仅与待测溶液浓度有关，必须对上述影响进行校正。实际测定时，采用光学性质相同、厚度相同的比色皿存放参比溶液，调节仪器使透光率 T 为 100%，即吸光度 A 为 0，然后测量其他溶液的吸光度。

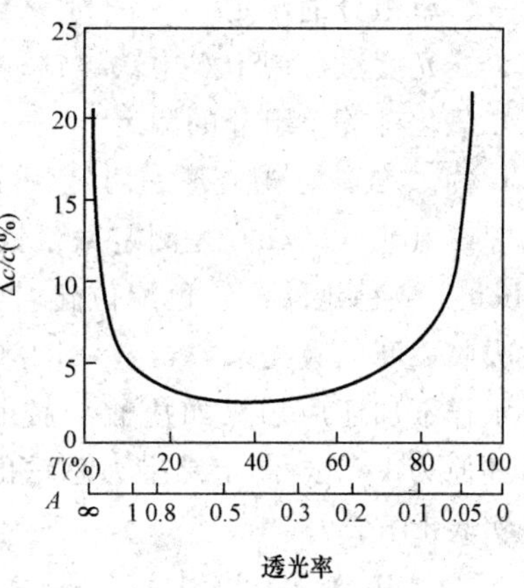

图 6-11　浓度相对误差与透光率的函数关系（$\Delta T=0.01$）

参比溶液的校正作用可通过吸光度的加合性进行证明。待测溶液的吸光度由待测组分和参比溶液所构成，即待测溶液的吸光度为

$$A_{待测溶液}=A_{待测溶液}+A_{参比溶液}\neq \varepsilon bc$$

用参比溶液调透光率 T 为 100%，即吸光度 A 为 0，则

$$A_{待测溶液}=A_{待测溶液}+0=A_{待测溶液}=\varepsilon bc$$

上式表明待测溶液的吸光度符合朗伯—比尔定律的要求。

参比溶液的作用有两个：一是用来调仪器 T 为 100%，二是消除由于比色皿、试剂对入射光的吸收和反射带来的误差，并扣除干扰的影响。

参比溶液的选择原则：

(1) 若试液、显色剂和其他试剂在测量波长处均无吸收，可用纯溶剂（如蒸馏水）作参比溶液，称为溶剂空白。

(2) 若试液无吸收，而显色剂及其他试剂在测量波长处有吸收，可用不加试样的显色剂及其他试剂作参比溶液，称为试剂空白。吸光光度法通常都采用试剂空白作参比溶液。

(3) 若试液本身在测量波长处有吸收，而显色剂及其他试剂均无吸收，可用不加显色剂的试液作参比溶液，称为试样空白。

(4) 若显色剂和试液在测量波长处均有吸收，可取一份试液加入适当的掩蔽剂以掩蔽待测组分，使待测组分不与显色剂反应，然后加入显色剂和其他试剂，所得的溶液作为参比溶液。

第五节　紫外—可见分光光度法的应用

分光光度法主要应用于微量组分的测定，既可用于单一组分、多种组分、高含量组分的测定，又可用于光度滴定、化学平衡的研究和配位化合物的组成的测定等。本节只介绍微量组分和高含量组分的测定。

一、单组分的测定

分光光度法可用于水中铁、铬、锰、锌、镉、氨氮、硝酸盐、亚硝酸盐、磷酸盐、挥发酚、二氧化硅等单组分的测定。

1. 邻二氮菲分光光度法测定铁（Ⅱ）

邻二氮菲（phen）是测定微量铁的高灵敏、高选择性试剂。在pH3～9的溶液中，Fe^{2+}与phen生成稳定的橙红色配位化合物［Fe（phen)$_3$］$^{2+}$。该配位化合物在波长510nm处有最大吸收，摩尔吸光系数$\varepsilon_{510}=1.1\times10^4$L/（mol·cm)。

水样不加还原剂（如盐酸羟胺或抗坏血酸)，可测定Fe^{2+}的含量。水样加还原剂，将Fe^{3+}还原为Fe^{2+}，测定结果为总铁的含量。我国饮用水标准铁的含量≤0.3mg/L，实验方法见实验十五。

2. 二苯碳酰二肼法测定铬（Ⅵ）

铬是生物体所必需的微量元素之一。铬化合物的常见价态有三价和六价。六价铬和三价铬可以互相转化，其转化主要受水体pH值、温度、氧化还原物质、有机物等因素影响。铬的毒性与其存在价态有关，六价铬具有强毒性，为致癌物质，并易被人体吸收而在体内蓄积。通常认为六价铬的毒性比三价铬高100倍，如果水中六价铬含量超出0.1mg/L，将对人类产生毒性。但是，对鱼类来说，三价铬化合物的毒性比六价铬大。当水中六价铬浓度达1mg/L时，水呈黄色并有涩味；三价铬浓度达1mg/L时，水的浊度明显增加。陆地天然水中一般不含铬；海水中铬的平均浓度为0.05μg/L；饮用水中六价铬不得超出0.05mg/L。

二苯碳酰二肼分光光度法测定水中的六价铬。在酸性介质中，六价铬与二苯碳酰二肼(DPC）反应，生成紫红色配合物，在其最大吸收波长540nm处进行比色测定，ε为4×10^4（L/mol·cm)。该方法最低检出浓度为0.004mg/L，使用1cm比色皿时，测定上限为1mg/L，实验方法见实验十六。

3. 奈氏试剂分光光度法测定氨氮

水中的氨氮（NH_3-N）是以游离氨NH_3或NH_4^+形式存在于水中，两者的比例取决于水的pH值，当pH值偏高时，NH_3比例较高；反之，则NH_4^+比例高。水中的氨氮主要来自生活污水中含氮有机物受微生物作用分解的第一步产物。

水中的氨在有充足氧的环境中，可转化为NO_2^-，甚至可以转化为NO_3^-。此外，水中的NO_2^-在缺氧的条件下，受微生物作用也可还原为氨。测定水中各种形态的氮化合物，可以判断水体被污染和自净状况。

奈氏试剂法测定氨氮，水中的氨与奈氏试剂（碘化汞和碘化钾的碱性溶液）作用生成黄棕色胶状配合物，其颜色深浅与氨氮的含量成正比，在波长420nm处进行吸光度测定。我国饮用水标准为氨氮的含量≤0.5mg/L。实验方法见实验十八。

4. 4—氨基安替比林分光光度法测定挥发酚

根据酚类能否与水蒸气一起蒸出，分挥发酚和不挥发酚。沸点在230℃以下的酚类为挥发酚，通常属一元酚，以苯酚（C_6H_5OH，mg/L）计。酚类属高毒物质。水中含0.1～0.2mg/L酚类，能使生长的鱼肉有异味，大于0.5mg/L时则造成中毒死亡。

测定酚类普遍采用4—氨基安替比林分光光度法，当水中挥发酚小于0.5mg/L，采用4—氨基安替吡啉萃取光度法，大于0.5mg/L时，采用4—氨基安替比林直接光度法。

用蒸馏法使挥发性酚类化合物蒸馏出，并与干扰物质和固定剂分离。由于酚类化合物的挥发速度随馏出液体积而变化，因此，馏出液体积必须与试样体积相等。

被蒸馏出的酚类化合物，于 pH（10.0±0.2）介质中，在铁氰化钾存在下，与 4－氨基安替比林反应生成橙红色的安替比林染料，用三氯甲烷萃取后，在 460nm 波长下测定吸光度。我国饮用水标准为挥发酚的含量≤0.002mg/L。实验方法见实验十七。

5. 磷钒钼黄分光光度测定磷酸盐

测定锅水中磷酸盐主要采用磷钒钼黄分光光度法。在 0.3mol/L H_2SO_4 的酸度下，磷酸盐、钼酸盐和偏钒酸盐作用生成黄色的磷钒钼酸，其颜色深浅与磷酸盐的含量成正比。磷钒钼酸的最大吸收波长为 335nm，为方便起见，一般在 420nm 波长下用 3cm 的比色皿测定。实验方法见实验十九。

在 GB/T 1576—2008《工业锅炉水质》中，测定锅炉水中的磷酸盐采用磷钼蓝比色法。在 c（H^+）＝0.6 mol/L 的酸度下，磷酸盐与钼酸铵生成磷钼黄，用氯化亚锡还原成磷钼蓝后，与同时配制的标准系列进行比色测定，其反应为

$$PO_4^{3-} + 12MoO_4^{2-} + 27H^+ \longrightarrow H_3[P(Mo_3O_{10})_4] + 12H_2O\text{（磷钼黄）}$$

$$[P(Mo_3O_{10})_4]^{3-} + 4Sn^{2+} + 11H^+ \longrightarrow H_3[P(Mo_3O_{10})_4] + 4Sn^{4+} + 4H_2O\text{（磷钼蓝）}$$

磷钼蓝比色法仅供现场测定，适用于磷酸盐含量在 2～50mg/L 的水样。也可用光度法在波长 706nm 下，用 1cm 比色皿进行测定。

6. 硅钼蓝分光光度法测定可溶性硅

在 pH 值为 1.1～1.3 的条件下，水中的可溶硅（二氧化硅）与钼酸铵生成黄色的硅钼配位化合物，用 1-氨基-2-萘酚-3-磺酸（简称 1-2-4 酸）还原剂，把硅钼配位化合物还原成硅钼蓝，在一定浓度范围内，硅钼蓝的色度与可溶性硅的含量成正比。于波长 660nm 处测定其吸光度，求得二氧化硅的含量。磷酸盐干扰测定，加草酸或酒石酸消除。实验方法见实验二十。

二、多组分的测定

应用分光光度法，有时可以在同一溶液中不进行分离而测定多个组分。设溶液中含有 x 和 y 两种组分，它们的吸收光谱重叠情况有以下三种，如图 6-12 所示。

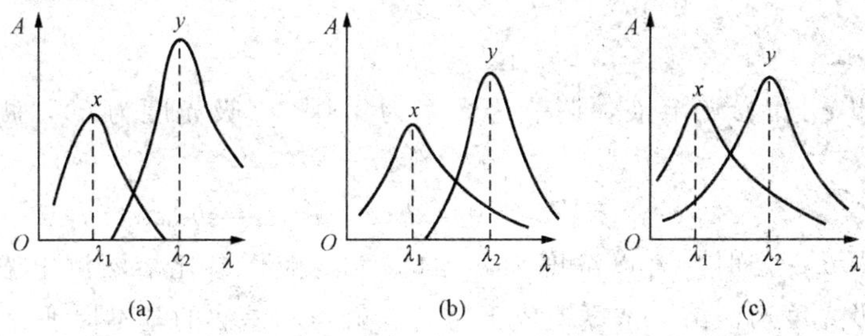

图 6-12 组分 x 和组分 y 吸收光谱重叠情况

(a) 不重叠；(b) 单向重叠；(c) 双向重叠

(1) 吸收光谱不重叠，如图 6-12 (a) 所示。在波长 λ_1 处组分 x 有吸收而组分 y 不吸收，在 λ_2 处组分 y 有吸收而组分 x 不吸收，可分别在 λ_1 处测定组分 x 和在 λ_2 处测定组分 y 而相互不产生干扰。

(2) 吸收光谱单向重叠，如图 6-12 (b) 所示。在波长 λ_1 处测定组分 x，组分 y 不干

扰；在波长 λ_2 处测定组分 y，组分 x 有干扰。这时可先在 λ_1 处按单组分测定混合液中组分 x 的浓度 c_x，然后在 λ_2 处测得混合液的吸光度 $A_{x+y}^{\lambda 2}$，根据吸光度具有加合性计算出组分 y 的浓度 c_y。

$$A_x^{\lambda 1}=\varepsilon_x^{\lambda 1} b c_x \tag{6-16}$$

$$A_{x+y}^{\lambda 2}=\varepsilon_x^{\lambda 2} b c_x+\varepsilon_y^{\lambda 2} b c_y$$

上式中，$A_x^{\lambda 1}$ 为在波长 λ_1 处测得混合液中组分 x 的吸光度；$\varepsilon_x^{\lambda 1}$ 为组分 x 在波长 λ_1 处的摩尔吸光系数；$A_{x+y}^{\lambda 2}$ 为在波长 λ_2 处测得混合液中组分 x 和组分 y 的吸光度；$\varepsilon_x^{\lambda 2}$ 和 $\varepsilon_y^{\lambda 2}$ 分别为在波长 λ_2 处组分 x 和组分 y 的摩尔吸光系数。

(3) 吸收光谱双向重叠，如图 6-12 (c) 所示。在波长 λ_1 和 λ_2 处分别测得混合液中 $A_{x+y}^{\lambda 1}$ 和 $A_{x+y}^{\lambda 2}$，根据吸光度的加合性可得联立方程

$$\begin{cases}A_{x+y}^{\lambda 1}=\varepsilon_x^{\lambda 1} b c_x+\varepsilon_y^{\lambda 1} b c_y \\ A_{x+y}^{\lambda 2}=\varepsilon_x^{\lambda 2} b c_x+\varepsilon_y^{\lambda 2} b c_y\end{cases} \tag{6-17}$$

上式中，$\varepsilon_x^{\lambda 1}$ 和 $\varepsilon_y^{\lambda 1}$ 分别为组分 x 和组分 y 的标准溶液在波长 λ_1 处的摩尔吸光系数；$\varepsilon_x^{\lambda 2}$ 和 $\varepsilon_y^{\lambda 2}$ 分别为组分 x 和组分 y 的标准溶液在波长 λ_2 处的摩尔吸光系数。解联立方程可求出 c_x 和 c_y。

三、示差分光光度法

如前所述，吸光度在 0.2～0.8 范围内测量误差较小。超出此范围，如对高浓度或低浓度溶液，其测定的相对误差将会增大。用示差分光光度法可以克服这些缺点。

示差分光光度法简称示差法。与普通光度法的主要区别在于：普通光度法一般以试剂空白作参比溶液，示差法采用浓度稍低于试样溶液浓度的标准溶液作参比，调节透光率为 100%（吸光度为 0)。

设有浓度为 c_1 和 c_2 的有色溶液，用试剂空白作参比溶液测得为 A_1 和 A_2，则

$$A_1=\varepsilon b c_1$$

$$A_2=\varepsilon b c_2$$

两式相减，得

$$A_2-A_1=\varepsilon b(c_2-c_1)$$

$$\Delta A=\varepsilon b \Delta c$$

若 $c_2>c_1$，以 c_1 作参比溶液，调节透光率为 100%（吸光度为 0)，测得 c_2 的吸光度 A_2，则

$$A_2-A_1=A_2-0=\varepsilon b(c_2-c_1)=\varepsilon b \Delta c$$

上式表明，当 b 一定时，若以浓度为 c_1 的标准溶液作参比溶液测定浓度为 c_2 的吸光度，则所测得的吸光度与两溶液浓度差成正比。这就是示差法的基本原理。

示差光度法测量高含量组分时，相对于普通光度法提高测量准确度的原因是扩展了读数标尺。例如，在普通光度法中，以试剂空白作参比，测得标准溶液浓度 c_s 和试液浓度 c_x 的透光率分别为 $T_s=10\%$（即 $A_s=1.00$)，$T_x=5\%$（即 $A_x=1.30$)，试液这样大的吸光度值会使浓度相对误差较大。若改用示差光度法，以 c_s 为参比调节其透光率为 100%，这相当于将仪器的读数标尺扩展了 10 倍。如图 6-13 所示，这时测得试液 c_x 的透光率增大为 50%（即 $A_x=0.300$)，此时吸光度数值处于合适的数值范围内，降低了浓度测量的相对误差，提高了示差法测量的准确度。

示差法可采用标准计算法和标准曲线法进行定量分析。

1. 标准计算法

先配制两种不同浓度的标准溶液 c_1 和 c_2，且 $c_2>c_1$，以 c_1 为参比溶液调节吸光度为零，然后分别测量标准溶液 c_2 及试液 c_x 的吸光度 A_2 和 A_x，即可求出试样中被测组分的含量。

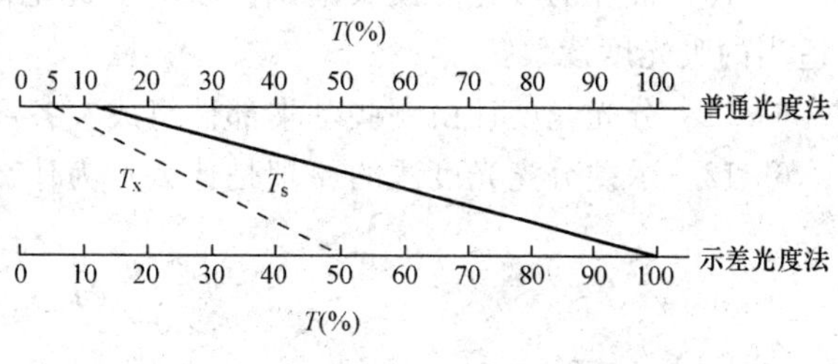

图 6-13 示差光度法标尺扩展原理

【例 6-3】 用双硫腙法测定废水中铅的含量（含量在 5.0mg/L 以上）。选用含铅为 3.06mg/L 的标准溶液为参比溶液，测得水样的吸光度为 0.520，另一含铅 5.00mg/L 标准溶液的吸光度为 0.470，求水样中铅的含量。

解 设水样中铅的浓度为 c_x（mg/L），其吸光度为 A_x，则有

$$A_x - A_1 = kb(c_x - c_1)$$

$$A_2 - A_1 = kb(c_2 - c_1)$$

代入数据得

$$0.520 - 0 = kb(c_x - 3.06)$$

$$0.470 - 0 = kb(5.00 - 3.06)$$

所以

$$c_x = \frac{0.520 \times (5.00 - 3.06)}{0.470} + 3.06 = 5.21(\text{mg/L})$$

2. 标准曲线法

示差法的标准曲线法与普通光度法类似。先配制一系列已知浓度的标准溶液，以浓度最小的标准溶液为参比溶液，调节吸光度为零，依次测定其他浓度标准溶液与参比溶液的吸光度差值 ΔA，以 ΔA 与相对应的 Δc 作图绘制标准曲线；以相同的参比溶液测定待测液的 ΔA_x。在标准曲线上查出对应的 Δc_x，根据 $c_x=c_1+\Delta c_x$，即可求得试样中待测组分的含量。

思考题

6-1 朗伯-比耳定律的物理意义是什么？使用条件是什么？

6-2 吸收曲线与标准曲线有何差别？各有何作用？

6-3 摩尔吸收光系数有何物理意义？影响因素有哪些？

6-4 偏离朗伯-比耳定律的原因有哪些？应采取什么措施？

6-5 符合朗伯-比耳定律的有色溶液，当其浓度增大后，λ_{max}、A、T 和 ε 有无变化？有什么变化？

6-6 为什么目视比色法可以采用复合光（日光），而分光光度法必须采用单色光？分光光度计是如何获得所需单色光的？

6-7 选择显色反应的依据是什么？影响显色反应的因素有哪些？干扰离子如何消除？

6-8 在吸光度法测定中，使用参比溶液的目的是什么？选择参比溶液的原则是什么？

6-9 同吸收曲线的肩部波长相比，为什么在 λ_{max} 处测量能在较宽的浓度范围内使标准曲线呈线性？

6-10 最佳的吸光度读数范围是多少？此范围的大小取决于什么？测定时如何才能获得适当的吸光度读数？

6-11 分光光度计由哪些基本部件组成？各部分的作用是什么？

6-12 示差分光光度法的原理是什么？为什么它能提高测定的准确度？

习 题

6-1 用双硫腙光度法测定 Pb^{2+}，Pb^{2+} 浓度为 0.08mg/50mL，用 2cm 比色皿在 520nm 下测得 $T\%=53.0$，求其吸光度、摩尔吸光系数及桑德尔灵敏度。

[0.276，1.8×10^4 L/（mol·cm)，$1.2\times10^{-2}\mu g/cm^2$]

6-2 某有色配合物的 0.001% 水溶液在 510nm 处，用 3cm 比色皿测得吸光度为 0.570。已知其摩尔吸光系数为 2.5×10^3 L/（mol·cm)，求该有色配合物的摩尔质量。

(131.58)

6-3 取含铁试液 2.00mL 定容至 100mL。吸取 2.00mL 显色定容至 50mL，用 1cm 比色皿测得透光率为 39.8%。已知显色配合物的摩尔吸光系数为 1.1×10^4 L/（mol·cm)，求试液中铁的含量。 (2.5×10^3 mg/L)

6-4 以 MnO_4^- 形式测定某合金中锰。溶解 0.500g 合金试样并将锰全部氧化为 MnO_4^- 后，溶液稀释至 500mL，用 1cm 比色皿在 525nm 处测得该溶液的吸光度为 0.400；另一 1.00×10^{-4} mol/L 的 $KMnO_4$ 标准溶液在相同条件下测得吸光度为 0.585。设 $KMnO_4$ 溶液在此浓度范围服从比耳定律，求合金中锰的质量分数。 (0.376%)

6-5 用磺基水杨酸法测定废水中的铁。标准铁溶液是由 0.2160g $NH_4Fe(SO_4)_2\cdot12H_2O$ 溶于水稀释至 500mL 配制而成。吸取不同体积标准铁溶液，于 50mL 容量瓶中显色测定，根据下列数据，绘制标准曲线。

标准铁溶液（mL)	0.00	2.00	4.00	6.00	8.00	10.00
吸光度 A	0.000	0.165	0.320	0.480	0.630	0.790

取 100.0mL 水样，稀释至 250mL，再取此稀释液 25.0mL，置于 50mL 容量瓶中，在与标准溶液相同条件下显色，测得吸光度 A 为 0.555，求水样中铁的含量（mg/L)。

(35.0mg/L)

6-6 二苯碳酰二肼法测定水中的 Cr^{6+} 时，铬标准溶液浓度为 0.05mg/mL。取 4.00mL 加水稀释至 200mL，吸取不同体积铬标准溶液于 50mL 比色管显色测定。实验数据如下：

铬标准溶液体积（mL)	0.00	1.00	2.00	3.00	4.00	5.00
吸光度 A	0.000	0.071	0.144	0.230	0.300	0.371

取 20.00mL 废水，与绘制标准曲线相同条件下显色，测定吸光度为 0.141。分别用回归分析法和标准曲线法，求水样中铬的含量（以 mg/L 表示）。 (0.0955)

6-7 某有色溶液放入 1cm 比色皿中，以试剂空白作参比测得 T 为 0.08，已知 ε 为 1.1×10^4 L/（mol·cm)，若示差法测定上述溶液，要使测量的相对误差最小，参比溶液的

浓度为多少？ （6.1×10^{-5}mol/L）

6-8 取一定体积含铁废水，用邻二氮菲光度法，在 $\lambda_{max}=508$nm 处，用 1cm 比色皿测得吸光度 A 为 0.150。同时另取同体积水样，加 1mL 盐酸羟胺溶液还原 Fe^{3+}，混匀后，再按上法测得 A 为 0.210。求该水样中 Fe^{2+}、Fe^{3+} 和总铁的含量（以 mg/L 表示）。

（0.760，0.310，1.07）

6-9 邻二氮菲光度法测定水样中的 Fe^{3+}。以浓度为 6.00mg/L 的 Fe^{3+} 标准溶液作参比，测得浓度为 10.0mg/L 的 Fe^{3+} 标准溶液的吸光度为 0.540；仍以 6.00mg/L 的 Fe^{3+} 标准溶液作参比，测得试液的吸光度为 0.302。求试液的浓度（以 mg/L 表示）。（8.24mg/L）

6-10 用双硫腙氯仿萃取光度法测定氰化法镀镉漂洗水中 Cd^{2+} 的含量。取 Cd^{2+} 标准储备液（1.00μg/mL）配制标准系列，定容至 50mL，在 $\lambda_{max}=518$nm 处测定吸光度，数据见下表。取水样 5.00mL，在同样条件下测得吸光度为 0.550。绘制标准曲线并求出水样中 Cd^{2+} 的含量（以 mg/L 表示）。

Cd^{2+} 标准溶液体积（mL）	0.00	1.00	3.00	5.00	7.00	9.00
吸光度 A	0.000	0.070	0.200	0.360	0.500	0.620

（1.57）

6-11 用 4-氨基安替比林萃取分光光度法测定水中的苯酚。分别取不同体积的苯酚标准溶液（1.00μg/mL）于 500mL 分液漏斗中，加水至 250mL。加显色剂等试剂，用氯仿萃取后，氯仿萃取液放入 2cm 比色皿中，在 460nm 处测定吸光度列于下表。取水样 50mL 用水稀释至 250mL，同样条件下测得吸光度为 0.320。用回归分析法求出水样中苯酚含量（以 mg/L 表示）。

苯酚标准溶液体积（mL）	0.00	0.50	1.00	3.00	5.00	7.00
吸光度 A	0.00	0.048	0.096	0.298	0.500	0.660

（0.066）

6-12 用分光光度法同时测定水样中 MnO_4^- 和 $Cr_2O_7^{2-}$ 的含量。用 1cm 比色皿在 $\lambda_1=440$nm 处测得水样吸光度为 0.365，在 $\lambda_2=545$nm 处测得水样吸光度为 0.682。已知 $Cr_2O_7^{2-}$ 的 $\varepsilon_{\lambda_1}=370$，$\varepsilon_{\lambda_2}=11$；$MnO_4^-$ 的 $\varepsilon_{\lambda_1}=93$，$\varepsilon_{\lambda_2}=2350$。计算水样中 MnO_4^- 和 $Cr_2O_7^{2-}$ 的量浓度。 （2.86×10^{-4}mol/L，9.15×10^{-4}mol/L）

第七章　原子吸收光谱法

·内容提要·

本章主要介绍了原子吸收光谱法的基本原理、原子吸收分光光度计的基本结构、实验条件的建立、定量分析方法及在水质分析中的应用。

学习要求

（1）掌握原子吸收光谱法的基本原理及定量方法。

（2）了解原子吸收分光光度计的组成及试样原子化的方法。

（3）理解原子吸收光谱法测量条件的选择。

（4）掌握原子吸收光谱法在水质分析中的应用。

第一节　原子吸收光谱法基本原理

一、概述

原子吸收光谱法（atomic absorption spectrometry，AAS）也称原子吸收分光光度法。它是基于从光源发出的被测元素特征谱线的光，通过原子蒸气时，原子中的外层电子将选择性地吸收其同种元素所发射的特征谱线，依据特征谱线被减弱的程度来测定试样中待测元素含量的分析方法。该方法的特点是：

（1）灵敏度高。用火焰原子吸收光谱，大多数元素的检出限为 10^{-9}g/mL，用无火焰原子吸收光谱法可测到 10^{-14}～10^{-13}g/mL。

（2）选择性好。分析不同元素需用不同的元素灯，发射的谱线与待测元素吸收的谱线具有特征性，所以选择性好。

（3）抗干扰能力强。一般不存在共存元素的光谱干扰，干扰主要来自化学干扰。

（4）精密度。相对标准偏差一般为 0.3%～1%。

（5）分析速度快，应用范围广。一般测定时间长则几分钟，短则仅需几十秒。可以在同一溶液中直接测定多种元素，仪器操作简单，易于实现计算机化，因而提高了分析速度。已用于 60 多种痕量金属元素的分析。

该方法的缺点：测不同的元素需更换不同的元素灯，不能同时测定多种元素，难熔元素、多数非金属元素不能直接测定。

二、基本原理

1. 共振吸收线

原子通常处于稳定的基态，当通过某基态原子辐射线的能量恰好符合该原子从基态跃迁到激发态所需的能量时，该基态原子就从入射光中吸收能量跃迁到激发态，从而产生原子吸收光谱，此吸收谱线称为共振吸收线。原子吸收光谱通常是原子由基态跃迁到第一激发态所产生的吸收谱线，也称为主共振吸收线。绝大多数元素的主共振吸收线就是该元素的灵敏线。各元素的原子结构不同，因而各元素的共振线也不同，利用这一特性可以进行定性分析。

2. 基本原理

以测定试液中镁离子的含量为例，如图7-1所示。先将试液喷射成雾状进入原子化器的火焰中，在火焰的温度下，镁盐雾滴挥发并解离成镁原子蒸气。再用镁空心阴极灯作光源，它辐射出具有镁的特征谱线的光（波长为285.2nm）。通过燃烧器上部的火焰时，部分光被火焰中基态镁原子蒸气吸收而减弱，通过单色器和检测器可以测得镁特征谱线的光被减弱的程度，其减弱的程度与蒸气中该元素的浓度成正比，即可求得试样中镁的含量。

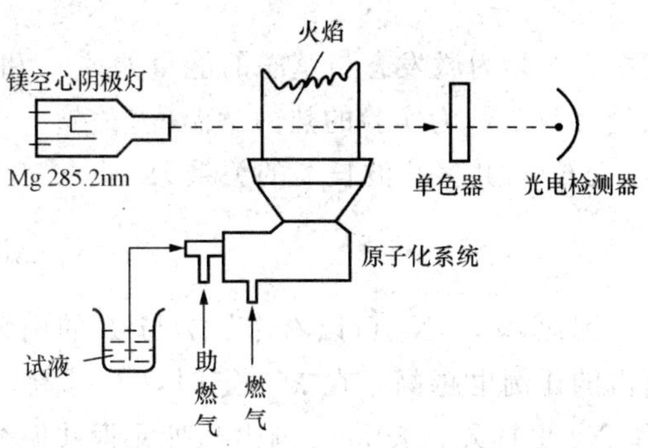

图7-1 原子吸收分析示意图

由此看出：测定时将待测物质制成溶液，经喷雾与可燃性气体混合进入火焰，在高温下解离成原子蒸气。以该元素制成的空心阴极灯发射出该元素的特征谱线，通过原子蒸气时，被原子蒸气中待测元素的基态原子所吸收，产生吸光度，测定吸光度可求待测物质的含量。

3. 原子吸收与分子（或离子）吸收

紫外—可见分光光度法（即吸光光度法）与原子吸收分光光度法在原理上有相似之处，都是利用物质对光的吸收原理进行分析的。不同的是吸光光度法测量的是溶液中分子（或离子）的吸收，溶液的这种吸收为宽带吸收，吸收带宽从几纳米到几十纳米，使用的是连续光源；而原子吸收法测量的是气态基态原子吸收，这种吸收为窄带吸收，吸收带宽约为10^{-3} nm，使用的是锐线光源。因此，原子吸收与溶液分子（或离子）吸收在试样的处理技术、实验方法和对仪器设备的要求等方面不同。

4. 吸收定律

设原子蒸气的厚度为L，入射光强度为I_0，透过光强度为I_t。当以频率为ν的单色光通过一定密度的原子蒸气时，一部分光被原子蒸气吸收，另一部分光透过原子蒸气，则光吸收定律为

$$I_t = I_0 \exp(-K_\nu L) \tag{7-1}$$

式（7-1）可以写成

$$A = \lg \frac{I_0}{I_t} = 0.434K_\nu L \tag{7-2}$$

式中：K_ν为基态原子对频率为ν的单色光的吸收系数，它与入射光的频率、基态原子密度及原子化温度等有关。

在一定条件下，吸光度A与单位体积原子蒸气中待测元素基态原子数N_0的关系为

$$A = 0.434k'LN_0 \tag{7-3}$$

5. 基态原子数与原子化温度的关系

在试样原子化过程中，原子主要以基态原子存在，也有部分以激发态原子存在。由于原子吸收光谱法是以基态原子蒸气对同种原子的特征辐射的吸收为基础，因此，基态原子化程

度越高，原子吸收光谱法的灵敏度也越高。单位体积原子蒸气中待测元素的基态原子数 N_0 与激发态原子数 N_j 的关系遵循玻尔兹曼方程式

$$\frac{N_j}{N_0}=\frac{g_j}{g_0}\exp\left(\frac{\Delta E_j}{kT}\right) \tag{7-4}$$

式中：ΔE_j 为激发态与基态的能量差；g_j 和 g_0 分别为激发态和基态的统计权重；k 为玻尔兹曼常数；T 为实验的热力学温度。

ΔE_j 与共振线波长 λ 的关系为

$$\Delta E_j=\frac{hc}{\lambda}$$

因此，N_j/N_0 可以看作是 λ 与 T 的函数。λ 越短，T 越低，则 N_j/N_0 越小，基态原子所占的比例也越高。在 λ 一定时，T 越高，N_j/N_0 越大；对同一温度，共振线的 λ 越长，N_j/N_0 也越大。表 7 - 1 列出几种元素共振线的 N_j/N_0 值。

表 7 - 1　　几种元素共振线的 N_j/N_0 值

元素	g_j/g_0	共振线波长 λ (nm)	N_j/N_0		
			2000K	3000K	4000K
Cs	2	852.1	4.44×10^{-4}	7.24×10^{-3}	2.98×10^{-2}
Na	2	589.0	9.86×10^{-6}	5.83×10^{-4}	4.44×10^{-3}
Ca	3	422.7	1.22×10^{-7}	3.55×10^{-5}	6.03×10^{-4}
Zn	3	213.9	7.45×10^{-15}	5.50×10^{-10}	1.48×10^{-7}

在常用的火焰原子化器中，温度一般都小于 3000K，而大多数元素的共振线波长都小于 600nm，因此，对大多数元素而言，$N_j/N_0<0.01$，这说明火焰中基态原子数目 N_0 占绝对多数，可以近似地用单位体积原子蒸气中待测元素的基态原子数 N_0 代替单位体积原子蒸气中待测元素的总原子数 N，即 $N_0=N$。

将 $N_0=N$ 代入式 (7 - 3)，得

$$A=0.434k'LN \tag{7-5}$$

而单位体积原子蒸气中待测元素的总原子数 N 与待测元素的浓度 c 成正比，即

$$A\propto 0.434k'Lc$$

此式可表示为

$$A=K'Lc$$

当原子蒸气的厚度 L 一定时，即

$$A=Kc \tag{7-6}$$

式 (7 - 6) 是比尔定律的表达式，也是原子吸收光谱法的定量基本关系式。

第二节　原子吸收分光光度计

原子吸收分光光度计主要由光源、原子化器、光学系统（单色器）和检测系统等 4 部分组成。

一、光源

光源的作用是发射出待测元素的特征光谱供吸收测量用。常用空心阴极灯（简称为元素

灯）作光源，其结构如图 7-2 所示，它是由一个阳极和一个空心阴极组成的。阳极由钨棒镶有钛丝制成，阴极由待测元素的高纯金属或合金制成。两个电极密封于带有石英窗（或玻璃窗）的玻璃管中，管中充有低压惰性气体。当两电极施加一定电压（300～500V）后，电子将从阴极高速射向阳极，电子与充入的惰性气体原子发生碰撞而使惰性气体电离成正离子。在电场的作用下，惰性气体的正离子连续碰撞阴极内壁，使阴极内表面的金属原子发生溅射。溅射出来的原子再与电子、惰性气体的原子及正离子发生碰撞而被激发，从而发射出被测元素的特征谱线。由单元素制成的空心阴极灯只能用于该元素的测定；由多元素制成的空心阴极灯虽可测定多种元素，但发射强度低，使用寿命短。目前，普遍使用的是固定空心阴极单元素灯。

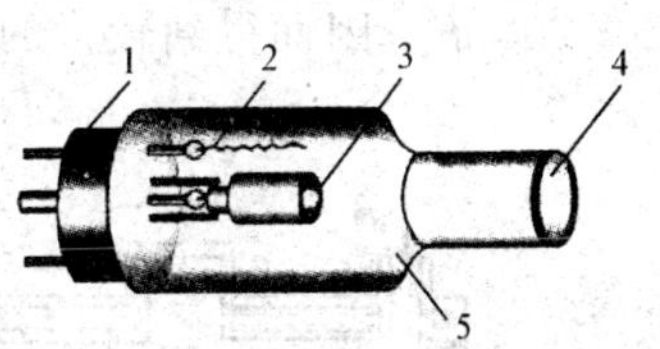

图 7-2 空心阴极灯

1—灯座；2—阳极；3—空心阴极；4—石英窗；5—内充氖或氩气体

二、原子化器

原子化器是将待测元素转化为基态原子蒸气。通常要求原子化器有尽可能高的原子化效率，不受试样组分的影响且稳定。常用的原子化器有火焰原子化器和无火焰原子化器两大类。

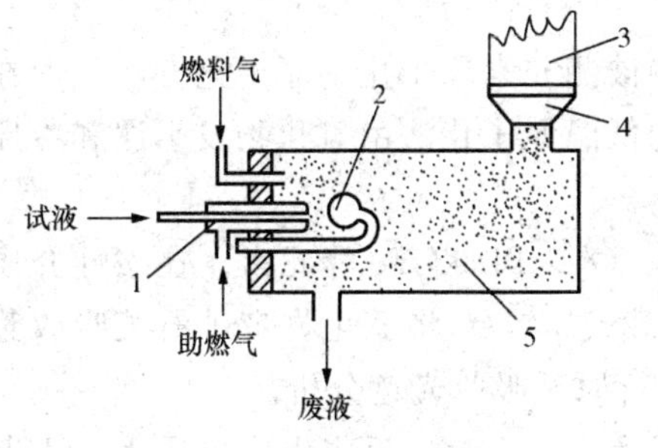

图 7-3 预混合型火焰原子化器

1—雾化器；2—撞击球；3—火焰；4—燃烧器；5—雾化室

1. 火焰原子化器

火焰原子化器是用雾化器将试液雾化，在雾化室内将较大的雾滴除去，使试液的雾滴均匀化，然后再喷入火焰。它主要由雾化器、雾化室及燃烧器组成，如图 7-3 所示。

(1) 雾化器。它的作用是将试液变为细雾，使待测元素具有更高的原子化率。由一定压力的助燃气高速向喷嘴口喷出，致使毛细管口形成负压，试液通过毛细管吸收。吸入的试液被高速气流吹散成雾，并与撞击球进一步变成细雾。对雾化器要求雾化效率高、喷雾稳定、雾滴细小而均匀。

(2) 雾化室。它的作用是将雾化器高速喷出的雾粒与助燃气、燃气在进入燃烧器之前混合均匀，使较大的雾粒凝聚后从废液中排出，让较小的雾粒进入燃烧器。

(3) 燃烧器。它的作用是利用火焰使雾粒在高温的作用下蒸发、干燥，解离为原子蒸气。

燃烧器中火焰温度及性质与燃气、助燃气的种类及配比有关。燃气与助燃气的比例等于它们之间的化学计量比，称为中性火焰。一般富燃火焰比贫燃火焰温度低，但由于燃烧不完全，形成强还原性气氛，有利于易形成难解离氧化物元素的测定；贫燃火焰氧化性较强，适用于不易氧化元素的测定。常用的火焰有空气—乙炔和一氧化二氮—乙炔等两种。前者是用途最广的一种火焰，最高温度约 2300℃，可用以测定 35 种以上的元素。

火焰原子化法具有操作简便、重视性好的优点，已成为原子吸收分析的标准方法。它的雾化效率低，仅有约 10%的试液被原子化，而大部分试液由废液管排出，这样低的原子化效率成为提高灵敏度的主要障碍。无火焰原子化装置可以提高原子化效率，使灵敏度增加

10～200 倍，因而得到较多的应用。

2. 无火焰原子化器

无火焰原子化器主要有石墨炉电热高温原子化器和低温原子化器两种。

石墨炉电热高温原子化器结构如图7-4所示。其主体为可通电加热的石墨管，石墨管的中间小孔为进样孔，惰性气体可从三个小孔进入，再从两端排出，目的是防止石墨管氧化。石墨管的两端装有透光石英窗，管外为水冷外套。测定时，试样加入量为 1～100μL，经进样窗进入石墨管中，通电使石墨管加热升温，最后温度可达3300K，试样待测组分原子化。为防止原子化的基态原子及石墨管被氧化，应不断通入惰性气体。

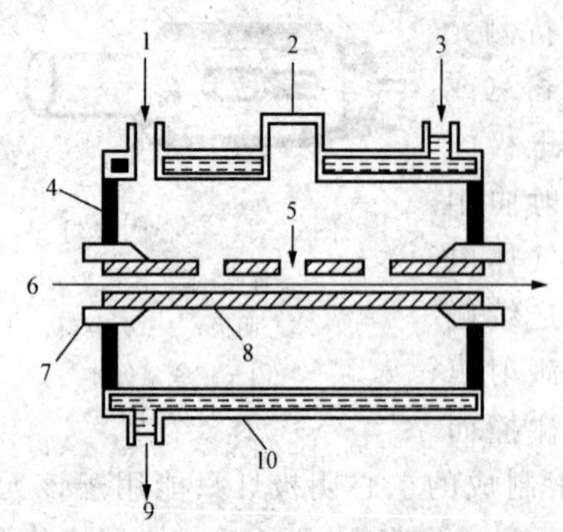

图 7-4 石墨炉电热高温原子化器示意图

1—惰性气体；2—可卸式进样窗；3—冷却进水；4—绝缘材料；5—样品；6—光路；7—电接头；8—石墨管；9—冷却出水；10—金属套

石墨炉原子化器的优点是注入的试样几乎可以完全原子化，原子化效率和试样利用率高，灵敏度高，适用于耐熔氧化物的元素测定；缺点是测定的精密度较低，共存化合物的干扰比火焰原子化法大。

低温原子化器亦称化学原子化器，利用化学反应将被测元素原子化。原子化方法一般在1300K 以下进行，故又称为低温原子化法。目前常用的低温原子化法由氢化物发生法和冷原子化法。

氢化物发生法主要用来测定 As、Sb、Se、Bi、Sn、Ge、Pb 和 Te 等元素。在酸性介质中与 $NaBH_4$ 等强还原剂反应生成气态氢化物，然后用载气（N_2）将氢化物带进石英吸收管中，在 600～1200K 范围内可解离为基态原子，从而进行原子吸收光谱分析。

冷原子化法主要用于测定汞的原子化方法，利用汞离子与 $SnCl_2$ 反应生成单质汞，汞蒸气用空气流带入具有石英窗的气体吸收管中进行原子吸收测量。

三、光学系统

原子吸收分光光度计的光学系统分为两部分，一部分为外光路系统，其作用是将光源发出的共振线通过被测试样的原子蒸气，并投射到单色器中；另一部分为分光系统，即单色器，其作用是将待测元素的共振线与其他谱线分开，只允许共振线进入检测器。常用的分光单色器是光栅，通过转动光栅，使各种波长的光按顺序从出口狭缝透射出去，调节狭缝可消除邻近谱线的干扰。

四、检测系统

检测系统包括检测器（光电倍增管）、放大器、对数变换器和读数显示装置。检测器的作用是将单色器分出的信号进行光电转换。虽然光电倍增管本身已将所接受信号进行了放大，但仍然较弱，放大器进一步将光电倍增管放大。对数变换器的作用是将检测、放大后的透光度信号，经运算转换成吸光度信号。显示装置是将测定值由指示仪表显示出来，也可用数字显示仪表或记录仪记录。

第三节 原子吸收光谱法实验条件的建立

一、干扰与抑制

在火焰原子吸收光谱法中，主要的干扰有物理干扰、化学干扰、光谱干扰及电离干扰。在石墨炉原子吸收法中主要的干扰是物理干扰和分子吸收。

1. 物理干扰及其抑制

物理干扰又称基体干扰，是由试液和标准溶液的物理性质不同而引起的。如黏度会影响试液喷入火焰的速度；表面张力会影响雾滴的大小及分布；雾气的压力会影响试液的喷入量；溶剂的蒸汽压会影响蒸发速度等。

物理干扰的消除：配制与试液组成具有相同或相近物理性质的标准溶液；尽量避免使用黏度大的硫酸、磷酸处理样品。当试液浓度较高时，可采用适当的稀释方法。

2. 化学干扰及其抑制

化学干扰是指待测元素与共存元素或火焰成分之间的化学反应，形成难原子化的化合物，使基态原子数目减少所产生的干扰。

化学干扰的消除方法有以下几种：

(1) 提高火焰的温度。适当提高火焰温度使难解离的化合物较完全基态原子化。例如，在空气－乙炔高温火焰中，即使磷比钙量高出200倍，也不产生干扰。

(2) 加入释放剂。释放剂与干扰元素生成更稳定或更难挥发的化合物，将待测元素从含有干扰元素的化合物中释放出来，所加入的试剂为释放剂。例如，加入氯化镧可将钙从难挥发的磷酸钙中释放出来，从而抑制磷酸根对钙测定的干扰。

(3) 加入保护剂。保护剂与待测元素形成稳定的化合物，避免干扰组分与待测元素形成难挥发的化合物，此化合物易原子化，从而消除了磷酸根对测定钙的干扰。

(4) 加入缓冲剂。在试液和标准溶液中，加入过量的干扰组分，使干扰组分的干扰趋于稳定。这种加入过量干扰组分的试剂称为缓冲剂。例如，用一氧化二氮－乙炔火焰测定钛，铝有干扰，可在试液和标准溶液中各加入200mg/L的铝盐，即可避免铝对钛测定的影响。

(5) 分离法。利用化学或物理的方法将干扰组分与待测元素分离，可消除物理干扰，并富集待测元素。常用的分离方法有萃取法、沉淀分离法及离子交换法等。

3. 光谱干扰及其抑制

光谱干扰是指非待测谱线进入检测器或待测谱线被其他杂质所吸收而引起的干扰，主要有邻近谱线干扰和背景吸收的干扰。

(1) 谱线干扰及其抑制。谱线干扰是指单色器光谱通带内除了元素吸收分析线外，还进入了发射线的邻近或其他吸收线，使分析方法的灵敏度和准确度下降。对分析线附近有单色器不能分离的待测元素的邻近线，可以通过调小狭缝的方法来抑制这种干扰；对于空心阴极灯内有单色器不能分离的非待测谱线，可换用纯度较高的单元素灯减小干扰；对共存元素与待测元素的共振线相近而引起的干扰，可另选测定波长或分离干扰元素来消除。

(2) 背景吸收的干扰与抑制。背景吸收是指除待测元素外，其他物质对光源发射谱线的吸收，主要有分子吸收、光散射和火焰吸收。

分子吸收指在原子化过程中，由于原子不完全，存在或生成的分子对分析线产生的吸收。分子吸收产生的是波长范围较宽的带状吸收。

光散射指火焰中存在着固体微粒，对共振线的散射而产生的假吸收，从而使结果偏高的现象。

火焰吸收指火焰中各种成分对入射光的吸收。

背景吸收的消除方法是氘灯校正法。氘灯发射的是连续光谱，由于单色器的通带宽度比待测元素的基态原子产生的原子吸收线的宽度宽得多，基态原子对氘灯产生的入射光的吸收可忽略不计，因此氘灯产生的光只有背景吸收。而空心阴极灯发出的分析线既有背景吸收，又有待测元素的原子吸收。用空心阴极灯作光源测得的吸光度包括原子吸收和背景吸收；用氘灯作光源测得的吸光度只包括分子吸收和光散射等因素所造成的背景吸收，两者之差即可消去背景吸收。在使用氘灯校正背景吸收时，应使空心阴极灯和氘灯发出的光束严格重叠，才能使两种光源测得的背景吸收相同。

4. 电离干扰及其抑制

电离干扰是指待测元素在原子化过程中电离成离子，使基态原子数目减少而引起的干扰。

电离干扰的抑制：除选用合适的火焰温度外，还可在试液中加入过量的比待测元素更易电离的元素，如钾盐和钠盐等。这种比待测元素更易电离的元素称为消电离剂。

二、实验条件的选择

在原子吸收光谱分析中，测量条件的选择关系到分析方法的灵敏度和准确度，除了与仪器的性能有关外，主要取决于测量条件的最优化选择。

1. 分析线的选择

为了提高分析的灵敏度，对大多数元素来说，通常选择待测元素的共振线作为分析线。对许多过渡元素的共振线作分析时，其灵敏度并不高，可以选择合适的非共振线作分析线。As、Hg 等的共振线处于远紫外区，对火焰有强烈的吸收，因而不宜选择这些元素的共振线作分析线。此外，在分析高含量元素时，常选用灵敏度较低的谱线，以获得适宜的吸光度，最适宜的分析线可通过实验确定。

2. 空心阴极灯电流的选择

空心阴极灯的发射特性取决于工作电流。电流过大，发射谱线变宽，灵敏度下降；电流过小，放电不稳定，光谱输出的稳定性差。尽管空心阴极灯均标有允许的最大工作电流与可使用的电流范围，但仍需要通过实验选择合适的灯电流。其方法是：配制一个含量合适（A 为 0.3～0.5）的溶液，以不同的灯电流测量相应的吸光度，绘制吸光度和灯电流关系曲线，选择最佳灯电流。选择时应在保证稳定和合适光强度输出的情况下，尽量选用最低的工作电流。

3. 火焰的选择

火焰的选择和调节是保证原子化效率高的关键之一。选择哪种火焰，取决于待测元素的性质。对易电离的碱金属元素，应选用温度较低的空气—煤气火焰，对难挥发和易生成氧化物的元素，可选用温度较高的一氧化二氮—乙炔火焰；对于大部分元素，一般选用空气—乙炔火焰进行分析测定。

选定火焰类型后，还应通过实验确定燃气与助燃气流量的合适比例。通常是在固定助燃气的条件下，改变燃料气流量，测量标准溶液在不同流量时的吸光度，绘制吸光度和助燃气流量关系曲线，从中选出吸光度值最大时所需的燃气流量。也可在连续喷雾的情况下，固定助燃气流量，缓慢地改变燃料气流量，选择吸光度最大时的燃料气流量。

4. 燃烧器高度的选择

对于不同元素，基态原子随火焰高度的分布是不同的。当光源发射出的特征谱线通过火焰的不同部位时，对测定的灵敏度和稳定性等有一定的影响，应通过实验确定最佳燃烧器高度。方法是：用一固定浓度的溶液喷雾，测定在不同燃烧器高度时的吸光度，吸光度最大者所对应的位置为最佳燃烧器高度。

5. 光谱通带宽度的选择

选择光谱通带实际上是调节单色器的狭缝宽度，以能将吸收线与邻近的干扰线分开为原则。当单色器的分辨能力或光源辐射较弱时，用较宽的狭缝；当火焰的背景发射很强，在吸收线附近有干扰谱线存在时，应选用较窄的狭缝。合适的狭缝宽度应通过实验确定，方法是：将试液喷入火焰中，测定不同狭缝宽度时的吸光度，吸光度最大者所对应的宽度为最佳狭缝宽度。

第四节　定量分析方法与评价

一、定量分析方法

在原子吸收分析中常用标准曲线法和标准加入法进行定量分析。

1. 标准曲线法

配制一系列浓度不同的标准溶液，依次喷入火焰，分别测定其吸光度 A。以测得的吸光度 A 为纵坐标，待测元素的浓度 c 为横坐标，绘制 $A-c$ 标准曲线。在相同的实验条件下，喷入待测试液，根据测得的吸光度，由标准曲线求出试样中待测元素的浓度。

应用标准曲线法需注意以下几点：

(1) 配制标准溶液的浓度应在吸光度与浓度呈线性关系的范围内。

(2) 标准溶液与试液的配制应用相同的试剂处理。

(3) 测定试样与绘制标准曲线的条件相同。由于喷雾效率和火焰状态可能随时发生变化，使标准曲线的位置随之改变。实际分析时，每次均应绘制标准曲线。在实验开始和结束时应进行标准溶液的复测分析，同时在实验中应间隔以空白调零，使基线保持稳定。

2. 标准加入法

当试样的组成复杂、配制与试样组成相似的标准溶液有困难时，可采用标准加入法。

(1) 计算法。取相同体积的试样溶液两份，分别移入容量瓶 A 和 B 中，另取一定量的标准溶液加入 B 中，然后将两份溶液稀释至刻度，分别测出 A、B 溶液的吸光度。设 A 瓶中待测元素的浓度为 c_x，吸光度为 A_1；B 瓶中待测元素的浓度为 c_x，加入标准溶液的浓度为 c_s，吸光度为 A_2，则

$$A_1 = kc_x$$

$$A_2 = k(c_x + c_s)$$

由上两式得

$$c_x = \frac{A_1}{A_2 - A_1} c_s \tag{7-7}$$

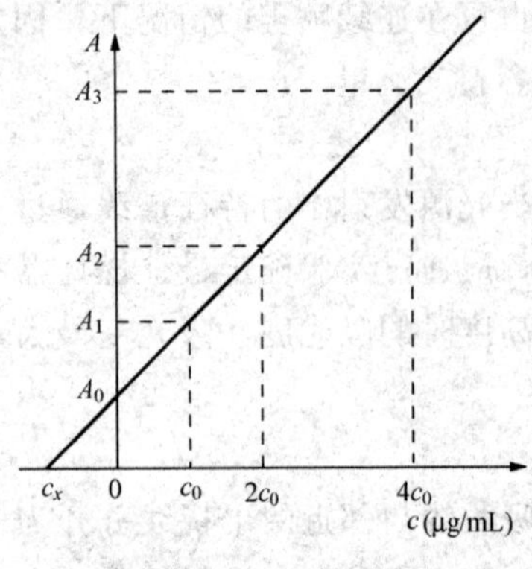

图 7-5 标准加入法

(2) 作图法。取若干份(不少于 4 份)等体积的试液,分别置于等体积的容量瓶中,除第一份不加待测组分的标准溶液外,其余各份分别加入同一浓度不同体积的待测组分的标准溶液,用溶剂稀释至相同体积。设试液中被测组分的浓度为 c_x,加入标准溶液后浓度分别为 c_x+c_0、c_x+2c_0、c_x+4c_0,分别测得的吸光度为 A_0、A_1、A_2 和 A_3,以 A 对加入的量 c 作图,得到图 7-5 所示的直线。将直线外推延长至与横坐标相交于 c_x,即为所求试样中待测组分的浓度 c_x。

为了减少误差,作图法至少应有 4 个实验点,且加入的第一份标准溶液的浓度与试液的浓度之比应适宜。作图法可在一定程度上消除化学干扰、电离干扰和物理干扰,但不能消除谱线干扰和背景干扰。

【例 7-1】 测定某水样中 Pb 的浓度,取 50.0mL 水样分别置于 4 个 100mL 容量瓶中,除第一个外,其余 3 个容量瓶中分别加 100.0μg/mL 铅标准溶液各 1.00,2.00,3.00mL,最后均稀释至刻度,摇匀。测定 4 瓶溶液的吸光度分别为 0.094,0.158,0.225,0.286。

解 绘制吸光度一浓度曲线,如图7-6所示。将直线外延交于横坐标 1.50μg/mL,此值即为第 1 个容量瓶中试液的浓度,则水样中铅的含量

$$\rho_{Pb}=\frac{1.50\times100}{50.0}\times\frac{1000}{1000}=3.00(mg/L)$$

3. 浓度直读法

在标准曲线为直线的浓度范围内,用几个标准溶液喷雾,将仪器指示值调节到它们相应的浓度值,然后在相同的实验条件下,将试样溶液喷入,仪表上的读数就是试液中被测组分的浓度。

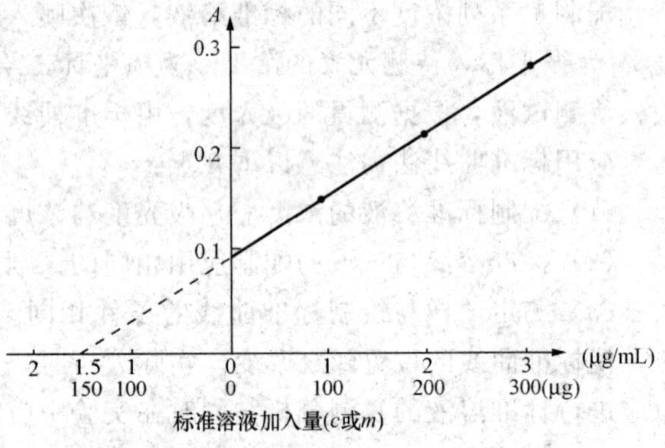

图 7-6 测定 Pb 标准加入法曲线

采用浓度直读法时,要求仪器的浓度指示值相对稳定,整个测量范围内吸光度与浓度之间有良好的直线关系,应用标准溶液进行反复较正。对同一试液的测定,要反复读数 2~3 次,取其平均值,才能获得准确的结果。该法省去了标准曲线的绘制,分析速度快。

二、分析方法评价

灵敏度与检出限是评价分析方法和分析仪器性能的重要指标。

1. 灵敏度与特征浓度

某种分析方法在一定条件下的灵敏度是表示被测物质浓度或含量改变一个单位时所引起的测量信号的变化程度。在原子吸收分析中,灵敏度用标准曲线的斜率表示。其表达式为

$$S_c=\frac{dA}{dc} \quad 或 \quad S_m=\frac{dA}{dm}$$

即当待测元素的浓度 c 或质量 m 改变一个单位时,吸光度 A 的变化量。标准曲线的斜率越

大，则灵敏度越高。在火焰原子法中常用特征浓度来表示灵敏度，即能产生1%吸收或吸光度为0.0044$\left(A=\lg\frac{I_0}{I_t}=\lg\frac{100}{99}=0.0044\right)$时溶液中待测元素的质量浓度或质量，其表达式为

$$S_c=\frac{0.0044\rho}{A} \tag{7-8}$$

式中：A 为被测溶液的吸光度；ρ 为被测溶液的浓度，μg/mL；灵敏度 S_c 的单位为［μg/(mL·1%)］。若被测组分用质量（g）表示，则灵敏度 S 为 g/1%。

特征质量用于衡量石墨炉等无火焰法测量方法的灵敏度。将能产生1%或0.0044吸光度时，被测元素在水溶液中的质量。其表达式为

$$S_m=\frac{0.0044\rho V}{A} \tag{7-9}$$

式中：S_m 为特征浓度，g/1%或μg/1%；ρ 为被测溶液的浓度，g/mL或μg/mL；V 为被测溶液的体积，mL。

【例7-2】 某原子吸收分光光度计，对浓度均为0.20μg/mL的 Ca^{2+} 溶液和 Mg^{2+} 标准溶液进行测定，吸光光度分别为0.054和0.072。比较这两个元素哪个灵敏度高？

解 对 Ca^{2+} 的灵敏度

$$S=\frac{\rho\times 0.0044}{A}=\frac{0.20\times 0.0044}{0.054}=0.016\quad[\mu g/(mL\cdot 1\%)]$$

对 Mg^{2+} 的灵敏度

$$S=\frac{0.20\times 0.0044}{0.072}=0.012\quad[\mu g/(mL\cdot 1\%)]$$

由此可见，Mg^{2+} 的灵敏度高于 Ca^{2+} 的灵敏度。

2. 检出限

检出限指能以适当的置信度检出待测元素的最低浓度或质量。一般指能给出3倍噪声的标准偏差读数时，检出待测元素的最低浓度或质量。检出限用下式表示：

火焰原子化法
$$D_c(\mu g/L)=\frac{\rho\times 3\sigma}{A} \tag{7-10}$$

石墨炉原子化法
$$D_m(\mu g)=\frac{\rho V\times 3\sigma}{A} \tag{7-11}$$

式中：D_c、D_m 为检出限；ρ、V、A 同式（7-9）；σ 为噪声的标准偏差，用空白溶液或接近空白溶液的标准溶液进行至少10次连续测定所得吸光度标准偏差的3倍求得。

检出限比灵敏度更具有实际意义，它考虑了仪器噪声的影响，并指出了测定的可靠程度。

三、原子吸收分光光度法在水质分析中的应用

原子吸收分光光度法已广泛应用于工业、农业、地质、冶金、食品检验和环保等领域，已成为金属元素分析的最有力手段之一。在水质分析中，如Na、K、Mn、Ca、Cu、Zn、Pb、Fe、Mn、Ni、Cr、Ag等金属元素的分析，都可用原子吸收分光光度法测定。

清洁水样不经过预处理可直接进行测定，受污染的水样需要消解处理，对于干扰组分通常采用有机溶剂萃取、共沉淀、离子交换等富集和分离方法进行预处理。原子吸收分光光度法测定水中Cd、Cu、Pb、Zn，见实验二十五。

思 考 题

7-1 原子吸收光谱法与可见分光光度法有何异同点？

7-2 什么是发射线和吸收线？

7-3 什么是灵敏度和检测限？

7-4 什么是原子吸收光谱法中的化学干扰？如何消除？

7-5 在原子吸收光谱法中应如何选择最佳的测定条件？

7-6 原子吸收分光光度计主要由哪几部分组成？每部分的作用是什么？

7-7 应用原子吸收光谱法进行定量分析的依据是什么？定量分析方法有哪几种？

习 题

7-1 浓度为 0.2μg/mL 的镁溶液，在原子吸收分光光度计上测得的吸光度为 0.220，试计算镁元素的特征浓度。 （$0.004\mu g\cdot mL^{-1}/1\%$）

7-2 取 5.00mL 水样，置于 25mL 容量瓶中，用标准加入法测定某水样中 Mg 的浓度，分别加入 0.00，0.25，0.50，0.75mL 和 1.00mL 浓度为 100μg/mL 镁标准溶液，用水稀释至刻度，在原子吸收分光光度计上依次测得吸光度分别为 0.091，0.181，0.282，0.374 和 0.470，求水样中 Mg 的含量（mg/L）。 （3.80mg/L）

7-3 吸取两份 20.0mL 水样，分别置于 50mL 容量瓶中，在一个容量瓶中加入 1.00mL 2.00μg/mL 铬标准溶液后，均稀释至刻度。测得的吸光度分别为 0.132 和 0.185，求水样中 Cr 的含量（mg/L）。 （0.25mg/L）

7-4 0.050μg/mL 的 Co 标准溶液，在石墨炉原子化器的原子吸收分光光度计上，每次以 5μL 与去离子水交替连续测定 10 次，测得的吸光度分别为 0.165，0.170，0.166，0.165，0.168，0.167，0.168，0.166，0.170，0.167。求该原子吸收分光光度计对 Co 的检出限。 （$8.1\times10^{-6}\mu g$）

7-5 用原子吸收光谱法测定水中 Ca 的含量，取水样 20.0mL 及一系列钙标准溶液（1μg/mL），分别置于 50mL 容量瓶中，用去离子水均稀释至刻度。根据下列数据，计算水样中 Ca 的含量（mg/L）。

钙标准溶液的体积（mL）	0.00	1.00	2.00	3.00	4.00	水样
吸光度 A	0.043	0.092	0.140	0.187	0.234	0.135

（0.095mg/L）

7-6 用原子吸收标准加入法测定铜，实验数据如下：

加入铜标准液的浓度（mg/L）	0（试样）	2.00	4.00	6.00	8.00
吸光度	0.280	0.440	0.600	0.757	0.912

求出试样中铜的含量（mg/L）。 （0.34mg/L）

7-7 某试液中钴的测定如下：各取 10.0mL 的未知液置于 5 个 50.0mL 的容量瓶中，

再加入不同量的 12.2μg/mL 钴标准溶液于各瓶中，最后再将各容量瓶加水稀释至刻度。根据下列数据，计算试样中钴的浓度（mg/L）。

试样	未知液体积（mL）	标准液体积（mL）	吸光度
1	10.0	0.0	0.201
2	10.0	10.0	0.292
3	10.0	20.0	0.378
4	10.0	30.0	0.467
5	10.0	40.0	0.554

（2.80mg/L）

第八章 电化学分析法

内容提要

本章主要介绍了直接电位法、电位滴定法和电导分析法。电位分析法的基本原理、参比电极、指示电极及离子选择性电极的性能，重点讨论了直接电位法和电位滴定法的应用。并简要介绍了电导分析法及其在水质分析中的应用。

学习要求

(1) 掌握电位分析法的基本原理，直接电位法的相关计算。

(2) 理解参比电极和指示电极的特性、测定原理和作用。

(3) 掌握电位滴定法确定滴定终点的方法。

(4) 了解电导分析法及其在水质分析中的应用。

研究电能和化学能之间相互转化的学科称为电化学。应用电化学原理和实验技术形成的分析方法称为电化学分析法。电化学分析法是仪器分析的一个重要组成部分，具有仪器装置简单、选择性好、灵敏度高及电信号便于传送等特点，在工业生产在线检测和实时控制等方面得到广泛应用。

根据测量的参数不同，电化学分析法又分为电位分析法、电导分析法、电解分析法、极谱分析法及库仑分析法等。本章主要介绍电位分析法和电导分析法。

第一节 电位分析法

一、电位分析法基本原理

电位分析法是利用电极电位和溶液中待测物质活度（或浓度）之间的关系来测定物质含量的一种分析方法。它包括直接电位法和电位滴定法。

直接电位法是通过测量电池电动势来确定指示电极的电极电位，然后根据能斯特（Nernest）方程计算出被测物质的含量。电位滴定法通过测量在滴定过程中指示电极电位的变化来指示滴定终点，根据所用的滴定剂体积和浓度来求得待测物质的含量。

在电位分析中，构成原电池的两个电极，其中一个为参比电极，其电极电位已知，而且恒定，不受试液组成变化的影响；另一个电极为指示电极，其电极电位随待测离子活度（或浓度）的变化而变化。将这两个电极浸入待测离子的溶液中组成原电池，测得电池的电动势仅随指示电极的电极电位发生变化，即可求得待测离子的活度（或浓度），如图 8-1 所示。测量电池表示为

（－）指示电极 | 溶液 | 参比电极（＋）

电池的电动势为

$$E=\varphi_{参}-\varphi_{指}+\varphi_{L}$$

式中：E 为电池的电动势；$\varphi_{参}$ 为参比电极电位；$\varphi_{指}$ 为指示电极电位；φ_{L} 为液体接界电位，它是组成或活度不同的两种电解质溶液接触时，由于正、负离子的迁移速度不同，在液体接界处产生的电位差，其值很小，可以忽略。故

$$E=\varphi_{参}-\varphi_{指} \quad (8-1)$$

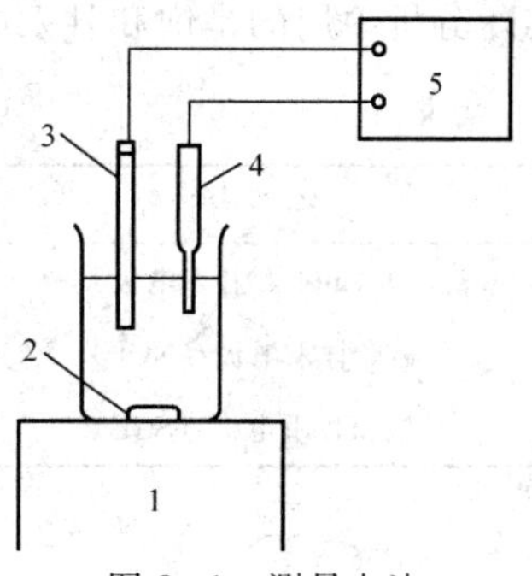

图 8-1 测量电池

1—磁力搅拌器；2—转子；3—指示电极；4—参比电极；5—测量仪表

若指示电极仅对待测离子 i 有响应（指示电极具有将溶液中某种离子活度转换成相应的电极电位的功能，符合能斯特方程式，称为响应），则待测离子 i 的活度可由下式确定：

$$\varphi_{指}=k\pm\frac{RT}{nF}\ln a_i=k\pm\frac{2.303RT}{nF}\lg a_i \quad (8-2)$$

式中，对阳离子取"＋"号，对阴离子取"－"号；k 为电极常数，不同的电极，电极常数不同；n 是离子 i 所带的电荷数；$\frac{2.303RT}{nF}$ 为电极的斜率，常用 S 表示，25℃时为 $\frac{0.0592V}{n}$。由式（8-1）及式（8-2）可知，通过测量电池的电动势，即可测出待测离子的活度。

二、参比电极

参比电极是测量电池电动势计算电极电位的相对基准，因此，要求它的电极电位必须恒定，重现性好，容易制作，使用寿命长。通常将标准氢电极作为参比电极的一级标准。但因制作麻烦，氢气的净化、压力的控制等难以满足要求，所以在实际分析中常用的二级参比电极是甘汞电极和银－氯化银电极。甘汞电极是最常用的一种二级标准。

1. 甘汞电极

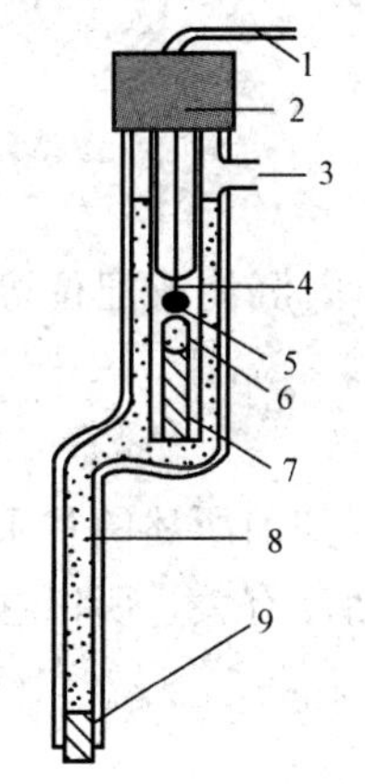

图 8-2 饱和甘汞电极

1—导线；2—绝缘套；3—加液口；4—Pt；5—Hg；6—Hg_2Cl_2；7—多孔物质；8—KCl 溶液；9—多孔陶瓷

甘汞电极是金属汞、Hg_2Cl_2 和 KCl 溶液所组成的电极，其结构如图 8-2 所示。甘汞电极的内玻璃管中封接一根铂丝，铂丝插入纯汞中，下置一层甘汞（Hg_2Cl_2）和汞的糊状物，构成内部电极。内部电极浸入外玻璃中的 KCl 溶液内，这样就构成了一支甘汞电极。电极下端与待测溶液接触的部分由素瓷芯多孔物质组成通路。

甘汞电极半电池的组成： Hg，Hg_2Cl_2（s）｜KCl 溶液

电极反应：

$$Hg_2Cl_2+2e^- \rightleftharpoons 2Hg+2Cl^-$$

$$\varphi_{Hg_2Cl_2/Hg}=\varphi^{\circ}_{Hg_2Cl_2/Hg}-\frac{RT}{2F}\ln\alpha^2_{Cl^-}$$

25℃时，电极电位：

$$\varphi_{Hg_2Cl_2/Hg}=\varphi^{\circ}_{Hg_2Cl_2/Hg}-0.0592V\lg\alpha_{Cl^-}$$

由上式可以看出，当温度一定时，$\varphi^{\circ}_{Hg_2Cl_2/Hg}$ 为一常数，甘汞电极的电极电位主要取决于 α_{Cl^-}，当 α_{Cl^-} 一定时，$\varphi_{Hg_2Cl_2/Hg}$ 也是一定的。不同浓度的 KCl 溶液，甘汞电极的电位具有不同的恒定值，如表 8-1 所示。

实际分析中用的是饱和甘汞电极。

表 8-1　25℃时甘汞电极的电极电位

名　　称	KCl 溶液的浓度	电极电位 $\varphi_{Hg_2Cl_2/Hg}$
0.1mol/L 甘汞电极	0.1mol/L	+0.3337V
标准甘汞电极（NCE）	1.0mol/L	+0.2801V
饱和甘汞电极（SCE）	饱和溶液	+0.2412V

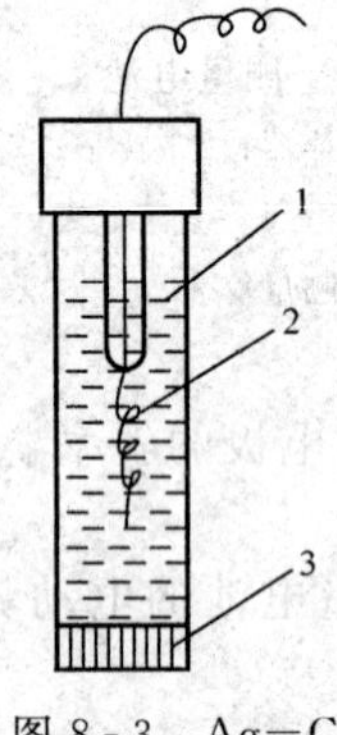

图 8-3　Ag—Cl 电极

1—KCl 溶液；
2—Ag—AgCl；
3—多孔物质

2. 银—氯化银电极

银丝镀上一层 AgCl，浸在一定浓度的 KCl 溶液中，即构成 Ag—AgCl 电极，如图 8-3 所示。其半电池组成为

$$Ag, AgCl（固）\mid KCl 溶液$$

电极反应为　$AgCl + e^- \rightleftharpoons Ag + Cl^-$

$$\varphi_{AgCl/Ag} = \varphi^{\circ}_{AgCl/Ag} - \frac{RT}{F}\ln\alpha_{Cl^-}$$

由上式可以看出，当温度一定时，$\varphi_{AgCl/Ag}$ 取决于 α_{Cl^-}。

三、指示电极

根据结构不同，指示电极分为金属一金属离子电极，金属一金属难溶盐电极，惰性金属电极及膜电极等。目前用得较多的指示电极是膜电极。

1. 金属一金属离子电极

由金属浸在该金属离子的溶液中构成，这类电极能反映阳离子浓度的变化。例如，将金属银浸入银盐溶液中组成银电极，其电极反应为

$$Ag^+ + e^- \rightleftharpoons Ag$$

$$\varphi_{Ag^+/Ag} = \varphi^{\circ}_{Ag^+/Ag} + \frac{RT}{F}\ln\alpha_{Ag^+}$$

银电极不但可用于测定银离子的活度（或浓度），而且还可以用于因沉淀或配位等反应而引起银离子浓度变化的电位滴定。

2. 金属一金属难溶盐电极

由金属及其难溶盐浸入与其难溶盐具有相同阴离子的溶液中构成，如前所述的甘汞电极及银一氯化银电极属此类电极。其电极电位与溶液中难溶盐的阴离子活度有关，所以这类电极能用于测量难溶盐的阴离子活度。

3. 惰性金属电极

由一种性质稳定的惰性金属构成，如铂电极是将金属铂浸入同一元素具有不同价态的离子对的均匀溶液中组成的。在溶液中，电极本身并不参加反应，只是起着氧化还原反应过程中传递电子的作用。如铂丝浸入含有 Fe^{3+} 和 Fe^{2+} 的溶液中组成惰性铂电极，电极组成表示为

$$Pt \mid Fe^{3+}, Fe^{2+}$$

其电极反应为

$$Fe^{3+} + e^- \rightleftharpoons Fe^{2+}$$

$$\varphi_{Fe^{3+}/Fe^{2+}} = \varphi^{\ominus}_{Fe^{3+}/Fe^{2+}} + \frac{RT}{F}\ln\frac{\alpha_{Fe^{3+}}}{\alpha_{Fe^{2+}}}$$

4. 膜电极

这类电极是以固态膜作为传感器，它能指示溶液中某种离子的活度（或浓度）。膜电位和离子的活度符合能斯特方程式的关系。但是，膜电位的产生机理不同于上述各类电极，其电极上没有电子的转移，而电极电位的产生是离子的交换和扩散的结果。离子选择性电极（ISE）属于这类电极。

四、离子选择性电极

离子选择性电极是以电位法测量溶液中某一特定离子的活度（或浓度）的指示电极，是一类具有选择性薄膜的电极。其电极电位对溶液中某种离子有选择性响应，因而可测量或指示溶液中该离子的活度（或浓度）。测定 pH 值的玻璃电极就是最早使用的一种氢离子选择性电极。随着科学技术的发展，各种新型的离子选择电极相继出现，并得到广泛的应用。用离子选择性电极进行电位分析时，具有简便、快速和灵敏的特点，尤其适用于某些方法难以测定的离子。

（一）离子选择性电极的构造及分类

各种离子选择性电极的构造虽各有特点，但都有一个薄膜，薄膜内装有一定浓度的待测离子溶液，即内参比溶液，其中浸入一个内参比电极。离子选择性电极的种类很多，根据薄膜的特性大致分为玻璃电极、晶体电极、非晶体电极、气敏电极、酶电极等。

1. 玻璃电极

玻璃电极结构如图 8-4 所示，它的主要部分是一个玻璃泡，是由 SiO_2 基体中加入 Na_2O 和少量 CaO 经烧结而成的玻璃薄膜，膜厚约 0.1mm。玻璃泡内装有 pH 值一定的缓冲溶液，一般为 0.1mol/LHCl 溶液，作为内参比溶液，在溶液中插入一支 Ag－AgCl 电极作内参比电极，这样就构成了玻璃电极。玻璃中的 SiO_2 结构为

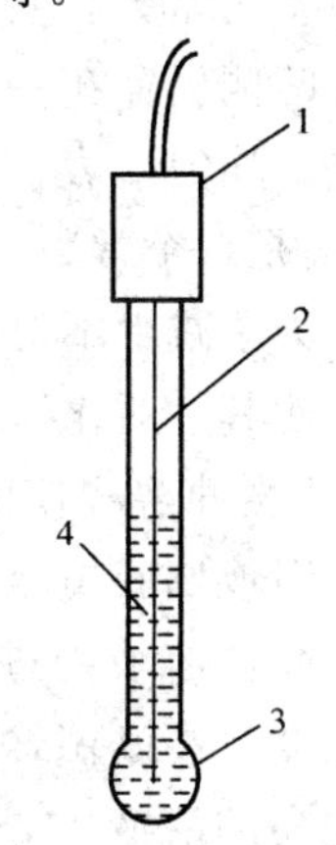

图 8-4　玻璃电极
1—绝缘套；2—Ag—AgCl 电极；3—玻璃膜；4—内部缓冲溶液

$$-\underset{|}{\overset{|}{Si}}(\text{Ⅳ})-O-\underset{|}{\overset{|}{Si}}(\text{Ⅳ})-$$

结构中没有可供交换的电荷点，即没有响应离子的功能。若加入 Na_2O，使部分硅氧键断裂，形成带负电荷的硅—氧骨架：

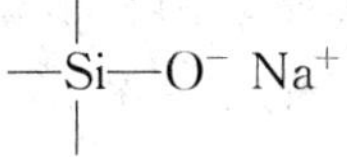

$$-\underset{|}{\overset{|}{Si}}-O^- \; Na^+$$

玻璃电极在使用前必须在水中浸泡 24h 以上，在浸泡过程中，玻璃表面吸水溶胀，使玻璃形成一个三层结构，即中间的干玻璃层和内外两侧的水化硅胶层。图 8-5 为浸泡后的玻璃膜示意图。

由于硅酸盐结构与 H^+ 的键合能力比 Na^+ 的键合能力大（约 10^{14} 倍），使水化硅胶层中的 Na^+ 与水中的 H^+ 发生交换反应：

$$H^+ + Na^+G^- \rightleftharpoons Na^+ + H^+G^-$$

当交换反应达到平衡后，玻璃表面几乎由硅酸（H^+G^-）组成。从表面到水化硅胶层内部，H^+ 数目逐渐减少，而 Na^+ 数目逐渐增多，玻璃膜内水化硅胶层表面也发生同样的过

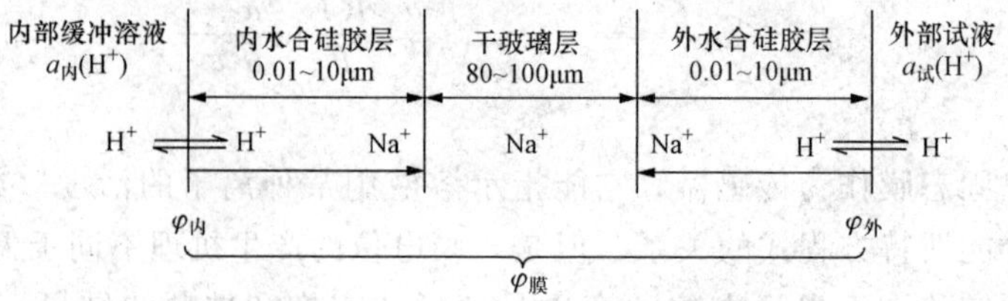

图 8-5 为浸泡后的玻璃膜示意图

程。当浸泡好的玻璃膜电极浸入待测溶液时，由于水化硅胶层表面和溶液的 H^+ 活度不同，形成活度差，使 H^+ 从活度大的向活度小的方向迁移，从而改变了胶－液相界面的电荷分布，产生一定的相界电位（$\varphi_{外}$）。而在玻璃内侧水合硅胶层与内部溶液界面之间同样存在相界电位（$\varphi_{内}$），二者相界电位之差即为膜电位，用 $\varphi_{膜}$ 表示：

$$\varphi_{膜}=\varphi_{外}-\varphi_{内}$$

由于内部溶液 H^+ 活度是一定值，所以 $\varphi_{膜}$ 仅与待测溶液中的 H^+ 活度有关，并符合能斯特方程式

$$\begin{aligned}\varphi_{膜}&=k+0.0592\mathrm{V}\lg a_{试}(H^+)\\&=k-0.0592\mathrm{V}\,\mathrm{pH}_{试}\end{aligned}\tag{8-3}$$

式（8-3）表明，在一定温度下，玻璃电极的膜电位 $\varphi_{膜}$ 与试液的 pH 值呈线性关系。式中 k 为常数，它是由玻璃电极本身的性质决定的。当 $\alpha_{试,H^+}=\alpha_{内,H^+}$ 时，$\varphi_{膜}$ 应为零，实际上膜两侧仍存在一定的电位差，这种电位差称为不对称电位 $\varphi_{不对称}$，它是由膜内外水化层的组成不均匀，表面张力与水合程度不同等因素引起的。同一支玻璃电极，在条件一定时 $\varphi_{不对称}$ 是一个常数。

为了减少不对称电位对测定产生的影响，在使用前应将电极放在纯水中充分浸泡 24h 以上，使其"活化"，使不对称电位稳定并达到最小值（约为 1～30mV），并在测定时用标准 pH 值缓冲溶液校正后加以消除。

用玻璃膜电极测定 pH 值的优点是不受溶液中氧化剂或还原剂的影响，能在有色、浑浊或胶体溶液中进行测定；缺点是玻璃球泡很薄，容易损坏。在测定酸度过高（pH<1）和碱度过高（pH>9）的溶液时，其电位响应偏离线性关系，产生 pH 值测定误差。在酸度过高的溶液中，测得值偏高，这种误差称为"酸差"。在碱度过高的溶液中，由于 H^+ 浓度太小，其他阳离子在溶液和界面间进行交换而使测得值偏低，尤其是 Na^+ 的干扰较显著，这种误差称为"碱差"或"钠差"。现在已有一种锂玻璃电极，仅在 pH>13 时才发生碱差。

2. 晶体膜电极

这类电极的薄膜是用难溶盐制成的单晶、多晶或混晶的活性膜，对构成晶体的金属离子或难溶盐阴离子有能斯特响应。

氟离子选择性电极是单晶膜电极的代表。将氟化镧单晶膜（掺入微量氟化铕以增加导电性）封在塑料管的一端，管内装 0.1mol/L NaF 和 0.1mol/LNaCl 溶液，以 Ag-AgCl 电极作内参比电极，其结构如图 8-6 所示。LaF_3 单晶膜对 F^- 有选择性响应，该电极可用于测定 F^-。将氟离子选择性电极浸入含 F^- 的试液中，该电极表示为

Ag，AgCl（s）| NaCl、NaF 溶液 | LaF_3 单晶膜 | 试液（α_{F^-}）

与玻璃电极的膜电位相似，氟离子选择性电极的膜电位仅与试液中 F^- 的活度有关，即

$$\varphi_{膜}=k-0.0592\text{V}\lg a_{F^-} \tag{8-4}$$

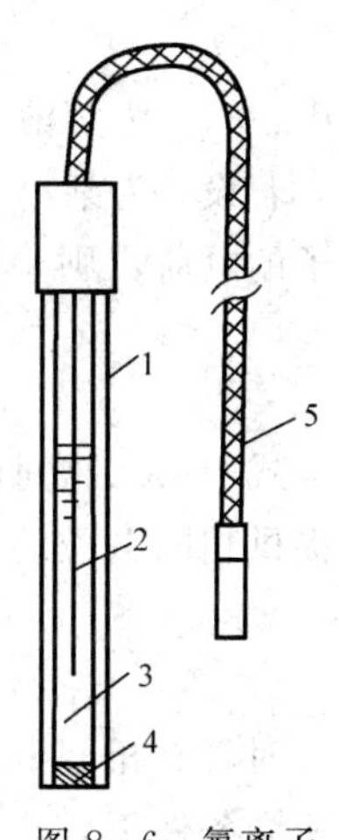

图 8-6　氟离子选择电极

1—塑料管或玻璃管；2—内参比电极（Ag—AgCl）；3—参比溶液（NaF—NaCl）；4—氟化镧单晶膜；5—接线

氟电极对氟离子的线性响应范围为 $5\times10^{-7}\sim1\times10^{-1}$mol/L。测定时，溶液的 pH 值对分析结果产生影响。OH^- 浓度大时，在晶体膜表面存在下列反应：

$$LaF_3+3OH^- \Longrightarrow La(OH)_3+3F^-$$

所释放出来的 F^- 使分析结果偏高。在 pH<5 的溶液中，F^- 与 H^+ 结合生成 HF 或 H_2F^+，降低了 F^- 的活度，故溶液的 pH 值应维在 5～5.5 之间。在实际工作中，通常用柠檬酸盐的缓冲溶液来控制溶液 pH 值。柠檬酸盐能与铁、铝等离子形成配合物，从而消除这些离子与氟离子形成配位化合物而产生的干扰，并且还可以控制溶液的离子强度。

3. 液膜电极

液膜电极也称流动载体电极。这类电极膜是由离子交换剂溶解在有机溶剂中，再将这种有机溶液渗透到惰性多孔材料的孔隙内制成。

钙离子选择性电极是这类电极的代表，它的构造如图 8-7 所示。电极内装有两种溶液，一种是内参比溶液为 0.1mol/L $CaCl_2$，其中浸入 Ag—AgCl 电极作内参比电极；另一种是液体离子交换剂的憎水性有机物溶液，为 0.1mol/L 二癸基磷酸钙的苯基磷酸二辛酯。底部用多孔材料如纤维素渗析管与待测溶液隔开。由于液态膜对 Ca^{2+} 有选择性，在薄膜内外的界面上，被测离子和离子交换剂发生离子交换，从而在膜内外的界面上形成电位差，即产生膜电位

$$\varphi_{膜}=k+\frac{0.0592\text{V}}{2}\lg a_{Ca^{2+}} \tag{8-5}$$

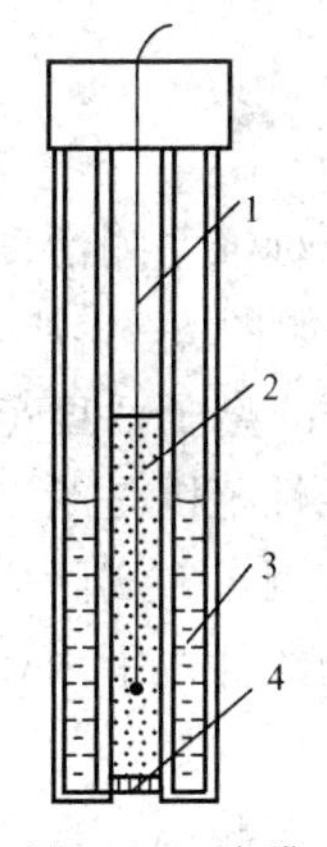

图 8-7　液膜电极结构

1—内参比电极（Ag—AgCl）；2—内部溶液；3—液体离子交换剂；4—液态膜

4. 敏化电极

敏化电极包括气敏电极和酶电极。气敏电极是一种气体传感器，用于测定溶液或其他介质中气体的含量。这类电极是由离子选择性电极和参比电极组成的一种化学电池，这一对电极组装在一个套管内，管中盛电解质溶液，管的底部紧靠选择性电极敏感膜，并装有透气膜使电解液与外部试液隔开。其作用原理是，利用待测气体与电解质溶液发生反应，生成一种离子选择性电极有响应的离子，这种离子的活度（或浓度）与溶解的气体含量成正比。因而，它可用于测定试样中气体的含量。

（二）离子选择性电极的性能

离子选择性电极有以下特性参数，这些参数用于评价电极的优劣。

1. 选择性系数

离子选择性电极对待测离子有很好的选择性，一般只对待测离子有响应。但溶液中共存的与待测离子性质相近的离子，对电极也会产生一定的响应，并产生干扰。如 pH 玻璃电极，除了对 H^+ 有响应外，对 Na^+ 等碱金属离子也有响应，只是响应程度不同而已。在 H^+ 浓度很低时，Na^+ 的影响就不能忽略。考虑了 Na^+ 的影响，式（8-3）应修正为

$$\varphi_{膜}=k+0.0592\text{V}\lg(a_{H^+}+K_{H^+,Na^+}a_{Na^+}) \tag{8-6}$$

式中：α_{Na^+} 为溶液共存的 Na^+ 离子的活度；K_{H^+,Na^+} 为 Na^+ 对 H^+ 的选择性系数。

若设 i 为某离子选择性电极的待测离子，j 为与 i 共存的干扰离子，n_i 与 n_j 分别为两种离子的电荷，则一般离子选择性电极的膜电位通式可表示为

$$\varphi_{膜}=k\pm\frac{0.0592\text{V}}{n}\lg[a_i+K_{i,j}(a_j)^{n_i/n_j}] \tag{8-7}$$

式中第二项对阳离子为“+”号，阴离子为“−”号。$K_{i,j}$ 可理解为：在其他条件相同时提供相同电位的 i 与 j 的活度比，即

$$K_{i,j}=\frac{\alpha_i}{(\alpha_j)^{n_i/n_j}} \tag{8-8}$$

对具有相同电荷的待测离子和干扰离子（即 $n_i=n_j$）而言，选择性系数的物理意义是：在相同条件下，产生相同膜电位的待测离子与干扰离子的活度之比。若 $n_i=n_j=1$，设 $K_{i,j}=10^{-2}$，则 $\alpha_i=0.01\alpha_j$，$\alpha_j=100\alpha_i$。也就是说，当 α_j 100 倍于 α_i 时，j 离子所提供的电位才等于 i 离子的电位测定产生的影响（因为该电极对 i 离子的敏感度是对 j 离子的 100 倍)。但当 $K_{i,j}=100$ 时，与 i 离子比较，j 离子是主要响应离子，所以，$K_{i,j}$ 值越小越好。

显然，$K_{i,j}$ 的大小说明了 j 对 i 的干扰程度，$K_{i,j}$ 越小，离子选择性电极对待测离子的选择性就越高。不过，$K_{i,j}$ 的大小与离子活度、实验条件及测定方法等因素有关。例如，钙离子电极在小于 0.1mol/L NaCl 溶液中对 Na^+ 的选择性系数为 $K_{Ca^{2+},Na^+}=2\times10^{-4}$，但在 6mol/L NaCl 溶液中对 Na^+ 的选择性系数为 $K_{Ca^{2+},Na^+}=3$。因此，$K_{i,j}$ 不是一种常数，不能用 $K_{i,j}$ 来校正因存在干扰离子而引起的误差，但可以用 $K_{i,j}$ 估量某种干扰离子对测定造成的误差，以判断某种干扰离子存在下所用测定方法是否可行。估量测定的误差可用下式计算：

$$E_r=\frac{K_{i,j}\ (\alpha_j)^{n_i/n_j}}{\alpha_i}\times100\% \tag{8-9}$$

2. 线性范围、响应斜率及检测限

以离子选择性电极的电位对响应离子标准系列活度的负对数作图，所得曲线称为标准曲线，如图 8-8 所示。标准曲线的直线部分（图中 AB）相对应的离子活度范围称为离子选择性电极响应的线性范围。线性范围是给定的离子选择性电极适用的待测离子的活度范围，在实际应用中，必须控制待测离子的活度在该电极的线性范围内，否则会产生误差。

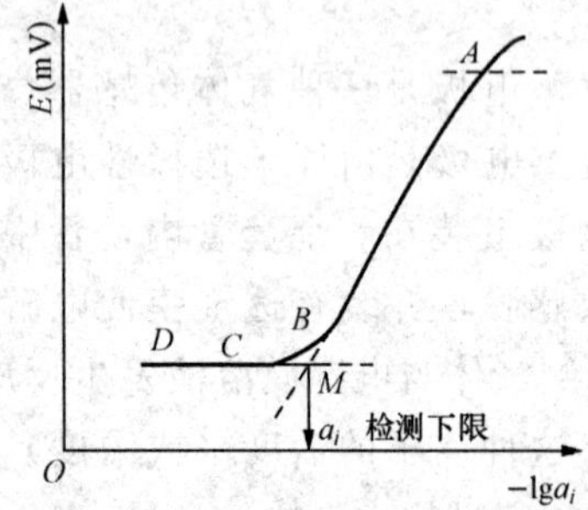

图 8-8 标准曲线及检测限

当待测离子活度较低时，电极电位相应减小，直到电位无明显变化（图中 CD）。直线 AB 部分的斜率即为电极的响应斜率。当斜率接近理论值时，则称电极具有能斯特响应。

M 点和 A 点各对应的 a_i 分别为检测下限和检测上限。检测下限简称为检测限，是离子选择电极对待测离子进行有效测定的最低活度，检测上限是电极与待测离子活度的对数值呈线性关系。所允许的该离子的最大活度，检测上限一般为 1mol/L。

3. 斜率和转换系数

电极的斜率 S 是待测离子活度变化 10 倍时所引起的电极电位变化值，25℃时理论值为

$\frac{0.0592V}{n}$。电极的实际斜率通常偏离理论值，偏离程度的大小用转换系数表示。转换系数指实际测得的斜率占理论斜率的分数，其值越接近 1 越好，对转换系数小于 0.90 的离子选择性电极不宜用于直接电位法测量。

4. 响应时间

响应时间是指从离子选择性电极与参比电极一起接触溶液时算起，直到电极电位达到稳定值（变化在±1mV）所需的时间。电极的响应时间越短越好，通常采用搅拌溶液的方法来加快扩散速度，缩短响应时间。

5. 电极寿命

指电极能保持符合能斯特方程式响应电位的使用期限，这个时间是指自制成电极到失去使用价值的时间范围，而不是使用的累计时间。不同类型电极的寿命悬殊，通常玻璃电极和固体膜电极的寿命较长，可达一年到数年，液体膜电极的寿命只有几个月或更短。

6. 稳定性

电极的稳定性是指电极在恒定条件下，电极电位可以保持恒定的时间，目的是判断校正曲线究竟多长时间需重新测定。电极的稳定性用电极的漂移程度及重现性来衡量。

(1) 漂移。电极的漂移是指在一定组成和温度下，离子选择性电极与参比电极组成原电池的电动势随时间缓慢而有序变化的程度。一般电极在 10^{-3} mol/L 的溶液中，在 24h 的漂移应小于 2mV。随着电极使用时间的增加，电极性能下降，漂移会增加。

(2) 重现性。规定在（25±2）℃，10^{-3} mol/L 浓度的溶液转移至 10^{-2} mol/L 的溶液中，3 次重复电位读数值的平均偏差。平均偏差越小，表示电极的重现性越好。

此外，各类离子选择性电极均有一定的使用温度范围，温度不仅影响测定的电位值，温度过高还会失去电极正常响应性能。离子选择性电极的适用 pH 值范围由电极类别决定，还与测定的对象有关，多数电极在近中性的介质中使用。

第二节 直接电位法

将指示电极与参比电极一起浸入标准或待测溶液组成原电池，根据测出的电池电动势与待测物质含量的关系，直接求出待测物质含量的方法称为直接电位法。直接电位法应用最多的是溶液 pH 值的测定和用离子选择性电极测定离子的含量。

一、溶液 pH 值的测定

1. 测定原理

测定溶液的 pH 值，用玻璃电极作指示电极，饱和甘汞电极作参比电极，与待测溶液组成工作电池，如图 8 - 9 所示。此电池可用下式表示：

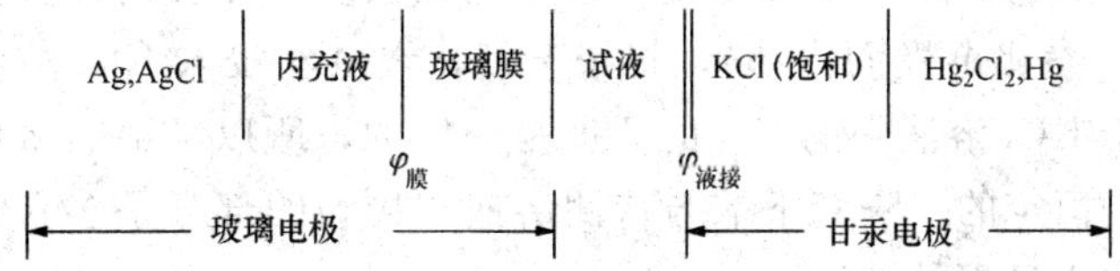

电池的电动势

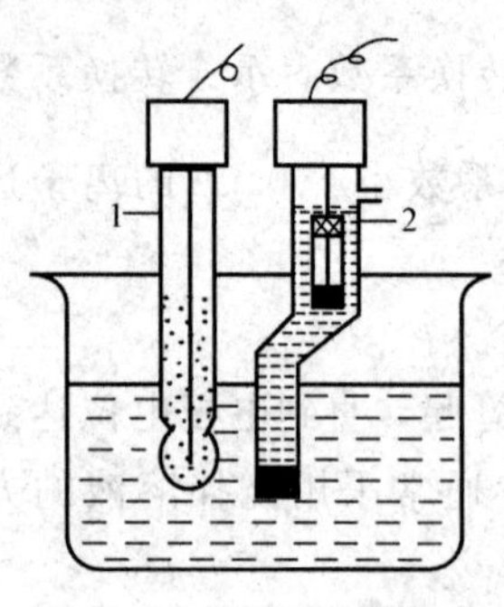

图 8-9 测定 pH 值工作电池示意图
1—玻璃电极；2—饱和甘汞电极

$$E=\varphi_{甘汞}-\varphi_{玻璃}+\varphi_{液接}$$
$$=\varphi_{甘汞}-(k-0.0592\text{VpH})$$
$$=K+0.0592\text{VpH}(25℃) \quad (8-10)$$

式 (8-10)：K 为合并的常数，包括内、外参比电极电位、不对称电位及液接电位。由上式可见，电池的电动势与试液的 pH 值呈线性关系。由于常数 K 无法准确测量，实际应用中不采用直接计算试液的 pH 值，而是选用 pH 值已知的标准缓冲溶液（pH_s）为基准，采用比较法来确定待测溶液的 pH_x 值。

设由两种溶液，分别为 pH 值已知的标准缓冲溶液（pH_s）和 pH 值待测溶液（pH_x），测定各自电动势分别为

$$E_s=K+0.0592\text{VpH}_s$$
$$E_x=K+0.0592\text{VpH}_x$$

在相同条件下，两式相减得

$$pH_x=pH_s+\frac{E_x-E_s}{0.0592\text{V}} \quad (8-11)$$

式 (8-10) 中：25℃时，斜率为 0.0592V，即溶液 pH 值变化一个单位，电动势改变 59.2mV。根据式 (8-11)，通过测量 E_s 和 E_x，就可得出待测溶液 pH_x 值。酸度计（pH 计）就是根据这一原理设计的。测定标准缓冲溶液工作电池时，用定位调节器使仪器读数指示出 pH_s 值，再测定待测溶液，仪器即指示出待测溶液 pH_x 值。

2. 测定方法

用酸度计测定被测溶液 pH_x 值，常采用二点校正法：测定时，将温度调至被测溶液温度，调斜率至最大。先用中性标准缓冲溶液定位到相应 pH_s 值，再用另一种标准缓冲溶液调斜率至相应 pH_s 值，然后再测量被测溶液，仪器即指示出被测溶液 pH_x 值。

标准缓冲溶液是测量的基准，标准缓冲溶液在不同温度下的 pH_s 值，见实验二十二。为了减少因 K 值改变造成的误差，测定时选用第二种标准缓冲溶液 pH_s 值与被测溶液 pH_x 值接近，并尽量能使溶液温度保持恒定。酸度计设有温度调节旋钮，以补偿斜率随温度的变化。

3. 复合玻璃电极及酸度计

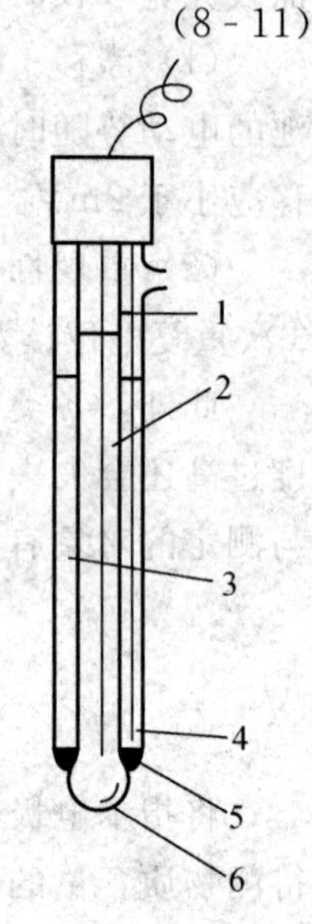

图 8-10 复合玻璃电极
1—Ag－AgCl 电丝（内参比电极）；2—HCl 溶液（内参比溶液）；3—浓度一定的 KCl 溶液；4—Ag－AgCl 电丝（参比电极）；5—多孔性物质；6—选择性玻璃膜

目前应用最多的是复合玻璃电极，它是由玻璃电极和参比电极组合在一起的单一电极，如图 8-10 所示。该复合电极是在普通氢离子选择性电极的外面加一层玻璃隔套，这种隔套构成了参比电极系统。隔套内放置浓度一定的 KCl 溶液（参比电极的内部），将银－氯化银电丝浸入 KCl 溶液构成参比电极。由于 KCl 溶液中的 Cl^- 的活度是一定的，所以，银－氯化银电极的电极电位是恒定的。隔套下端与待测溶液相接触的部分是多孔物质，该复合电极体积小且不易破损。

酸度计是根据电位法测量原理设计的，它能比较准确地测定各种溶液

的 pH 值。一般酸度计既可以测量 pH 值，又可以测量电极电位，有些精密的酸度计还可以用于其他离子选择性电极的分析工作。酸度计的种类很多，读数精度越来越高，测量结果用数字显示，并可配记录仪及微机联用，仪器的精度及自动化程度都有了很大提高。

二、离子活度（浓度）的测定

1. 基本原理

离子活度的测定是用离子选择性电极与参比电极浸入试液组成工作电池，测量电动势来确定待测离子的含量。例如，用氟离子选择性电极测定溶液 F^- 活度时，组成如下工作电池：

Hg，Hg_2Cl_2 | KCl（饱和）‖ 试液 | LaF_3 | NaF，NaCl | AgCl，Ag

|←——饱和甘汞电极——→| |←——氟离子选择性电极——→|

电池的电动势

$$E=\varphi_{氟}-\varphi_{参}$$
$$=(k-S\lg a_{F^-})-\varphi_{参}$$

令 $K=k-\varphi_{参}$，则

$$E=K-S\lg a_{F^-}$$

任意工作电池的电动势（E）与待测离子活度（a_i）的关系式一般表示为

$$E=K\pm S\lg a_i \tag{8-12}$$

式（8-12）中，K 为常数。若测量电极为正极，参比电极为负极，对阳离子取“+”，对阴离子取“−”。若测量电极为负极，参比电极为正极，对阳离子取“−”，对阴离子取“+”。

测量得到的是离子的活度，而不是浓度。根据活度与浓度的关系，式（8-12）表示为

$$E=K\pm S\lg(\gamma_i c_i)$$

如果分析时能保持总离子强度一致，则试液中待测离子的活度系数也就相同，则 $S\lg\gamma_i$ 视为定值，与常数 K 合并后，则

$$E=K'\pm S\lg c_i \tag{8-13}$$

式（8-13）表示电池的电动势与待测离子的浓度的对数值呈线性关系。

在实际工作中，通常加入浓度较大的、非干扰离子的电解质溶液，作为总离子强度调节缓冲溶液（total ionic strength adjustment buffer，简称 TISAB）来控制溶液的总离子强度。

总离子强度调节缓冲溶液一般由中性电解质、掩蔽剂及缓冲溶液组成。例如，测定氟离子所用 TISAB 由氯化钠、柠檬酸钠及 HAc—NaAc 缓冲溶液组成。氯化钠用以保持溶液的离子强度恒定，柠檬酸钠用以掩蔽 Fe^{3+}、Al^{3+} 等干扰离子，HAc—NaAc 缓冲溶液则控制溶液的 pH 值在 5～6。

2. 测定方法

（1）标准曲线法。将离子选择性电极与参比电极置于一系列含有不同浓度的标准溶液中，均加入一定量的 TISAB 溶液，测定各个电池的电动势，并绘制 $E-\lg c$ 或 $E-(-\lg c)$ 标准曲线。在一定浓度范围内，标准曲线是一条直线。然后在待测溶液溶液中也加入同样量的 TISAB 溶液，并测定其电动势 E_x，再从标准曲线上查出相应的 c_x。

本方法所得标准曲线不如分光光度法的稳定，这与 K' 易受温度、搅拌速度及液接电位等因素有关。

（2）标准比较法。首先配制一个含待测离子的标准溶液，其浓度尽可能接近待测溶液的

浓度，并在标准溶液和待测溶液中分别加入一定的 TISAB 溶液，然后在同样条件下测出标准溶液和待测溶液的电动势。根据下式可求得待测离子的浓度：

$$E_x - E_s = S(\lg c_x - \lg c_s)$$

$$\lg c_x = \lg c_s + \frac{E_x - E_s}{S}$$

或

$$c_x = c_s \cdot 10^{\Delta E/S} \quad (8-14)$$

式中：c_x，c_s 分别为待测溶液和标准溶液的浓度；E_x，E_s 分别为待测溶液和标准溶液的电动势；S 为电极的斜率，可采用将标准溶液稀释一倍的方法测定电极的实际斜率，即测出标准溶液的电动势 E_s 后，用空白溶液稀释一倍，然后再测定其电动势 E'_s，则电极在试液中的实际斜率为

$$S = \frac{E_s - E'_s}{\lg c_s - \lg \frac{c_s}{2}} = \frac{E_s - E'_s}{0.303}$$

(3) 标准加入法。标准加入法是将标准溶液加入到待测溶液中进行测定的方法，分一次标准加入法（公式法）和连续标准加入法（作图法）。

①一次标准加入法。此法是先取体积为 V_x（mL）、离子浓度为 c_x 的待测溶液，测得其电动势为 E_x；然后在待测溶液中准确加入体积为 V_s（mL）、浓度为 c_s 的待测离子的标准溶液，要求 V_x 约为 V_s 的 100 倍，且 c_s 约为 c_x 的 100 倍，测得其电动势为 E。

若指示电极作正极，参比电极作负极，对阳离子，由式（8-13）得

$$E_x = K' + S\lg c_x$$

$$E = K' + S\lg \frac{c_x V_x + c_s V_s}{V_x + V_s} \quad (8-15)$$

因浓度的改变量 Δc 很小，在相同条件下测定，故可认为 K 值不变。两式相减得

$$E - E_x = \Delta E = S\lg\left[\frac{c_x V_x + c_s V_s}{(V_x + V_s) c_x}\right]$$

整理得

$$c_x = \frac{c_s V_s}{V_x + V_s}\left(10^{\Delta E/S} - \frac{V_x}{V_x + V_s}\right)^{-1} \quad (8-16)$$

式（8-16）是标准加入法的精确计算公式。设 $\frac{c_s V_s}{V_x + V_s} = \Delta c$，又因为 $V_s \ll V_x$，即 $V_x + V_s \approx V_x$。故式（8-16）可简化为

$$c_x = \Delta c\,(10^{\Delta E/S} - 1)^{-1} \quad (8-17)$$

同理，对阴离子可得

$$c_x = \Delta c\,(10^{-\Delta E/S} - 1)^{-1} \quad (8-18)$$

本法一次加入标准溶液，加入前后试样的组成基本不变，所以该法操作简单快速，准确度较高，尤其适用于组成复杂的试样。为减少测量误差，Δc 范围宜选择在 $c_x \sim 4c_x$。

【例 8-1】 测定水样 F^- 含量，分别吸取 2.0×10^{-4} mol/L 氟离子标准溶液 2.00，4.00，6.00，8.00 和 10.00mL 及水样 25.00mL，置于 6 个 50mL 容量瓶中，均加入一定量的总离子强度调节剂，用试剂水稀释至刻度摇匀。用氟离子选择性电极作负极，饱和甘汞电极作正极，分别测得各自的电动势为 −228，−217，−210，−206，−203，−216mV。求

水样 F^- 含量（mg/L）。

解 测定 F^- 实验数据列表如下：

F^- 标准溶液体积（mL）	2.00	4.00	6.00	8.00	10.00	25.00（水样）
c_{F^-}（mol/L）	8.0×10^{-6}	1.6×10^{-5}	2.4×10^{-5}	3.2×10^{-5}	4.0×10^{-3}	
$-\lg c_{F^-}$	5.10	4.80	4.62	4.49	4.40	
E（−mV）	228	217	210	206	203	216

以 E 为纵坐标，其对应的 $-\lg c_{F^-}$ 为横坐标绘制标准曲线，如图 8-11 所示。当水样的 E 为 −216 mV 时，其在标准曲线上所对应的 $-\lg c_{F^-}$ 为 4.77，则

$$c_{F^-}=1.7\times10^{-5}\ \text{mol/L}$$

水样中 F^- 含量

$$\rho_{F^-}=\frac{1.7\times10^{-5}\times19.0\times1000\times50}{25.00}=0.65(\text{mg/L})$$

②连续标准加入法。本法的测定步骤与标准加入法相似，不同的是在一定体积的试液中，连续多次加入一定体积的待测离子的标准溶液。每加入一次标准溶液测定相应的电动势 E，根据一系列的 E 值对相应的 V_s 值作图求得待测离子的浓度。方法的准确度较一次标准加入法高。

将一次标准加入法的公式（8-15）改写为

$$(V_x+V_s)\ 10^{E/S}=10^{K/S}\ (c_xV_x+c_sV_s) \qquad (8\text{-}19)$$

根据每次加入的标准溶液 V_s 测量的 E 值，按上式可计算出 $(V_x+V_s)\ 10^{E/S}$ 为纵坐标，V_s 为横坐标作图，将得一条直线，如图 8-12 所示，延长直线使之与横坐标相交，在纵坐标零处，得 V_x（为负值）。

$$(V_x+V_s)\ 10^{E/S}-0$$

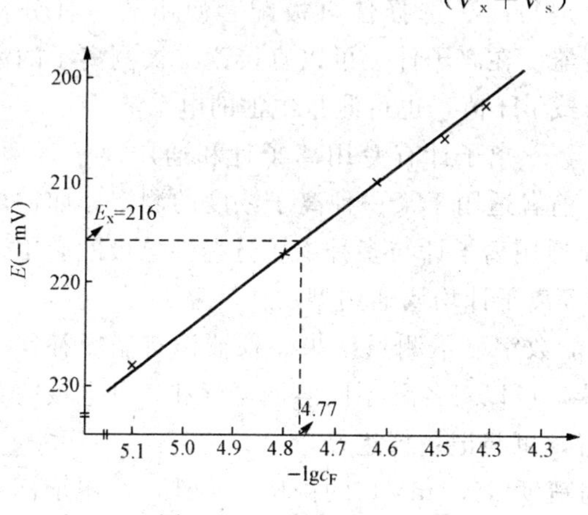

图 8-11 F^- 标准曲线

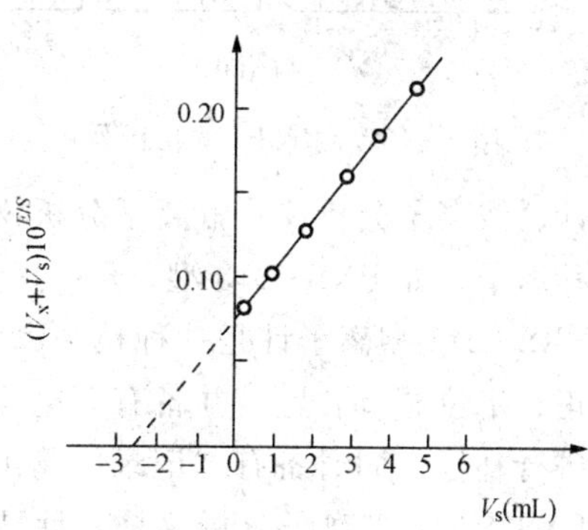

图 8-12 $(V_x+V_s)\ 10^{E/S}$ 与 V_s 的关系图

根据式（8-19）得 $10^{K/S}\ (c_xV_x+c_sV_s)=0$

$$c_x=-\frac{c_sV_s}{V_x} \qquad (8\text{-}20)$$

在实际工作中，求算 $(V_x+V_s)10^{E/S}$ 比较麻烦，若规定取试液为 100mL，加入标准溶液体积为 1～10mL，在有 10%的稀释体积校正的半反对数纵坐标纸上作图，就可把 $(V_x+V_s)10^{E/S}$ 与 V_s 的线性关系转变为 E 与 V_s 的线性关系，这就是格氏作图法。横坐标为加入标准溶液的毫升数，每大格代表 1mL，纵坐标为每次测定的电动势 E (mV)。对一价离子，每大格代表 5mV；对二价离子，每大格代表 2.5mV。在测定中要作空白试验，其目的是校正斜率变化对结果的影响及试剂空白。

【例 8-2】 用氟离子选择性电极测定水样中 F^- 含量。取水样 50.0mL，用 TISAB 溶液稀释至 100mL，然后加入 5.0×10^{-3}mol/L 的 F^- 标准溶液 1mL，测一次电动势，连续测定 5 次，用同样的操作步骤做空白试验，两者测定结果如下：

标准液体积 (mL)	1.00	2.00	3.00	4.00	5.00
水样电动势 (mV)	−204	−197	−193	−188	−187
空白电动势 (mV)	−223	−209	−203	−197	−192

计算水样中 F^- 含量 (mg/L)。

解 用格氏作图纸作图，如图 8-13 所示。从图上求得水样校正曲线与横坐标上的交点为 −2.48mL，而空白校正曲线与横坐标上的交点为 −0.68mL，则水样中 F^- 含量

$$\rho_{F^-}=\frac{[-2.48-(-0.68)]\times5.0\times10^{-3}\times19.00\times1000}{50.0}$$

$$=3.4\ (mg/L)$$

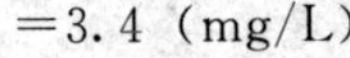

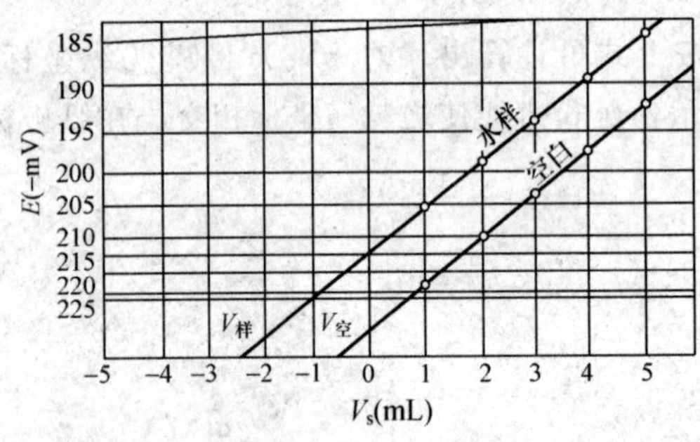

图 8-13 测定 F^- 的格氏作图

3. 测量仪器

离子选择性电极测定系统包括指示电极和参比电极、试液容器、搅拌装置及测量电动势的仪器。通常使用离子计（离子活度计），它是与离子选择性电极配套使用的一种分析仪器。在离子计上可以直接读出被测离子的浓度或 pH 值，也可测量电池的电动势。

离子计有专用离子计和通用离子计两种。前者适用于某一种离子浓度的测定，如钠离子浓度计、铵离子分析仪、氟离子分析仪等。而通用离子计与多种离子选择性电极配套用于测定多种离子，如 PXS-215 型、PXSJ-216 型等离子计均属通用型。

PXS-215 型离子计是一种精密离子计，能数字显示测量结果。仪器设有温度补偿、斜率校正、定位调节装置，并备有等电位调节器，可以对各种不同溶液温度和各种电极的不同斜率进行补偿。同时备有“记录、输出”装置，可与记录仪连接。

PXSJ-216 型离子分析仪是一种具有较高精度（0.1mV）的微机离子计，适用于标准曲线法、浓度直读法、标准加入法、格氏作图法等多种测量方式。仪器设有斜率校正的多种方法及常用单位换算等程序，通过操作键盘、显示屏及打印机可进行人机对话式的操作，是目前国内较先进的一种离子计。

第三节 电位滴定法

一、基本原理与特点

电位滴定法是将适当的指示电极和参比电极与被测溶液组成工作电池，滴定过程中每加入一定量的滴定剂，就测量一次电动势，在化学计量点附近，由于待测离子的浓度发生突变，引起指示电极电位的突变，根据测得的电动势和加入的滴定剂体积作图或计算，从而确定终点。若用自动电位滴定仪，用计算机处理数据，可直接打印出结果。电位滴定法装置如图 8-14所示。

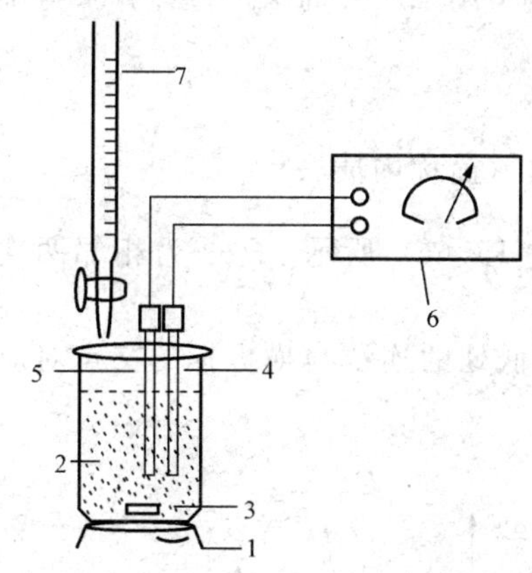

图 8-14 电位滴定装置示意图
1—搅拌器；2—试液；3—搅拌子；4—指示电极；5—参比电极；6—电位计；7—滴定管

电位滴定的基本原理与普通滴定分析是相同的，其区别在于用指示电极的电位变化代替指示剂的颜色变化指示滴定终点的到达。它虽然没有指示剂确定终点那样方便，但它可以用于浑浊、有色溶液及无合适指示剂的滴定分析中。

二、电位滴定终点的确定

在电位滴定过程中，每加入一次滴定剂，测量一次电动势，直到超过化学计量点为止，由此得到一系列的滴定剂用量（V）和相应的电动势（E）数据。为了确定滴定终点，只需准确测量和记录化学计量点前后 1～2mL 内电动势的变化即可。在化学计量点附近，每加 0.1mL 滴定剂就需测量一次电动势。例如：用 0.1000mol/L $AgNO_3$ 标准溶液滴定 Cl^- 时所得到的数据见表 8-2。

表 8-2　　用 0.1000mol/L $AgNO_3$ 标准溶液滴定 Cl^- 溶液

<table>
<tr><td>V_{AgNO_3}（mL）</td><td colspan="2">20.00</td><td colspan="2">22.00</td><td colspan="2">24.00</td><td colspan="2">24.10</td><td colspan="2">24.20</td><td colspan="2">24.30</td><td colspan="2">24.40</td><td colspan="2">24.50</td><td colspan="2">24.60</td><td colspan="2">24.70</td><td colspan="2">25.00</td><td colspan="2">25.50</td><td colspan="2">26.00</td></tr>
<tr><td>E（mV）</td><td colspan="2">107</td><td colspan="2">123</td><td colspan="2">174</td><td colspan="2">183</td><td colspan="2">194</td><td colspan="2">233</td><td colspan="2">316</td><td colspan="2">340</td><td colspan="2">351</td><td colspan="2">358</td><td colspan="2">373</td><td colspan="2">385</td><td colspan="2">396</td></tr>
<tr><td>$\frac{\Delta E}{\Delta V}$（mV/mL）</td><td>…</td><td colspan="2">8.0</td><td colspan="2">25.5</td><td colspan="2">90</td><td colspan="2">110</td><td colspan="2">390</td><td colspan="2">830</td><td colspan="2">240</td><td colspan="2">110</td><td colspan="2">70</td><td colspan="2">50</td><td colspan="2">24</td><td colspan="2">22</td><td>…</td></tr>
<tr><td>$\frac{\Delta^2 E}{\Delta V^2}$（mV/mL²）</td><td colspan="2">…</td><td colspan="2">…</td><td colspan="2">32.3</td><td colspan="2">200</td><td colspan="2">2800</td><td colspan="2">4400</td><td colspan="2">−5900</td><td colspan="2">−1300</td><td colspan="2">−400</td><td colspan="2">−200</td><td colspan="2">…</td><td colspan="2">…</td><td colspan="2">…</td></tr>
</table>

在电位滴定中，确定滴定终点有以下 4 种方法。

1. $E-V$ 曲线法

以加入滴定剂的体积 V 为横坐标，测得的相应电动势 E 为纵坐标，绘制 $E-V$ 曲线，如图 8-15（a）所示。滴定曲线突跃的转折点即为滴定终点。

2. 一次微商法（$\Delta E/\Delta V-V$ 曲线法）

ΔE 为相邻两次测得的电位差，ΔV 为相邻两次滴定体积之差，V 为相邻两次滴定体积的平均值。绘制 $\Delta E/\Delta V-V$ 曲线，又称一次微商曲线，如图 8-15（b）所示，曲线最高点所对应的体积即为滴定终点的体积。

以 24.10mL 与 24.20mL 之间的数据为例，说明表 8-2 中 $\Delta E/\Delta V$ 和 V 的求法：

$$\frac{\Delta E}{\Delta V}=\frac{(194-183)\ \mathrm{mV}}{(24.20-24.10)\ \mathrm{mL}}=110\ (\mathrm{mV}\cdot\mathrm{mL})$$

$$V=\frac{(24.20+24.10)\ \mathrm{mL}}{2}=24.15\ (\mathrm{mL})$$

用此法作图确定终点较为准确，但手续麻烦。实际分析中用二次微商法通过计算求得滴定终点的体积。

3. 二次微商法

二次微商法确定滴定终点的方法有作图法和内插计算法（简称内插法）。

作图法：以$\frac{\Delta^2 E}{\Delta V^2}$为纵坐标，$V$ 为横坐标作图，如图 8-15（c）所示。$\frac{\Delta^2 E}{\Delta V^2}$为相邻两次$\frac{\Delta E}{\Delta V}$之差除以相应两次加入滴定剂体积之差。曲线的高处与低处的连线与横坐标的交点对应的横坐标，便是滴定终点用去的标准溶液的体积 V_{ep}。

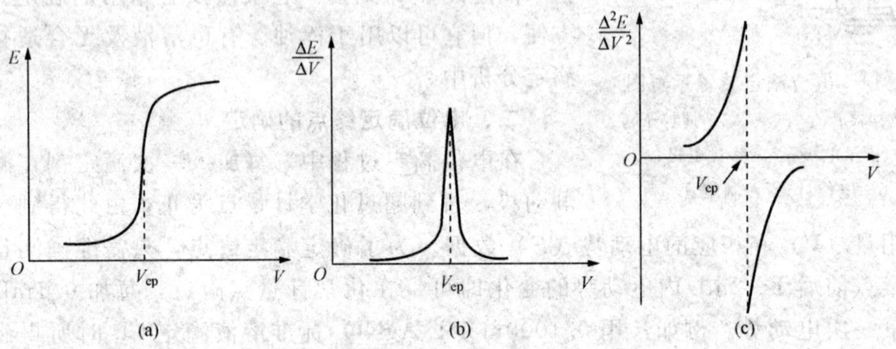

图 8-15 电位滴定曲线

（a）$E-V$ 曲线；（b）$\Delta E/\Delta V-V$ 曲线；（c）$\Delta^2 E/\Delta V^2-V$ 曲线

4. 计算法

以 24.30mL 与 24.40mL 对应的数据为例，说明表 8-2 中$\frac{\Delta^2 E}{\Delta V^2}$的求法。

加入 24.30mL 时

$$\frac{\Delta^2 E}{\Delta V^2}=\frac{\left(\frac{\Delta E}{\Delta V}\right)_{24.35}-\left(\frac{\Delta E}{\Delta V}\right)_{24.25}}{V_{24.35}-V_{24.25}}=\frac{(830-390)\ \mathrm{mV}\cdot\mathrm{mL}^{-1}}{(24.35-24.25)\ \mathrm{mL}}=4400\ (\mathrm{mV/mL^2})$$

加入 24.40mL 时$\frac{\Delta^2 E}{\Delta V^2}=\frac{(240-830)\ \mathrm{mV}\cdot\mathrm{mL}^{-1}}{(24.45-24.35)\ \mathrm{mL}}=-5900\ (\mathrm{mV/mL^2})$

内插法：因为一次微商曲线的极大值是终点，那么二次微商$\frac{\Delta^2 E}{\Delta V^2}$数值出现正负符号时所对应的两个体积之间必然有$\frac{\Delta^2 E}{\Delta V^2}=0$ 的点，该点所对应的滴定体积即为终点。其中滴定终点的体积通常用内插法求得。

滴定剂体积（mL）　　24.30　　V_{ep}　　24.40

$\frac{\Delta^2 E}{\Delta V^2}$ (mV/mL²)　　4400　　0　　−5900

$$\frac{24.40-24.30}{-5900-4400}=\frac{V_{ep}-24.30}{0-4400}$$

$$V_{ep}=24.34\ (\text{mL})$$

由此可看出：用二次微商法的内插法确定滴定终点，只有滴定终点前、后各两个点参与计算。内插法具有所需滴定数据少、数据处理方便等特点，是电位滴定法确定滴定终点最常用的方法。

三、电位滴定法的应用

电位滴定法的化学反应类型不仅与普通滴定法相同，而且要根据不同的滴定反应选择不同的电极。

1. 酸碱滴定

在酸碱滴定中常用 pH 玻璃电极作指示电极，饱和甘汞电极作参比电极。在化学计量点附近，溶液的 pH 值突跃使指示电极电位发生突跃而指示滴定终点。普通滴定法不能测定的许多弱酸、弱碱、多元酸（碱）和混合酸（碱），均可用电位滴定法测定。

2. 氧化还原滴定

在氧化还原滴定中常用惰性电极（如铂电极）作指示电极，甘汞电极作参比电极，在滴定过程中，溶液中氧化型和还原型浓度比值发生变化，使电位发生突变，例如用 $KMnO_4$（或 $K_2Cr_2O_7$）标准溶液滴定 NO_2^-、Fe^{2+}、I^- 等。

3. 沉淀滴定

沉淀滴定常用银电极（或卤素电极）作指示电极，双盐桥甘汞电极作参比电极（外盐桥用 NH_4NO_3 或 KNO_3 溶液，以免内盐桥中 Cl^- 渗漏产生干扰），滴定 Ag^+ 或卤素等阴离子。如以银电极为指示电极，用 $AgNO_3$ 溶液滴定 Cl^-、Br^-、I^-、CN^-、S^{2-}、SCN^- 等离子；以碘电极为指示电极，用 $AgNO_3$ 溶液滴定 I^-。

4. 配位滴定

用 EDTA 溶液滴定金属离子的电位法有两种：一是利用待测离子的变价氧化还原体系（如 Fe^{3+}/Fe^{2+}、Cu^{2+}/Cu 等）进行滴定，铂电极作指示电极，甘汞电极作参比电极。如用 EDTA 溶液测定 Fe^{3+}，可在试液中加入 Fe^{2+}，根据滴定中 Fe^{3+}/Fe^{2+} 的电位变化来确定终点。二是用金属离子选择性电极作指示电极，甘汞电极作参比电极进行电位滴定，如以钙离子电极作指示电极，EDTA 溶液测定 Ca^{2+} 等。

第四节 电导分析法

一、概述

以测量溶液导电能力为基础的分析方法称电导分析法。进行电导分析时，直接根据溶液电导大小确定待测物质的含量，称为直接电导法。根据滴定过程中滴定液电导的突变来确定滴定终点的方法称为电导滴定法。在水质分析中，用直接电导法测量水的电导率。

水的电导率与其所含有机酸、碱及盐量有一定的关系。当它们的含量较低时，电导率随水中离子浓度的增加而增加。溶解于水中的有机物，因其不电离或难电离，只能表现出很微弱的电导。常用电导率间接推测水中离子成分的总浓度，但不能用来区别离子的种类和测定某一种离子的含量，可见此法的选择性很差。由于它具有设备简单、操作方便、灵敏、快速等优点，所以直接电导法在水质分析中仍是一种常见的分析方法。

二、方法原理

水中可溶性盐类大多以水合离子存在，离子在外加电场的作用下具有导电作用，其导电能力的强弱可以用电导率来表示。当两个电极插入溶液中，就构成电导池。将电源接到两个电极上，可以测出两电极间的电阻。根据欧姆定律，温度一定时，电阻与两电极间的距离 L（cm）成正比，与电极的截面积 A（cm^2）成反比，即

$$R=\rho\frac{L}{A}$$

式中：ρ 为溶液的电阻率，Ω·cm。

由于两电极间的距离 L 和电极面积 A 是固定不变的，故 $\frac{L}{A}$ 为一常数，称电导池常数或电极常数，用 Q 表示，单位为 cm^{-1}。

电阻率的倒数称为电导率，用 K 表示，即

$$K=\frac{1}{\rho}=\frac{1}{R}\cdot\frac{L}{A}=D\cdot Q \qquad (8-21)$$

式中：D 为电导，是电阻的倒数，单位是 Ω^{-1}，电导的国际单位为西门子，简称西，用 S（siemens）表示；电导率表示 $1cm^3$ 电解质溶液的电导，即两个平行电极相距 1cm，截面积均为 $1cm^2$ 时溶液的电导，单位是 S/cm，国际单位为 S/m，在水质分析中常用 μS/cm 表示。

$$1S/m=10mS/cm=10^4\mu S/cm$$

三、电极电导池常数的确定方法

对于一个固定的电极，理论上可以根据两极板间的几何尺寸计算电极常数。由于溶液的导电状况比较复杂，在实际测定中，电极电导池常数需用实验方法来确定。

1. 标准溶液测定法

将已知电导率的标准溶液加入电导池，用电导仪测出其电导，根据下式可计算出该电极的电导池常数

$$Q=\frac{K_s}{D} \qquad (8-22)$$

式中：Q 为电极常数，cm^{-1}；K_s 为 KCl 标准溶液的电导率（见表 8-3），μS/cm；D 为用未知电导池常数的电极测定 KCl 标准溶液的电导，μS。

表 8-3　不同浓度 KCl 溶液的电导率（25℃）

浓度（mol/L）	1	0.1	0.01	0.001
电导率（μS/cm）	111342	12856	1413	146.9

2. 与标准电极（已知常数的电极）比较法

生产厂家出售的电极，一般都标出该电极的电极常数。将已知电极常数为 Q_s 的电导池置于某一溶液中，用电导率仪测出该溶液的电导率 K_s，然后再将未知电极常数为 Q_x 的电

极置于同一溶液，测出其电导值 D_x，则未知的电极常数 Q_x 为

$$Q_x=\frac{K_s}{D_x}$$

四、影响电导率的因素

1. 温度对电导率的影响

溶液的电导率受温度影响较大，在其他条件一定时，温度升高使溶液中离子迁移速度加快，在电场作用下，离子的定向运动加快，因而电导率增加。在大多数情况下，温度升高1℃，电导率约增加2%。通常以25℃为基准温度，其他温度下需加以校正，按下式换算为25℃的电导率值：

$$K\ (25℃)\ =\frac{K_t}{1+\beta\ (t-25)} \tag{8-23}$$

式中：K_t 为温度为 t ℃时测得的电导率，μS/cm；β 为温度校正系数，一般取0.02。

工业在线电导率仪大多在其测量电路中设置温度补偿电路，以消除温度的影响。

2. 电极极化对电导率的影响

当电流通过电极时会发生氧化或还原反应，从而改变电极附近溶液的组成，即产生电极的极化现象，导致测量误差。为了减少极化现象，通常在铂电极表面镀上一层粉末状的铂黑。由于粉末状铂黑使表面积增大，将使电极间电流相对增加，即被测的电导率相对上升，正好与极化所引起的电导率下降相反，从而可减小电导率测量误差。但是，表面积加大会使电极的吸附性增强，在溶液中离子浓度极少的情况下，会影响测量的准确性。

3. 电容对电导率的影响

为了消除电极的极化作用而采用交流电源，这样就会在两电极间产生电容，造成测量误差。一般电导率仪设有高频、低频两种频率的电源。测量较高浓度的溶液时，极化作用产生的误差较大，应选用高频率的电源；测量较低浓度的溶液时，极化作用较小，应选用低频率的电源。

五、电导分析仪器

常用电导仪测量溶液的电导率，国产的电导仪主要有DDS系列，图8-16是DDS-11A型电导仪测量原理图。

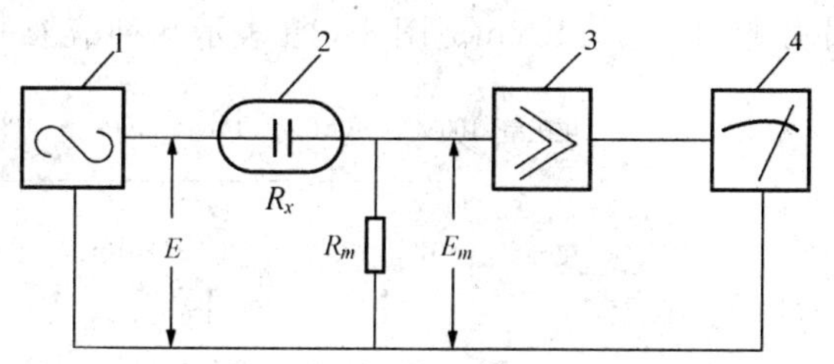

图8-16 DDS-11A型电导仪测量原理图

1—振荡器；2—电导池；3—放大器；4—指示器

此仪器是由振荡器、电导池、放大器及指示器等部分组成。测量原理是基于图8-16所示的分压法进行测量的，R_x 与 R_m 组成分压电路

$$E_m=\frac{ER_m}{R_m+R_x}=\frac{ER_m}{R_m+1/S_x}=\frac{ER_m}{R_m+Q/K}$$

式中：R_x 代表溶液的电阻；E_m 代表分压电阻。

当 E、R_m 及 Q 均为常数时，溶液电导率 K 的变化必将引起 R_m 作相应的变化。所以，测量 R_m 的大小，也就是测量溶液电导率的高低。

电极构造如图8-17所示。电极以两块大小相同的铂片为极板，平行地嵌在玻璃环上，

玻璃环与玻璃壳为一整体，从铂片引出两根导线，铂片之间的距离为1cm，每个铂片的面积为1cm²。

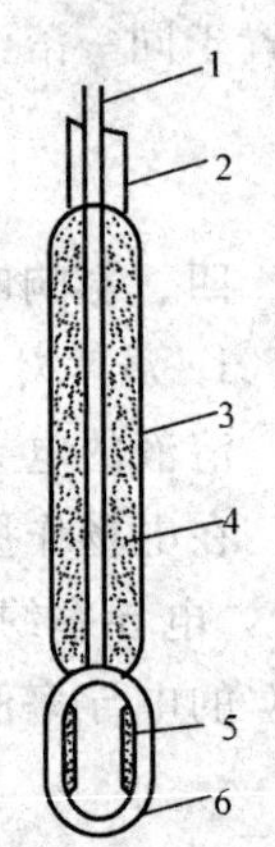

图 8-17 铂电极

1—引线；2—塑料或胶木管；3—玻璃壳；4—石蜡油或沥青；5—铂片；6—玻璃片

在实际应用中，根据溶液的电导率的不同而选择相应类型的电极。

溶液电导率<10μS/cm，使用DJS-1型光亮电极；

溶液电导率为10～10^4μS/cm，使用DJS-1型铂黑电极；溶液电导率>10^4μS/cm，使用DJS-10型铂黑电极。

电极有常数为1左右及常数为10左右两种，应按被测溶液电导率的高低选用电极。为使用方便，DDS系列电导仪有电极常数调节器装置，测量时只需将此调节器调节在与所配套的电极常数相应的位置，这样即相当于把电极常数调整为1，因此，测量的读数即为电导率。对于DJS－10型电极，应把电极调节器调节在与配套的电极常数1/10之位置上，将测量的读数乘以10即为被测的电导率。

六、电导分析法在水质分析中的应用

纯水的电导率很小，但当水被污染而溶进盐类物质后，由于盐类离解而使水的电导率增加，通过电导率的测定，可以了解矿物质污染的程度。某些工业用水对水的纯度有较高的要求，如原子反应堆、电子工业及超高压锅炉等需用的超纯水，要求电导率在0.01～0.1μS/cm。因此，测定水的电导率，进行判断水质的纯度已得到广泛地应用。

1. 蒸馏水和去离子水纯度检验

水中所含的杂质离子越少，表明水的纯度越高，即水的电导率就越低，新鲜的蒸馏水的电导率一般为0.5～2μS/cm。放置一段时间后，将增加到2～4μS/cm，这是因为水从空气中吸收了CO_2。去除阴阳离子的离子交换水电导率一般为0.5～1μS/cm。

2. 天然水和废水中可溶性矿物质（含盐量）浓度的估算

一般情况下蓄水池水的电导率有较小的季节性变化，被污染的河水则每天都在变化。天然水的电导率大约为50～500μS/cm；较高含盐量的水为500～1000μS/cm；某些工业废水往往超过1000μS/cm。图8-18表示几种溶液的电导率（或电阻率）。

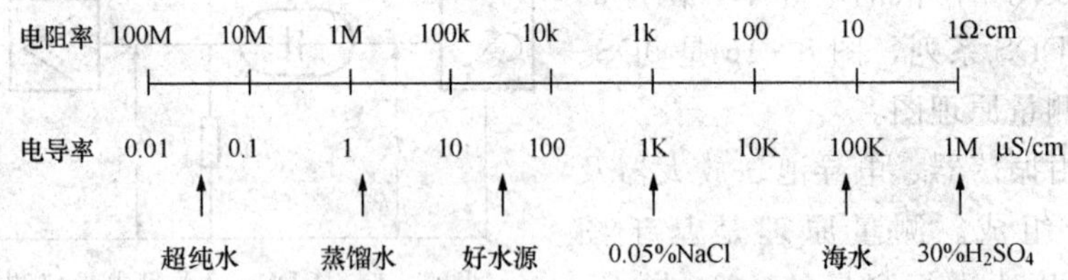

图 8-18 几种溶液的电导率（或电阻率）

对同一类天然水，在pH＝5～9范围内，以温度25℃为准，电导率与含盐量大致成比例关系，1μS/cm相当于0.55～0.9mg/L，25℃，1μS/cm含盐量常取0.75mg/L。在其他温度下需加以校正，即每变化1℃含盐量大约变化2%，温度高于25℃时用负值，反之用正值。

【例8-3】 在20℃时，测定某天然水的电导率为244μS/cm，试计算这种水的近似含盐量。

解 设电导率为 $1\mu S/cm$ 时，含盐量相当于 0.75mg/L，则含盐量为

$$244\times0.75+244\times0.75\times2\%\times(25-20)=201\ (mg/L)。$$

思考题

8-1 直接电位法和电位滴定法的特点是什么？

8-2 参比电极和指示电极的主要作用是什么？

8-3 用离子选择性电极测定离子浓度常见的方法有哪些？

8-4 直接电位法测定溶液的 pH 值时，玻璃电极为什么应事先在蒸馏水中浸泡 24h 以上？测量时，为什么要用标准缓冲溶液定位？

8-5 简述电位滴定法的基本原理。电位滴定法确定滴定终点有哪些方法？它们的依据是什么？

8-6 何谓离子选择性系数？当 $K_{i,j}=10^{-5}$ 时，该离子选择电极主要响应的是什么离子，干扰离子是什么？

8-7 电导分析法在水质分析中的应用有哪些？

8-8 直接电位法与电位滴定法中的标准溶液有什么本质区别？

8-9 什么是离子强度调节剂？用离子选择性电极直接电位法的标准曲线法测定离子浓度时，为什么要加离子强度调节剂？

8-10 在水质分析中，下列电位滴定应选择何种指示电极和参比电极。

(1) HCl 滴定碱度；(2) $AgNO_3$ 滴定 Cl^-；(3) EDTA 滴定 Ca^{2+}；(4) $KMnO_4$ 滴定 Fe^{2+}。

习题

8-1 测定 3.30×10^{-4} mol/L 的 $CaCl_2$ 溶液的活度，若溶液中存在 0.20mol/L 的 NaCl，计算：

(1) 由于 NaCl 的存在所引起的相对误差是多少？(已知 $K_{Ca^{2+}}$，$Na^+=0.0016$)

(2) 若要使误差减少至 2%，允许 NaCl 的最高浓度是多少？

(19.4%，6.4×10^{-2} mol/L)

8-2 已知下列电池：

(－) pH 玻璃电极 | H^+ (标准缓冲溶液或待测溶液) | 饱和甘汞电极 (＋)

298K 时，当缓冲溶液 pH＝4.00 时，测得电池的电动势为 0.209V；当缓冲溶液由待测溶液代替时，则为 0.312V，计算待测溶液的 pH 值为多少？ (5.74)

8-3 将氟离子选择性电极（作负极）和参比电极浸在 0.100mol/L F^- 溶液中，测得电池电动势为－0.250V。用相同的电极浸入未知浓度的 F^- 溶液中时，测得电动势为－0.271V。两种溶液的离子强度相同，试计算未知溶液中的 F^- 浓度。 (0.044mol/L)

8-4 某一工业废水 $pNO_3=4$，$pNO_2=3$，若用硝酸根离子选择性电极测定 NO_2^- 的浓度，将产生的误差为多少？已知电极的选择性系数 $K_{NO_3^-,NO_2^-}=4\times10^{-2}$。 (0.4%)

8-5 当试液中二价离子的活度增加1倍时，该离子电极电位变化的理论值为多少？

(8.9mV)

8-6 用氟离子选择性电极作负极，饱和甘汞电极作正极，氟标准溶液浓度为100μg/mL。取20.00mL加水稀释至200mL配制氟标准工作液，吸取不同体积的氟标准工作溶液，加入一定量的总离子强度调节缓冲溶液，稀释至100mL，进行电位法测定，测得数据如下：

F^-标准工作溶液的体积V（mL）	0.50	1.00	3.00	5.00	7.00
测得电池电动势E（mV）	−302	−291	−276	−268	−263

取水样20.00mL，在相同条件下测定$E=-288$mV。

(1) 在普通方格纸上绘制$E-$pF标准曲线；

(2) 用标准曲线法（或一元线性回归方程法）求水样中F^-的含量（mg/L）。

(0.63mg/L)

8-7 用氟离子选择性电极作负极测定饮用水中F^-，取水样50.00mL于100mL容量瓶中，加入10mL总离子强度调节缓冲溶液，并稀释至刻度，测其电动势为−192mV。然后在此溶液中加入1.00mL 1.00×10^{-2}mol/L氟标准溶液，测得电动势为−150mV。计算饮用水中F^-的含量（mg/L）。 (0.91mg/L)

8-8 以银电极作指示电极，以双盐桥饱和甘汞电极作参比电极，用0.0500mol/L $AgNO_3$标准溶液滴定50.00mL水样中的Cl^-，其化学计量点附近的实验数据如下表，求水样中Cl^-的含量（mg/L）。

加入$AgNO_3$体积V（mL）	…	24.70	24.80	24.90	25.00	…
电动势E（mV）	…	230	253	286	316	…

(882mg/L)

8-9 称取含钙试样0.500g，溶解后配制成100.0mL，用钙离子选择性电极和参比电极测得电池的电动势为374mV，加入1.00mL浓度为0.1000mol/L的钙离子标准溶液，测得电池的电动势为404mV。计算试样中钙的质量分数。 (0.085%)

第九章 色 谱 分 析 法

·内 容 提 要·

本章主要介绍了色谱分析法的基本原理。重点讨论了气相色谱法和液相色谱法的分离原理。并简要介绍了气相色谱法和离子色谱法在水质分析中的应用。

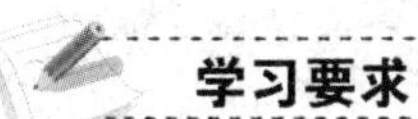

学习要求

（1）熟悉色谱分析法分类和特点。

（2）理解气相色谱法和液相色谱法的分离原理。

（3）掌握气相色谱仪的基本结构，理解检测器的作用和原理。

（4）掌握色谱分析的定性和定量方法。

（5）了解气相色谱法和离子色谱法在水质分析中的应用。

第一节 色 谱 分 析 法

一、色谱法概述

色谱法是俄国植物学家茨维特（Tswett）于1906年发现并命名的。他将植物叶子用石油醚萃取后，将少量的萃取液倒入一个装有$CaCO_3$细粉的竖立玻璃柱，然后加入石油醚使其自由流下，结果玻璃柱内植物叶色素就被分离成几个具有不同颜色的色带，他把这种分离方法称为色谱法。茨维特实验中的玻璃柱称为色谱柱，柱内的$CaCO_3$称为固定相，石油醚称为流动相。随着色谱技术的发展，此法还可用于无色物质的分离，但色谱一词一直沿用下来。

色谱法是一种物理化学分离方法，色谱法分离中包含固定相和流动相两相，根据混合物各组分在两相中的吸附能力、溶解度、分配系数或其他亲和作用性能的差异进行分离。当混合物中随着流动相移动时，混合组分在两相之间不断进行多次分配，使性质或结构不同的组分在迁移速度上产生差别，使混合组分得到分离，经分离后的组分采用适当的检测方法进行分析，这种分析方法简称为色谱法。

二、色谱法分类和特点

1. 按两相状态分类

用气体作为流动相的称为气相色谱（gas chromatography，GC），用液体作为流动相的称为液相色谱（liquid chromatography，简称LC）。同样固定相也有两种状态，有用固体吸附剂作固定相的，也有将固定液涂渍在载体上作固定相的，故色谱法可分为4类：

气相色谱（GC）{ 气固色谱（GSC）; 气液色谱（GLC）}

液相色谱（LC）{ 液固色谱（LSC）; 液液色谱（LLC）}

2. 按固定相形状分类

(1) 柱色谱。将固定相装填在玻璃管或金属管内叫填充柱色谱；将固定相吸附在一根很长的毛细管内称为毛细管色谱。

(2) 纸色谱（纸层析）。利用滤纸作固定相，把试样液体滴在滤纸上，用溶剂将其展开进行分离。

(3) 薄层色谱（薄板层析）。将吸附剂涂在玻璃板上或压成薄膜，然后用与纸色谱类似的方法进行操作。

3. 按分离原理分类

(1) 吸附色谱。利用吸附剂对不同组分吸附性能的差别进行分离，包括气固吸附色谱和液固吸附色谱。

(2) 分配色谱。利用不同组分在两相中分配系数不同进行分离。

(3) 离子交换色谱。利用组分的离子交换能力不同进行分离。

(4) 排除（凝胶）色谱。以多孔凝胶为固定相，用它来分离大小不同的分子。

4. 按动力学分类

(1) 冲洗法。它是色谱中最常用的一种方法。将试样加到色谱柱的一端，然后用液体或气体作冲洗剂冲洗柱子。这种冲洗剂在固定相上的吸附或溶解能力要比试样组分弱得多，由于各组分在固定相上的吸附和溶解能力不同，于是被冲洗剂冲洗出来的先后顺序也不相同，从而使各组分彼此分离。

(2) 顶替法。将试样加到色谱柱入口，注入一种对固定相的吸附或溶解能力比所有试样组分都强的顶替剂，将各组分依次顶替出色谱柱，吸附或溶解能力弱的组分首先流出色谱柱，强的随后流出。

(3) 迎头法。将试样混合物连续通过色谱柱，吸附或溶解能力弱的组分首先以纯物质的状态流出色谱柱，其次是吸附或溶解能力较强的第二组分和第一组分的混合物流出，其余依次类推。

5. 色谱法特点

(1) 分离效率高。能分离分析性质相似的组分和复杂的多组分混合物，如有机同系物、烃类异构体，以及许多具有生物活性的化合物等。如用毛细管色谱柱，可以分离测定一百多个组分的烃类混合物。

(2) 灵敏度高。能检测出 μg/g（10^{-6}）级甚至 ng/g（10^{-9}）级的微量物质，最小检测量可达 10^{-13}～10^{-10}的物质或更小。可测出水中 μg/L～ng/L 级的农药残留量及含氮、硫、磷的有机物。

(3) 分析速度快。一般几分钟至十几分钟内可以完成一个样品的分析。

(4) 应用范围广。气相色谱法适用于沸点小于 400℃的各种有机物的分离分析，液相色谱法适用于高沸点、热不稳定和难挥发物质的分离分析，离子色谱法适用于无机离子的分离分析。

第二节 色谱法基本原理

一、色谱分离原理

图 9-1 表示 A、B 两组分在色谱柱分离过程示意图。将含有 A 和 B 两组分的混合试样

注入色谱柱时，A 和 B 组分被色谱柱吸附，当流动相连续不断地冲洗时，A 和 B 组分分子随流动方向移动。因为 A 和 B 性质或结构上的差异，使它们在吸附能力、溶解能力或分配能力方面也存在差异，这种差异就导致了 A 和 B 组分迁移速度不同。假设 A 组分在流动相的溶解能力强于 B 组分，则 A 组分的迁移速度比 B 组分快，随着流动相的流动，A 组分先流出色谱柱，B 组分后流出色谱柱，从而将二者分离，并被检测器检出。在记录仪中，首先记录先进入检测器的 A 组分色谱峰，随后记录 B 组分色谱峰。

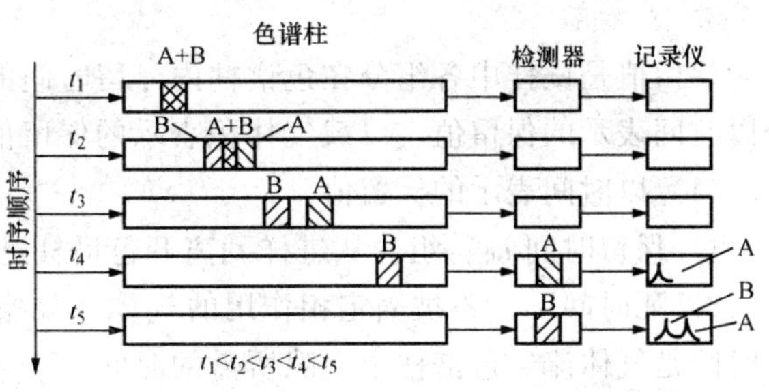

图 9-1　色谱分离过程示意图

二、色谱图及有关术语

1. 色谱图

混合物从进样开始，随流动相通过色谱柱依次分离后，经检测器检测后，将各组分浓度或质量信号转变成电信号，将信号随时间或流动相体积的变化曲线称为色谱流出曲线，简称色谱图。如图 9-2 所示，纵坐标为检测信号（mV），横坐标为时间（s 或 min）。

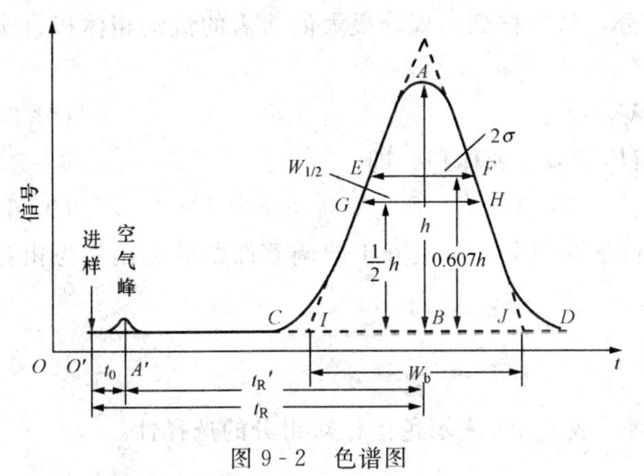

图 9-2　色谱图

（1）基线。在正常实验操作条件下，只有流动相通过检测器时所产生的信号曲线。实验条件稳定时，基线应为一条平行横坐标的直线。

基线随时间向上或向下倾斜称为基线漂移，基线上下波动幅度值称为噪声。利用基线可以判断仪器是否稳定。

（2）色谱峰。色谱峰是指色谱图上突起的如正态分布曲线状的部分，有组分峰、空气峰和假峰，通常一个色谱峰代表一个组分。

（3）峰高 h。从峰的最大值到基线的垂直距离称为峰高。见图 9-2 中的 AB。

色谱图是色谱分析和评价色谱分离效果的依据。根据峰的面积，对组分进行定量分析；根据峰的位置，对组分进行定性分析；根据峰与峰之间的距离和形状，对色谱分离效果进行评价。

2. 区域宽度

色谱峰区域宽度是色谱流出曲线的重要参数之一，它可以反映出色谱柱的分离效能，要求区域宽度越窄越好。色谱峰宽度的表征方法有 3 种：

（1）标准偏差 σ。峰高的 0.607 倍处峰宽的一半，见图 9-2 中 EF 的一半。

（2）半峰宽 $W_{1/2}$。峰高一半处的峰宽度，见图 9-2 中的 GH。半峰宽与标准偏差的关系为

$$W_{1/2}=2.354\sigma \tag{9-1}$$

（3）峰底宽 W_b。峰底宽也称基线宽度，即峰两侧延长线与基线的两个交点之间的距

离。见图 9-2 中的 IJ，它与标准偏差的关系为

$$W_b=4\sigma \tag{9-2}$$

3. 保留值

保留值是试样中各组分在色谱柱内停留时间的指标，是色谱定性分析的依据。保留值又分以时间表示的保留值、以载气体积表示的保留值和相对保留值。

(1) 以时间表示的保留值。

1) 保留时间 t_R。组分从进样到离开色谱柱进入检测器出现峰最大值所需的时间。

2) 死时间 t_0。不被固定相作用的气体（如空气）从进样到出现峰最大值所需的时间。死时间是气体流经色谱柱中空隙所需的时间。

3) 调整保留时间 t_R'。某组分的保留时间减去死时间，即

$$t_R'=t_R-t_0 \tag{9-3}$$

(2) 以载气体积表示的保留值。

1) 保留体积 V_R。组分从进样到出现峰最大值所需的流动相体积。它与保留时间的关系为

$$V_R=t_RF_0 \tag{9-4}$$

式中：F_0 为色谱柱出口载气的流量，mL/min。

2) 死体积 V_0。不被固定相作用的组分，从进样到出现峰最大值所需的流动相体积。实际为色谱柱内载气所占的体积

$$V_0=t_0F_0 \tag{9-5}$$

3) 调整保留体积 V_R'。某组分的保留体积减去死体积，即

$$V_R'=V_R-V_0 \tag{9-6}$$

(3) 相对保留值 $r_{2,1}$。在相同操作条件下，组分 2 与组分 1 的调整保留值之比称为相对保留值。

$$r_{2,1}=\frac{t_{R',2}}{t_{R',1}}=\frac{V_{R',2}}{V_{R',1}} \tag{9-7}$$

$r_{2,1}$ 值的大小反映两种组分峰间的距离，故 $r_{2,1}$ 可表示色谱柱对组分的选择性。

三、色谱基础理论

色谱理论常用塔板理论描述，塔板理论也称为平衡理论。组分在固定相和流动相之间发生的吸附、溶解平衡过程称为分配平衡过程。某组分在色谱柱两相间的分配行为可用分配系数、分配比等概念来描述。

1. 分配系数

在一定温度下，当组分在固定相与流动相之间达到分配平衡时，组分在固定相与流动相中的浓度之比称为分配系数或分配平衡常数，即

$$K=\frac{c_s}{c_m} \tag{9-8}$$

式中：K 为分配系数或分配平衡常数；c_s、c_m 分别表示组分在固定相和流动相中的浓度。

K 除与温度、压力有关外，还与组分、液相和气相的性质有关。各物质在两相之间的分配系数不同，K 值小的组分在柱中滞留的时间短，较早流出色谱柱；反之，K 值大的组分在柱中滞留的时间长，较迟流出色谱柱。不同组分分配系数的差异是实现色谱分离的先决

条件。

2. 分配比

分配比也称为容量因子，指在一定温度、压力下，在两相之间达到分配平衡时，组分分配在固定相与流动相中的质量之比，即

$$k=\frac{m_s}{m_m} \tag{9-9}$$

式中：k 为分配比；m_s、m_m 分别表示组分在固定相和流动相中的质量。

分配比与分配系数的关系：对于同一支分离柱而言，当固定相的体积一定时，则通过下式将二者关联为

$$k=\frac{m_s}{m_m}=\frac{c_sV_s}{c_mV_m}=K\frac{V_s}{V_m}=\frac{K}{\beta} \tag{9-10}$$

式中：V_s、V_m 分别表示固定相和流动相的体积；β 为流动相与固定相的体积之比，即相比（填充柱的相比为 6～35；毛细管柱的相比为 50～1500）。

分配比与保留时间的关系：某组分的分配比等于该组分的调整保留时间与死时间的比值。

$$k=\frac{t_R-t_0}{t_0}=\frac{t'_R}{t_0} \tag{9-11}$$

式（9-11）说明，某组分的保留时间越长，则 k 值越大，色谱柱对该组分的保留能力越强。通过上式可直接由实验得出的保留值（t_R 和 t_0）求分配比，再由式（9-10）计算分配系数。

3. 色谱基本保留方程

由式（9-11）得

$$t_R=t_0(1+k) \tag{9-12}$$

根据保留体积的定义，将式（9-4）、式（9-5）和式（9-10），代入式（9-12）得

$$V_R=V_0\left(1+K\frac{V_s}{V_m}\right)$$

因为 $V_m=V_0$，所以

$$V_R=V_m+KV_s \tag{9-13}$$

式（9-13）为色谱基本保留方程。色谱柱确定后，V_m 和 V_s 为定值。由此可见，分配系数不同的各组分具有不同的保留值，因而在色谱图上有不同位置的色谱峰。

4. 塔板理论

为了形象地描述色谱中组分的分离过程，把色谱柱比作一个蒸馏塔，蒸馏塔的每块塔板上都有流动相和固定相。当组分进入塔板时就在每两块塔板的两相之间迅速达到一次分配平衡，经过多次分配平衡后，K 不同的组分便彼此分离，K 值小的组分先从塔顶（即色谱柱后）较早流出。

若色谱柱长为 L，每达到一次分配平衡所需的理论塔板高度（即两块塔板之间的理论高度）为 H，则理论塔板数 $n_{理论}$ 与 L 和 $H_{理论}$ 三者之间的关系式为

$$n_{理论}=\frac{L}{H_{理论}} \tag{9-14}$$

理论塔板数 n 与色谱峰的标准偏差 σ 和保留时间 t_R 之间存在以下关系：

$$n_{理论}=\left(\frac{t_R}{\sigma}\right)^2$$

将式（9-1）和式（9-2）代入，得

$$n_{理论}=5.54\left(\frac{t_R}{W_{1/2}}\right)^2=16\left(\frac{t_R}{W_b}\right)^2 \tag{9-15}$$

式中：t_R、$W_{1/2}$、W_b 均取同一单位（如时间或长度）表示。

从式（9-14）及式（9-15）可看出，组分的保留时间越长，峰宽度越小，则说明 $n_{理论}$ 越大，$H_{理论}$ 越小，柱效能越高。实际上色谱系统中尚有死体积存在，组分消耗在死体积中的死时间与分配平衡无关。所以用包括死时间在内的 t_R 计算得出 $n_{理论}$ 就不合理，因此常用有效塔板数 $n_{有效}$ 表示柱效能：

$$n_{有效}=5.54\left(\frac{t'_R}{W_{1/2}}\right)^2=16\left(\frac{t'_R}{W_b}\right)^2 \tag{9-16}$$

有效板高为

$$H_{有效}=\frac{L}{n_{有效}} \tag{9-17}$$

可见，在一定长度的色谱柱内，塔板高度越小，塔板数越大，组分被分配的次数越多，则柱效能越高。

5. 速率理论

1956 年，荷兰学者范第姆特（Van Deemter）等人提出速率理论，也称为动力学理论，指出填充柱的柱效能受涡流扩散、分子扩散、传质阻力、流动相的流速等因素的控制。从而揭示了影响塔板高度的各种因素，它用一个数学表示式表示为

$$H=A+\frac{B}{u}+C\cdot u \tag{9-18}$$

式中：H 为塔板高度；A 为涡流扩散项；B/u 为分子扩散项；$C\cdot u$ 为传质阻力项；u 为载气线速度。

（1）涡流扩散项。流动相由于受到固定相的阻碍，不断改变运动方向，发生类似“涡流”流动，使同一组分流出柱的时间有差异，从而引起峰的扩展。

（2）分子扩散项。由于分子组分在流动中的浓度差扩散所引起的。

（3）传质阻力项。传质阻力能使组分在固定相和流动相中的浓度产生偏差。

6. 分离条件评价指标

色谱柱对某样品的分离效果常用柱效能、选择性和分离度等指标进行评价。

（1）柱效能。色谱法中用有效塔板数 $n_{有效}$ 和有效塔板高度 $H_{有效}$ 作为柱效能指标。$n_{有效}$ 越大，$H_{有效}$ 越小，柱效能越高，越有利于分离。

（2）选择性。选择性是指固定相对两个相邻组分的调整保留值之比，由式（9-7）可知，$r_{2,1}$ 越大，两组分越容易分离，越有利于分离，选择性越好，色谱图中两组分峰的距离越大。

（3）分离度。为了衡量相邻两个组分色谱峰的实际分离程度，用分离度 R 来定量描述。其定义为相邻两组分保留值之差与其平均峰宽值之比：

$$R=\frac{t_{R,2}-t_{R,1}}{(W_{b,2}+W_{b,1})/2} \tag{9-19}$$

式中：$t_{R,2}$、$t_{R,1}$ 分别为组分 2 和组分 1 的保留时间；$W_{b,2}$、$W_{b,1}$ 分别为组分 2 和组分 1 的色

谱峰宽。分离度 R 是色谱柱的总分离性能指标。当 $R<0.8$ 时，两组分不能完全分离；当 $R=1$ 时，两峰重叠约 2%；当 $R=1.5$ 时，两组分完全分离。通常用 $R=1.5$ 作为相邻两峰完全分离的标志。

7. 柱效能、选择性和分离度的关系

假设相邻两色谱峰宽相等，即 $W_{b,1}=W_{b,2}$，则式（9-19）为

$$R=\frac{t_{R,2}-t_{R,1}}{W_b}=\frac{t_{R',2}-t_{R',1}}{W_b} \tag{9-20}$$

将式（9-20）代入式（9-16），结合式（9-7）得

$$n_{有效}=16R^2\left(\frac{t_{R',2}}{t_{R',2}-t_{R',1}}\right)^2=16R^2\left(\frac{r_{2,1}}{r_{2,1}-1}\right)^2 \tag{9-21}$$

由式（9-21）可知，对于选择性一定的物质，分离度 R 与 $n_{有效}$ 有关，$n_{有效}$ 越大，则分离度 R 越大，分离效果越好。

【例 9-1】 设两个组分的调整保留时间分别为 80s 和 92s，若填充柱的塔板高度为 0.1cm，在色谱柱上达到完全分离（即 $R=1.5$），计算需要有效塔板数和柱长各为多少？

解

$$r_{2,1}=\frac{92}{80}=1.15$$

$$n_{有效}=16R^2\left(\frac{r_{2,1}}{r_{2,1}-1}\right)^2=16\times1.5^2\times\left(\frac{1.15}{1.15-1}\right)^2=2116(块)$$

所需柱长：$L=H_{有效}\cdot n_{有效}=2116\times0.1=211.6$（cm）

第三节 气相色谱法

气相色谱法包括气固色谱和气液色谱。气固色谱法固定相是具有一定活性和较大表面积的吸附剂，利用吸附剂对试样中各组分的吸附能力不同进行分离。气液色谱法固定相是涂在载体表面的液膜，利用固定液对试样中各组分的溶解能力不同进行分离。

一、气相色谱的分析流程

常用的气相色谱流程如图 9-3 所示。载气经减压阀减压后，通过净化干燥管干燥进入稳压阀。稳压阀控制载气的压力和流量，在流量计和压力表上显示出流量的大小及压力值。载气再经过预热管进入气化室，试样气化后通过色谱柱进行分离，分离后的各组分依次进入检测器。检测器将组分及其浓度随时间的变化转变成电信号，信号经放大后在记录仪上记录下来得到色谱流出曲线。

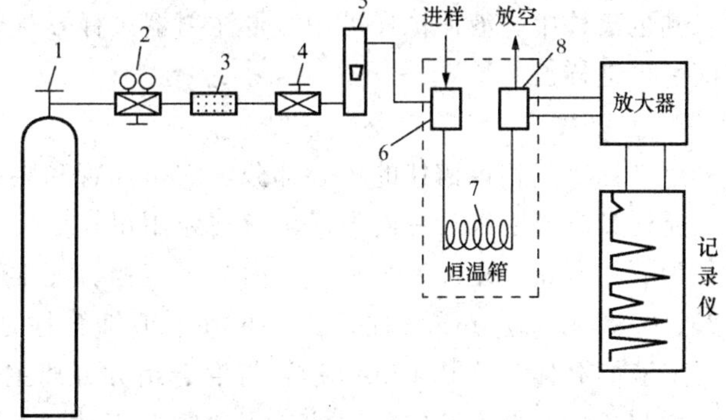

图 9-3 气相色谱流程示意图

1—载气钢瓶；2—减压阀；3—净化器；4—稳压阀；5—转子流量计；6—气化室；7—色谱柱；8—检测器

目前国内外气相色谱仪的型号和种类很多，它们主要由载气系统、进样系统、色谱柱、温控系统、检测器

和数据处理系统等6部分组成。

1. 载气系统

气相色谱分析中作为流动相的气体称为载气。载气系统是一个载气连续运行的密闭管路系统，要求载气纯净、密闭性好、流量稳定、流速测量准确。载气系统包括载气源、净化干燥管、载气流量的控制和显示等部分。载气源常用 N_2、H_2、He、Ar 等，除 H_2 用氢气发生器外，一般由高压钢瓶供给。净化干燥管（装有分子筛、活性炭等物质）的作用是去除载气中的微量水分、有机物等杂质。分析过程中载气流速的波动将影响到保留时间的确定，通常用稳压阀调节压力，流量计控制流量。

气路结构主要有两种形式：单柱单气路和双柱双气路。图 9-3 为单柱单气路，图 9-4 为双柱双气路。

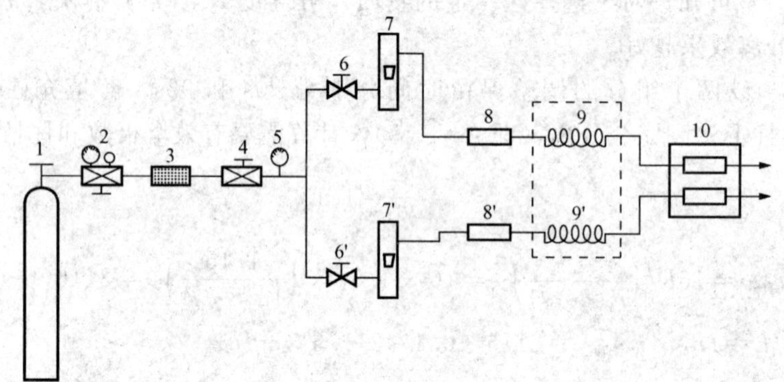

图 9-4 双柱双气路系统流程示意图

1—载气源；2—减压阀；3—净化器；4—稳压阀；5—压力表；6，6′—针形阀；7，7′—转子流量计；8，8′—气化室；9，9′—色谱柱；10—检测器

载气经稳压分成两路，一路不加样品进入参比柱及检测器，另一路则携带样品进入测量柱及检测器。双柱双气路可以补偿气流不稳定、固定相流失对检测器产生的影响，适用于程序升温和痕量分析。目前多数仪器属于这种类型。

2. 进样系统

进样系统包括进样器和汽化室。其作用是将试样在进入色谱柱前受热汽化，快速定量地转入到色谱柱中。液体试样可用微量注射器进样，气体试样可用六通阀进样，固体试样制成溶液后再进样。

3. 色谱柱

色谱柱是气相色谱仪的核心部分，它由柱管和装填在内部的固定相等组成。色谱柱主要有填充柱和空心毛细管柱两类。填充柱应用得较为普遍，它一般由不锈钢和玻璃管制成，其内径为 2～4mm，柱长为 2～4m，内装固定相。毛细管柱的材质为玻璃或石英，内径一般为 0.25、0.32 和 0.53mm，柱长 30～60m。毛细管柱是在内壁涂一层固定液，或者涂一层已有固定液的载体（约 0.1mm 厚），将混合组分分离主要靠固定液。

新制备的或新安装的色谱柱使用前需要老化（色谱柱通载气，流速 5～10mL/min，高于柱温 5～10℃，老化 4～8h），以除去残留溶剂、低沸点杂质和低分子量的固定液等，使基线稳定。色谱柱如长期未用，使用前也应老化处理。

4. 温控系统

温控系统是用来设定、控制、测量汽化室、色谱柱和检测器处的温度。汽化室温度要求试样瞬间汽化而不分解。色谱炉温度是为色谱柱提供一个均匀、恒定的温度，保证仪器的稳定性。除氢火焰离子化检测器外，所有检测器都对温度的变化敏感，尤其是热导池检测器，温度变化直接影响其灵敏度和稳定性，因此，检测室的温度一般控制在±0.1℃以内。

5. 检测器

检测器是气相色谱仪的重要部件。其作用是在色谱柱分离后的组分通过检测器时，按其浓度或质量变化转换成相应的电信号。检测器按原理分为浓度型（如热导检测器）和质量型（氢火焰离子检测器）；按应用分为通用型（如热导检测器）和专属性（对特定物质有高灵敏响应，如电子俘获检测器）。

浓度检测器测量的是载气中通过检测器组分浓度瞬间的变化，检测信号值与组分的浓度成正比。质量型检测器测量的是载气中某组分进入检测器的速度变化，即检测信号值与单位时间内进入检测器组分的质量成正比。

(1) 热导池检测器（thermal conductivity detector，简称 TCD）。热导池检测器是一种结构简单、性能稳定、应用范围广、灵敏度适宜的检测器，而且对所有物质都能产生信号，是目前应用最广的一种通用检测器。

热导池由池体和热敏元件及放大器构成。有双臂和四壁热导池两种，双臂热导池如图 9-5所示。池体材质一般为不锈钢，双臂热导池有两个形状对称的孔道，每一个孔道装一根热敏元件（钨丝）且与池体绝缘。一根连在色谱柱之前仅通载气，作为参考池；另一根连在色谱柱之后通载气和样品，作为测量臂。热敏元件的电阻随温度变化而改变灵敏度。四壁比双臂灵敏度高约 1 倍，目前多采用四壁热导池。

热导池检测器测量原理是基于不同的物质具有不同的热导系数。当不同的物质（如载气、载气+样品）分别通过热导池的参考臂和测量臂时，引起热敏电阻丝温度的变化，温度的变化再引起电阻的变化，根据电阻值变化的大小间接测定组分含量。对于双臂热导池，两臂的热敏电阻丝与电阻 R_1 和 R_2 组成平衡电桥进行测定，如图 9-6 所示。两臂的热敏电阻丝被载气包围，由于不同的气体热导系数不同，接通电源，加热与散热达到平衡后，调节两臂值，使 $R_{参}=R_{测}$，$R_1=R_2$，则 $R_{参}R_1=R_{测}R_2$，记录仪两端的输出电压 $E=0$，记录仪走基线。进样后，载气携带试样组分通过测量臂而这时参考臂流过的仍是纯载气，由于测量臂

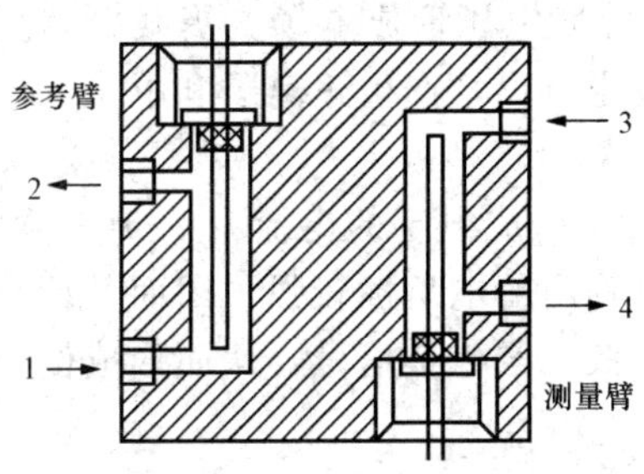

图 9-5　双臂热导池示意图
1—载气入口；2—载气出口；3—载气和样品入口；4—载气和样品出口

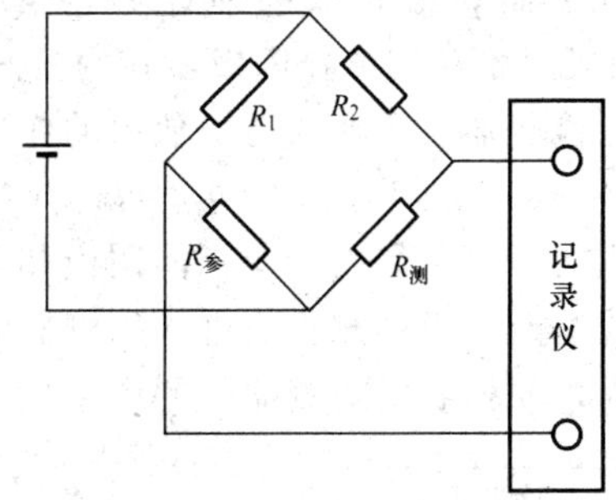

图 9-6　热导池测量原理示意图
R_1—参考臂；R_2—测量臂；$R_{参}$—固定电阻；$R_{测}$—测量池

中含试样组分的载气与参考臂中的纯载气热导系数的差异，导致测量臂的温度改变，从而引起电阻丝电阻的变化，使 $R_{参} \neq R_{测}$，则 $R_{参}R_1 \neq R_{测}R_2$，记录仪两端的输出电压 $E \neq 0$，有电压信号输出，信号与组分浓度有关，记录仪记下组分浓度随时间变化的峰状图形。

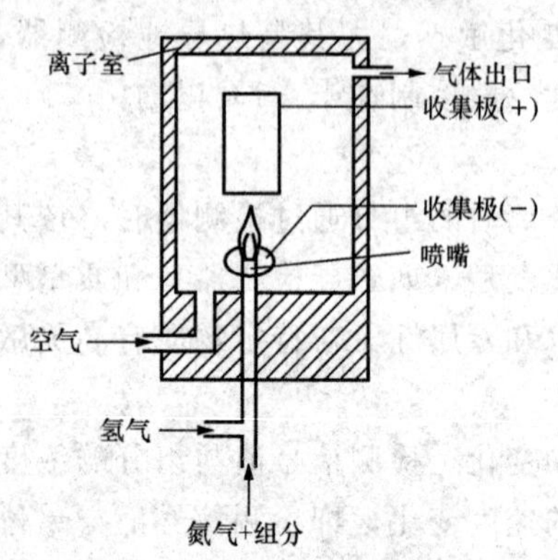

图 9-7 氢火焰离子化检测器结构示意图

(2) 氢火焰离子化检测器（flame ionization detector，简称 FID）。它对大多数有机化合物有很高的灵敏度，比热导池的灵敏度高 2～3 个数量级，所以适宜测定痕量有机物，是目前最常用的质量型检测器。它具有结构简、单灵敏度高、稳定性好、线性范围宽等特点。但是它对无机气体、惰性气体、CO、CO_2、SO_2、CCl_4 和氮的氧化物等含氢少的物质灵敏度低或不响应。

氢火焰离子化检测器主要部件是离子化室。离子化室通常由不锈钢制成，包括气体人口、火焰喷嘴、一对电极和不锈钢外罩，如图 9-7 所示。

被测组分由载气携带从色谱柱流出进入检测器，与氢气混合在一起进入离子化室，由毛细管喷嘴喷出。氢气在空气的助燃下经引燃后进行燃烧，燃烧所产生的高温（约 2100℃）火焰可使被测有机物组分电离成正离子和电子❶。在氢火焰附近设有收集极（负极）和发射极（正极），在两极间因加有 150～300V 的极化电压而形成的直流电场，在电场力的作用下，电离产生的正离子被负极收集，而电子则被正极捕获，形成微电流，微电流经放大器后进入记录器，得到每一组分的色谱峰。微电流的大小与被测组分含量成正比。

(3) 电子捕获检测器（electron capture detector，简称 ECD）。它只对具有电负性的物质，如含卤素、硫、磷、氮的物质产生响应信号，物质的电负性越强，检测器的灵敏度越高，而对电中性（无电负性）的物质，如烷烃等则无信号，对电负性物质特别敏感，它是一种高灵敏度、高选择性的离子化检测器。

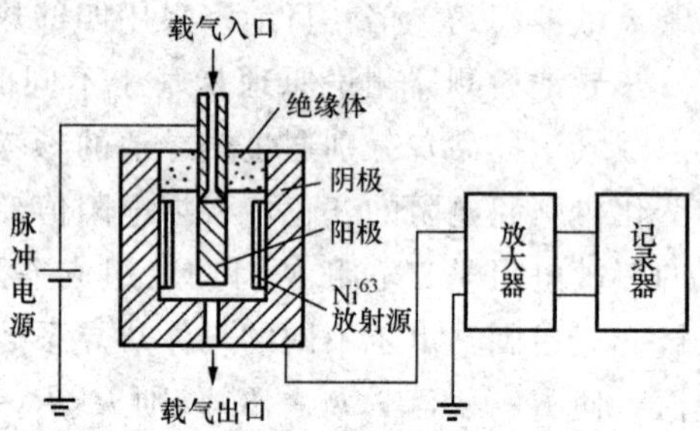

电子捕获检测器的结构如图 9-8 所示。

图 9-8 电子捕获检测器结构示意图

在电子捕获检测器的池体内壁装有放射源 ^{63}Ni作阴极，不锈钢棒作阳极，在两极间加以直流或脉冲电压形成电场。当载气（通常为氮气）进入检测器时，在放射源放射的作用下，载气发生电离，产生正离子和电子：

$$N_2 \rightarrow N_2^{+} + e^{-}$$

生成的正离子和电子分别向阴极和阳极移动，从而形成恒定的电流（约 10^{-8}A)，即为检测器的基流。当被测物质进入检测器时，由于被测物质的电负性较强，因而其捕获电子的能力也强，便捕获了检测器中的电子使检测器基流降低，产生负信号，从而形成倒峰。倒峰

❶ 有机物在高温下发生裂解，而产生自由基（CH·）：$C_nH_m \rightarrow CH\cdot$

自由基与助燃气中的氧气发生反应，生成 CHO^+，并释放出电子：$CH\cdot + O_2 \rightarrow 2CHO^+ + e^-$

CHO^+ 与火焰中水分子碰撞发生反应：$CHO^+ + H_2O \rightarrow H_3O^+ + CO$

化学电离产生的正离子（CHO^+、H_3O^+）和电子（e^-）在外加直流电场的作用下，向两极移动而产生微电流。

的大小与被测组分的浓度成正比。

(4) 火焰光度检测器（flame photometric detector，简称 FPD)。它是一种测定含磷、含硫有机化合物的高选择型、高灵敏度的检测器，是由氢火焰和光度计两部分组成。试样在富氢火焰中高温激发后，含磷有机化合物发射出特征谱线为 526nm 的光，含硫有机化合物发射出特征谱线为 394nm 的光，这两种特征光的光强度与被侧组分的含量均成正比，用光度计测定其强弱，从而得出相应组分的色谱图。

6. 数据处理系统

色谱柱分离后的组分依次进入检测器，将各组分的浓度或质量转变成相应的电信号，经放大器放大后，由记录仪或微处理机得到色谱图。现代色谱仪都配有微机处理系统，利用色谱数据处理软件，能控制自动进样、柱温、检测器工作参数；能描绘色谱图并记录色谱数据如保留时间、峰高和峰面积等；能进行各种定量计算，显示分析结果。计算机控制色谱仪大大提高色谱分析效率和准确度。

二、检测器的性能指标

气相色谱的检测器有多种类型，要求检测器具有灵敏度高、检出限低、稳定性好、线性范围宽和相应速度快等性能。评价检测器性能的常用指标有：灵敏度、检出限和线性范围等。

1. 灵敏度

检测器的灵敏度也称响应值，表示单位质量的物质通过检测器时所产生响应信号的大小。以响应信号 E 对进样量 m 作图，可得一条直线，直线的斜率为灵敏度，即灵敏度是响应信号对进入检测器的被测物质进样量的变化率。

$$S=\frac{\Delta E}{\Delta m} \tag{9-22}$$

式中：Δm 表示物质进样量的变化；ΔE 表示响应信号的变化。

气相色谱检测器的灵敏度的单位，随检测器的类型和试样的状态不同而异。

对于浓度型检测器：当试样为液体时，S 的单位为 mV·mL/mg，即 1mL 载气中携带 1mg 的某组分通过检测器时产生的 mV 数；当试样为气体时，S 的单位为 mV·mL/mL，即 1mL 载气中携带 1mL 的某组分通过检测器时产生的 mV 数。计算公式为

$$S=\frac{hW_{1/2}F_0}{m} \tag{9-23}$$

式中：h 为色谱峰高，mV；$W_{1/2}$ 为半峰宽，min；F_0 为校正后色谱柱出口处的载气流速，mL/min；m 为进样量，mg 或 mL。

对于质量型检测器：当试样为液体和气体时，S 的单位均为 mV·s/g，即每秒钟有 1g 的组分被载气携带通过检测器所产生的 mV 数。

灵敏度不能全面地表明一个检测器的优劣，因为它没有反映检测器的噪声水平。由于信号可以被放大器任意放大，S 增大的同时噪声也相应增大，因此，仅用 S 不能正确评价检测器的性能。

2. 检出限

当检测器输出信号放大时，仪器固有的噪声同时被放大，使基线起伏波动。由图 9-9 可以看出，如果将信号从仪器固有的噪声中识别出来，则组分的相应值就一定大于 R_N。因

此，检出限定义为检测器响应值为3倍噪声信号时，单位时间或单位体积内进入检测器物质的量。

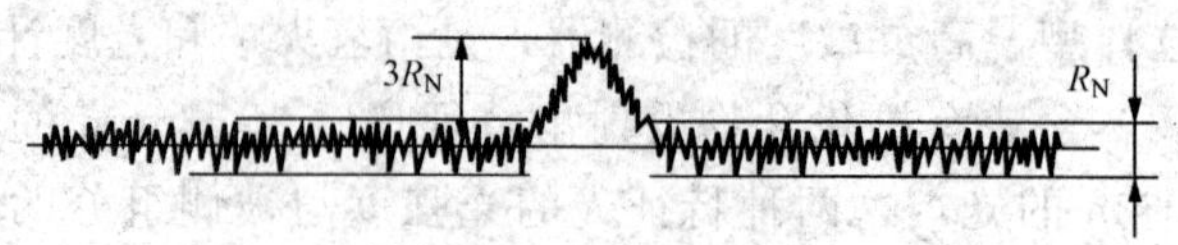

图 9-9　色谱噪声与检出限

检出限表示为

$$D=\frac{3R_N}{S} \tag{9-24}$$

式中：D 为检出限；R_N 为噪声信号大小；S 为灵敏度。

D 越小，说明仪器越灵敏，它表示检测器所能检出的最小组分量。热导检测器的检出限一般为 10^{-5} mg/mL，即每毫升载气中约有 10^{-5} mg 溶质所产生的响应信号相当于噪声的3倍。氢火焰离子化检测器的检出限一般为 10^{-12} g/s。

3. 线性范围

线性范围是指进样量与信号之间保持线性关系的范围，即检测器呈线性时被测物质的最大进样量和最小进样量之比，或最大进样浓度与最小进样浓度之比。线性范围越大越有利于准确定量，如热导检测器线性范围在 10^5 左右，氢火焰离子化检测器在 10^7 左右。

第四节　气相色谱定性和定量分析方法

一、气相色谱定性分析方法

一个混合样品经色谱柱分离，通过检测器后得到一系列的色谱峰，气相色谱定性分析就是鉴别每个峰代表什么组分。气相色谱定性分析的方法有以下几种：

1. 用已知纯物质对照定性

(1) 利用保留值定性。各种物质在一定的色谱条件下均有确定不变的保留值（保留时间或保留体积），因此可作为一种定性指标。在相同的操作条件下，通过对比试样与纯物质色谱峰的保留值，则可以判断它们是否属于同一物质。如试样某组分的保留值与测定的纯物质保留值相同，可以认为是同一物质。

(2) 加入已知物质增加峰高法。当样品组成较复杂，峰与峰之间距离太近，或操作条件不稳定，可用此法。将已知物质加入到试样中混合进样，若某组分峰高增加，则表明该组分与已知物为同一物质。

2. 用文献数据定性

(1) 利用文献相对保留值定性。由于保留值与固定液、柱长、柱温及流动速度等操作条件有关，相对保留值仅随固定液和柱温而改变，与其他操作条件无关，故常用相对保留值进行定性。在气相色谱手册中都列有许多化合物在不同固定液上的相对保留值，可用于定性。

(2) 利用保留指数定性。保留指数是一种重现性较好的定性参数。测定方法以正构烷烃为参比物质，规定正构烷烃的保留指数为其碳原子数乘以100，如正丁烷、正戊烷的保留指数分别为400和500。被测物质的保留指数是通过紧靠近它两侧相邻的正构烷烃［分别具有

n 和（$n+1$）个碳原子］按式（9-25）计算被测物质的保留指数，并与文献值进行比较，从而对被测物质进行定性。

$$I_x = 100\left[n + \frac{\lg t'_{R(x)} - \lg t'_{R(n)}}{\lg t'_{R(n+1)} - \lg t'_{R(n)}}\right] \tag{9-25}$$

式中：$t'_{R(x)}$、$t'_{R(n)}$ 和 $t'_{R(n+1)}$ 分别为被测组分 x 和具有 n、（$n+1$）个碳原子的两个相邻正构烷烃的调整保留时间。

例如 60℃鲨鱼烷柱上苯保留指数的计算，如图 9-10 所示。

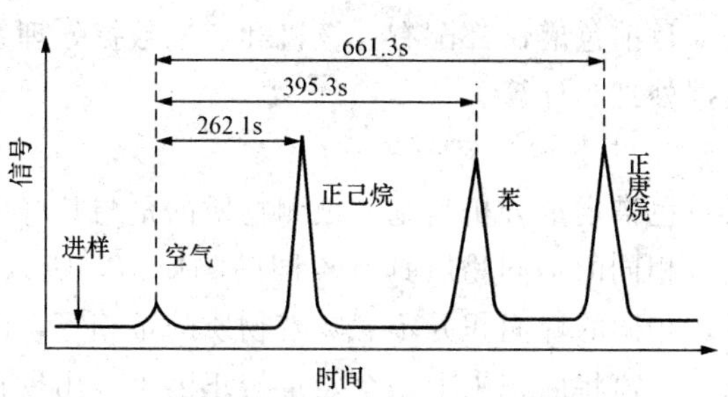

图 9-10 保留指数示意图

苯在正己烷和正庚烷之间流出，$n=6$，所以

$$I_x = 100\left(6 + \frac{\lg 395.3 - \lg 262.1}{\lg 661.3 - \lg 262.1}\right) = 644$$

从文献上查得 60℃鲨鱼烷柱上 I＝644 时为苯。

3. 利用化学反应定性

某些化合物与特殊试剂反应，生成相应的衍生物，其色谱峰将会消失、提前或后移，比较处理前后色谱图的差异，就可判断试样含有哪些官能团，这种方法时可直接在色谱系统中装上预处理柱，也称为柱前预处理法。例如酚类与乙酸酐反应生成相应的乙酸酯，色谱峰提前。卤代烃与乙醇-硝酸银反应生成沉淀，则色谱峰消失。另外还有柱上选择性除去法和柱后流出物化学定性法。

4. 结合其他仪器定性

气相色谱与质谱、红外光谱等联用技术，是近代发展起来的定性方法，是目前解决复杂未知物定性的最有效工具。气相色谱法对复杂样品有较高的分离效率，质谱或红外光谱对物质的分子结构、分子量或官能团进行较准确的定性分析。气相色谱与质谱仪联用，或者与红外光谱仪联用，联用技术就是利用了气相色谱法的分离特性，又发挥了质谱或光谱的定性功能。

二、气相色谱定量分析方法

气相色谱定量分析是根据检测器对被测组分产生的响应信号，经放大器放大后，由记录仪或微处理机得到色谱图。色谱图上峰面积（或峰高）与被测组分的量成正比，基本公式为

$$m_i(\text{或 } \rho_i) = f_i A_i(\text{或 } h_i) \tag{9-26}$$

式中：m_i 为 i 组分的质量；ρ_i 为 i 组分的质量浓度；f_i 为定量校正因子；A_i 为色谱峰面积；h_i 为色谱峰峰高。

利用式（9-26）计算某组分含量时，必须确定组分的峰面积（或峰高）和定量校正因子。

1. 峰面积测量方法

（1）对称峰面积的测量。对称色谱峰近似地看作等腰三角形，利用峰高（h）乘半峰宽（$W_{1/2}$）计算峰面积，经验证明计算的面积只有实际面积的 0.94 倍，故再乘一系数 1.065。

$$A = 1.065 h W_{1/2} \tag{9-27}$$

（2）对称峰面积的测量。不对称峰面积的计算方法为：取峰高 0.15 倍处和 0.85 倍处色

谱峰宽的平均值，乘峰高。

$$A=\frac{1}{2}(W_{0.15}+W_{0.85})h \tag{9-28}$$

式中：$W_{0.15}$ 和 $W_{0.85}$ 分别为峰高 0.15 倍处和 0.85 倍处色谱峰宽。

目前色谱仪都配有计算机和色谱数据处理系统，可自动采集数据，自动获得峰面积进行数据处理和计算。

2. 定量校正因子

色谱定量分析是基于被测物质的量与其峰面积（或峰高）成正比。但由于同一检测器对质量相同的不同物质具有不同的响应值，所以两个相等量的物质峰面积往往不相等，或者说，相同的峰面积并不意味着物质的量相等，因此，不能用峰面积（或峰高）直接计算物质的量，需将面积乘上一个定量校正因子，用校正后的面积来计算物质的含量。

（1）绝对校正因子。绝对校正因子是指在一定条件下，某组分 i 通过检测器的量与检测器对该组分的响应信号之比。

$$f_i=\frac{m_i}{A_i} \text{ 或者 } f_i=\frac{m_i}{h_i} \tag{9-29}$$

绝对校正因子受分析条件、仪器灵敏度等影响，不易准确测出，故其应用受到限制。在定量分析计算中，通常使用相对校正因子。

（2）相对校正因子。相对校正因子（$f_{i/s}$）是指某组分的绝对校正因子与标准物质的绝对校正因子（f_s）之比。

$$f_{i/s}=\frac{f_i}{f_s}=\frac{m_i/A_i}{m_s/A_s}=\frac{m_i A_s}{m_s A_i}$$

或者

$$f_{i/s}=\frac{f_i}{f_s}=\frac{m_i/h_i}{m_s/h_s}=\frac{m_i h_s}{m_s h_i} \tag{9-30}$$

例如苯、甲苯、乙苯相对校正因子的测定：分别称取一定量的三种物质，在 25mL 容量瓶中定容。取一定量注入色谱仪，获得色谱图，平行测定 3 次，测量其峰面积，以苯为标准物质，计算各组分相对质量校正因子，如表 9-1 所示。

表 9-1　相对质量校正因子示例

组分	质量（g）	峰面积				相对质量校正因子 $f_{i/s}$
		1	2	3	平均	
苯（标准物）	2.220	442	440	438	440	1.00
甲苯	2.220	429	428	430	430	1.02
乙苯	2.221	419	422	420	420	1.05

3. 定量分析方法

（1）外标法。外标法也称标准曲线法。将被测组分的纯物质配制一系列不同浓度的标准溶液，以一定体积分别进样，在一定条件下获得色谱图，由所测定的峰面积（或峰高）对应浓度作图，得到标准曲线，如图 9-11 所示。在相同条件下测定试样，注入测定试样与标样相同体积，测得的峰面积（或峰高），在标准曲线上查出被测组分的浓度。

外标法不使用校正因子，计算方便，特别适合大批量试样分析。测定结果的准确性取决于操作条件是否稳定和进样量是否一致。

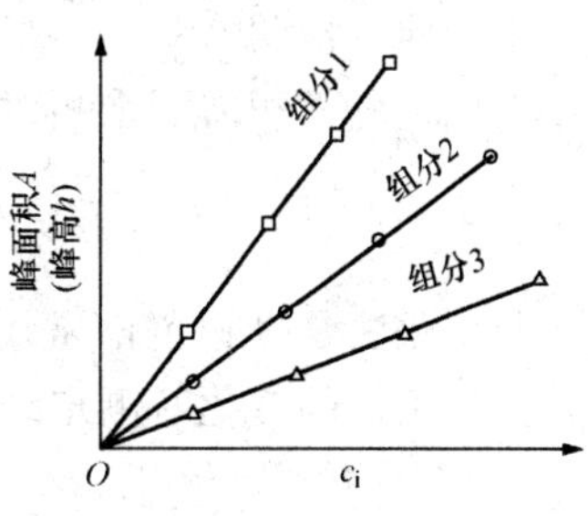

图 9-11　组分的标准曲线

（2）内标法。内标法是选择一种纯物质作为内标物，在一定量的试样中加入一定浓度的内标物，混匀后进行色谱测定。测得的内标物的峰面积为 A_s，试样组分峰面积为 A_i，根据式（9-26），内标物与组分的质量之比等于对应的峰面积乘以其校正因子之比：

$$\frac{m_i}{m_s}=\frac{f_iA_i}{f_sA_s}$$

所以，被测组分的含量为

$$w_i=\frac{m_i}{m}\times 100\%=\frac{m_sf_iA_i}{mf_sA_s}\times 100\% \qquad (9-31)$$

式中：m 为试样的质量，g；m_s 为加入内标物的质量，g；其余符号的意义同前。

内标法的关键是选择合适的内标物。对内标物的要求：①试样中不含内标物质；②内标物的性质与被测组分的性质相近，与试样不发生化学反应；③加入内标物的量应接近被测组分的量，使色谱峰应在被测组分色谱峰附近。

【例 9-2】　采用内标法测定二甲苯样品中乙苯和二甲苯含量，称取试样 0.500g，加入内标物壬烷 0.150g，溶解后混匀进样，测定数据如表 9-2 所示。

表 9-2　测定数据

组分	壬烷	乙苯	对二甲苯	间二甲苯	邻二甲苯
峰面积	98	70	95	120	80
校正因子	1.02	0.97	1.00	0.96	0.98

计算样品中乙苯、对二甲苯、间二甲苯和邻二甲苯的含量。

解　壬烷为内标物，根据式（9-30）乙苯的含量为

$$w_{乙苯}=\frac{0.150\times 0.97\times 70}{1.500\times 1.02\times 98}\times 100\%=6.8\%$$

同理可计算出对二甲苯、间二甲苯和邻二甲苯的含量分别为 9.5%、11.5%和 7.8%。

内标法定量准确，进样量和操作条件的微小变化对测定结果影响不大，但对每个试样的分析，都要进行两次称量，不适合大批量试样的快速分析。

若将试样取样量和内标物加入量固定，则式（9-31）中的 m_sf_i 与 mf_s 比值为一常数，则

$$w_i(\%)=\frac{A_i}{A_s}\times 常数$$

即被测物质含量与 A_i/A_s 成正比，以 A_i/A_s 对被测物质含量作图，可得内标标准曲线。分析样品时，加入与标准曲线相同量的内标物，测出 A_i/A_s，可从标准曲线上找出被测组分的含量。

（3）归一化法。归一化法要求试样中各组分都流出色谱柱，且出现色谱峰。当测量参数为峰面积时，则各组分的含量为

$$w_i=\frac{A_i}{\sum A_i}\times 100\%$$

由于同一检测器对不同组分的响应值不同，即使等量的两物质产生的峰面积也不一定相等，因此，峰面积需要乘相对质量校正因子进行归一化计算，才能得到准确的结果。

$$w_i = \frac{f_{i/s} A_i}{\sum f_{i/s} A_i} \times 100\% \tag{9-32}$$

归一化法是气相色谱常用的一种定量方法，其特点是简单准确，进样量不影响测定结果，操作条件的变化对测定结果影响较小。适用于对多组分试样中各组分含量分析。

第五节　气相色谱法在水质分析中的应用实例

在水质分析中，许多有机污染物需用气相色谱法进行分离测定。待测试样中水是大量的，应选择受水影响较小的检测器，常用的检测器有氢火焰离子化检测器和电子捕获检测器。前者不受少量水影响，大量水进入检测器时就会灭火，灵敏度降低，而电子捕获检测器是不能注入水的。因此，在水质分析中应考虑从水样中除去水分，浓缩被测组分。

为避免水的干扰，常采用下列几种方法：

(1) 有机溶剂萃取。将待测组分萃取到有机溶剂相中，以除去水分达到浓缩目的。例如：氢火焰离子检测器常用二硫化碳、四氯化碳和氯仿等，电子捕获检测器用正乙烷、庚烷及苯等。

(2) 采用适当的固定相。它能使水峰提前，避免水的干扰。例如用 GDX-101 型固定相，在 10s 左右就会出现水峰，而苯峰等在 2min 后才出现。此法可将含苯等组分数毫克/升的水样直接进行测定。通常被测组分在水中的浓度高达几毫克/升可直接注入水样，否则需进行有机溶剂萃取。另外，用双甘油等极性很强的固定液时，在色谱图中不出现水峰。

(3) 选择适当的分离条件。选择适当的分离条件可以避免水峰的干扰。如选择适当的柱温可避免水峰的出现，例如用聚乙二醇琥珀酸能有效地从水中分离醛、醇、酸，若柱温 200℃时，10μL 水的水峰高达 10 余厘米，而在 100℃时只有一个约 1cm 的线条，不妨碍测定。

在水质分析中，由于被测组分浓度很低，通常在进样前对水样进行浓缩，有机溶剂萃取是最常用的浓缩方法，此外还有以下几种浓缩方法。

(1) 蒸馏或吹气法。将水样加热或水蒸气蒸馏，将待测组分吸收于有机溶剂或水中以达到浓缩的目的，此法适用于低沸点物质的浓集；也可将待测组分保留在蒸馏上，蒸出水分达到浓缩的目的。

(2) 活性炭吸附法。水样通过活性炭将待测的有机物吸附，用氯仿等有机溶剂进行萃取，此法可有效地浓缩水中的多种有机物，在注入气相色谱仪之前还需要将待测组分提纯。

(3) 冷冻浓集法。由于水在结冰的过程中，纯水先形成冰，使水中易挥发的有机物浓集于结冰的水中。此法适用于易挥发有机物的浓集。

下面介绍水中有机物的测定应用实例。

一、水中氯仿、四氯化碳的测定

饮用水在加氯消毒中产生一些新的有机卤化物，主要有氯仿、四氯化碳、一溴二氯甲烷、二溴一氯甲烷及溴仿等卤代烷。自来水中卤代烷高于水源水。饮用水中氯仿及其他有机卤化物达到一定浓度时，会对人的健康产生影响。我国饮用水规定氯仿<60μg/L。

水中氯仿、四氯化碳一般采用气液平衡法分析。其原理是：在密封的试管内，易挥发的氯仿、四氯化碳分子从液相逸入液面上空的气相中。在一定温度下，氯仿、四氯化碳分子在气液两相之间达到动态平衡，此时氯仿、四氯化碳在气相中的浓度和它们在液相中的浓度成正比。通过对气相中氯仿和四氯化碳浓度的测定，即可计算出水样中氯仿、四氯化碳的浓度。

用带电子捕获检测器的气相色谱仪测定。色谱条件为①色谱柱：长 2m 的玻璃柱或不锈钢柱；②固定相：80～100 目的 GDX-103，使用前需在 200℃下活化 1～2d；③温度：柱温为 160℃，ECD 检测器温度为 200℃，气化温度为 200℃；④载气：99.999%氮气，流速为 45mL/min。

二、水中丙烯酰胺的测定

聚丙烯酰胺是一种优良的絮凝剂，常用于处理高浊度的用水。由于其中所含的丙烯酰胺单体易溶于水，并具有毒性，且不易被常规给水处理工艺除去，故我国规定水中丙烯酰胺的残余浓度<10μg/L。

测定原理：水中丙烯酰胺在 pH 值为 1～2 时与溴产生加成反应

$$CH_2{=}CHCONH_2 + Br_2 \rightarrow \underset{\displaystyle Br}{\underset{|}{CH_2}}{-}\underset{\displaystyle Br}{\underset{|}{CH}}{-}CONH_2$$

生成的 2，3－二溴丙烯酰胺用乙酸乙酯萃取后用气相色谱仪测定。

色谱条件：采用具有电子捕获检测器的气相色谱仪。固定相：10%FFAP；色谱柱：长 1.5m，内径 3mm 的玻璃柱；温度：柱温 173℃，检测室 220℃，气化室 190℃；载气：氮气流速 10mL/min。

三、水中六六六、DDT 的测定

六六六和 DDT 均系有机氯杀虫剂，它们易溶于有机溶剂，微溶于水，在水中性质稳定。有机氯农药对人、畜和水中的浮游生物有较强的毒害。我国饮用水规定六六六<5μg/L，DDT<1μg/L。

测定原理：水中有机氯农药经有机溶剂萃取浓缩后，由氮气载入色谱柱进行分离。当氮气将有机氯农药载入电子捕获检测器的电离室时，与自由电子反应形成负离子，导致电流量的降低，根据电流量的改变进行定量分析。

色谱条件：色谱柱长 2m，内径 2～3mm 玻璃柱。固定相：3%OV-210（或 QF-1）加 0.5%OV-17 固定液的 Chromosorb W 酸洗硅烷化担体。温度：镍源检测器 22.5℃，柱温 185℃，气化室 250℃。

第六节 高效液相色谱法

一、高效液相色谱法概述

用液体作为流动相的柱色谱分离技术称为液相色谱法。高效液相色谱法（high performance liquid chromatography，简称 HPLC）又称高压液相色谱，以液体为流动相，采用高压输液泵系统，将流动相快速通过色谱柱，在柱内各成分被分离后，进入检测器进行检测，从而实现对试样的分析。高效液相色谱法的具有以下特点。

（1）高速。高压输液泵使流动相快速流过色谱柱，可加快分离与分析速度。

(2) 高效。新型固定相采用了直径仅有几个微米的填料，分离效率得到提高，远高于气相色谱法。

(3) 高灵敏度。采用了高灵敏度检测器，极大提高了分析的灵敏度。如紫外检测器最小检测量可达 10^{-9}g，荧光检测器最小检测量可达 10^{-11}g。

(4) 应用范围广。该方法不受样品挥发性和热稳定性的限制，特别适合于离子型化合物、高沸点化合物、高聚物等物质的分离与测定，大约占有机物的 70%～80%。

二、高效液相色谱仪

高效液相色谱仪流程示意图，如图 9-12 所示。

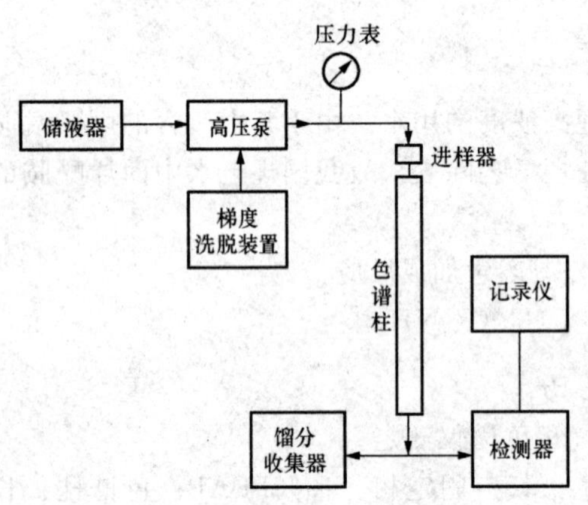

图 9-12　高效液相色谱仪流程示意图

由流程图可以看出系统由流动相、高压泵、进样器、色谱柱、检测器和记录仪等部分组成。储液器中的流动性被高压泵打入系统，样品溶液经进样器具有流动性，被流动相载入色谱柱内，由于各组分在移动速度上的差异，被分离成单个组分依次从柱内流出，进入检测器时，样品浓度被转换成电信号传送到记录仪，数据以图谱形式呈现出来。

(1) 储液器。将流动相存放在配有过滤器的储液器中，过滤器防止流动相中的颗粒进入泵和色谱柱，过滤器空隙大小约 2μm。流动相要进行脱气处理，防止因流动相从高压柱内流出时释放出气泡进入检测器而使噪声增加，致使不能正常检测。

(2) 高压泵。高压泵用于输送流动相，高压泵要耐压、耐腐蚀、无脉冲、输出流量稳定。

(3) 梯度洗脱装置。作用与气相色谱中的程序升温类似，将载液中含有两种或两种以上不同极性的溶剂，在分离过程中按一定的程序连续改变混合溶剂的配比，从而调节流动相极性，以此改变被分离组分的分离因素，以达到分离效果。

(4) 进样器。进样器普遍使用耐高压的六通阀进样，其结构示意图如图 9-13 所示。

在准备状态，定量管与高压流动相和色谱柱隔离，用微量注射器将试样通过试样注入口注入定量管，充满后多余的试样由出口流出。当需要进样分析时，进样阀旋转 60°，定量管与色谱柱连通，流动相通过定量管将试样带入色谱柱。进样体积由不同尺寸的定量管控制，可根据分析要求选用。

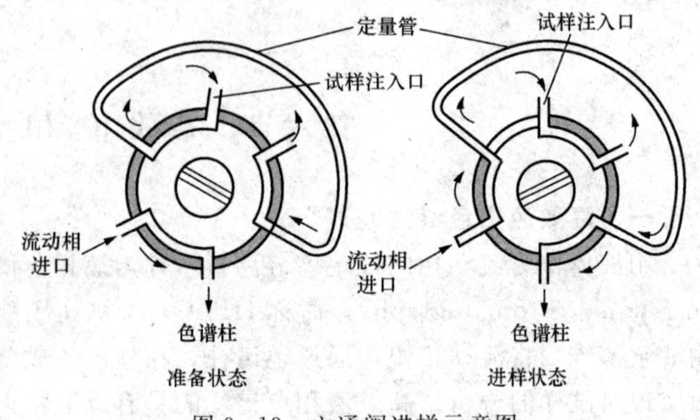

图 9-13　六通阀进样示意图

(5) 色谱柱。高效液相色谱仪的分离工作是在色谱柱中完成的。色谱柱是整个色谱系统的心脏，质量优劣直接影响到分离的效果。通常采用不锈钢柱，液相色谱柱的发展趋势是减小填料粒度或柱直径，以缩短分析时间，增加柱效。

(6) 检测器。高效液相色谱检测器除要求灵敏度高、重现性好、响应快和线性范围宽外，还要求不受流动相微小波动的影响。

常用的检测器有紫外光度检测器、荧光检测器和示差折光检测器。紫外光度检测器是应用最广泛的一种检测器，它适用于对紫外光有吸收的样品，组分浓度服从朗伯-比尔定律。荧光检测器属于高灵敏度、高选择性的检测器，仅对某些具有荧光特性的物质有响应，如多环芳烃、农药等物质。示差折光检测器是根据含有被测组分的流动相和纯流动相的溶液折射率之差（与被测组分在流动相的浓度有关）由流动相折射率的变化，测定试样组分的含量。

(7) 记录仪。现代色谱仪配有计算机和色谱工作站软件，数据采集、显示、记录及计算，由计算机完成。

三、高效液相色谱法的分离类型

依据高效液相色谱法分离机制和固定相的不同，高效液相色谱法的分离类型主要有以下几种。

1. 液—固吸附色谱法

以固体吸附剂为固定相，如通常使用的 5～10μm 硅胶吸附剂等。流动相是各种不同极性的一元或多元溶剂。分离原理是根据物质在固定相上的吸附能力不同来进行分离，主要用于异构体、烃类、表面活性剂等物质的分离。

2. 液—液分配色谱法

早期通过在担体上涂渍一层固定液制备固定相，现在多采用化学反应的方法通过化学键将固定液结合在担体表面制备固定相。固定相与液体流动相一起构成液—液分配色谱，分离原理是根据物质在两相之间分配系数不同来进行分离，主要用于农药、芳烃、丙烯酰胺等混合物的分离。

3. 离子交换色谱法和离子色谱法

离子交换色谱法是采用离子交换树脂作为固定相，强电解质的缓冲溶液作为流动相。分离原理是根据各种离子与树脂上离子交换基团的交换能力不同来进行分离。主要用于无机离子混合物的分离，亦可用于如氨基酸、蛋白质等有机物的分离。

离子交换色谱法在无机离子的分析和应用中受到限制，如果采用电导检测器，被测离子的电导信号被强电解质流动相的高背景电导信号淹没而无法检测。为了解决这一问题，1975年，Small 等人提出一种能同时测定多种无机和有机离子的新技术，在离子交换柱后加一根抑制柱，抑制柱装填与分离柱电荷相反的离子交换树脂，这样就能将高背景电导的流动相转变为低背景电导的流动相，用电导检测器可直接测定各种离子的含量，这种分析方法称为离子色谱法。

4. 凝胶色谱法

凝胶色谱法又称体积排阻色谱法或空间排阻色谱法。根据流动相不同分两类：以水溶液为流动相的为凝胶过滤色谱；以有机溶剂为流动相的为凝胶渗透色谱。凝胶色谱法固定相为凝胶，凝胶是一种具有网状结构和不同孔径的化学惰性物质。凝胶色谱法分离原理是基于试样分子的体积大小和形状不同来实现分离的。试样被测组分随流动相进入色谱柱，体积大的分子不能渗透到空穴内部而受到排阻，先流出色谱柱，小分子可以完全渗透到内部而后流出，主要用于高分子有机化合物的分离和测定。

除以上几种分离类型外，还有离子对色谱法、生物亲和色谱法、超临界流体色谱法等类型。如何选择合适的分离类型可查阅有关资料，初选分离类型可参照图 9-14。

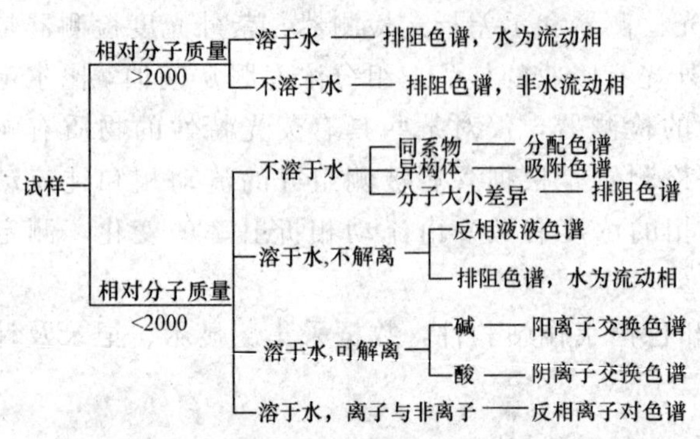

图 9-14 高效液相色谱分离类型选择示意图

四、高效液相色谱法的应用

高效液相色谱法的应用比气相色谱法应用广泛。它广泛应用于环境监测、食品检验、药物研究、石油化学等领域。下面仅列举在水质分析中的应用实例。

1. 高效液相色谱法测定水中的丙烯酰胺

聚丙烯酰胺是目前应用最广、效能最高的水处理絮凝剂。由于它残余的丙烯酰胺是致癌物质和神经性致毒剂，世界卫生组织对聚丙烯酰胺的投加量限制为每升水中不得超过 1mg。以此计算，经絮凝沉淀处理后水体中的丙烯酰胺的含量小于 0.005mg/L。

水样用活性炭吸附剂和甲醇洗脱，经固相萃取后，高效液相色谱法测定丙烯酰胺。采用外标法以峰面积计算定量，在 0.050～0.250mg/L 时，峰面积与质量浓度成良好的线性关系，相关系数为 0.9917，检出限为 0.1μg/L。

仪器及色谱条件：HP-1050 高效液相色谱仪，包括 UV-二极管矩阵检测器和化学工作站；色谱柱为 Synchropak RP-P 柱（250×4.6mm）；流动相为甲醇-水（体积比为 5∶95），流速为 0.8mL/min；柱温为 25℃±1℃；检测波长为 210nm；进样量为 10μL。

2. 高效液相色谱法同时测定水中的苯系物

苯系物（苯、甲苯、乙苯等）是水环境中常见的污染物，有致癌、致畸、致突变等毒性。我国生活饮用水卫生标准规定苯＜0.01mg/L，甲苯＜0.7mg/L，乙苯＜0.3mg/L。

由于水中苯系物浓度低且成分复杂，需经过萃取或气化等多种手段将其提取或浓缩后才能进行气相色谱分析。高效液相色谱法测定水中的苯系物无需使用有机溶剂对水中苯系物进行提取和浓缩，只需加入少许氯化钠溶解，离心过滤后可以进行液相色谱分析。用保留时间进行定性，外标峰面积标准曲线法进行定量分析。苯、甲苯、乙苯的线性范围均为 0.010～10.0mg/L，相关系数为 0.9917，苯、甲苯、乙苯的检出限分别为 0.005、0.004、0.004mg/L。

仪器及色谱条件：Agilent LC1120 高效液相色谱仪，包括 VWD 检测器和处理软件；色谱柱为 Agilent TC-C18 柱（250×4.6mm）；流动相为甲醇-水（体积比为 65∶35），流速为 1.0mL/min；检测波长为 260nm；进样量为 20μL。

3. 高效液相色谱法测定水中多环芳烃

多环芳烃（萘、蒽、芘等）广泛存在于土壤和水体中，具有致癌、致畸以及致突变性。我国生活饮用水卫生标准要求苯并（a）芘的限值为 0.00001mg/L。

由于水中多环芳烃含量很低，在进行分析之前必须进行预处理以富集目标化合物。水样经 L-18 固相萃取柱吸附后用二氯甲烷洗脱，氮气吹干后用甲醇溶解，过滤后可以进行液相色谱分析。外标法以峰面积计算定量，苯并（a）芘的标准曲线为 $y = 8\,568.4x - 0.471$，相关系数为 0.9999，检出限为 0.00008μg/L。

仪器及色谱条件：Agilent 1100 型高效液相色谱仪，包括荧光检测器和紫外检测器，色谱柱为反相 C18 柱（250×4.6mm）；流动相为甲醇-水，流速 1.0mL/min，线性梯度洗脱，流速为 1.0mL/min；柱温为 30℃；进样量为 20μL；紫外检测波长为 254nm。

4. 离子色谱法同时测定水中的无机阴离子

离子色谱法是高效液相色谱法的一种，它特别适合无机阴离子的分析。水中常规检测的无机阴离子主要有 F^-、Cl^-、NO_2^-、NO_3^-、HPO_4^{2-}、SO_4^{2-} 等离子，逐个分析操作繁琐，工作量大，且需要不同的仪器和不同的方法进行测定。用离子色谱法同时测定多种无机阴离子，可直接过滤进样，具有操作简便、快速等特点。

水样中待测阴离子随淋洗液流动相进入阴离子交换柱系统（由保护柱和分离柱组成），淋洗液将样品中的阴离子从分离柱中洗脱下来。各种离子的洗脱顺序和保留时间取决于离子对树脂的亲和力、淋洗液、柱长和流速。已分离的阴离子经抑制器系统（或阳离子交换柱系统）转换为高电导的强酸，氢氧化钾（或碳酸盐-重碳酸盐）淋洗液则转换为弱电导率的水（或碳酸）。由电导检测器测量各阴离子组分的电导，电导与被测离子的浓度成正比，以保留时间定性，峰面积外标法定量，可以确定水样中待测离子的浓度。

仪器及色谱条件：离子色谱仪，包括进样系统、电导检测器、色谱工作站；色谱柱包括分离柱和保护柱；淋洗液为 0.0018 mol/L Na_2CO_3 − 0.0017mol/L $NaHCO_3$；泵流速为 1.0～2.0mL/min；进样体积为 25μL。

配制一系列不同离子浓度的混合标准溶液，以测得的各离子浓度（mg/L）与相应的峰高（或峰面积）进行直线回归处理或绘出标准曲线。6 种阴离子标准混合溶液的离子色谱图如图 9-15 所示。

将水样经 0.45 μm 滤膜过滤后进行测定，各种阴离子的含量可根据直线回归方程计算得出或直接在标准曲线上查得。

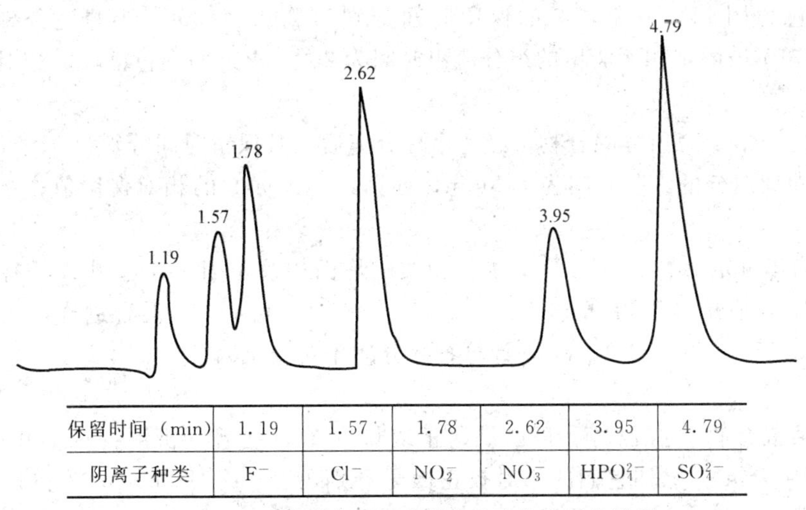

保留时间（min）	1.19	1.57	1.78	2.62	3.95	4.79
阴离子种类	F^-	Cl^-	NO_2^-	NO_3^-	HPO_4^{2-}	SO_4^{2-}

图 9-15　6 种阴离子标准混合溶液的离子色谱图

思考题

9-1 根据固定相和流动相物态的不同，色谱法分哪几类?

9-2 气相色谱仪由哪些系统构成? 各系统起何作用?

9-3 简述气相色谱分离的基本原理。

9-4 举例说明在水质分析中如何选用检测器。

9-5 简述气相色谱的定性和定量分析方法。

9-6 解释下列术语：(1) 色谱流出曲线；(2) 峰面积；(3) 峰高；(4) 半峰宽；(5) 保留时间 (体积)；(6) 调整保留时间 (体积)；(7) 相对保留值；(8) 分配系数；(9) 分离度。

习题

9-1 在某一色谱柱上，下列化合物的调整保留时间 (单位：min) 如下，求苯和正丁醇的保留指数。 (610，428)

正己烷	3.50	苯	3.75
正庚烷	6.95	正丁醇	8.4
正辛烷	13.7		

9-2 用气相色谱法分析某试样时，柱出口处载气流速为25.5mL/min，两组分的保留时间分别为2.45min和3.15min，不被固定相所滞留的组分流出时间为25s。计算其死体积、两组分的保留体积、调整保留体积和相对保留值。

(10.6mL，62.5mL，80.3mL，51.9mL，69.7mL，1.34)

9-3 色谱图上峰1和峰2的保留时间分别为200s、300s，半峰宽分别为1.7mm、1.9mm。已知不被固定相所滞留的组分流出时间为20s，求这两个色谱峰的相对保留值和分离度。 (1.17，8.3)

9-4 x、y、z 三组分混合物，经色谱柱分离后，其保留时间分别为5、7、12min，不被固定相所滞留组分的洗脱时间为1.5min，计算：①y 对 x 的相对保留值；②z 对 y 的相对保留值。 (1.57，1.91)

9-5 为了测定A、B、C、D这4种物质的峰面积校正因子，选用A作标准物，现称取A、B、C、D质量分别为0.4668、0.5867、0.8150、0.4543g混合进样，测得它们的峰面积分别为2.55、3.34、2.18cm^2，计算各组分的相对校正因子。

(1.00，0.96，1.08，1.14)

9-6 某混合物含有乙醇、环已烷、正庚烷和苯，色谱分析测得峰面积分别为8.4、5.6、9.2、10.7cm^2，已知它们的相对校正因子分别为0.64、0.68、0.73和0.78。求各组分的质量分数。 (22.2%，15.7%，27.7%，34.4%)

9-7 分析样品中主要含有邻二甲苯、对二甲苯和间二甲苯3种组分，选用甲苯为内标物，称取样品0.4358g，甲苯0.0530g，各峰面积和相对校正因子如下：

组分	邻二甲苯	对二甲苯	间二甲苯	甲苯
峰面积（cm^2）	3.58	1.38	0.68	0.95
相对校正因子	1.15	0.71	0.86	1.00

求各组分的质量分数。　　（52.4%，12.5%，7.4%）

第十章　水质分析实验

第一节　水质分析实验基础

一、基本要求

为培养学生的科学实验能力，养成良好的实验习惯和严谨细致、实事求是的科学态度，使实验达到预期的目的，取得较好的实验结果。实验基本要求如下：

（1）实验前认真预习。实验前要做好充分的预习，做到心中有数。弄懂有关原理和方法，熟悉实验步骤、操作方法及注意事项，将实验步骤提炼简化，写出实验提纲，使自己一目了然，避免机械地履行手续，看一句做一步。

（2）实验时认真操作和记录。实验时应正确操作，仔细观察，善于思考，合理安排时间，保持实验仪器整齐清洁，将各种测量数据及有关现象及时准确地记录在记录本上。记录实验数据要实事求是，切忌带有主观因素，更不能为了追求得到某一结果，擅自更改数据。不得将实验数据随意记在纸片上或其他任意地方。

（3）实验后认真写出实验报告。实验完毕要清洗仪器，将有关仪器和试剂放回原处，打扫卫生，关好水、电及门窗。实验结束后，根据实验记录对实验现象和数据进行归纳、计算和总结，写出实验报告。实验报告的具体内容及格式因实验类型而异，一般包括以下内容：

实验编号、实验名称、实验目的、简要实验原理、主要试剂和仪器、简要实验步骤流程、实验数据及其处理、误差及误差分析。

对于实验数据及其处理，应用文字、表格、图形将数据表示出来。按实验要求及计算公式，计算出分析结果，并进行有关数据和误差处理，尽可能地使记录表格化。

二、实验用水的规格及检定方法

（1）实验用水的规格。在水质分析实验中，应根据所做实验对水质量的要求，合理地选用不同规格的实验用水。

实验室用水级别及主要指标见表 10 - 1。

在实际工作中，有些实验对水还有特殊的要求，有时还要对 Fe^{3+}、Ca^{2+}、Mg^{2+}、Cl^{-} 等离子及细菌进行检验。

（2）纯水的检验及合理选用。纯水的检验有物理方法和化学方法两类。检验项目一般包括电导率、pH 值、吸光度、氯化物、硅酸盐及某些金属离子如 Fe^{3+}、Ca^{2+}、Mg^{2+}、Cu^{2+}、Zn^{2+} 等。

表 10 - 1　　实验室用水级别及主要指标

指　标　名　称	一级	二级	三级
pH 值范围（25℃）	—	—	5.0～7.5
电导率（25℃）/（μS/cm）	≤0.1	≤1.0	≤5.0
吸光度（254nm，1cm 光程）	≤0.001	≤0.01	—
可溶性硅（以 SiO_2 计）/（mg/L）	<0.01	<0.02	—

三、化学试剂规格

化学试剂的种类很多，有分析试剂、仪器分析专用试剂、指示剂、生化试剂、电子工业或食品工业专用试剂、医用试剂等。世界各国对化学试剂的分类和分级及标准不尽相同。通常将化学试剂分为标准试剂、一般试剂、高纯试剂、专用试剂四大类。

我国的主要国产标准试剂的种类及用途列于表 10 - 2 中，一般试剂的规格及适用范围见表 10 - 3。

表 10 - 2　主要国产标准试剂的种类及用途

类　　别	主 要 用 途
滴定分析第一基准试剂	滴定分析工作基准试剂
滴定分析工作试剂	滴定分析标准溶液的定值
滴定分析标准溶液	滴定分析测定物质的含量
杂质分析标准溶液	仪器及化学分析中作为微量杂质分析的标准
一级 pH 基准试剂	pH 基准试剂的定值和高精密度 pH 计的校准
pH 基准试剂	pH 计的定位（校准）
有机元素分析标准试剂	有机元素分析
热值分析试剂	热值分析仪的标定
色谱分析标准	气相色谱进行定性和定量分析标准
农药分析标准	农药分析的标准
临床分析标准	临床分析化验标准

表 10 - 3　一般试剂的规格及适用范围

级　别	中文名称	英文符号	标签颜色	用　　途
一级	优级纯（保证试剂）	GR	绿色	精密分析及科学研究工作
二级	分析纯（分析试剂）	AR	红色	一般分析实验及定量工作
三级	化学纯	CP	蓝色	一般化学实验
生化试剂	生化试剂 生物染色剂	BR	咖啡色	生物化学实验

四、玻璃器皿的洗涤与干燥

实验所用仪器必须洗涤干净，否则会影响实验结果。玻璃仪器的洗涤方法很多，应根据实验的要求、污物的性质和玷污程度以及仪器的类型来选择合适的洗涤方法。

（1）一般洗涤。实验中常用的烧杯、锥形瓶、量筒、量杯及漏斗等一般的玻璃器皿，先用自来水洗刷仪器上的灰尘和易溶物，污染严重时，可用毛刷蘸去污粉或洗涤液刷洗，然后用自来水冲洗，最后用洗瓶（内装去离子水或蒸馏水）少量冲洗内壁 2～3 次，以除去残留的自来水。

（2）洗液洗涤。滴定管、移液管、吸量管、容量瓶等具有精确刻度的量器，一般不用刷子刷洗，避免内壁受磨损而影响准确容积。如有明显油污，可用洗衣粉溶液荡洗，然后用自来水冲洗干净，再用纯水淋洗 2～3 次。若此法不能洗净，可用铬酸洗液洗涤。用过的铬酸洗液应倒回原瓶，以备反复使用。铬酸洗液腐蚀性强，易灼伤皮肤，且铬有毒性，使用时应注意安全或尽量少用。

铬酸洗液配制方法：称取 10g 工业用 $K_2Cr_2O_7$ 置于烧杯中，加 20mL 水加热溶解后冷却，慢慢加入 200mL 浓 H_2SO_4，边加边搅拌，待冷却后，转入具有严密玻璃塞的玻璃瓶中。

不同的实验对玻璃仪器的干燥程度有不同的要求。一般定量分析用的烧杯、容量瓶、锥形瓶等仪器洗涤干净后即可使用。分析天平称量用的小烧杯，应干净、干燥，如果烘干应冷至室温。

带有刻度的计量仪器，不能用加热的方法进行干燥，因为加热会影响仪器的精度。

五、分析量器及基本操作

1. 滴定管

滴定管是滴定时可准确测量滴定剂体积的玻璃量器。水质分析常用的滴定管容积有 50mL 和 25mL 两种，最小刻度值是 0.1mL，读数可估计到 0.01mL。10、5、2mL 和 1mL 微量滴定管或半微量滴定管，最小刻度值分别为 0.05、0.02mL 和 0.01mL。

常用的滴定管有两种：一种是下端带有玻璃活塞的酸式滴定管；另一种是碱式滴定。滴定管的下端流液口为一尖嘴，中间通过玻璃旋转塞或乳胶管（配以玻璃珠）连接以控制滴定速度。另外有一种自动定零位滴定管，是将储液瓶与具塞滴定管通过磨口塞连接在一起的滴定管，自动调零点，主要用于常规分析中的经常性滴定操作。

（1）使用前的准备。

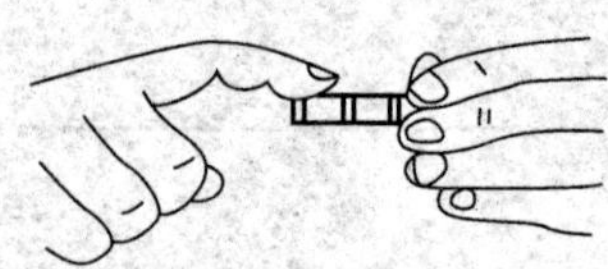

图 10-1 旋塞涂凡士林操作

1）检漏。酸式滴定管应检查活塞转动是否灵活或有漏水现象，否则在旋塞与塞槽内壁涂少许凡士林。将旋塞取下，用吸水纸将旋塞和塞槽内的水擦干，擦干后的滴定管平放在实验台上。用手指蘸少许凡士林，在旋塞两端均匀地涂上薄薄一层（见图 10-1），在紧靠旋塞孔处不要涂凡士林，以免旋塞孔被堵住。平拿滴定管，将涂凡士林后的旋塞平行放入塞槽内，向同一个方向转动旋塞，直到旋塞转动灵活且外观均匀透明为止。转动旋塞时，应有一定的向旋塞小头部分方向拉的力，避免来回移动旋塞，使塞孔受堵。最后将橡皮圈套在旋塞的小头部分的沟槽内。

活塞涂好凡士林后，要检查是否漏水。方法是先关闭活塞，用水充满滴定管，将滴定管夹在滴定管夹上，直立 2min，仔细观察有无水滴滴下或从隙缝渗出。然后将活塞转动 180°，再观察一次。若两次均无水滴渗出，活塞转动灵活，即可使用，否则应重新涂凡士林。

若旋塞孔出口或尖嘴被凡士林堵塞，可将滴定管充满水后，打开旋塞，用洗耳球在滴定管上部鼓气，可将凡士林排除。或者将充满水的滴定管尖嘴放入温水中，打开旋塞，再用吸耳球鼓气即可将凡士林排除。

碱式滴定管使用前，应检查乳胶管是否老化，玻璃珠大小是否适当，玻璃珠过大不便操作，过小则会漏液。如不符合要求，应及时更换。

2）洗涤。没有明显污物时，用自来水直接冲洗，如冲洗不干净，可装入 10～15mL 洗液洗（碱式滴定管应除去乳胶管，用橡胶帽堵住下口）。双手平托滴定管的两端，转动滴定管使洗液润湿全管。若玷污较重，可将洗液装满滴定管浸泡一段时间，洗完后，将洗液倒回洗液瓶。洗涤后，用自来水冲洗至流出的水为无色，再用蒸馏水洗涤 2～3 次。对碱式滴定管要连接好放有一玻璃珠的乳胶管及尖嘴，用蒸馏水洗涤时，要挤压玻璃珠外面的乳胶管，并随放随转进行洗涤。洗净后的滴定管内壁应被水均匀润湿而不挂水珠。

3）装液与赶气泡。首先将试剂瓶中的操作溶液摇匀，使凝结在瓶内壁上的液珠混入溶液。混匀后的操作液应直接倒入滴定管润洗 2～3 次，每次 10～15mL。操作液不得用其他容器（如烧杯、漏斗等转移到滴定管）。

装入操作溶液后，如下端留有气泡或未充满的部分，将滴定管下端倾斜约 30°角，若为酸式滴定管，迅速打开旋塞，使溶液冲出并带走气泡。为了排除碱式滴定管中的气泡，用食指和拇指捏住玻璃珠部位，使胶管向上弯曲，并捏挤乳胶管，使溶液从管口急速流出并带走气泡（见图 10-2）。

（2）读数。滴定开始前和滴定终了都要读取数值。滴定开始前读数时，应将管出口尖嘴上的液滴去除，并且尖嘴内无气泡。读数时，用手指捏住滴定管上部无刻度处，使其自然下垂，使自己的视线与所读溶液弯月面下缘实线的最低点在同一水平面上（见图 10-3）。对于弯月面不够清晰的有色溶液，可读取液面两侧最高点。对于乳白板蓝线衬背滴定管，应读取蓝线上下两尖端相交点的位置。

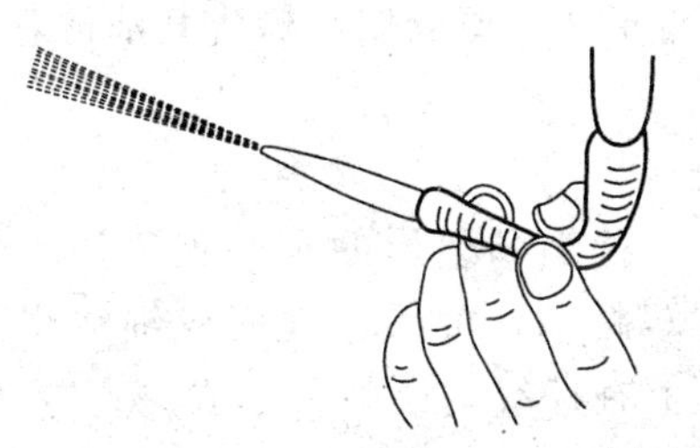

图 10-2　碱式滴定管排气泡

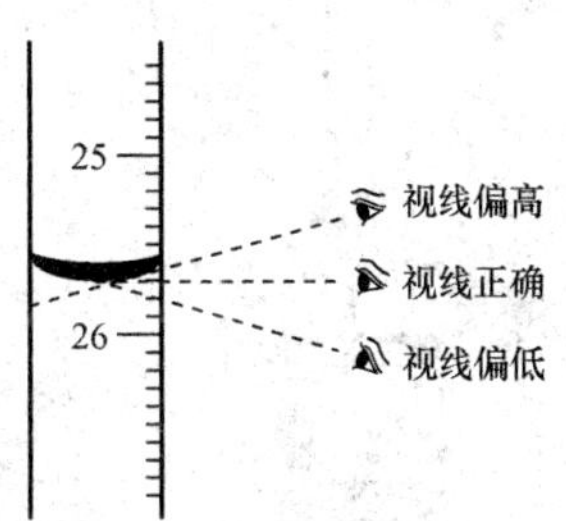

图 10-3　读数视线位置

每次滴定的初读数最好都调节到零刻度或略低于零刻度，这样每次滴定所用的溶液均差不多在滴定管的同一部位，可避免滴定管刻度不准而引起的误差。滴定时应一次完成，尽量避免因溶液不够装入第二次，这样会增加读数误差。

（3）滴定。初读数后，立即将滴定管夹在滴定管架上，其下端伸入锥形瓶（或烧杯）口内约 1cm。使用酸式滴定管时，左手控制旋塞，拇指在前，食指和中指在后，无名指和小指弯曲，无名指抵住下端，转动旋塞使旋塞稍有一点向手心的拉力。但应注意，不要向外用力，以免推出旋塞造成渗漏，如图 10-4 所示。使用碱式滴定管时，仍以左手控制滴定速度，左手拇指在前，食指在后，无名指、中指和小指夹住尖嘴管，使其垂直而不摆动，捏住玻璃珠外侧乳胶管向外捏，使胶管和玻璃珠形成一条缝隙让溶液流出。但应注意，不要使玻璃珠上下移动，更不要捏玻璃珠下部的胶管，以免吸入空气而形成气泡，碱式滴定管溶液的流出及操作如图 10-5 所示。

使用酸式滴定管时，左手控制溶液流速，用右手的拇指、食指和中指拿锥形瓶颈，其余两指辅助在下侧，使瓶底离滴定台高约 2～3m。左手控制滴定管旋塞，按前述方法滴加溶液，用右手摇动锥形瓶，边滴边摇动，应注意向同一个方向旋转溶液，但不可前后摇动，以免溶液溅出。若用烧杯滴定，滴定管下端应在烧杯中心的左后方处，用玻璃棒向同一个方向搅拌，不要碰到烧杯壁和底部，如图 10-6 所示。滴定时，要观察滴落点周围颜色的变化，不要看滴定管上的刻度变化，而不顾滴定反应的进行。

（4）滴定速度。一般开始时，滴定速度可稍快，每秒 3～4 滴左右，但不能形成液柱流下。接近终点时，应改为一滴一滴加入，每加一滴摇一次，最后是每加半滴，摇几下锥形瓶，直到溶液出现明显的颜色变化为止。

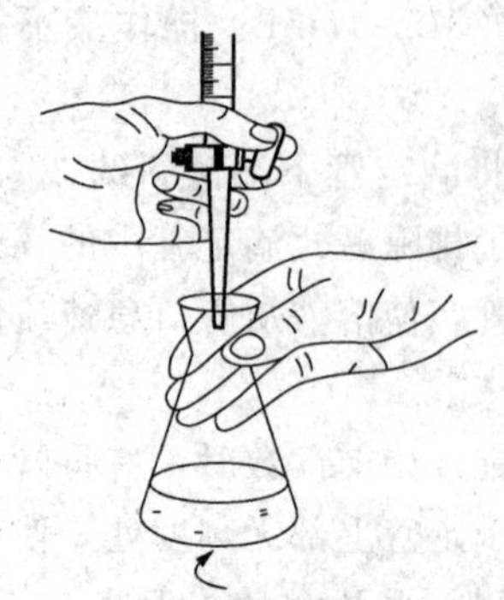

图 10-4 酸式滴定管的操作

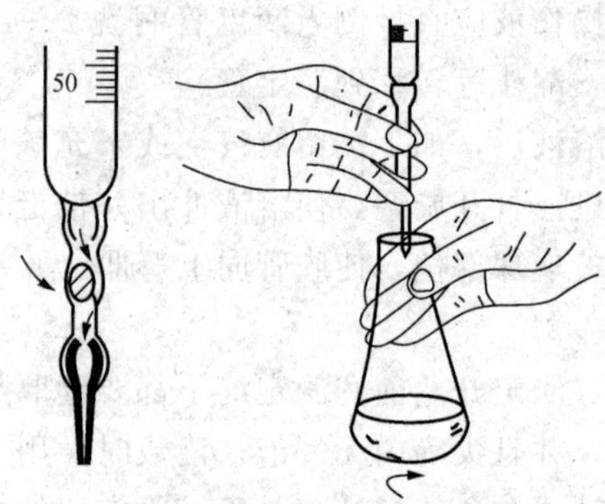

图 10-5 碱式滴定管溶液的流出及操作

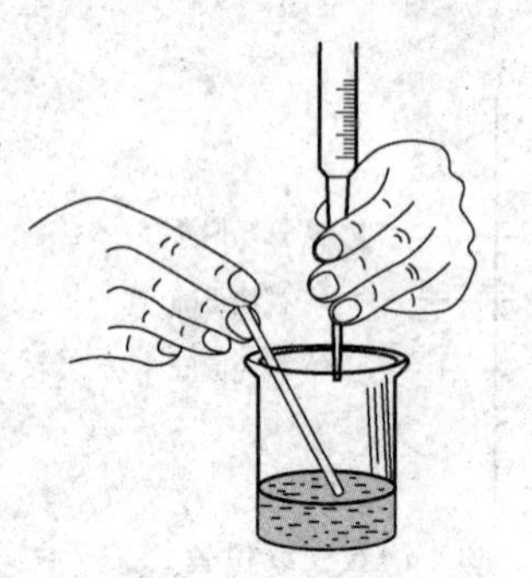

图 10-6 在烧杯中的滴定操作

半滴的操作方法：控制旋塞将溶液悬挂在尖嘴上，形成半滴，用锥形瓶内壁或玻璃棒将其沾落，再用洗瓶吹洗。

2. 容量瓶

容量瓶是一种细颈梨形的平底玻璃瓶，带有玻璃磨口玻璃塞或塑料塞，可用橡皮筋或细绳将塞子系在瓶颈上。瓶颈上有标线，一般表示在 20℃液体充满刻度时的准确容积。

容量瓶主要用于配制准确浓度的溶液或定量稀释溶液。它常与移液管配合使用，将某种物质配制的溶液分成若干等份。

(1) 容量瓶的准备。使用前应检查瓶塞是否漏水。方法如下：加自来水至标线刻度线附近，塞紧瓶塞，用手指压住塞子，将瓶倒立 2min，用滤纸片沿瓶口缝隙处检查有无水渗出。如不漏水，将瓶直立，转动瓶塞 180°后，再倒立 2min，不漏水即可使用。

使用前应洗涤干净。一般用自来水冲洗，必要时可用洗液浸洗。用自来水洗后，再用蒸馏水润洗 2～3 次。

(2) 容量瓶的操作。用容量瓶配制标准溶液或分析试液时，最常用的方法是将待溶固体准确称出后置于小烧杯中，加少量溶剂将固体溶解，将溶液定量转入容量瓶中，此过程称为定容。定量转移溶液时，一手持玻璃棒，将玻璃棒悬空伸入容量瓶中，玻璃棒下端应靠在瓶颈内壁上。另一手拿烧杯，使烧杯嘴紧贴玻璃棒，让溶液沿玻璃棒顺容量瓶内壁流出（见图 10-7)。烧杯中溶液流完后，将玻璃棒和烧杯稍微向上提起，并使烧杯直立，这样可避免杯嘴与玻璃棒之间的一滴溶液流到烧杯外面。将玻璃棒放回烧杯中，用洗瓶吹洗玻璃棒和烧杯内壁 3～5 次，每次的洗涤液都转移至容量瓶中，然后加水至容量瓶的 3/4 左右容积时，将容量瓶摇动几周（勿倒转），使溶液初步混匀。继续加水至接近标线，最后逐滴加入，直到溶液的弯月面恰好与标线相切。盖紧瓶塞，一手按住瓶塞，另一手托住瓶底，将容量瓶倒立摇匀（见图 10-8)，再倒过来，使气泡上升至顶部，如此反复多次，使溶液混匀。

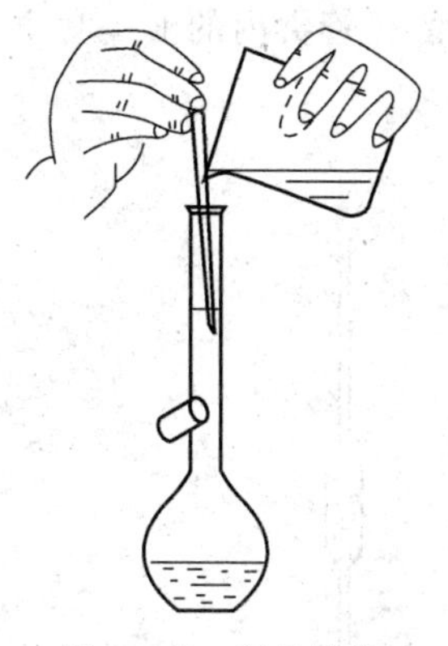

图 10-7　定量转移

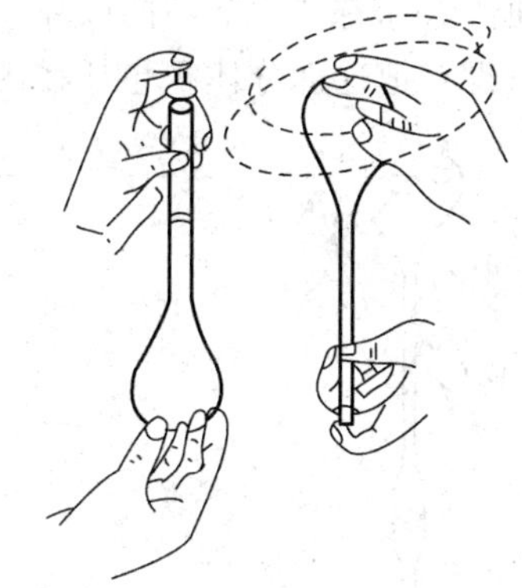

图 10-8　溶液摇匀

如用容量瓶稀释成一定浓度的溶液，则用移液管移取一定体积的浓溶液于容量瓶中，加水至标线，按前述方法混匀溶液。

(3) 注意事项。容量瓶不宜长期保存试剂溶液，配好的溶液需作保存时，应转入试剂瓶中。容量瓶使用完毕应立即用水冲洗干净。如长期不用，磨口处应洗净擦干，并用纸片将磨口隔开。容量瓶不能直接加热和在烘箱中烘烤。

3. 移液管和吸量管

移液管和吸量管都是用来准确移取一定体积的量器。移液管中间膨大两端细长，上端有标线，膨大部分标有容积和温度[见图 10-9 (a)]，常用的有 10、20、25mL 和 50mL 等规格。吸量管是具有分刻度的玻璃管，如图 10-9 (b)、(c)、(d) 所示。管的上端标有温度和总容积，它一般用于量取小体积的溶液，但其准确度比移液管稍差一些。常用的有 1、2、5mL 和 10mL 等规格。

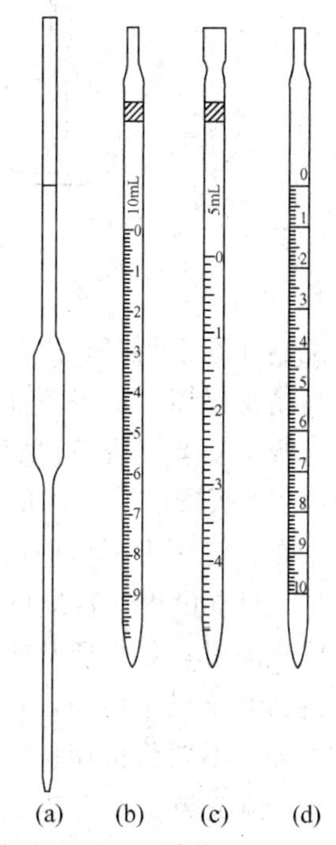

图 10-9　移液管和吸量管

(a) 移液管；(b)、(c)、(d) 吸量管

(1) 移液管和吸量管的润洗。洗涤方法与滴定管相似，洗净的吸量管内壁应不挂水珠。移取溶液前，可用吸水纸吸净尖端内外的水，然后用待吸溶液润洗内壁 2～3 次。

(2) 移取溶液的操作。左手拿洗耳球，将食指或拇指放在洗耳球的上方，其余手指自然地握住洗耳球，右手的拇指和中指拿住管颈标线以上的地方，将洗耳球对准移液管口。将移液管伸入待吸溶液液面下 1～2cm 处，如图 10-10 所示。管尖不应伸入太浅，以免液面下降后造成吸空；也不应伸入太深，以免移液管外部附有过多的溶液。左手慢慢放松时，管中的液面徐徐上升，当液面上升至标线以上时，迅速移去洗耳球，用右手食指迅速堵住管口，将移液管取出，拿一小烧杯倾斜约 30°角，其内壁与移液管尖嘴紧贴，此时右手食指微微松动，使液面缓慢下降，直到视线平视时弯月面与标线相切。立即按紧食指，再将移液管放入盛待吸液的容器中，仍使移液管垂直，管尖嘴接触容器内壁，让接收容器倾斜，放开食指，让溶液自然地顺壁流下，如图 10-11 所示。待液面下降到管尖后，等 15s 左右，取出移液管。

(3) 注意事项。除标有“吹”字的以外，不要把残留在管尖内的液体吹出，因为在校准移液管和吸量管时没有把这部分体积包括在内。

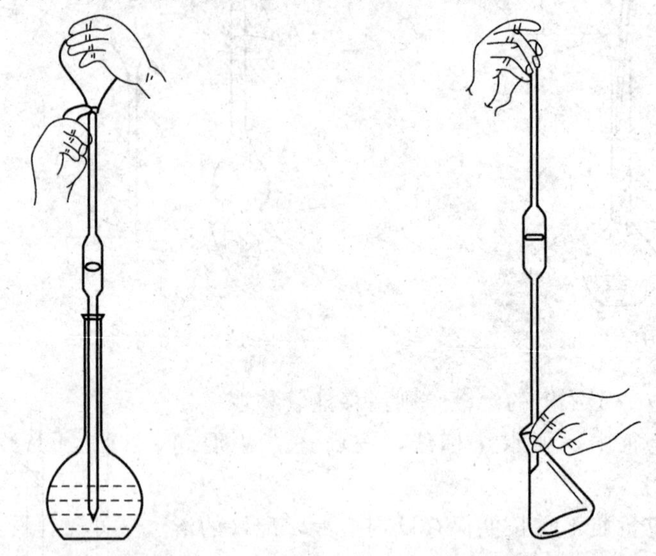

图 10-10 移取溶液　　图 10-11 放出溶液

4. 移液器

配制标准系列时，需移取不同体积的标准溶液，使用单道微量移液器较为方便。移液器属于高精密仪器，如果不能正确使用，会影响移液器使用精度和寿命。一个完整的移液循环包括：吸头安装、容量设定、预洗吸头、吸液和放液、卸去吸头、悬挂移液器等 7 个步骤。

(1) 吸头安装。正确的安装方法叫旋转安装法，将移液器垂直，把移液器套筒顶端插入吸头，在轻轻用力下压的同时，把手中的移液器按逆时针方向旋转 180°，使其紧密结合。

(2) 调节量程（容量设定）。如果要从大体积调为小体积，则按逆时针旋转按钮，调至设定体积即可；如果要从小体积调为大体积时，则可先顺时针旋转刻度按钮至超过量程的刻度，再回调至设定体积，这样可以保证量取的较高精确度，因为计数器里面有一定的空隙，需要弥补。不要将按钮旋出量程，否则会卡住内部机械装置而损坏移液枪。

(3) 预洗吸头。安装了新的吸头或增大设定体积以后，将需要转移的液体吸取、排放 2～3 次，将吸管内的空气排出，让吸管内壁形成一道同质液膜，确保移液体积的精确度和准确度。在吸取有机溶剂或高挥发液体时，挥发性气体会在白套筒室内形成负压，从而产生漏液的情况，这时就需要预洗 4～6 次，让白套筒室内的气体达到饱和，负压就会自动消失。

(4) 吸液和放液。吸液时，用大拇指将排放按钮按至第一停点，再将吸头垂直浸入液面 2～3mm，平稳松开按钮，切记应缓慢释放，放液时，吸头紧贴容器壁，先将排放按钮按至第一停点，稍停片刻继续按按钮至第二停点吹出残余的液体。最后松开按钮。这样做可以确保吸头内无残留液体。

(5) 卸去吸头和悬挂移液器。卸掉的吸头一定不能和新吸头混放，以免产生交叉污染。使用完毕，将移液器竖直挂在移液器架上，当吸头里有液体时，切勿将移液器水平放置或倒置，以免液体倒流腐蚀活塞弹簧。

六、玻璃量器的校正

移液管、容量瓶和滴定管是滴定分析用的主要量器。量器的实际容量与它标示的往往不完全相符。此外，通常的量器校正以 20℃为标准，但使用时温度发生改变，量器的容积及溶液的体积都将发生改变，因此在精密分析时需进行仪器的校正。量器校正时可采用相对校正和称量校正。

1. 相对校正

在实际使用中，容量瓶和移液管常是配合使用的，用容量瓶配制溶液，用移液管取出其中一部分进行测定。此时重要的是二者的容量是否为准确的整数倍数关系。如用 20mL 移液管从 200mL 容量瓶中取出一份试液是否为 1/10，这就需要对这两件量器进行相对校正。方法是：用 20mL 移液管吸取纯水 10 次至一个洁净并干燥的 200mL 容量瓶中，观察溶液的弯月面是否与标线正好相切，否则，应另做一标记。此法简单，在实际工作中使用较多，但必须在这两件仪器配套使用时才有意义。

2. 称量校正

校正滴定管、容量瓶、移液管的实际容积常采用称量校正法。方法是：称量被校正量器中容纳或放出纯水的质量，再根据该温度下纯水的密度计算出该量器在 20℃时的实际容积。由质量换算容积时必须考虑以下因素：①水的密度及玻璃容器的胀缩随温度而改变；②空气浮力对质量的改变等。考虑上述因素，将 20℃容量为 1mL 的玻璃容器在不同温度时所盛水的密度列于表 10-4 中。根据表中的数据即可算出某一温度 t 时，一定质量 m 的纯水在 20℃时所占的实际容积 V，即 $V=m/\rho$。

表 10-4　温度下在 1mL 的玻璃容器（20℃）中所盛水的密度

t（℃）	ρ（g/mL）	t（℃）	ρ（g/mL）	t（℃）	ρ（g/mL）
5	0.99853	14	0.99804	23	0.99655
6	0.99853	15	0.99792	24	0.99634
7	0.99852	16	0.99778	25	0.99612
8	0.99849	17	0.99764	26	0.99588
9	0.99845	18	0.99749	27	0.99566
10	0.99839	19	0.99733	28	0.99539
11	0.99833	20	0.99715	29	0.99512
12	0.99824	21	0.99695	30	0.99485
13	0.99815	22	0.99676		

例如，校正 20mL 移液管时，在 15℃称量纯水的质量为 19.94g，查表得 15℃时，ρ 为 0.99792g/mL，由此算出它在 20℃时实际体积为 19.98mL。

第二节　分　析　天　平

一、分析天平的使用

分析天平是水质分析中最重要的仪器之一，常用的分析天平有电光天平和电子天平等。

电光分析天平能称准至 0.1mg，最大载重质量为 200g。根据加砝码方式的不同，分为半机械加码电光天平和全机械加码电光天平。这些天平在构造和使用方法上虽有些不同，但基本原理是相同的，电光分析天平的构造及使用方法可参阅有关文献，这里不作介绍。

电子天平是近年发展起来的新一代分析天平。它是利用电子装置完成电磁力补偿原理，使物体在重力场中实现力的平衡。它可直接称量，称量过程不需砝码，放上被称物后，几秒钟内即达到平衡，显示读数。电子天平具有自动校正、自动去皮、自动调零和自动显示称量结果等功能。

电子天平按结构可分为上皿式和下皿式两种。秤盘在支架上面为上皿式，秤盘在支架下面为下皿式，目前广泛使用的是上皿式电子天平。例如 FA/JA 系列上皿电子天平，如图 10-12所示。天平的校准方法分为内校和外校式两种。前者是标准砝码装在天平内，启动校准键后可自动进行校准；后者需人工将配套的标准砝码放到秤盘上进行校准。

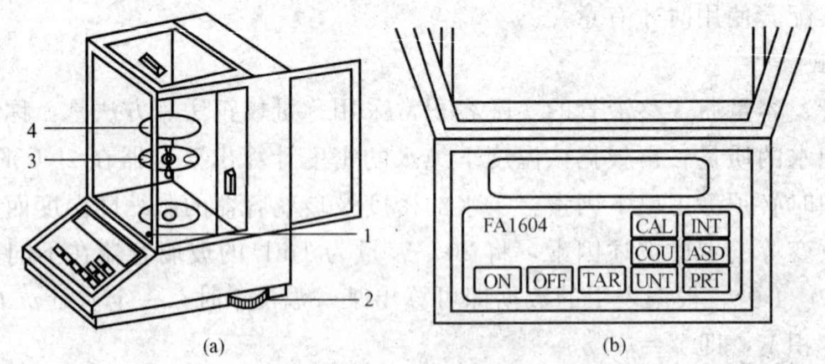

图 10-12 FA1604 电子天平

(a) 外形图；(b) 操作面板

1—水平仪；2—水平调节；3—盘托；4—秤盘

ON—开启显示键；OFF—关闭显示器键；TAR—清零，去皮键；CAL—校准功能键；INT—积分时间调整键；COU—点数功能键；ASD—灵敏度调整键；UNT—量制转换键；PRT—输出模式设定键

FA1604 型电子天平的使用方法：

(1) 水平调节。观察水平仪，如水平仪水泡偏转，需调整水平调节脚，使水泡位于水平仪中心。

(2) 预热。接通电源，预热 1h 后，开启显示器进行操作。称量完毕，一般不用切断电源，若较短时间内（如 2h 内）暂不使用天平，再用时可省去预热时间。

(3) 开启显示器。轻按“ON”键，显示器全亮，约 2s 后显示天平的型号，然后是称量模式 0.0000g，如果显示不是 0.00g，则需按一下“TAR”键。读数时应关上天平门。

(4) 天平基本模式的选定。天平通常为“通常情况”模式，并具有断电记忆功能。使用时若改为其他模式，使用后一经按“OFF”键，天平即恢复“通常情况”模式。

量制单位的设置，由“UNT”键控制，例如显示“g”时松手，即设置单元为“克”。积分时间的选择由“TNT”键控制，INT—0，快速；INT—1，短；INT—2，较短；INT—3，较长。灵敏度的选择由“ASD”键控制。灵敏度的顺序为：ASD—0，最高；ASD—1，高；ASD—2，较高；ASD—3，低（其中 ASD—0 是生产调试时用的，用户不宜选择此模式）。“ASD”键和“INT”键两者配合使用情况如下。

最快称量速度：INT—1，ASD—3。

通常情况：INT—3，ASD—2。

环境不理想时：INT—3，ASD—3。

（5）校准。天平安装后，第一次使用前，应对天平进行校准。因存放时间较长、位置移动、环境变化或为获得精确测量，天平在使用前或使用一段时间后一般都应进行校准操作。本天平采用外校准，由“TAR”键清零及“CAL”键、100g 校准砝码完成。

（6）称量。按“TAR”键，显示为零后，置被称物于称量盘上，待数字稳定，即显示器左下角的“0”标志消失后，该数字即为被称物的质量值。

（7）去皮称量。按“TAR”键清零，置容器于称量盘上，天平显示容器质量，再按“TAR”键，显示零，即去皮重。再置被称物于容器中，或将被称物（粉末状物或液体）逐步加入容器中直至加物达到所需质量，待显示器左下角“0”消失，这时显示的是被称物的净质量。将称量盘上的所有物品拿开后，天平显示负值，按“TAR”键，天平显示 0.0000g。当称量过程中称量盘上的总质量超过最大载荷（FA1604 型电子天平为 160g）时，天平仅显示上部线段，此时应立即减小载荷。

（8）称量结束后，按“OFF”键关闭显示器。

二、称量方法

使用分析天平称量时，必须保持称取所用器皿或试样处于完全干燥状态。称量方法有直接称量法、固定质量称量法、差减称量法。

1. 直接称量法

欲知某一物体的质量，可将此物体直接放在天平上进行称量。这种称量方法适用于一些性质稳定、不污染天平的称量物，如铜、锌等金属、表面皿、坩埚等。对在空气中无吸湿性的试样，可放在洁净干燥的小表皿或小烧杯中，一次准确称取一定范围质量的试样。

2. 固定质量法

此法也称指定准确质量称量法。它适用于称量某一固定质量的基准物质或试样，要求这些试样在空气中性质稳定，且无吸湿性。

用分析天平先称出洁净干燥的容器（如小表面皿、小烧杯等）的质量，然后加入固定质量的砝码，再用角匙将略少于指定质量的试样加入容器里。待天平接近平衡时，轻轻振动角匙，让试样慢慢落下，直至天平显示所需的数字。所加入试样的质量即为指定称取的质量。

如用电子天平进行称量，将干燥的容器放在天平称量盘中央，关闭侧门，待显示数字稳定后，按“TAR”键扣除皮重并显示零，开启侧门，往容器中缓缓加入试样至显示出所需质量时，关上侧门，显示数字稳定后，即可记录所称取试样的净重。

3. 减量法称量

称取试样的质量只要求在一定的质量范围内，可采用差减称量法。此法适用于连续称取多份较易吸湿、易氧化等性质不稳定的试样。将适量试样装入洁净干燥的称量瓶中，先在台秤上粗称其质量，然后在分析天平上准确称量，其质量为 m_1，一手用洁净的纸条套住称量瓶取出，举在要放试样的容器（烧杯或锥形瓶）上方，另一手用小纸片夹住瓶盖，打开瓶盖，将称量瓶一边慢慢地向下倾斜，一边用瓶盖轻轻敲击瓶口，使试样慢慢落入容器内（见图 10-13）。当倾出的试样估计接近所要求的质量时，慢慢将称量瓶竖起，同时轻敲瓶口上部，

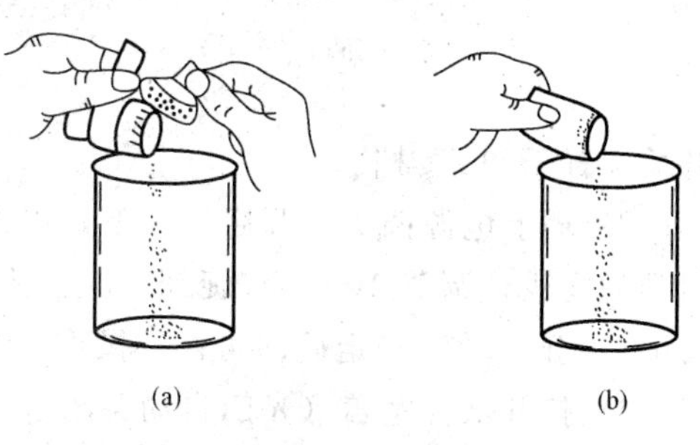

图 10-13 试样敲击的方法

（a）正确；（b）不正确

使黏附在瓶口试样落回瓶中，盖好瓶盖，再将称量瓶放回天平上称量，此时称得的准确质量为 m_2，两次质量之差（m_1-m_2）即为所称试样的质量，按上述方法可连续称取几份试样。

如用电子天平进行称量，用称量瓶粗称试样后放在天平称盘中央，关闭侧门，显示稳定后，按“TAR”键使其显示为零。然后按上述方法取出称量瓶向容器中敲出一定质量试样，再将称量瓶放在天平上称量，如果显示负数时质量达到称量要求范围，即可记录容器中的试样称量结果（去掉“－”号）。若需连续称取第二份试样，则再按一下“TAR”键，数字显示零后向第二个容器中转移试样，依次类推。

第三节 常用分析仪器的使用

一、分光光度计

分光光度计是一类用来测量和记录待测物质对可见光或紫外光的吸光度，并进行定量分析的仪器。目前在实验中使用的分光光度计型号较多，这里只介绍常用两种型号的分光光度计的使用方法。

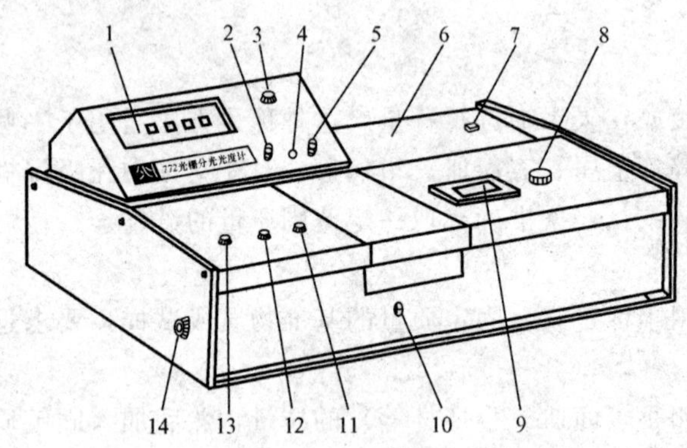

图 10-14 722 型分光光度计外形

1—数字显示器；2—吸光度调零旋钮；3—选择开关；4—吸光度调斜率电位器；5—浓度旋钮；6—光源室；7—电源开关；8—波长手轮；9—波长刻度窗；10—试样架拉手；11—100%T 旋钮；12—0%T 旋钮；13—灵敏度调节钮；14—干燥器

1.722 型分光光度计的使用方法

722 型分光光度计外形如图 10-14 所示，它是以碘钨灯为光源、衍射光栅为色散元件、端窗式光电管为光电转换器的单光束、数显式可见光分光光度计。可用波长 330～800nm，波长精度为 ±2nm，波长重现性为 0.5nm，单色光的带宽为 6nm，吸光度的显示范围 0～1.999A，吸光度的精确度为 0.004A（在 0.5A 处），试样架可放置 4 个吸收池。

光度计由光源室、单色器、试样室、光电管暗盒、电子系统及数字显示器等部件组成。

（1）使用方法。

1）取下防尘罩，将灵敏度调节钮 13 置于“1”档（放大倍率最小），将选择开关 3 置于“T”档。

2）插上电源插头，开启（按下）电源开关 7，指示灯亮。调节波长手轮 8 至所需波长对准刻度线，调节 100%T 旋钮 11 至显示透光度为 70～100，仪器在此状态下预热 5～10min。显示数字稳定后即可往下操作。

3）打开试样室盖（光门自动关闭），调节 0%T 旋钮 12，使显示为“00.0”。

4）将盛参比溶液的吸收池置于试样架第一格内，盛试样的吸收池置于第二个格内，盖上试样室盖（光门打开，光电管受光），将参比溶液推入光路，调节 100%T 旋钮，使显示为“100.0”。如果显示不到“100.0”，则增大灵敏度档，再调节 100%T 旋钮，直到显示为“100.0”。

5）重复操作1）和4），直到仪器显示稳定。

6）稳定地显示“100.0”透光率时，将选择开关置于A档，此时吸光度显示应为“.000”；若不是，则调节吸光度调零旋钮2，使显示为“.000”。然后将试样拉入光路，这时，显示值即为试样的吸光度。

7）实验过程中，参比溶液不要拿出试样室，可随时将其置于光路，观察吸光度零点是否有变化。如不是“.000”，则不要先调节旋钮2，而应将选择开关置于“T”档，用100%T旋钮调至“100.0”，再将选择开关置于“A”档，这时如不是“.000”，方可调节旋钮2。

一般情况下，不需要经常调节旋钮2和12，但可以随时进行3）和4）的操作，如发现这两个显示有改变，应及时调整。

8）仪器使用完毕，关闭电源（短时间停用仪器时，不必关闭电源，只需打开试样室盖），洗净吸收池放回原处，仪器冷却10min后，盖上防尘罩。

（2）注意事项。

1）拿比色皿时，只能拿毛玻璃的两面，比色皿外面须用擦镜纸擦干，要保护透光面上没有斑痕。

2）比色皿用蒸馏水洗净后，还需用待盛溶液冲洗几次，避免待盛溶液浓度的改变。比色皿装入溶液不能过多，一般装入比色皿高度的4/5，以免溶液溅落。

2.7230型分光光度计的使用方法

7230型分光光度计装配有专用微处理器，其整机结构如图10-15所示。

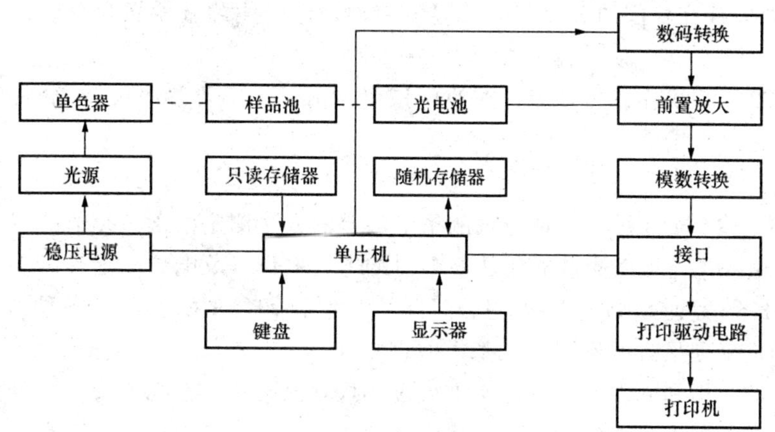

图10-15　7230型分光光度计结构示意图

（1）仪器调试。

1）接通电源，开机，仪器显示“F7230”。

2）按“CLEAR”键，仪器显示“YEA”。

3）按“0%τ”键，仪器显示“00—00”，表示仪器进入计时状态，时间从2006年1月1日0时0分开始。用户也可以自行设计年、月、日。

4）按“MODE”键，仪器显示τ（T）状态或A状态。

（2）测量。

1）调节波长旋钮使波长移到所需处。

2）4个比色皿，其中一个放入参比试样，其余三个放入待测试样。将比色皿放入样品池内的比色皿架中，用夹子夹紧，盖上样品池盖。

3）将参比试样推入光路，按“MODE”键，使显示 τ（T）状态或 A 状态。

4）按“100%τ”键，直至显示“T100.0”或“A0.000”。

5）打开样品池盖，按“0%τ”键，显示“T0.0”或“AE1”。

6）盖上样品池盖，按“100%τ”键至显示“T100.0”。

7）然后将待测试样推入光路，显示试样的 τ（T）值或 A 值。

8）如果要想将待测试样的数据记录下来，只要按“PRINT”键即可。

（3）注意事项。

1）为防止仪器的光电管产生疲劳现象，在测定间歇，必须打开试样室的盖子，切断光路。

2）拿比色皿时，手指只能捏住比色皿的毛玻璃面，不要碰比色皿的透光面，以免沾污。清洗比色皿时，一般先用洗瓶冲洗干净。若比色皿被有机物沾污，可用盐酸－乙醇混合液（1∶2）浸泡片刻，再用水冲洗。不能使用碱溶液或氧化性强的洗涤液洗，以免损坏。也不能用毛刷清洗比色皿，以免损伤它的透光面。比色皿外壁的水用擦镜纸或细软的吸水纸吸干，以保护其透光面。测量溶液吸光度时，一定要用被测溶液润洗比色皿数次，以免改变被测溶液的浓度。

3）在测量过程中，参比溶液不要拿出试样室，这样可随时将其置于光路中，观察仪器零点是否有变化，零点若有变动，可随时调整。

4）仪器要安放在稳固的工作台上，避免震动，还应注意避免强光直射，避免灰尘和腐蚀性气体。

5）由于 7230 型操作键盘较多，在使用该仪器前，一定要参照仪器说明书上进行操作，以免出错。

二、酸度计

酸度计（又称 pH 计）是一种通过测量电势差的方法测定溶液 pH 值的仪器，除可以测量溶液的 pH 值外，还可以测量氧化还原电对的电极电位以及电位滴定等。现在实验室常用的酸度计有 pHS-2 型、pHS-29A 型、pHS-2C 型和 pHS-3C 型等，各种型号的结构和外观、精密度和准确度虽有所不同，但基本原理相同。

各种型号的结构和外观、精密度和准确度不同，其使用方法略有差异，使用时参阅仪器所附带的说明书。基本步骤包括：

1）检查酸度计。确定仪器是否处在正常状况。检查完毕后，把“选择”开关转至“关”的位置。

2）电极的安装。装上玻璃电极和甘汞电极，或 pH 复合电极。

3）仪器的标定。仪器在使用之前，即测未知溶液之前，先要标定。但这不是说每次使用之前都要标定，一般说来，每天标定一次已能达到要求。

4）测量未知溶液的 pH 值。已经标定过的仪器，即可以用来测量未知溶液。

5）测量电动势。仪器在测量电动势时，只要把拨动开关拨向“mV”处，不需标定，“温度”电位器亦不起作用。

这里只介绍 pHS-3C 型酸度计的使用方法。

pHS-3C 型酸度计是一种精密数字显示 pH 计，其测量范围宽，重复性误差小。pHS-

3C 型酸度计的面板结构如图 10-16 所示。

(1) 仪器使用前的准备。仪器在电极插入之前输入端必须插入 Q9 短路插头，使输入端短路，以保护仪器电子元件。

仪器供电电源为交流电，交流电源插头的位置是在仪器的左后面。把仪器的电源三芯插头插在 220V 交流电源上，并把电极夹装在电极架上，然后将 Q9 短路插头拔去。复合电极插头插在仪器的电极插口内，电极下端玻璃球泡较薄，以免碰坏。电极插头在使用前应保持清洁干燥，切忌与污物接触。复合电极的参比电极在使用时应把上面的加液口橡胶套向下滑动使口外露，以保持液位压差。在不用时仍用橡皮套将加液口套住。

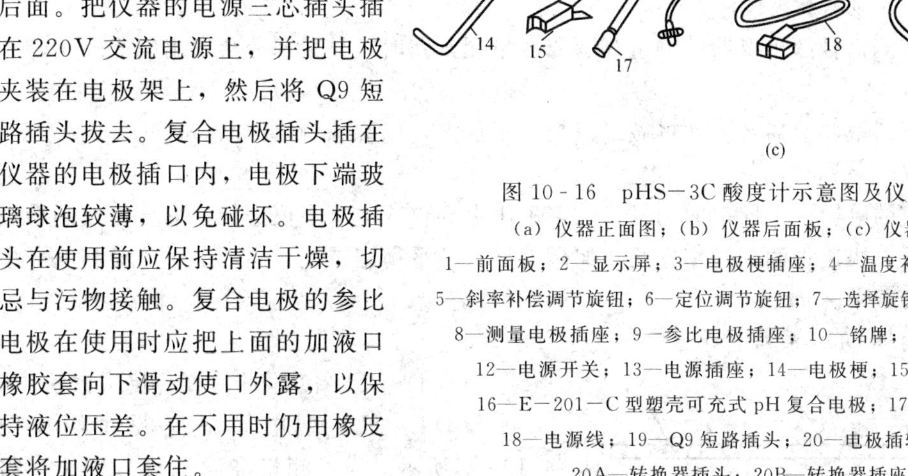

图 10-16　pHS－3C 酸度计示意图及仪器配件

(a) 仪器正面图；(b) 仪器后面板；(c) 仪器配件

1—前面板；2—显示屏；3—电极梗插座；4—温度补偿调节旋钮；5—斜率补偿调节旋钮；6—定位调节旋钮；7—选择旋钮 (pH 或 mV)；8—测量电极插座；9—参比电极插座；10—铭牌；11—保险丝；12—电源开关；13—电源插座；14—电极梗；15—电极夹；16—E－201－C 型塑壳可充式 pH 复合电极；17—电极套；18—电源线；19—Q9 短路插头；20—电极插转换器；20A—转换器插头；20B—转换器插座

(2) 按下电源开关。按下 "pH" 或 "mV" 按键（即接通电源），将仪器预热 30min。

(3) 仪器的标定。仪器在使用之前，即测被测溶液之前先要标定。但这不是说每次使用之前都要标定，一般说来在连续使用时，每天标定一次就能达到要求。仪器的标定步骤如下。

1) 插上电极，按下 "pH" 键，斜率调节器调节在 100％位置。

2) 先把电极用蒸馏水清洗，然后把电极插在一已知 pH 值的缓冲溶液中（如 pH＝4），调节 "温度" 调节器使所指示的温度与溶液的温度相同，并摇动烧杯使溶液均匀。

3) 调节 "定位" 调节器使仪器读数为该缓冲溶液的 pH 值（pH＝4），仪器的标定已经完成。经标定的仪器，"定位" 电位器不应再有变动。不用时电极的球泡最好浸在蒸馏水中，在一般情况下 24h 之内仪器不需再标定，但遇到下列情况之一，则仪器最好事先标定：溶液温度与标定时的温度有较大的变化时；干燥过久的电极；换过了的新电极；"定位" 调节器有变动或可能有变动时；测量浓酸（pH＜2）或浓碱（pH＞12）之后；测量含有氟化物的溶液或酸度在 pH＜7 的溶液和较浓的有机溶液之后。

(4) 测量 pH 值。

已标定过的仪器即可用来测量被测溶液。

被测溶液和定位溶液温度相同时的测量步骤为：①"定位" 保持不变；②把电极夹向上移出，用蒸馏水清洗电极头部，并用滤纸吸干；③把电极插在被测溶液内，摇动烧杯使溶液均匀后，读出该溶液的 pH 值。

被测溶液和定位溶液温度不同时的测量步骤为：①“定位”保持不变；②用蒸馏水清洗电极头部，用滤纸吸干，用温度计测出被测溶液的温度值；③调节“温度”调节器，使指示在该温度值上；④把电极插在被测溶液内，摇动试杯使溶液均匀后，读出该溶液的 pH 值。

（5）测量电极电位（mV 值）步骤。

1）接上各种适当的离子选择电极。

2）用蒸馏水清洗电极，用滤纸吸干。

3）把电极插在被测溶液内，将溶液搅拌均匀后，即可读出该离子选择电极的电极电位（mV 值），并自动显示±极性。

（6）如果被测信号超出仪器的测量范围或测量端开路时，显示部分会发出闪光表示超载报警。

（7）仪器有斜率调节器，因此可做二点校正定位法，以准确测定样品。

三、电导仪

电解质溶液的电导或电导率的测量目前多采用电导仪或电导率仪进行。电导率仪的特点是测量范围广泛，快速直读，操作方便，如果连接自动平衡记录仪，还可以对电导和电导率的测量进行自动记录。

这里介绍两种 DDS 系列电导率仪的使用方法。

1. DDS-11A 型电导率仪的使用方法

DDS-11A 型电导率仪的面板如图 10-17所示。为了测量准确和仪表安全，需按照以下步骤进行操作。

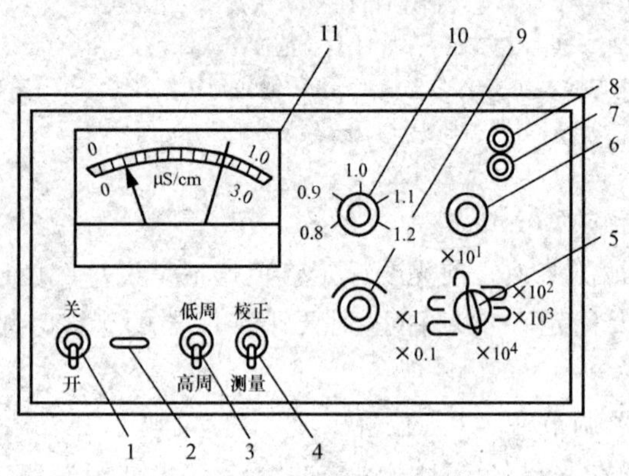

图 10-17 DDS-11A 型电导率仪的面板图

1—电源开关；2—指示灯；3—高周、低周开关；4—校正、测量开关；5—量程选择开关；6—电容补偿调节器；7—电极插口；8—10mV 输出插口；9—校正调节器；10—电极常数调节器；11—表头

（1）未开电源开关前，观察表针是否指零，如不指零，可调整表头的螺丝，使表针指零。

（2）将校正、测量开关 4 扳至“校正”位置。

（3）插接电源线，打开电源开关，并预热数分钟（待指针完全稳定下来为止），调节“校正调节器”9 使指针达满刻度。

（4）根据被测溶液电导率大小选用电极。若被测溶液电导率低于 10μS/cm 时，使用光亮铂电极；若被测溶液电导率大于 10μS/cm 时，则选用铂黑电极。将电极用蒸馏水冲洗后插入待测溶液中，要求电极的铂片全部浸没在被测溶液中。

（5）根据电极上所标的电导池常数数值，将电导池常数调节器旋至该常数的位置。

（6）根据使用量程范围（溶液的电导率）选择高周或低周下测量。若使用量程小于 300μS/cm 时，将高、低周旋钮扳向低周；而大于 300μS/cm 时，将高、低周旋钮扳向高周。

（7）调节校正旋钮 9 使指示表中指针刚好指在满刻度位置。

（8）将校正、测量开关 4 扳至测量位置，就能测量被测溶液电导率。将表头读数乘以量程开关所指的倍率，即为待测溶液的电导率。读数时，应注意红点对红线、黑点对黑线。如果预先不知道待测溶液的电导率大小，为防止测量时表针被打弯，应先将量程开关旋至最大档，然后逐档下调，直至指针落在表盘上能读数为止。

（9）测完一个溶液后，将校正、测量开关 4 扳回“校正”位置，取出电极。更换电极后，可按照上述方法继续测量其他溶液的电导率。整个实验结束后，取下电极，用去离子水冲洗干净后放回盒内，切断仪器电源。

注意事项：

（1）电极的引线不能潮湿，否则影响测量结果。

（2）高纯水放入容器后应迅速测量，否则由于空气中的 CO_2 溶入而使电导率升高。

（3）盛装待测溶液的容器必须洁净，应保证没有离子污染。

（4）电导电极应轻拿轻放，不要触碰铂黑。

2. DDS - 310 型电导率仪使用方法

DDS - 310 型电导率仪外观如图 10 - 18 所示。

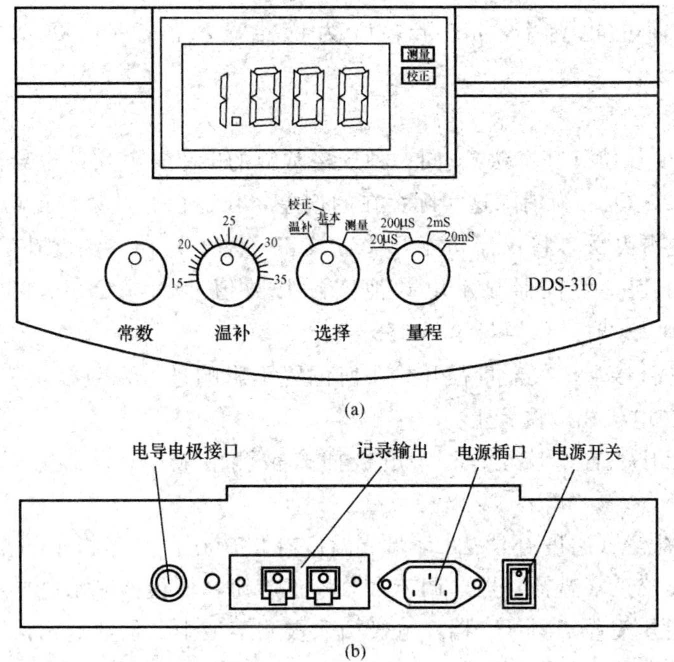

图 10 - 18 DDS - 310 型电导率仪外观图

（a）仪器正面；（b）仪器背面

（1）电导电极规格常数和电导电池常数。常用的电导电极规格常数（Q_0）有 4 种：0.01、0.1、1、10cm^{-1}，实际电导池常数（Q）允许误差≤±20%。即同一规格常数的电导电极，其实际电导池常数的存在范围为 $Q=$（0.8～1.2）Q_0。

选用何种规格的电导电极，应根据被测介质电导率范围而定。4 种规格的电导电极，其适用电导率测量范围见表 10 - 5。

（2）仪器量程显示范围。当选用电极规格常数 $Q_0=1$ 电极测量时，其量程显示范围见表 10 - 6。

表 10-5 选用电极规格常数对应被测介质电导率量程

电极规格常数 (cm^{-1})	0.01	0.1	1	10
适用测量范围 ($\mu S/cm$)	0～3	0.1～30	1～3000	>100

表 10-6 电极规格常数 $Q_0=1$ 时各量程对应量程显示范围

序　号	量程开关位置	仪器显示	对应量程范围 ($\mu S/cm$)
1	20μS	0～19.99	0～19.99
2	200μS	0～199.9	0～199.9
3	2mS	0～1.999	0～1999
4	20mS	0～19.99	$0\sim1.999\times10^4$

选用其他电极规格常数时，其量程显示范围

$$K=DQ$$

式中：K 被测溶液的电导率，$\mu S/cm$；D 为仪器显示值，μS；Q 为电导电极规格常数，cm^{-1}。

(3) 使用操作。

1) 不采用温度补偿（基本法）。同一种规格常数的电极，其实际电导池常数的存在范围为 $Q=(0.8\sim1.2)Q_0$。为消除这实际存在的偏差，仪器设有常数校正功能。

操作：打开电源开关，将仪器功能开关置校正（基本）档，温度补偿旋钮置 25℃刻度线，调节常数校正钮，使仪器显示电导池实际常数值。如当 $Q=0.98Q_0$ 时，仪器显示 0.980；当 $Q=1.08Q_0$ 时，仪器显示 1.080。

注意：电极是否接上，仪器量程开关在何位置不影响进行常数校正。对新电极出厂时，其 Q 数值一般标在电极相应位置上。

测量：将功能开关置“校正”档，电极插入被测溶液中，仪器显示该被测溶液的电导率。

2) 采用温度补偿（温度补偿法）。调节温度补偿旋钮，使其指示的温度与溶液温度相同，仪器功能开关校正（温补）档，调节常数校正旋钮，使仪器显示电导池实际常数值。

测量：将功能开关置“测量”档，电极插入被测溶液中，仪器显示该被测溶液的标准温度（25℃）时的电导率。

说明：一般情况下，液体电导率是指该液体介质标准温度（25℃）时的电导率。当介质温度不为 25℃时，其液体电导率会有一个变量。为等效消除这个变量，仪器设置了温度补偿功能。仪器不采用温度补偿时，测得的电导率为该液体在测量时液体温度下的电导率。仪器采用温度补偿时，测得的电导率已换算为该液体在 25℃时的电导率值。

本仪器温度补偿系数为每度（℃）2%。所以在作高精密测量时，尽量不采用温度补偿，而采用测量后查表或将被测液等温在 25℃时测量，以求得液体介质在 25℃时的电导率值。

(4) 仪器维护和注意事项。

1) 电极应置于清洁干燥的环境中保存。

2) 电极在使用和保存过程中，因介质、空气侵蚀等因素的影响，其电导池常数会有所变化。电导池常数发生变化后，需重新进行电导池常数测定，仪器应根据新测得的常数重新进行“常数校正”。

3）测量时，为保证样品溶液不被污染，电极的探头应用去离子水（或二次蒸馏水）冲洗干净，并用样品溶液适量冲洗。

4）当样品溶液介质电导率小于 1μS/cm 时，应加测量槽作流动测量。

第四节 实验内容

实验一 分析天平称量练习

1. 目的要求

（1）学会分析天平的基本操作和称量方法，做到较熟练地使用天平，为以后的水质分析实验打下称量的基础。

（2）能准确、简明地记录实验数据，掌握有效数字的记录。

2. 仪器与试剂

（1）仪器。台称（感量为 0.5g 的架盘药物天平）或电子托盘天平，电子分析天平，小烧杯，锥形瓶，坩埚，角匙。

（2）试剂。Na_2CO_3 试样。

3. 实验内容

称量前先检查天平是否水平，天平称量盘是否干净，在关闭天平门的情况下，显示数字是否为零，否则按“TAR”键清零。

（1）直接称量法。

1）小烧杯准确质量的称量。将一个清洗干净、干燥、冷却至室温的小烧杯放入天平称量盘中央，关闭侧门，待显示数字稳定后，记录其准确质量。

2）准确称量 Na_2CO_3 0.2～0.3g。将放在天平称量盘上的小烧杯显示数字稳定后，按“TAR”键清零。打开侧门，用角匙缓缓加入 Na_2CO_3 至显示所需质量时，关闭侧门，显示数字稳定后，即可记录所称取 Na_2CO_3 的质量。

（2）固定质量称量。准确称量 Na_2CO_3 0.5000g。

将一个洁净的干燥小烧杯放入天平称量盘上，关闭侧门，待显示数字稳定后，按“TAR”键清零。开启侧门，缓缓加入 Na_2CO_3 至显示 0.5000g，关闭侧门，显示数字稳定后，记录数据。

（3）减量法称量，准确称量 Na_2CO_3 0.2～0.3g 两份。

1）取两个洁净的瓷坩埚，分别放在天平上准确称其质量，记录为 G_1 和 G_2。

2）取一个干净的称量瓶，先在台称上粗称其大致质量，然后加入约 0.5g Na_2CO_3 样品。将称量瓶的样品放入天平称量盘上，关闭侧门，待显示数字稳定后，按“TAR”键清零。用小纸条套住称量瓶，将其取出，置于第一个坩埚口上部，敲出 Na_2CO_3 约一半后，慢慢竖起称量瓶，同时轻敲瓶中上部，盖好后，放入天平称量。若显示的负值达到要求的范围，即可记录称量结果 m_1。再按“TAR”键清零，显示零后，向第二个坩埚转移 Na_2CO_3，再放入天平称量，若显示的负值达到要求的范围，即可记录第二次称量结果 m_2。

3）分别准确称量两个装有样品的坩埚，记录其质量分别为 G_3 和 G_4。

4）参照“称量练习记录格式示例”（表 10-7）记录实验数据并计算实验结果。

表 10-7 **称量练习记录格式示例** 年 月 日

项目	第一份	第二份
样品质量	$m_1=0.2511$g	$m_2=0.2468$g
空坩埚质量	$G_1=18.2517$g	$G_2=19.3216$g
坩埚+样品质量	$G_3=18.5030$g	$G_4=19.5681$g
称出样品质量	$m'_1=0.2513$g	$m'_2=0.2465$g
偏差	$\lvert m_1-m'_1 \rvert=0.2$mg	$\lvert m_2-m'_2 \rvert=0.3$mg

4. 注意事项

（1）开、关天平，取、放被称物，开、关天平侧门时，动作都要轻、缓，切不可用力过猛、过快，以免造成天平部件脱位或损坏。

（2）天平的自重较小，容易被碰移位，从而可能造成水平改变，影响称量结果的准确性。所以使用时应注意动作要轻、缓，并时常检查水平是否改变。

（3）要注意克服可能影响天平示值变动的各种因素，如空气对流、温度波动、容器不够干燥等。

（4）对于热的或过冷的被称物，应置于干燥器中直到其温度同天平温度一致后才能进行称量。

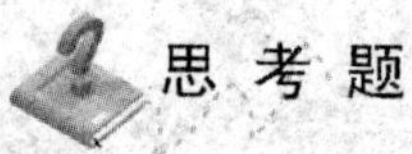

思考题

1. 固定质量称量和减量法称量各适合于称量何种样品？
2. 减量法称量过程中，能否用小角匙取出样品？为什么？
3. 为什么要将天平门关严才能进行读数？

实验二 水中悬浮固形物的测定

1. 目的要求

（1）学会质量分析法的基本操作。

（2）掌握悬浮固形物的测定方法。

2. 方法概要

水样中被某种过滤材料分离出来的固形物称为悬浮固形物。不同过滤材料可以获得不同的测定结果。一般采用 G4 玻璃过滤器或用铺有 5mm 厚石棉层的古氏坩埚过滤器作为滤料，本实验采用 G4 玻璃过滤器。

3. 仪器和试剂

G4 玻璃过滤器（孔径为 3～4μm），电动真空泵或水力抽气器，2000mL 的吸滤瓶，分析天平，恒温烘箱，干燥器等。

1∶1HNO_3。

4. 实验步骤

(1) 将G4玻璃过滤器安装在吸滤瓶上，启动真空泵（或水力抽气器），先用HNO_3溶液洗涤过滤器，再用蒸馏水洗净，然后置于105～110℃烘箱中烘干2h取出。放入干燥器内冷却至室温，称量至恒重（恒重是指烘干和冷却条件相同情况下，连续两次称重之差不大于0.4mg）。

(2) 将水样摇匀后按表10-8的规定量取水样体积。启动真空泵，徐徐注入玻璃过滤器中，最初滤出的200mL滤液应重复过滤一次，滤液留作溶解固形物及其他分析用。

表10-8 悬浮固体含量与应取水样体积

悬浮固体含量（mg/L）	水样体积（mL）	备注
>50	500	直接测定
20～50	1000	直接测定
<20	—	用全固体与溶解固体差减求得

(3) 过滤完毕后，用少量蒸馏水将量取水样的容器和玻璃过滤器清洗数次，然后将玻璃过滤器移入105～110℃的烘箱中烘干2h，取出置于干燥器内，冷却至室温称量。再于相同的温度下烘干0.5h，冷却称量，如此反复操作，直至恒重。

计算

$$\rho_{ss}=\frac{m_2-m_1}{V_s}\times 1000$$

式中：ρ_{ss}为水中悬浮固形物的含量，mg/L；m_2为玻璃过滤器与悬浮固体的总量，mg；m_1为玻璃过滤器的质量，mg；V_s为水样的体积，mL。

5. 注意事项

(1) 用不同过滤材料所得结果不同，报告分析结果时，应注明过滤材料。

(2) 过滤后的水样应澄清透明，否则应重新过滤。

(3) 试验条件要严格控制，如烘干温度和烘干时间。

思考题

1. 为什么要求选择水样的体积使其所得悬浮固体质量大于20mg?

2. 什么叫恒重，如何才能达到恒重?

实验三 水中溶解固形物的测定

1. 目的要求

(1) 进一步掌握质量分析的基本操作。

(2) 学会水中溶解固形物的测定方法。

2. 方法概要

溶解固形物是指已被分离悬浮固形物后的滤液经蒸发干燥所得的残渣，它包括水样中可滤过的而又不挥发的不溶性物质。

3. 仪器

水浴锅或400mL烧杯，100～200mL瓷蒸发皿，分析天平，恒温烘箱，干燥器等。

4. 操作步骤

(1) 取100～200mL瓷蒸发皿，洗净后在105～110℃烘箱中烘2h，置于干燥器中冷却30min，称量，重复以上操作直至恒重。

(2) 取一定量已过滤充分摇匀的澄清水样（水样体积应使蒸干残留物的质量在100mg左右）。逐次注入经烘干至恒重的蒸发皿中，在水浴锅（或烧杯）上蒸干。

(3) 将已蒸干的样品连同蒸发皿移入105～110℃的烘箱中烘2h。取出蒸发皿放在干燥器内冷却至室温，迅速称量。再于相同条件下烘0.5h，冷却后称量，如此反复操作直至恒重。

计算

$$\rho=\frac{m_2-m_1}{V_s}\times 1000$$

式中：ρ 为水中溶解固形物的含量，mg/L；m_2 为水样蒸干后残渣和蒸发皿的质量，mg；m_1 为蒸发皿的质量，mg；V_s 水样体积，mL。

5. 注意事项

(1) 蒸干操作时水浴锅内水面与蒸发皿不能接触，以免玷污蒸发皿而引起误差。

(2) 为防止蒸干及烘干过程中落入杂物而影响测定结果，应在蒸发皿上放置玻璃三角架，并加盖表面皿。

思考题

1. 在溶解固形物的测定过程中，应注意哪些事项？

2. 如何测定水中的全固形物？悬浮固形物、全固形物和溶解固形物之间有何关系？在什么条件下才能成立？

实验四　酸碱标准溶液的配制和标定

1. 目的要求

(1) 学会容量仪器的洗涤和使用方法。

(2) 学会配制标准溶液和用基准物质标定标准溶液浓度的方法。

(3) 能基本掌握滴定操作和滴定终点的判断。

2. 仪器与试剂

分析天平，称量瓶，容量瓶，移液管，小烧杯，玻璃棒，塑料洗瓶，量筒，洗耳球等。

基准 Na_2CO_3，1∶1 HCl，0.1%（m/V）甲基橙。

3. 实验步骤

(1) $c_{\frac{1}{2}Na_2CO_3}=0.05$mol/L Na_2CO_3 标准溶液的配制。

准确称取 m（g）基准 Na_2CO_3（事先在250℃烘干2h），置于小烧杯中，加少量蒸馏水溶解后，定量转移至一体积为 A（mL）的容量瓶中，用水稀释至标线，摇匀。准确计算出 $c_{\frac{1}{2}Na_2CO_3}$ 的浓度

$$c_{\frac{1}{2}Na_2CO_3}=\frac{m_{Na_2CO_3}}{M_{\frac{1}{2}Na_2CO_3}}\frac{1000}{A}$$

也可采用固定质量称量法称量配制 $c_{\frac{1}{2}Na_2CO_3}=0.05000mol/L$ Na_2CO_3 标准溶液。称取 0.5300g 基准 Na_2CO_3，溶于少量水，定量转移 200mL 容量瓶中，用水稀释至标线后摇匀。

（2）$c_{HCl}=0.05mol/L$ HCl 标准溶液的配制与标定。

1）配制。用清洁量筒量取 1∶1 HCl 4.2mL，倾入清洁的含有 300mL 蒸馏水的试剂瓶中，加蒸馏水稀释至 500mL，充分摇匀，待标定。

2）标定。用移液管移取 20.00mL 上述 Na_2CO_3 标准溶液，置于 250mL 锥形瓶中，加蒸馏水 30mL，加入 1～2 滴甲基橙指示剂，用待标定的 HCl 溶液滴定，直到锥形瓶中的溶液由黄色转变橙色即为终点，记录消耗 HCl 溶液的用量。用同样的方法再做 2 份，按下式计算其准确浓度（mol/L）：

$$c_{HCl}=\frac{c_{\frac{1}{2}Na_2CO_3}\times 20.00}{V_{HCl}}$$

将 HCl 标准溶液保留下次实验使用。

实验报告示例见表 10-9。

表 10-9 实验报告示例 年 月 日

Na_2CO_3 质量 $m_{Na_2CO_3}$（g）	0.5704		
定容体积（mL）	200.0		
Na_2CO_3 浓度 $c_{\frac{1}{2}Na_2CO_3}$（mol/L）	0.05381		
移取 Na_2CO_3 溶液体积（mL）	20.00	20.00	20.00
消耗 HCl 体积 V_{HCl}（mL）	19.97	19.94	19.90
消耗 HCl 平均体积 $\overline{V}_{HCl}$（mL）	19.94		
HCl 浓度 c_{HCl}（mol/L）	0.05389	0.05397	0.05408
HCl 平均浓度 $\overline{c}_{HCl}$（mol/L）	0.05398		
相对平均偏差（%）	0.1		

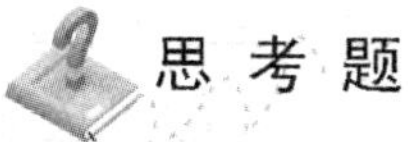

思考题

1. 洗净的滴定管为什么在装操作溶液之前要先用该溶液润洗？用于滴定的锥形瓶是否需要干燥？是否要用标准溶液润洗？为什么？

2. 如何正确使用移液管？

3. 标定 HCl 溶液时，加入蒸馏水的体积是否要准确？

4. 如果不用容量瓶直接配制 Na_2CO_3 标准溶液，如何用基准 Na_2CO_3 标定 0.1mol/L HCl 溶液的准确浓度？简述操作步骤。

实验五 水中总碱度、碳酸根及重碳酸根离子的测定

1. 目的要求

(1) 掌握水中总碱度的测定原理及计算方法。

(2) 学会判断水中碱度的成分并掌握其计算。

2. 仪器与试剂

25mL 酸式滴定管，锥形瓶，100mL 量筒等。

c_{HCl}=0.05mol/L HCl 标准溶液，1%酚酞：称取 1g 酚酞溶于 100mL 95%乙醇中，0.1%（m/V）甲基橙。

3. 实验步骤

(1) 取 100.0mL 水样于 250mL 锥形瓶中，加入 4 滴酚酞指示剂并摇匀。当溶液呈红色时，用 HCl 标准溶液滴定至刚褪为无色，记录 HCl 标准溶液用量 $V_{HCl(1)}$。若加酚酞指示剂后溶液无色，则不需用 HCl 标准溶液滴定，并接着进行下项操作。

(2) 在向上述锥形瓶中加入 2～3 滴甲基橙指示剂并摇匀。继续用 HCl 标准溶液滴定至溶液由黄色刚刚变为橙色为止，记录共消耗 HCl 标准溶液的总体积 V_{HCl}［继续消耗 HCl 标准溶液的体积 $V_{HCl(2)}=V_{HCl}-V_{HCl(1)}$］。

取平行操作 3 份的数据，计算水样总碱度（以 $CaCO_3$ 计，mg/L），判断水中碱度成分并计算。

总碱度、碳酸根及重碳酸根离子的测定实验报告示例见表 10-10。

表 10-10 **实验报告示例** 年 月 日

项目		测定项目		
		1	2	3
水样体积 V_s（mL）		100.0	100.0	100.0
HCl 浓度 c_{HCl}（mol/L）		0.05398	0.05398	0.05398
消耗 HCl（mL）	$V_{HCl(1)}$	0.00	0.00	0.00
	$V_{HCl(2)}$	8.38	8.39	8.35
平均（mL）	$V_{HCl(1)}$		0.00	
	$V_{HCl(2)}$		8.37	
相对平均偏差（%）			0.2	
总碱度	mmol/L		4.52	
	以 $CaCO_3$ 计 mg/L		226.2	
$\rho_{CO_3^{2-}}$（mg/L）			0	
$\rho_{HCO_3^-}$（mg/L）			275.9	

思考题

1. 测定水中总碱度时，不加酚酞指示剂，直接加入甲基橙指示剂是否可行？

2. $V_{HCl(1)}$、$V_{HCl(2)}$ 与酚酞、甲基橙指示剂有何关系？

实验六　水中总硬度及钙离子的测定

1. 目的要求

(1) 学会 EDTA 标准溶液的配制与标定方法。

(2) 掌握 EDTA 法测定水中总硬度、钙离子及镁离子的原理和方法。

(3) 了解水中硬度测定的意义和常用单位表示方法。

2. 仪器与试剂

(1) 仪器。酸式滴定管，容量瓶（200mL），移液管（20mL），锥形瓶，量筒，分析天平，高温马弗炉，干燥器等。

(2) 试剂。

1) 氨－氯化铵缓冲溶液（pH＝10）：称取 10g NH_4Cl 溶于 75mL 浓 $NH_3 \cdot H_2O$ 中，用蒸馏水稀释至 500mL 摇匀，密闭。

2) 铬黑 T 指示剂：称取 0.5g 铬黑 T（$C_{20}H_{12}O_7N_3SNa$）与 4.5g 盐酸羟胺，在研钵中磨匀，加 100mL 95%乙醇溶解，盛放棕色瓶中。

3) 2mol/L NaOH 溶液，将 16g NaOH 溶解后，加蒸馏水至 200mL，盛放在聚乙烯瓶中。

4) 钙指示剂：将 1g 钙指示剂与 100g 干燥的 NaCl 混合研细。

5) c_{EDTA}＝0.02mol/L EDTA 标准溶液。

配制：称取 3.8g 乙二胺四乙酸二钠（$NaH_2Y \cdot 2H_2O$），溶于 200～300mL 温水中，稀释至 500mL 摇匀，待标定。

标定：称取 800℃灼烧恒重的基准 ZnO 0.3g 或钝锌 0.26g（精确到 0.0002g），用少许水湿润，滴加 1∶1HCl 溶解，盖上表面皿，必要时稍微加热，使其完全溶解。然后吹洗表面皿，定量转移至 200mL 容量瓶中，加水稀释至刻度，摇匀。

吸取 20.00mL 上述锌标准溶液于 250mL 锥形瓶中，加蒸馏水 30mL，滴加 1∶1$NH_3 \cdot H_2O$ 中和至 pH 值约 10，再加入 5mLpH＝10 的氨－氯化铵缓冲溶液，加 2～3 滴铬黑 T 指示剂，用待标定的 EDTA 溶液滴定至由紫红色变为纯蓝色即为终点。

取平行操作 3 份的数据，分别计算 EDTA 标准溶液的准确浓度（mol/L），求其浓度的平均值及相对平均偏差。

3. 实验步骤

(1) 总硬度的测定。取 100.0mL 水样（若水样硬度过大可少取水样，用蒸馏水稀释至 100mL）于 250mL 锥形瓶中，加 5mL 氨－氯化铵缓冲溶液，加 3～4 滴铬黑 T 指示剂，立即用 EDTA 标准溶液滴定至由紫红色消失刚出现蓝色即为终点，记下消耗 EDTA 标准溶液的体积为 $V_{EDTA(总)}$。

取平行操作3份的数据，分别按下式计算水中的总硬度，求平均值及相对平均偏差：

$$总硬度=\frac{c_{EDTA}V_{EDTA(总)}}{V_s}\times 1000\text{mmol/L}$$

$$=\frac{c_{EDTA}V_{EDTA(总)}M_{CaCO_3}}{V_s}\times 1000\text{mg/L}$$

注意事项：

1）水样加入氨一氯化铵缓冲溶液和铬黑T指示剂后应立即滴定，目的是为了防止氨挥发使pH值达不到要求或因钙、镁离子浓度较高而形成沉淀。要求整个滴定过程在5min内完成，在到达终点之前，每加入1滴EDTA标准溶液，应充分摇匀，最好每滴间隔2～3s。

2）测定镁离子含量较低的水样如软化水等，需在500mL氨一氯化铵缓冲溶液中加入2.5g乙二胺四乙酸镁二钠（简写为Na_2MgY）或1.560g $MgSO_4 \cdot 7H_2O$和2.538g $Na_2Y \cdot 2H_2O$，目的是使终点变色更加敏锐。对这种缓冲溶液应进行鉴定，加铬黑T指示剂应为蓝紫色，若为纯蓝色表明EDTA过量，若为红色表明Mg^{2+}过量，视具体情况补加EDTA或$MgSO_4$溶液，使缓冲溶液中EDAT和Mg^{2+}均无过剩。

3）铬黑T指示剂配成溶液后较易失效。如果在滴定时终点不敏锐，可加入三乙醇胺来掩蔽Fe^{3+}、Al^{3+}。

4）新试剂瓶（玻璃瓶、聚乙烯瓶等）用来存放缓冲溶液时，有可能使配制好的缓冲溶液出现硬度。为了防止上述现象发生。储存缓冲溶液的试剂瓶应做如下处理：用加缓冲溶液的EDTA溶液充满试剂瓶约一半容积处，于60℃下间断地摇动，放置处理1h，将溶液倒出，更换新溶液再处理一次，然后用纯水充分冲洗干净。

（2）钙离子的测定。取100.0mL水样置于250mL锥形瓶中，加4mL 2mol/L NaOH溶液，再加入约0.3g钙指示剂，立即用EDTA标准溶液滴定。开始滴定时速度宜稍快，接近终点时应稍慢，至溶液由紫红色变为蓝紫色即为终点，记下消耗EDTA标准溶液的体积为$V_{EDTA(钙)}$。

取平行操作3份的数据，分别按下式计算水中Ca^{2+}的含量，求其平均值及相对平均偏差。

$$\rho_{Ca^{2+}}=\frac{c_{EDTA}V_{EDTA(钙)}M_{Ca^{2+}}}{V_s}\times 1000\ \text{mg/L}$$

注意事项：

1）水样中含铁、铝离子时，用三乙醇胺消除它们的干扰。

2）当Mg^{2+}含量较多时，$Mg(OH)_2$的沉淀吸附Ca^{2+}造成误差。可少取水样测定，也可先通过预备试验，求出EDTA溶液的大致需要量。先加入比这大致需要量少1mL的EDTA溶液于水样中，使大部分Ca^{2+}先被配位，再加入NaOH溶液后进行测定，这样就可减少误差。

4. 镁离子的计算

根据总硬度消耗EDTA溶液的体积减去钙离子消耗EDTA溶液的体积之差，可计算出Mg^{2+}的含量。

$$\rho_{Mg^{2+}}=\frac{c_{EDTA}\left[V_{EDTA(总)}-V_{EDTA(钙)}\right]M_{Mg^{2+}}}{V_s}\times 1000\text{mg/L}$$

思考题

1. 用EDTA滴定总硬度及钙离子时，为什么要加入一定量的氨－氯化铵缓冲溶液及NaOH溶液？能否用氨－氯化铵缓冲溶液代替NaOH溶液测定钙离子？

2. 滴定水的总硬度时，当用铬黑T作指示剂时，在什么情况下，需在缓冲溶液中加入适量的乙二胺四乙酸镁二钠？加入乙二胺四乙酸镁二钠对测定结果有无影响？为什么？

3. 用EDTA滴定总硬度及钙离子时，为什么要立即滴定？

4. 用EDTA测定水的硬度时，哪些离子对测定有干扰？如何消除？

5. 测定Ca^{2+}含量时，如何消除Mg^{2+}干扰？

6. 写出以CaO计（mg/L）、度、mmol/L$\left(\frac{1}{2}Ca^{2+}+\frac{1}{2}Mg^{2+}\right)$表示水的硬度计算公式，并计算本实验中水样的总硬度。

实验七 水中氯离子的测定

1. 目的要求

（1）掌握莫尔法测定氯离子的原理、方法及计算。

（2）学会用基准NaCl标定$AgNO_3$溶液的方法。

2. 仪器与试剂

（1）仪器。棕色酸式滴定管，锥形瓶，量筒，容量瓶，移液管，分析天平，高温马弗炉，干燥器等。

（2）试剂。

1）10%K_2CrO_4：称取10g K_2CrO_4，加蒸馏水溶解稀释至100mL。

2）$c_{NaCl}=0.02821$mol/L NaCl标准溶液：将基准NaCl置于坩埚中，在500℃～600℃灼烧0.5h后，放置干燥器中冷却至室温。准确称取0.3297g，置于小烧杯中用蒸馏水溶解后，转入200mL容量瓶中，稀释至刻度，摇匀。此溶液每毫升相当于1.000mgCl^-。

3）$c_{AgNO_3}=0.028$mol/L $AgNO_3$标准溶液。

配制：取2.4g $AgNO_3$，溶于500mL不含Cl^-的蒸馏水中，储存于棕色瓶中。

标定：吸取20.00mL置于干净的锥瓶中，加水80mL。加入10%K_2CrO_4 1mL（约20滴），在不断摇动下用待标定$AgNO_3$溶液滴定到橙红色刚刚出现即为终点。记录消耗$AgNO_3$溶液体积V_{AgNO_3}。吸取100.0mL蒸馏水于锥形瓶中，按上述方法作空白试验，消耗$AgNO_3$溶液的体积为V'_{AgNO_3}。

取平行操作3份的数据，分别按下式计算$AgNO_3$溶液的浓度（mol/L），求其平均值及相对平均偏差：

$$c_{AgNO_3}=\frac{0.02821\times 20.00}{V_{AgNO_3}-V'_{AgNO_3}}$$

3. 实验步骤

（1）取100mL水样（若氯化物含量高，可取适量水样用蒸馏水稀释至100mL）置于锥形瓶中，另取一锥形瓶加 100mL 蒸馏水作空白试验。

（2）如果水样的 pH 值在 6.5～10.5 范围内时，可直接滴定；超出此范围的水样应以酚酞作指示剂，用稀 HNO_3 或稀 $NaHCO_3$ 溶液调节至为 pH=8 左右。

（3）加入 1mL10%K_2CrO_4 溶液，在不断摇动下，用 $AgNO_3$ 标准溶液滴定至橙红色沉淀为终点，记录消耗 $AgNO_3$体积为 V_{AgNO_3}。同时作空白滴定，消耗 $AgNO_3$体积为 V'_{AgNO_3}。

取平行操作 3 份的数据，分别按下式计算水中 Cl^- 的含量，求其平均值及相对平均偏差：

$$\rho_{Cl^-}=\frac{c_{AgNO_3}\ (V_{AgNO_3}-V'_{AgNO_3})\ \times 35.45}{V_s}\times 1000\text{mg/L}$$

注意事项：

参阅教材，注意滴定条件。一般天然水的 pH 值在 7 左右，故勿需调 pH 值。如果水样浑浊或色度较深，应进行水样的预处理。

思 考 题

1. 若不用棕色试剂瓶和棕色滴定管盛装 $AgNO_3$，会出现什么情况？

2. 莫尔法测定水中 Cl^-含量时，溶液 pH 值应控制在什么范围内？为什么？若有 NH_4^+ 存在，其控制的 pH 值范围是否需要改变？

3. 为什么要控制 K_2CrO_4指示剂的加入量？

4. 本试验作空白试验的目的是什么？

实验八　水中溶解氧的测定

1. 目的要求

（1）掌握用 $K_2Cr_2O_7$ 作基准物质标定 $Na_2S_2O_3$ 溶液的原理、方法及滴定条件。

（2）掌握碘量法测定水中 DO 的原理、方法和计算。

2. 仪器与试剂

（1）仪器。棕色碱式滴定管，碘量瓶，溶解氧瓶，分析天平，烘箱，干燥器等。

（2）试剂。

1）$MnSO_4$溶液：称取 240g $MnSO_4\cdot 4H_2O$ 或 200g $MnSO_4\cdot 2H_2O$ 溶于水中，过滤并稀释至 500mL。此溶液在酸化过的 KI 溶液中，遇淀粉不得产生蓝色。

2）碱性 KI 溶液：称取 250g NaOH 溶于 150～200mL 水中，另称取 75g KI 溶于 100mL 水中，待 NaOH 溶液冷却后，将两种溶液合并后用水稀释至 500mL。若有沉淀，则放置后倾出上部清液，储存于棕色瓶中，用橡皮塞塞紧，避光保存。此溶液酸化后，遇淀粉应不呈蓝色。

3）1∶1H_2SO_4。

4）1%（m/V）淀粉：称 1g 可溶性淀粉，用少量水调成糊状，倒入 100mL 沸腾的水中，再煮沸 1～2min，临用时配制。

5）$c_{\frac{1}{6}K_2Cr_2O_7}$=0.02500mol/L $K_2Cr_2O_7$ 标准溶液：称取于 105～110℃烘干 2h 并冷却的

基准 $K_2Cr_2O_7$ 0.2452g，溶于水中，转入 200mL 容量瓶稀释至刻度，摇匀。

6）$c_{Na_2S_2O_3}$ =0.01mol/L $Na_2S_2O_3$ 标准溶液：称取 1.3g $Na_2S_2O_3 \cdot 5H_2O$ 溶于煮沸并冷却的水中，加 0.1g Na_2CO_3，用水稀释至 500mL。储于棕色瓶中，使用前进行标定，方法如下：

于 250mL 碘量瓶中加入 100mL 水和 1g KI，加入 10.00mL 上述 $K_2Cr_2O_7$ 标准溶液，加入 2mL 1∶1H_2SO_4 溶液后密塞摇匀。于暗处静置 5～10min 后，加 30mL 水稀释，用待标定的 $Na_2S_2O_3$ 溶液滴定至溶液呈现淡黄色，加 1mL 淀粉溶液，继续滴定至蓝色刚好消失为终点，记录消耗体积。

取平行 3 份的数据，按下式分别计算 $Na_2S_2O_3$ 溶液的浓度（mol/L），求其平均值及相对平均偏差。

$$c_{Na_2S_2O_3}=\frac{0.02500\times 10.00}{V_{Na_2S_2O_3}}$$

3. 测定步骤

（1）水样的采集。采集水样时，要注意不让水样曝气或有气泡残存在采样中。可用水样冲洗溶解氧瓶后，沿瓶壁直接倾注水样或用取样管将细管插入溶解氧瓶底部，注入水样至溢流出瓶容积的 1/3～1/2。取出取样管，赶走瓶壁上可能存在的气泡，盖上瓶盖（盖下不能留有气泡），采样后立即对溶解氧进行固定。

（2）溶解氧的固定。用吸管插入溶解氧瓶液面下，依次加入 1mL $MnSO_4$，2mL 碱性 KI，然后盖好瓶塞，勿使瓶内有气泡，颠倒混合数次，静置，待棕色状沉淀降至瓶约一半时，再颠倒几次。

（3）析出 I_2。当沉淀降至瓶底后，轻轻打开瓶塞，立即用吸管插入液面下加入 2mL 1∶1H_2SO_4。小心盖好瓶塞，颠倒混合摇匀至沉淀全部溶解为止，放置 5min 后滴定。

（4）滴定。吸取 100.0mL 上述溶液于 250mL 锥形瓶中，用 $Na_2S_2O_3$ 标准溶液滴定至溶液呈淡黄色，加入 1mL 淀粉溶液，继续滴定蓝色刚好褪去为终点，记录消耗体积。

取平行 3 份的数据，按下式分别计算水中 DO 的含量，求其平均值及相对平均偏差。

$$\text{DO}（O_2，\text{mg/L}）=\frac{8c_{Na_2S_2O_3}V_{Na_2S_2O_3}}{V_s}\times 1000$$

注意事项：

本方法适用于测定较清洁水中的 DO。水中游离氯、亚铁盐、亚硫酸盐、硫化物和有机物等对测定有干扰，可采用不同的方法消除干扰。

思考题

1. 影响 $Na_2S_2O_3$ 溶液稳定性的因素有哪些？如何配制 $Na_2S_2O_3$ 溶液？

2. 在配制 $Na_2S_2O_3$ 标准溶液时，所用的蒸馏水为何要先煮沸并冷却后才能使用？

3. 在水样中，有时加入 $MnSO_4$ 和碱性 KI 溶液后，只生成白色沉淀，是否还需要继续滴定？为什么？

4. 溶液被滴定至淡黄色，说明了什么？为什么在这时才可以加入淀粉指示剂？

5. 为什么通过滴定 I_2 可计算出 DO 的含量？

6. 用 $K_2Cr_2O_7$ 标定 $Na_2S_2O_3$ 溶液时，加入的 KI 有哪些作用?

实验九　水中五日生化需氧量的测定

1. 目的要求

(1) 学会稀释水的配制方法。

(2) 掌握水中 BOD_5 的测定原理、方法和计算。

(3) 能正确确定稀释倍数。

2. 方法概要

测定水样培养前的溶解氧和在 20℃下培养 5 天后的溶解氧，两者之差即为 5 天的生化需氧量。为使水样中含有足够的溶解氧，能满足 5 天生化需氧量的要求，需用含有一定养分和饱和溶解氧的水（称为稀释水）将水样适当稀释，使培养后减少的溶解氧占培养前溶解氧的 40%～70%为宜。稀释的程度应使培养中所消耗的溶解氧大于 2mg/L，而剩余溶解氧在 1mg/L 以上。

3. 仪器和试剂

(1) 仪器。恒温培养箱［(20±1)℃］，溶解氧瓶（250mL），大玻璃瓶（5～10L），移液管等。

(2) 试剂。

除测定溶解氧所需的试剂外，还需下列试剂。

1) 稀释水。在 5～10L 细口玻璃瓶中装入一定量的蒸馏水，然后用空气泵导入空气，进行充分曝气，使水中溶解氧接近于饱和（8mg/L 以上)。临用前每升蒸馏水中加入氯化钙溶液、三氯化铁溶液、硫酸镁溶液、磷酸盐缓冲溶液各 1mL。

氯化钙溶液：将 27.5g 无水 $CaCl_2$ 溶于水中，稀释至 1000mL。

氯化铁溶液：将 0.25g $FeCl_3 \cdot 6H_2O$ 溶于水中，稀释至 1000mL。

硫酸镁溶液：将 22.5g $MgSO_4 \cdot 7H_2O$ 溶于水中，稀释至 1000mL。

磷酸盐缓冲溶液：将 8.5g KH_2PO_4，21.7g K_2HPO_4，33.4g $Na_2HPO_4 \cdot 7H_2O$ 和 1.7gNH_4Cl 溶于水中，稀释至 1000mL，此溶液 pH=7.2。

2) 接种稀释水。通常在 1L 稀释水中加 2mL 沉淀生活污水或 10～15mL 表层土壤浸出液。

3) 葡萄糖-谷氨酸标准溶液。将葡萄糖（$C_6H_{12}O_6$）和谷氨酸（$HOOC—CH_2—CH_2—CHNH_2—COOH$）在 103℃干燥 1h 后，各称 150mg 溶于水中，移入 1000mL 容量瓶内并稀释至标线，混合均匀，临用前配制。

4. 分析步骤

(1) 空白试验。用虹吸法吸取稀释水（或接种稀释水)，分别加入两个溶解氧瓶内，充满稀释水后溢出少许，加塞，瓶内不能留有气泡。其中一瓶则随即测定溶解氧，另一瓶的瓶口进行水封后，置于 (20±1)℃培养 5d 后再测定溶解氧。这两瓶是空白试验。

(2) 稀释水样。根据水的污染情况，确定几个稀释比例，将水样稀释成 2～3 个稀释水样。在已知容积的溶解氧瓶内，用虹吸法加入部分稀释水（或接种稀释水)，再准确加入根据瓶容积和稀释比例计算出的水样量，然后用稀释水（或接种稀释水）刚好充满，加塞，瓶内勿留气泡。随即测定溶解氧，然后将此溶解氧瓶洗净，按同样的稀释比例操作，并加水封，贴上标签注明稀释比，放入（20±1）℃培养5d后再测定溶解氧。

5. 计算

经稀释后培养的水样，BOD_5 的计算公式见式（4-22）。

6. 注意事项

（1）培养过程中经常检查水封，要按时加满。严格控制生化培养的温度和时间。

（2）测定结果一般取两位有效数字，在两个或三个稀释比的样品中，凡消耗溶解氧大于2mg/L和剩余溶解氧大于1mg/L时，计算结果时应取其平均值。

（3）为检查稀释水或接种稀释水的质量，以及操作人员的水平，可将20mL葡萄糖—谷氨酸标准溶液用接种稀释水稀释至1000mL，按测定 BOD_5 的步骤操作。其结果应在180～230mg/L，否则应检查稀释水或接种稀释水的质量或操作技术是否存在问题。

思考题

1. 生物化学需氧量与高锰酸盐指数、化学需氧量有何异同？
2. 如何确定稀释比？
3. 在 BOD_5 测定中应注意哪些问题？

实验十 水中高锰酸盐指数的测定（酸性高锰酸钾法）

1. 目的要求

（1）了解高锰酸盐指数的含义。

（2）掌握 $KMnO_4$ 溶液的配制与标定。

（3）掌握氧化还原滴定法测定水中高锰酸盐指数的原理、方法和计算。

2. 仪器与试剂

（1）仪器。棕色酸式滴定管，电炉，锥形瓶，移液管，恒温水浴，分析天平，恒温烘箱，干燥器等。

（2）试剂。

1）$c_{\frac{1}{5}KMnO_4}=0.1$mol/L $KMnO_4$ 溶液：称取1.6g $KMnO_4$ 于600mL水中，搅匀后，加热煮沸使体积减少到约500mL，放置过滤，用G3玻璃砂芯漏斗过滤后，将滤液储于棕色瓶中保存。

2）$c_{\frac{1}{5}KMnO_4}=0.01$mol/L $KMnO_4$ 溶液：吸取20.00mL上述 $KMnO_4$ 溶液移入200mL容量瓶，用水稀释至刻度，储存于棕色瓶中，使用当天进行标定，并调节至0.0100mol/L。

3）1∶3H_2SO_4：将1份浓 H_2SO_4 在搅拌下慢慢加至3份纯水中，搅匀后，滴加0.01mol/L $KMnO_4$ 溶液至微红色。

4）$c_{\frac{1}{2}Na_2C_2O_4}=0.1000$mol/L $Na_2C_2O_4$ 标准溶液：称取1.3400g预先在105～110℃烘干1h，并在干燥器中冷却至室温的 $Na_2C_2O_4$ 于烧杯中，用蒸馏水溶解后移入200mL容量瓶中，用水稀释至标线，摇匀。

5）$c_{\frac{1}{2}Na_2C_2O_4}=0.0100$mL $Na_2C_2O_4$ 标准溶液：吸取20.00mL上述 $Na_2C_2O_4$ 标准溶液移

入 200mL 容量瓶中，用水稀释至标线，摇匀。

3. 测定步骤

(1) 取 100mL 充分混匀的水样（若水样中有机物含量较高，可取适量水样以蒸馏水稀释至 100mL）置于锥形瓶中。

(2) 加 5mL 1∶3H_2SO_4，摇匀。

(3) 用滴定管加入 10.00mL $c_{\frac{1}{5}KMnO_4}=0.0100mol/L$ $KMnO_4$溶液，摇匀，立即放入沸水浴中加热 30min（从水浴重新沸腾起计时）。沸水浴液面要高于瓶内溶液的液面。如加热过程中红色明显减退，需将水样稀释后重做。

(4) 取下锥形瓶，趁热加入 10.00mL $c_{\frac{1}{2}Na_2C_2O_4}=0.0100mol/L$ $Na_2C_2O_4$标准溶液，摇匀。立即用 $c_{\frac{1}{5}KMnO_4}=0.0100mol/L$ $KMnO_4$溶液滴定至呈微红色，记录 $KMnO_4$溶液的用量 V_1。

(5) 于滴定至终点的水样中，趁热加入 10.00mL $c_{\frac{1}{2}Na_2C_2O_4}=0.0100mol/L$ $Na_2C_2O_4$标准溶液，摇匀。立即用 $c_{\frac{1}{5}KMnO_4}=0.0100mol/L$ $KMnO_4$溶液滴定至微红色，记录 $KMnO_4$溶液的用量 V_2。

如 $KMnO_4$溶液浓度为准确的 0.0100mol/L，滴定时用量应为 10.00mL，否则按下式求出 $KMnO_4$溶液的校正系数：

$$K=\frac{10.00}{V_2}$$

(6) 如水样用蒸馏水稀释时，应同时另取 100mL 蒸馏水，按步骤（1）～（4）进行空白滴定，记录消耗溶液的体积为 V_0

4. 计算

水样不经稀释

$$COD_{Mn}\ (O_2,\ mg/L)=\frac{[(10+V_1)K-10]\ c_{\frac{1}{2}Na_2C_2O_4}\times 8\times 1000}{100}$$

如果水样用蒸馏水稀释，可用下式计算：

$$COD_{Mn}\ (O_2,\ mg/L)=\frac{\{[(10+V_1)K-10]-[(10+V_0)K-10]f\}\ c_{\frac{1}{2}Na_2C_2O_4}\times 8\times 1000}{V_s}$$

式中：V_s 为水样体积，mL；f 为稀释水样时，蒸馏水和溶液总体积的比值。

例如取 25.00mL 水样用蒸馏水稀释至 100mL，则

$$f=\frac{100-25}{100}=0.75$$

5. 注意事项

(1) 在水浴中加热完毕后，溶液仍应保持淡红色，如变色或全部退去，说明高锰酸钾的用量不够。此时，应将水样稀释倍数加大后再测定。

(2) 高锰酸钾法是条件实验，测定时应严格按规定条件进行操作，否则实验结果不能进行比较。

(3) 所取水样要求在测定中回滴过量的 $Na_2C_2O_4$标准溶液时所消耗 $KMnO_4$溶液的体积为 4～6mL，如果所消耗的体积过大或过小，都需要重新再取适量的水样进行测定。

(4) 在酸性条件下，$Na_2C_2O_4$和 $KMnO_4$的反应温度应保持在 60～80℃，所以滴定操作

必须趁热进行，若溶液温度过低，需适当加热。

思考题

1. 高锰酸钾法用何作为指示剂？它是怎样指示滴定终点的？

2. 配制高锰酸钾溶液时，为什么要把高锰酸钾溶液煮沸、放置及过滤？

3. 水样中加入 $KMnO_4$ 煮沸后，若紫红色消失说明什么？应采取什么措施？

4. 水样中 Cl^- 含量高时，能否用酸性 $KMnO_4$ 法测定，为什么？

5. 实验测定步骤 3 中（5），若 $KMnO_4$溶液消耗为 10.50mL，试计算 $KMnO_4$溶液的准确浓度 $c_{\frac{1}{5}KMnO_4}$。不计算高锰酸钾溶液校正系数 K，如何计算水样中 COD_{Mn}的值？

实验十一　水中化学需氧量（COD_{Cr}）的测定

1. 目的要求

（1）掌握 $K_2Cr_2O_7$ 法测定化学需氧量的原理、方法和计算。

（2）学会硫酸亚铁铵溶液的配制和标定。

（3）明确空白试验的目的。

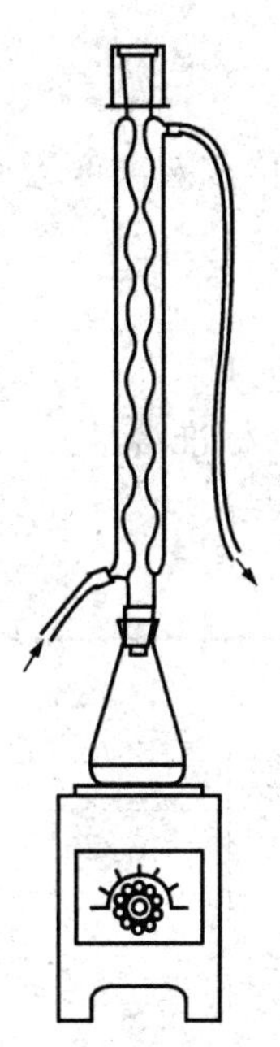

图 10-19　$K_2Cr_2O_7$ 法测定 COD 的回流装置

2. 仪器与试剂

（1）仪器。

回流装置：磨口锥形瓶（250mL 或 500mL）回流冷凝器，加热装置，如图 10-19 所示。

（2）试剂。

1）$c_{\frac{1}{6}K_2Cr_2O_7}=0.2500mol/L$ $K_2Cr_2O_7$ 标准溶液：称取预先在 120℃烘干 2h 的基准 $K_2Cr_2O_7$ 1.2258g，溶于水中，移入 100mL 定量瓶中，用水稀释至标线，摇匀。

2）试亚铁灵指示剂：称取 1.485g 邻二氮菲（$C_{12}H_8N_2 \cdot H_2O$）和 0.695g $FeSO_4 \cdot 7H_2O$ 溶于水中，稀释至 100mL。

3）$c_{(NH_4)_2Fe(SO_4)_2}=0.1mol/L$ $(NH_4)_2Fe(SO_4)_2$ 标准溶液：称取 7.9g $(NH_4)_2Fe(SO_4)_2 \cdot 6H_2O$ 溶于少量蒸馏水中，加 4mL 浓 H_2SO_4，冷却后稀释至 200mL，摇匀，用 $K_2Cr_2O_7$ 标准溶液标定。

标定方法：移取 10.00mL $K_2Cr_2O_7$ 标准溶液于锥形瓶中，加水稀释至 110mL 左右，缓慢加入 20mL 浓 H_2SO_4，摇匀。冷却后，加 2～3 滴试亚铁灵指示剂，用硫酸亚铁铵溶液滴定，溶液由黄色经蓝绿色到刚变红褐色即为终点。由下式计算硫酸亚铁铵溶液的浓度：

$$c_{(NH_4)_2Fe(SO_4)_2}=\frac{0.2500\times10.00}{V_{(NH_4)_2Fe(SO_4)_2}}$$

取平行操作 3 份的数据，分别计算硫酸亚铁铵溶液浓度（mol/L），求其平均值。

4）Ag_2SO_4—H_2SO_4 溶液：在 500mL 浓 H_2SO_4 溶液加入 5g Ag_2SO_4，不断搅动使其溶解。

5) $HgSO_4$(A.R)。

3. 实验步骤

(1) 取20.00mL混合均匀的水样（或适量水样稀释至20.00mL）置于250mL磨口的回流锥形瓶中，准确加入10.00mL $K_2Cr_2O_7$ 标准溶液及几粒小玻璃珠（以防爆沸），慢慢加入30mL Ag_2SO_4—H_2SO_4 溶液，连接磨口回流冷凝管，加热回流2h（自开始沸腾计时）。

说明：

1) 回流过程中若溶液颜色变绿，说明水样的化学需氧量太高，需将水样适当稀释后重新测定。稀释时，所需水样量不得少于5mL。

2) 水样中氯离子含量超过30mg/L时，应先把0.4g $HgSO_4$ 加入回流锥形瓶中。0.4g $HgSO_4$ 可与40mg Cl^- 结合，如取20.00mL水样，即最高可结合2000mg/L Cl^- 浓度的水样。若 Cl^- 浓度较低，亦可少加 $HgSO_4$，使 $HgSO_4$ 与 Cl^- 的质量比为10∶1。

(2) 冷却后，用90mL水冲洗冷凝管壁，取下锥形瓶。溶液总体积不得少于140mL，否则因酸度太大，滴定终点不明显。加3滴试亚铁灵指示剂，用硫酸亚铁铵标准溶液滴定，溶液的颜色由黄色经蓝绿色至红褐色即为终点，记录消耗的体积为 V_1。

(3) 测定水样的同时，以20.00mL蒸馏水按同样操作步骤作空白试验，记录滴定空白时消耗硫酸亚铁铵标准溶液的体积为 V_0。

计算

$$COD_{Cr}=\frac{c_{(NH_4)_2Fe(SO_4)_2}\ (V_0-V_1)\ \times 8}{V_s}\times 1000\ (O_2,\ mg/L)$$

4. 注意事项

(1) 在某些情况下，所取水样体积在10.0～50.0mL范围时，试剂的体积及浓度等应按表10-11进行相应调整。

(2) 水样加热后，溶液中 $K_2Cr_2O_7$ 剩余量为加入量的1/5～4/5为宜。

(3) 为了检验测定的正确性或测定技术，可用邻苯二甲酸氢钾（$KHC_8H_4O_4$）做试验，1L水溶有0.4251g纯邻苯二钾酸氢钾溶液，该溶液为500mg/L的 COD_{Cr} 标准溶液。因1g邻苯二甲酸氢钾的理论 COD_{Cr} 为1.176g。

表10-11 取水样量和试剂用量

水样体积（mL）	0.2500mol/L $K_2Cr_2O_7$ 溶液（mL）	Ag_2SO_4-H_2SO_4 溶液（mL）	$HgSO_4$（g）	硫酸亚铁铵浓度（mol/L）	滴定前总体积（mL）
10.0	5.00	15	0.2	0.050	70
20.0	10.0	30	0.4	0.100	140
30.0	15.0	45	0.6	0.150	210
40.0	20.0	60	0.8	0.200	280
50.0	25.0	75	1.0	0.250	350

(4) COD_{Cr} 的测定结果应保留3位有效数字。

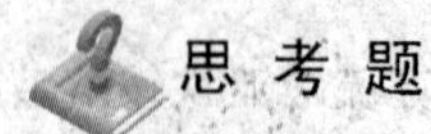

思考题

1. 高锰酸盐指数与化学需氧量 COD_{Cr} 有何区别?

2. 为什么要作空白试验?

3. 回流过程中，有时溶液颜色变为绿色，应如何处理?

实验十二　水中余氯的测定

1. 目的要求

掌握碘量法测定水中余氯的原理和方法。

2. 方法原理

在酸性溶液中，余氯与KI作用释放出等物质的量的碘（I_2），以淀粉为指示剂，用$Na_2S_2O_3$标准溶液滴定至蓝色消失。由$Na_2S_2O_3$标准溶液的浓度及用量求出水中的余氯，主要反应为

$$HClO+H^{+}+2I^{-} = H_2+Cl^{-}+H_2O$$

$$（或者\quad 2I^{-}+Cl_2 = 2Cl^{-}+I_2）$$

$$I_2+2Na_2S_2O_3 = 2NaI+Na_2S_4O_6$$

3. 仪器与试剂

(1) 仪器。棕色滴定管，碘量瓶等。

(2) 试剂。碘化钾（固体），$c_{Na_2S_2O_3}=0.01mol/L$ $Na_2S_2O_3$标准溶液（配制方法见实验八），1%淀粉溶液，乙酸盐缓冲溶液（pH≈4）：称取146g NaAc（或243g NaAc・$3H_2O$）溶于水中，加入457mL HAc，用水稀释至1000mL。

4. 测定步骤

(1) 移取100mL水样（如含量小于1mg/L时，可取200mL水样）于300mL碘量瓶内，加入0.5g KI和5mL乙酸盐缓冲溶液（pH值应为3.5～4.2，如大于此pH值，应继续调pH值至4）。

(2) 用0.01mol/L $Na_2S_2O_3$标准溶液滴定至淡黄色，加入1mL淀粉溶液，继续滴定至蓝色消耗，记录消耗体积。

5. 数据处理

按下式计算水中余氯的含量。

$$总余氯=\frac{c_{Na_2S_2O_3}V_{Na_2S_2O_3}M_{\frac{1}{2}Cl_2}\times 1000}{V_s}\ (Cl_2,\ mg/L)$$

取平行操作3份的数据，分别计算水中总余氯，求出其平均值及相对平均偏差。

思考题

1. 饮用水出厂水和管网水中为什么要求含有一定量的余氯? 标准值各为多少?

2. 滴定反应为什么要求在pH≈4的酸性溶液进行?

实验十三 水中色度的测定

1. 目的要求

了解目视比色法的测定原理，学会配制标准系列的基本操作。

2. 方法原理

用氯铂酸钾与氯化钴配成与天然水色调相同的标准色列，与水样进行目视比色。每升水中含有1mg铂和0.5mg钴时所具有的颜色，称为1度，作为标准色度单位。

3. 仪器与试剂

50mL具塞比色管，其刻线高度要一致。

铂钴标准溶液：称取1.246g K_2PtCl_6（相当于500mg Pt）及1.000g $CoCl_2 \cdot 6H_2O$（相当于250mg Co），溶于100mL纯水中，加100mL浓HCl，用纯水定容至1000mL。此溶液色度为500度，保存密塞玻璃瓶中，存放暗处。

4. 测定步骤

(1) 标准色列的配制。吸取铂钴标准溶液0，0.50，1.00，1.50，2.00，2.50，3.00，3.50，4.00，4.50，5.00，6.00，7.00，8.00，9.00mL及10.00mL，分别放入50mL具塞比色管中，用水稀释至刻度，摇匀，各管对应的色度依次为0，5，10，15，20，25，30，35，40，45，50，60，70，80，90度及100度。

(2) 取澄清透明的水样50mL于比色管中，如水样色度过大，可酌情少取水样，用水稀释至50mL。

(3) 将水样与标准色列进行目视比较。观察时，可将比色管置于白瓷板或白纸上，使光线从底部向上透过液柱，从管口向下垂直观察。记下与水样色度相同的铂钴标准色列的色度。

5. 数据处理

$$色度（度）=\frac{A\times 50}{V_s}$$

式中：A为水样相当于铂钴标准色列的色度；V_s为水样的体积，mL。

6. 注意事项

(1) 水样混浊时，使测得色度结果偏高，应取放置后澄清的水样，亦可用孔径为0.45μm滤膜过滤或离心除去悬浮物后的水样测定色度。但不能用滤纸，因滤纸可吸附部分水中的有色物质。

(2) 可用重铬酸钾代替氯铂酸钾配制标准色列。称取0.0437g $K_2Cr_2O_7$和1.000g $CoSO_4 \cdot 7H_2O$，溶于少量水中，加入0.50mL浓H_2SO_4，用水稀释至500mL。此溶液的色度为500度，不宜久存。

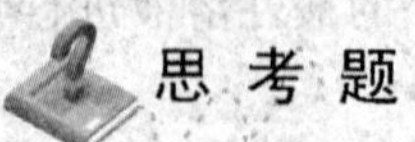

思考题

1. 测定水样的色度时，应注意哪些问题?

2. 铂钴标准溶液和铬钴标准溶液各有何优缺点?

实验十四 水中浊度的测定

1. 目的要求

(1) 掌握分光光度法测定水中浊度的方法、原理和计算。

(2) 掌握浊度计测定水中浊度的方法。

(3) 理解浊度单位表示的意义。

2. 方法原理

浊度是由水中含有泥沙、黏土、有机物、无机物、浮游生物和微生物等悬浮物质所造成的，可使光散射或吸收。水中的浊度直接关系到水质，它是常规监控的一项重要水质标准。规定在1L水中含有1.25mg硫酸肼和12.5mg六次甲基四胺形成的甲联聚合物所产生的浊度为1度（浊度单位，FNU）。

测定浊度的方法有分光光度法、目视比浊法和浊度计法，这里只介绍分光光度法和浊度计法。

3. 分光光度法

在适当温度下，硫酸肼与六次甲基四胺聚合，形成白色高分子聚合物。以此作为浊度标准溶液，在680nm波长下进行测量。

(1) 仪器与试剂。

仪器：50mL比色管，分光光度计。

试剂：

1) 无浊度水：将蒸馏水通过0.2μm滤膜过滤，收集于用滤过水荡洗两次的烧瓶中。

2) 浊度标准溶液。

硫酸肼溶液：称取1.000g硫酸肼 $NH_2NH_2 \cdot H_2SO_4$，用水溶解，稀释至1000mL。

六次甲基四胺溶液：称取10.00g六次甲基四胺 $(CH_2)_6N_4$，用水溶解，稀释至1000mL。

甲联聚合物标准溶液：吸取5.00mL硫酸肼溶液与5.00mL六次甲基四胺溶液于100mL容量瓶中，混匀。于(25±3)℃温度下反应24h，用水稀释至标线，混匀。此储备液的浊度为400度，可保存一个月。

(2) 实验步骤。

标准曲线的绘制：吸取浊度标准溶液0，0.50，1.25，2.50，5.00，10.00mL和12.50mL，分别放入50mL比色管中，加水至标线，摇匀。该标准系列浊度分别为0，4，10，20，40，80度和100度。用3cm比色皿在680nm处测定吸光度，绘制标准曲线。

水样的测定：吸取50.0mL水样，放入比色管中（如浊度超过100度，可少取水样，用水稀释至50mL）。按绘制标准曲线步骤测定吸光度，由标准曲线上查得水样浊度。

(3) 数据处理。按下式计算水样的浊度

$$\text{浊度（度）}=\frac{A\times 50}{V_s}$$

式中：A 为稀释后水样的浊度，度；V_s 为原水样体积，mL。

不同浊度范围测试结果的精度要求如表10-12所示。

表 10 - 12 不同浊度范围精度要求

浊度范围（度）	精度（度）
1～10	1
10～100	5
100～400	10
400～1000	50
大于 1000	100

4. 便携式浊度计法

根据 ISO7027 国际标准设计进行测量，利用一束红外线穿过含有待测样品的样品池，光源为具有 890nm 波长的高发射强度的红外发光二极管，以确保使样品颜色引起的干扰达到最小。传感器处在与发射光线垂直的位置上，它测量由样品中悬浮颗粒散射的光量，微机处理器再将数值转化为浊度值（透射浊度值和散射浊度值在数值上是一致的）。

（1）干扰及消除。

1）当出现漂浮物和沉淀物时，读数将不准确。

2）气泡和震动将会破坏样品的表面，得出错误的结论。

3）有划痕或玷污的比色皿都会影响测定结果。

（2）仪器。便携式浊度计（或多参数水质现场快速分析仪）。

（3）实验步骤。

1）按开关键将仪器打开，仪器先进行全功能的自检，自检完毕后，仪器进入测量状态。

2）将完全搅拌均匀的水样倒入干净的比色皿内，距瓶口 1.5cm，在盖紧保护黑盖前允许有足够的时间让气泡逸出（不能将盖拧得过紧）。在比色皿插入测量池之前，先用无绒布将其擦干净，比色皿必须无指纹、油污、脏物，特别是光通过的区域（大约距比色皿底部 2cm 处）必须洁净。

3）将比色皿放入测量池内，检查盖上的凹口是否和槽相吻合，保护黑盖上的标志应与仪器上的箭头相对应，按读数（或测量）键，大约 25s 后浊度值就会显示出来。

4）若数值小于或等于 40 度，可直接读出浊度值。

5）若超过 40 度，需进行稀释。读出未经稀释样品的值 T_1，则取样体积 $V_s=3000/T_1$，用无浊度水定容至 100mL。

（4）计算。

按步骤 1）～5）读出浊度值，计算原始水样的浊度

$$浊度（度）=T_2\times100/V_s$$

式中：T_2 为稀释后浊度值；V_s 为取样体积，mL。

实验十五　水中铁的测定（邻二氮菲分光光度法）

1. 实验目的

（1）熟悉分光光度计的使用方法。

（2）学会吸光光度法吸收曲线的测绘和测量波长的选择。

（3）掌握标准曲线法定量的实验技术。

2. 仪器与试剂

（1）仪器。分光光度计，50mL 比色管（或容量瓶），吸量管等。

（2）试剂。

1）铁标准储备溶液：称取 0.7022g 硫酸亚铁铵［$(NH_4)_2Fe(SO_4)_2 \cdot 6H_2O$］，置于烧杯中，加入 20mL1∶1HCl 溶液溶解后转入 1000mL 容量瓶中，加水稀释至刻度，摇匀，此溶液 1mL 含铁 100μg。

2）铁标准使用液：移取 20.00mL 铁标准储备溶液，置于 200mL 容量瓶中，加水稀释刻度，摇匀。此溶液 1mL 含铁 10.0μg，该溶液临用时配制。

3）10%盐酸羟胺（临用时配制）。

4）0.15%邻二氮菲：称取 0.15g 邻二氮菲，溶于 100mL 纯水中，加几滴浓 HCl 帮助溶解。

5）1mol/L NaAc 溶液。

3. 实验步骤

（1）显色溶液的配制。取 7 支 50mL 比色管，分别准确加入 10.0μg/mL 的铁标准使用液 0，1.00，2.00，3.00，4.00，5.00mL 及水样 25.00mL（或适量），再分别加入 10%盐酸羟胺 1mL，摇匀，再各加入 1mol/L NaAc 溶液 5mL 及 0.15%邻二氮菲溶液 2mL，以水稀释至刻度，摇匀。

（2）测绘吸收曲线并选择测量波长。选用加有 4.00mL 铁标准溶液的显色溶液和试剂空白溶液，分别盛于 1cm 比色皿中，放置于仪器中比色架上。按仪器使用方法操作，以试剂空白溶液为参比，以波长 450～550nm 间，每隔 10nm 测量一次吸光度。在吸收峰 510nm 附近每隔 2nm 测定一次吸光度，记录不同波长处的吸光度如表 10-13 所示。

表 10-13　　吸收光谱记录

波长 λ（nm）	450	460	470	480	490	500	510	520	530	540	550
吸光度 A											
波长 λ（nm）	502	504	506	508	510	512	514	516	518		
吸光度 A											

铁标准溶液浓度：＿＿＿＿＿＿；比色皿 b：＿＿＿＿cm；波长 λ_{max}：＿＿＿＿nm

注意：每改变一次波长均需用参比溶液调吸光度 A＝0.000。以波长为横坐标，相应的吸光度为纵坐标绘制吸收曲线。选择最大吸收波长作为本实验的测量波长。

（3）吸光度的测定。在选定波长下，用 1cm 比色皿，以试剂空白溶液为参比调吸光度为零，然后测量标准系列及水样的吸光度。数据记录如表 10-14 所示。

表 10-14　铁标准曲线绘制（Fe^{2+} 浓度＝10.0μg/mL，终体积 $V_{终}$＝50mL）及水样测定结果

编号	0	1	2	3	4	5	6（水样）
铁标液加入量（mL）	0	1.00	2.00	3.00	4.00	5.00	V_{n}＝25.00mL
吸光度 A							
铁含量（μg）	0	20.0	40.0	60.0	80.0	100.0	
铁浓度（mg/L）	0	0.400	0.800	1.200	1.600	2.000	

(4) 标准曲线的绘制。以吸光度 A 为纵坐标，铁的含量（μg 或 mg/L）为横坐标绘制标准曲线。

(5) 数据处理和结果计算。

方法一：标准曲线法。根据水样的吸光度，从标准曲线上查出水样对应于铁的含量。最后计算出水样中铁的含量（mg/L)。

注意：标准曲线铁的含量单位不同，计算水样铁的含量（mg/L ）公式各异。

$$\rho_{Fe}=\frac{\text{标准曲线查得铁的含量}(\mu g)}{V_s(mL)}\times\frac{1000}{1000}mg/L$$

$$\rho_{Fe}=\frac{\text{标准曲线查得铁的含量}(mg/L)\times V_{终}}{V_s(mL)}mg/L$$

方法二：一元线性回归分析法。根据标准曲线实验数据，铁的含量 c（μg 或 mg/L）和对应的吸光度 A，求出一元线性回归方程及相关系数。

$$A=a+bc$$

将水样的吸光度 $A_{样}$，代入上式求出铁的含量 $c_{样}$：

$$c_{样}=\frac{A_{样}-a}{b}$$

最后计算出水样中铁的含量（mg/L)。

思考题

1. 试由标准曲线的斜率求出邻二氮菲 - Fe(Ⅱ)配合物的摩尔吸光系数，计算值与文献值 1.1×10^4L/（mol·cm）是否一致？若有差别，作出解释。

2. 本实验中哪些溶液的量取需要准确？哪些不必要很准确？

3. 配制铁标准溶液的硫酸亚铁铵是分析纯剂，显色时为什么要加盐酸羟胺？

实验十六　水中六价铬的测定（二苯碳酰二肼分光光度法）

1. 目的要求

(1) 掌握分光光度法测定六价铬的原理和方法。

(2) 进一步熟悉分光光度计的使用。

2. 仪器与试剂

(1) 仪器。

所用玻璃仪器要求内壁光滑，不能用铬酸洗涤液浸泡，可用合成洗涤剂洗后再用浓 H_2SO_4 洗涤，然后依次用自来水、蒸馏水冲洗干净。

分光光度计，50mL 具塞比色管（或容量瓶），5mL 和 10mL 刻度吸管等。

(2) 试剂。

1) 六价铬标准储备溶液：称取 0.1414g 预先在 105～110℃干燥 2h 的 $K_2Cr_2O_7$（优级纯)，用水溶解后，移入 1000mL 容量瓶中，用水稀释至标线，摇匀。此溶液每 mL 含 50.0μg Cr^{6+}。

2）铬标准工作溶液：吸取 4.00mL 铬标准储备液至 200mL 容量瓶中，加水稀释至标线，摇匀，此溶液每 mL 含 1.00μgCr^{6+}，临用时配制。

3）二苯碳酰二肼溶液：称取 0.20g 二苯碳酰二肼于 100mL95%的乙醇中，边搅拌边加入 400mL1∶9H_2SO_4。于棕色瓶中置冰箱内可保存半月，颜色变深不能使用。

4）1∶9H_2SO_4。

3. 测定步骤

（1）标准曲线及水样吸光度的测定。

1）取 7 支 50 mL 干净的比色管，向其中一支加入 50.0mL 被测水样（Cr^{6+} 含量高时，可少取水样，加水至 50mL），其余 6 支依次加入 Cr^{6+} 标准工作溶液 0、1.00、2.00、3.00、4.00、5.00mL，加水至 50mL。

2）向各比色管均加入 2.50mL 二苯碳酰二肼，立即混匀，放置 10min，用 540nm 波长，1cm 比色皿，以试剂空白溶液作参比，测定各自的吸光度。

可采用 1）、2）操作步骤或者按下述方法：

1）取 7 支 50mL 干净的比色管，向其中一支加入 25.00mL 被测水样（Cr^{6+} 含量高时，可少取水样），其余 6 支依次加入 Cr^{6+} 标准工作溶液 0、1.00、2.00、3.00、4.00、5.00mL，均加水至约 25mL。

2）向各比色管均加入 2.5mL 二苯碳酰二肼，加水至 50mL。立即混匀，放置 10min，用 540nm 波长，1cm 比色皿，以试剂空白溶液作参比，测定各自的吸光度。

注意：第一种方法要求加入显色剂的量准确。

数据记录如表 10-15 所示。

表 10-15　铬标准曲线绘制（Cr^{6+} 浓度＝1.00μg/mL，终体积 $V_{终}$＝　　mL）及水样测定结果

编号	0	1	2	3	4	5	6（水样）
铬标液加入量（mL）	0	1.00	2.00	3.00	4.00	5.00	V_s＝　　mL
吸光度 A							
铬含量（μg）	0	2.00	4.00	6.00	8.00	10.00	
铬浓度（mg/L）	0	0.040	0.080	0.120	0.160	0.200	

（2）标准曲线的绘制。以吸光度 A 为纵坐标，铬的含量（μg 或 mg/L）为横坐标绘制标准曲线。

（3）数据处理及结果计算（参见实验十五）。

方法一：标准曲线法。根据水样的吸光度，从标准曲线上查出水样对应于铬的含量。最后计算出水样中铬的含量（mg/L）。

方法二：一元线性回归分析法。根据标准曲线实验数据，铬的含量 c（μg 或 mg/L）和对应的吸光度 A，求出一元线性回归方程及相关系数。将水样的吸光度 $A_{样}$，代入回归方程求出铬的含量 $c_{样}$，最后计算出水样中铬的含量（mg/L）。

4. 注意事项

（1）本法适用于测定较清洁水中六价铬的含量。如果水样有色及浑浊时，可采用活性炭吸附法或沉淀分离法进行预处理。

（2）六价铬与二苯碳酰二肼反应时，显色酸度一般控制在 $c_{\frac{1}{2}H_2SO_4}$＝0.05～0.3mol/L，以0.2mol/L时显色最好。显色前，水样应调至中性。显色时，温度和放置时间对显色有影响，在温度15℃，5～15min时颜色即稳定。

思考题

1. 使用分光光度计应注意什么问题？比色皿透光面为什么一定要干净？

2. 吸光度A和百分透光度$T\%$两者关系如何？分光光度法测定时，一般读取吸光度值，该值的范围是多少？如何控制水样的吸光度值在此范围内？

实验十七 水中挥发酚的测定（4-氨基安替吡啉分光光度法）

1. 目的要求

（1）掌握4-氨基安替吡啉法测定挥发酚的原理、方法及计算。

（2）学会废水预蒸馏操作。

（3）掌握萃取光度法的操作。

2. 方法原理

在pH10±0.2介质中，在铁氰化钾的存在下，4-氨基安替吡啉与酚类反应生成橙红色的吲哚酚安替吡啉染料，它们在水溶液中能稳定约30min，且在510nm处有最大吸收。若用氯仿萃取，能使萃取液稳定4h，在460nm进行光度测定。用磷酸溶液将水样的pH值调节至4进行预蒸馏，可消除色度、浊度等的干扰。

3. 仪器与试剂

仪器：500mL全玻璃蒸馏器，分光光度计，500mL锥形分液漏斗，50mL容量瓶，10mL和5mL吸量管。

试剂：实验用水均为无酚水。

（1）无酚水的制备：于1L蒸馏水中加入0.2g经200℃活化处理0.5h的活性炭粉末，充分振摇后，用双层中速滤纸过滤。

（2）10%硫酸铜。

（3）0.05%甲基橙。

（4）1∶9H_3PO_4：取50mL H_3PO_4（密度为1.69g/L），用水稀释至500mL。

（5）氨—氯化铵缓冲溶液：称取20g NH_4Cl溶于100mL浓氨水中，并将pH值调节至10.0±0.2，当天配制，低温保存取用。

（6）2% 4-氨基安替吡啉：称取2g 4-氨基安替吡啉（$C_{11}H_{13}N_3O$）溶于水中，稀释至100mL，储存于棕色瓶，在冰箱中保存，可稳定一周。

（7）8%铁氰化钾：称取8g铁氰化钾[$K_3Fe(CN)_6$]溶于水，稀释至100mL，储于冰箱中保存，可稳定一周。

（8）三氯甲烷。

（9）$c_{\frac{1}{6}KBrO_3}=0.1000mol/L$ $KBrO_3$：称取2.784g $KBrO_3$溶于水，加入10g KBr，溶解后稀释1000mL。

（10）$c_{Na_2S_2O_3}=0.0125mol/L$ $Na_2S_2O_3$：配制标定方法见溶解氧的测定。

（11）1%淀粉溶液。

（12）碘化钾。

（13）浓 HCl。

（14）苯酚标准储备液：称取 1.00g 无色苯酚溶于水，移入 1000mL 容量瓶中，稀释至标线，储于棕色瓶中，冰箱内保存。

储备液的标定：吸取 10.00mL 苯酚储备液于 250mL 碘量瓶中，加水稀释至 100mL，加入 0.1000mol/L $KBrO_3$-KBr 溶液 10.00mL，立即加入 5mL 浓 HCl，盖好瓶塞，轻轻摇匀，于暗处放置 10min。加入 1g KI，塞紧瓶塞，再轻轻摇匀，放置暗处 5min，用 0.0125mol/L $Na_2S_2O_3$ 标准溶液滴定至淡黄色，加入 1mL 淀粉溶液，继续滴定至蓝色刚好褪去，记录用量。同时以水代替苯酚储备液作空白试验，记录 $Na_2S_2O_3$ 标准溶液用量，苯酚储备液浓度由下式计算：

$$苯酚（mg/mL）=\frac{c_{Na_2S_2O_3}（V_0-V_1）\times 15.68}{V}$$

式中：V_0 为空白试验中 $Na_2S_2O_3$ 标准溶液用量，mL；V_1 为滴定苯酚储备液时 $Na_2S_2O_3$ 标准溶液用量，mL；V 为吸取的苯酚储备液体积，mL；$c_{Na_2S_2O_3}$ 为 $Na_2S_2O_3$ 标准溶液浓度，mol/L；15.68 为苯酚（$\frac{1}{6}C_6H_5OH$）的摩尔质量，g/mol。

（15）苯酚标准中间液：吸取适量苯酚储备液，用水稀释至每毫升含 10μg 苯酚，临用时配制。

（16）苯酚标准使用液：吸取适量苯酚标准中间液，用水稀释至每毫升含 1.00μg 苯酚，配制后在 2h 内使用。

4. 实验步骤

（1）预蒸馏。量取 250mL 水样置于蒸馏瓶中，加数粒小玻璃珠以防暴沸，再加 2 滴甲基橙指示液，用 1∶9H_3PO_4 溶液调节至 pH=4（溶液呈橙红色），加 5mL $CuSO_4$ 溶液（若水样含有较多硫化物，加 $CuSO_4$ 溶液后产生较多量的黑色硫化铜沉淀，则应摇匀后放置片刻，待沉淀后，再加 $CuSO_4$ 溶液至不再产生沉淀为止），连接冷凝器，通冷却水，加热蒸馏，接取馏出液。当蒸馏出 225mL 时，停止加热，放冷，向蒸馏瓶中加 25mL 水，继续蒸馏至馏出液为 250mL 为止。

用实验用水代替水样，按上述步骤进行预蒸馏，得到空白馏出液作为空白试验校正值用。

（2）水样中酚含量大于 0.1mg/L 时的测定（4-氨基安替吡啉直接光度法）。

1）校准曲线的绘制。在一组 8 个 50mL 的容量瓶中分别加 0、0.50、1.00、3.00、5.00、7.00、10.00、12.50mL 酚标准中间液，加水稀释至约 30mL，加 0.5mL 氨—氯化铵缓冲溶液，摇匀，加 1.0mL 4-氨基安替吡啉溶液，摇匀，再加 1.0mL 铁氰化钾溶液，摇匀后稀释至刻度，摇匀，放置 10min，立即用 2cm 比色皿，以未加酚标准溶液的试剂溶液作参比，于波长 510nm 处测量各瓶溶液的吸光度。绘制吸光度对苯酚含量（μg）的标准曲线。

2）水样的测定。分别取适量的水样馏出液（根据水样中酚的含量决定取样量）于 50mL 容量瓶中，用与绘制标准曲线相同的步骤测定吸光度，最后减去空白试验的吸光度，并用校正后的吸光度值在标准曲线上查出水样中苯酚的含量（μg）。

3）空白试验。以蒸馏水代替水样，经蒸馏后，按与水样测定相同的步骤进行测定，以其结果作为水样测定的空白校正值。

上述标准系列、水样及空白试验的显色和吸光度测定应该平行同时做。显色后，吸光度测定应在 30min 内完成。

(3) 水样中酚含量小于 0.1mg/L 时的测定（4-氨基安替吡啉萃取光度法）。

1）标准曲线的绘制。于一组 8 个 500mL 分液漏斗中分别加入 100mL 水，依次加入 0，0.50，1.00，3.00，5.00，7.00，10.00mL 和 15.00mL 酚标准使用液，再分别加水至 250mL。加 2.0mL 氨—氯化铵缓冲溶液，混匀；加 1.5mL 4-氨基安替吡啉溶液，混匀，再加 1.5mL 铁氰化钾溶液，充分混匀后放置 10min。

准确加入 10.00mL 氯仿，加塞后剧烈振荡 2min，静置分层，用干脱脂棉花擦拭干分液漏斗颈管内壁，于颈管内塞一小团干脱脂棉花和滤纸，放出氯仿层。弃去最初滤出的数滴萃取液后，直接放入 2cm 的比色皿。以未加酚标准溶液的氯仿萃取液为参比，于波长 460nm 处测量各瓶萃取液的吸光度，绘制吸光度对苯酚含量（μg）的标准曲线。

2）水样的测定。分取适量水样馏出液（根据水样中酚的含量决定取样量）于 500mL 分液漏斗中，加水至 250mL，用与上述相同的步骤显色、萃取、测量吸光度，再减去空白试验吸光度，并用校正后的吸光度值在标准曲线上查出水样中苯酚的含量（μg）。

3）空白试验。用蒸馏水代替水样进行蒸馏后，按与水样测定相同的步骤进行测定，以其结果作为水样测定的空白校正值。

5. 数据处理及结果计算（参见实验十五）

方法一：标准曲线法。根据水样的吸光度，从标准曲线上查出水样对应于苯酚的含量。最后计算出水样中苯酚的含量（mg/L）。

方法二：一元线性回归分析法。根据标准曲线实验数据，苯酚的含量 c 和对应的吸光度 A，求出一元线性回归方程及相关系数。将水样的吸光度 $A_{样}$，代入回归方程求出苯酚的含量 $c_{样}$，最后计算出水样中苯酚的含量（mg/L）。

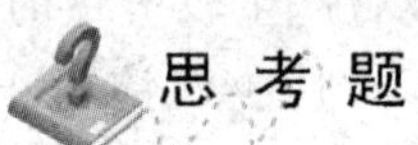

思考题

1. 对水样进行预蒸馏起什么作用？
2. 比较 4-氨基安替吡啉直接光度法和萃取光度法各有何优缺点？

实验十八 水中氨氮的测定（奈氏试剂分光光度法）

1. 目的要求

(1) 学会水样的预处理方法。

(2) 掌握水中氨氮的测定原理和方法。

2. 方法概要

对于含氨氮量较高且无色透明、清洁的水样可直接用奈氏试剂比色法测定。对于有颜色、混浊、含干扰物质较多、氨氮含量较少的水样，在分析时需作预处理，一般污染严重的水或工业废水，以蒸馏法使之消除干扰。

3. 预处理

（1）原理。在已调至中性的水样中加入磷酸盐缓冲溶液，使 pH 值保持在 7.4 时，加入氧化镁使呈微碱性，蒸馏释放出的氨吸收于硼酸溶液中。如 pH 值太高，能促使有机氮化合物转变为氨，导致结果偏高，pH 值太低时，氨的回收不完全，导致结果偏低。

（2）仪器。带氮球的定氮蒸馏装置：500mL 凯氏烧瓶、氮球、直形冷凝管和导管，装置如图 10-20 所示。使用前先用蒸馏水蒸馏至无氨为止，整个系统必须非常严密。

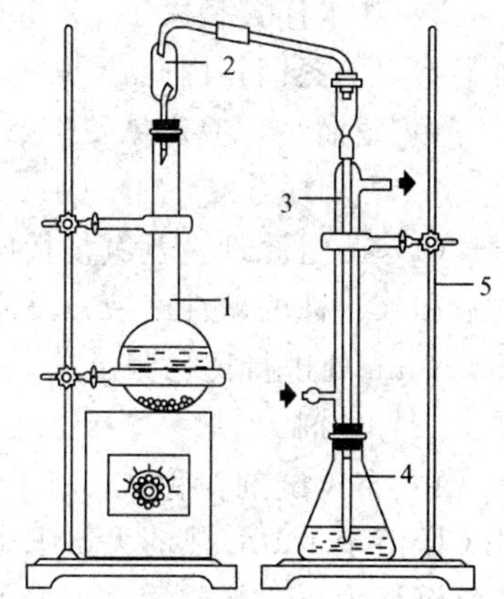

图 10-20　氨氮蒸馏装置

1—500mL 凯氏烧瓶；2—氮球；3—直形冷凝管；4—吸收瓶；5—固定支架

（3）试剂。水样稀释及试剂配制均用无氨水。

1）不含氨的蒸馏水制备。

蒸馏法：每 L 蒸馏水中加 0.1mL 浓 H_2SO_4，在全玻璃蒸馏器中重新蒸馏，弃去 50mL 初馏液，接取其余馏出液于具塞磨口的玻璃瓶中，密塞保存。

离子交换法：让蒸馏水通过强酸性阳离子交换柱，将流出液收集在带有磨口玻璃塞的玻璃瓶内。

2）磷酸盐缓冲溶液（pH=7.4）：称取 14.3g KH_2PO_4 和 68.8g K_2HPO_4，用水溶解后稀释至 1000mL。配制后用酸度计测定其 pH 值，必要时加入上述两种试剂调至 pH 值为 7.4。

3）轻质 MgO：将 MgO 在 500℃下灼烧，以除去碳酸盐。

4）2%硼酸吸收液：称取 20g 硼酸溶于水，稀释至 1000mL。

（4）预处理操作。

1）蒸馏装置的预处理。向蒸馏瓶中加入 250mL 蒸馏水，10mL 磷酸盐缓冲液，0.25g 轻质 MgO 和几粒玻璃珠，加热蒸馏至馏出液不含氨为止，冷却后弃去瓶内残液（留下玻璃珠）。

2）水样预处理。量取 250mL（如氨氮含量较高，可少取水样用水稀释至 250mL，使氨氮含量不能超过 2.5mg）移入凯氏烧瓶中，加 10mL 磷酸盐缓冲溶液、0.25g 轻质 MgO，立即连接氮球和冷凝管，导管下端伸入吸收液液面下，吸收液为 50mL 硼酸，盛于 250mL 容量瓶中，加热蒸馏，蒸馏速度为 6～8mL/min，蒸馏至馏出液达 200mL 时停止蒸馏，蒸馏至最后 1～2min 时，将容量瓶放低，使硼酸的液面脱离冷凝管出口，用水定容至 250mL，摇匀，留用待测定。

另外，对色度、浊度较高和含干扰物质较多的水样，除按照上述预处理法外，还可以按混凝沉淀法预处理。

3）混凝沉淀法预处理。取 100mL 水样于具塞量筒或比色管中，加 1mL10% $ZnSO_4$ 溶液和 0.2mL25%NaOH 溶液，调节 pH 值至 10.5 左右，混匀静置 10min，用经无氨水充分洗涤过的中速滤纸过滤，弃去初滤 20mL 后，接取滤液备用。如果静置半小时，可直接取上层清液供比色用。

（5）注意事项：

1）水样如偏酸性或偏碱性，应先加 1mol/L NaOH 或 0.5mol/L H_2SO_4，调节 pH 值

至7.0。

2）水样如含余氯，则应加适量0.35%$Na_2S_2O_3$溶液，每0.5mL可除去0.25mg余氯。

3）如水样含钙大于250mg时，因钙与磷酸盐生成磷酸钙沉淀释放出H^+，降低pH值而影响氨的蒸馏，因此，每250mg要多加10mL磷酸盐缓冲溶液。

4）蒸馏时，应避免发生暴沸，否则可能造成馏出液温度升高，氨吸收不完全。

4. 氨氮的测定

（1）测定原理。氨氮是指以游离态氨和铵离子等形式存在的氮。铵离子同奈氏试剂（碘化汞和碘化钾的碱性溶液）反应生成淡红棕色胶态化合物，其色度与氨氮含量成正比，在波长420nm处进行比色测定。

（2）试剂。

1）奈氏试剂：称取5gKI，溶于5mL无氨水中，分多次加入少量$HgCl_2$溶液（2.5g $HgCl_2$溶于10mL热的无氨水中，可稍微加热以增加$HgCl_2$的溶解度），不断搅拌至微有朱红色沉淀为止。冷却后，加入KOH溶液（15g KOH溶于30mL水中），充分冷却，加水稀释至100mL。静置1d，将上层清液储存在棕色瓶内，盖紧橡皮塞，有效期为一个月。

2）酒石酸钾钠溶液：称取50g酒石酸钾钠（$KNaC_4H_4O_6 \cdot 4H_2O$）溶于水中，加热煮沸以除去氨，冷却，定容至100mL。

3）铵标准储备溶液：称取3.819g在100℃干燥过的NH_4Cl溶于水，定量转移至1000mL容量瓶中，稀释至标线。此溶液每mL含1.00mg氨氮。

4）铵标准使用液：称取5.00mL上述铵标准储备溶液于500mL容量瓶中，用水稀释至标线。此溶液每mL含0.010mg氨氮。

（3）测定步骤。

1）校准曲线的绘制。吸取0，0.50，1.00，3.00，5.00，7.00mL和10.00mL铵标准使用液，分别于50mL比色管中，加水至标线，加1.0mL酒石酸钾钠溶液，混匀。加1.5mL奈氏试剂，混匀。放置10min后，在波长420nm处，用1cm比色皿，以水为参比测量吸光度。

由测得的吸光度减去零浓度空白的吸光度后，得到校正吸光度，绘制以氨氮含量（mg）对校正吸光度的校准曲线。

2）水样的测定。取50.0mL经预处理的水样（如氨氮含量大于0.1mg，则取适量水样加水稀释至50mL），加入50mL比色管中，稀释至标线，加1.0mL酒石酸钾钠溶液。其余步骤同校正曲线的绘制。

5. 数据处理及结果计算（参见实验十五）

方法一：标准曲线法。根据水样的吸光度，从标准曲线上查出水样对应于氨氮的含量。最后计算出水样中氨氮的含量（mg/L）。

方法二：一元线性回归分析法。根据标准曲线实验数据，氨氮的含量c和对应的吸光度A，求出一元线性回归方程及相关系数。将水样的吸光度$A_{样}$，代入回归方程求出氨氮的含量$c_{样}$，最后计算出水样中氨氮的含量（mg/L）。

思考题

1. 加酒石酸钾钠的目的是什么？

2. 若水样含氨氮量极少且杂质多，应如何进行预处理才能测定。

实验十九　水中磷酸盐的测定（磷钒钼黄分光光度法）

1. 目的要求

掌握磷酸盐的测定方法，会使用分光光度计。

2. 方法概要

在 0.3mol/L H_2SO_4 的酸度下，磷酸盐、钼酸盐和偏钒酸盐形成黄色的磷钒钼酸，其反应为

$$2H_3PO_4 + 22(NH_4)_2MoO_4 + 2NH_4VO_3 + 23H_2SO_4 \rightarrow P_2O_5 \cdot V_2O_5 \cdot 22MoO_3 \cdot nH_2O + 23(NH_4)_2SO_4 + (26-n)H_2O$$

磷钒钼酸可在 420nm 的波长下测定。

本法适用于炉水磷酸盐的测定，相对误差为±2%。

3. 仪器和试剂

（1）仪器。分光光度计，50mL 比色管。

（2）试剂。

1）磷酸盐储备溶液（1mL 含 1mg PO_4^{3-}）：称取在 105℃干燥过的磷酸二氢钾（KH_2PO_4）0.7165g，溶于少量试剂水中，转移并稀释至 500mL 的容量瓶中。

2）磷酸盐工作溶液（1mL 含 0.1mg PO_4^{3-}）：取上述储备液 10.00mL 注入 100mL 容量瓶中，用试剂水稀释至刻度。

3）钼酸铵-偏钒酸铵-硫酸显色溶液（简称钼钒酸显色溶液）的配制：

a. 称取 5g 钼酸铵和 0.25g 偏钒酸铵（NH_4VO_3），溶于 40mL 试剂水中。

b. 取 20mL 浓 H_2SO_4，在不断搅拌下徐徐加入到 25mL 试剂水中，并冷却至室温。

c. 将按 b 配制的溶液倒入按 a 配制的溶液中，用试剂水稀释至 100mL。

4. 测定方法

（1）工作曲线绘制。

1）根据待测水样的磷酸盐含量范围，按表 10-16 中所列数据分别把磷酸盐工作溶液（1mL 含 0.1mg PO_4^{3-}）注入一组 50mL 比色管中，用试剂水稀释至刻度。

2）分别加入 5mL 钼钒酸显色溶液，摇匀，放置 2min。

3）选用 30mm 的比色皿和 420nm 的波长，以编号为 1 的溶液作参比，分别测定显色后磷酸盐标准溶液的吸光度，并绘制工作曲线。

表 10-16　磷酸盐标准溶液的配制

比色管编号	1	2	3	4	5	6	7
工作溶液体积（mL）	0	0.50	1.00	2.00	4.00	6.00	8.00
相当于水样磷酸盐含量（mg/L）	0	1	2	4	8	12	16

（2）水样的测定。

1）取水样 50mL（平行两份）注入比色管中，加入 5mL 钼钒酸显色溶液，摇匀，放置 2min，以编号为 1 的溶液作参比，在与绘制工作曲线相同的比色皿和波长条件下，测定其

吸光度。

2）从工作曲线查得水样磷酸盐含量（mg/L）。

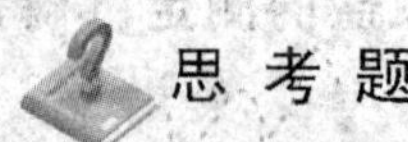

思考题

1. 在拿比色皿时，应如何操作？比色皿盛放多少溶液较为合适？

2. 在实际工作中，引起工作曲线不能通过原点的主要因素有哪些？

3. 监督炉水中磷酸根的意义是什么？

实验二十　水中二氧化硅的测定（硅钼蓝分光光度法）

1. 目的要求

掌握用钼蓝比色法测定硅的方法。

2. 方法概要

在pH值为1.1～1.3的溶液中，可溶性硅与钼酸铵反应生成硅钼黄，用1-氨基-2-萘酚-3-磺酸（简称1-2-4-酸溶液）还原生成硅钼蓝，此硅钼蓝的色度与水样中可溶性硅的含量成正比，于660nm处测定其吸光度，求得二氧化硅的含量。磷酸盐对本法的干扰可用调整酸度及加草酸或酒石酸的方法加以消除。

3. 仪器与试剂

（1）仪器。分光光度计，50mL比色管。

（2）试剂。

1）1∶1HCl溶液。

2）10%钼酸铵溶液：称10g钼酸铵[$(NH_4)_6Mo_7O_{24}\cdot 4H_2O$]于水中，搅拌并微热，溶解后稀释至100mL。如有不溶物应过滤。用氨水调节至pH7～8。

3）7.5%草酸溶液：称7.5g草酸（$H_2C_2O_4\cdot 2H_2O$）于水中，溶解后稀释至100mL。

4）1-2-4酸溶液：称0.5g 1-氨基-2-萘酚-3-磺酸和1g亚硫酸钠（Na_2SO_3）溶解于50mL水中，然后将此溶液加入含有30g亚硫酸氢钠（$NaHSO_3$）的150mL水溶液中，过滤后，放入聚乙烯瓶中，置冰箱避光保存。如溶液颜色变深不宜使用。

5）SiO_2标准溶液。

储备液（1mL含0.1mg SiO_2）：取研磨成粉状的SiO_2（优级纯）约1g，置于700～800℃的高温炉中灼烧0.5h。称取灼烧过的SiO_2 0.1000g和已于270～300℃焙烧过的粉状无水Na_2CO_3 0.7～0.8g，置于铂坩埚内，用铂丝搅拌均匀，把铂坩埚放入50mL瓷坩埚中。当高温炉升温至900～950℃时，保温20～30min后，把坩埚放入高温炉中，在900～950℃下熔融5min。取出坩埚，冷却后放入塑料杯中，加煮沸试剂水100mL，放入沸腾的水浴内，加热溶解熔融物。不断地搅拌，待熔融物全部溶解后取出铂坩埚，用试剂水仔细淋洗坩埚内外壁。待溶液冷却至室温后，倾入1000mL容量瓶中，用试剂水稀释至刻度线，混匀后倾入塑料瓶中储存。此溶液应完全透明，如浑浊须重新配制。

SiO_2标准使用液（1mL含10μg）：取SiO_2储备液（1mL含0.1mg）20.00mL，注入200mL容量瓶，用水稀释至刻度。

4. 分析步骤

(1) 标准曲线的绘制。移取 SiO_2 标准使用溶液(1mL 含 10μg) 0、0.10、0.50、1.00、3.00、5.00、7.00mL,分别移入 50mL 比色管中加水稀释至标线。均依次加入 1.0mL 1∶1HCl,2.0mL10%钼酸铵,上下倒置使之混合均匀,然后放置 5～10min,均加入 2.0mL 7.5%草酸充分混匀。从加入草酸后计算时间,在 2～15min 内均加入 2.0mL 1-2-4 酸溶液充分混匀。5min 后,在 660nm 波长处,用 1cm 比色皿,以零管为参比测量吸光度,并标准曲线。

(2) 水样的测定。取 25mL 水样(或适量清澈透明水样)移入 50 mL 比色管中加水稀释至标线。按与标准曲线绘制相同的操作方法加入试剂,测定吸光度。

5. 数据处理及结果计算(参见实验十五)

方法一:标准曲线法。根据水样的吸光度,从标准曲线上查出水样对应于 SiO_2 的含量。最后计算出水样中 SiO_2 的含量(mg/L)。

方法二:一元线性回归分析法。根据标准曲线实验数据,SiO_2 的含量 c 和对应的吸光度 A,求出一元线性回归方程及相关系数。将水样的吸光度 $A_{样}$,代入回归方程求出 SiO_2 的含量 $c_{样}$,最后计算出水样中 SiO_2 的含量(mg/L)。

思考题

1. 用钼蓝比色法测定硅时,如何消除磷酸盐的干扰?

2. 配制 1-2-4 酸溶液时,加亚硫酸钠的作用是什么?溶液混浊为什么进行过滤?

实验二十一 水中钠的测定(静态法)

1. 目的要求

掌握用静态法测定水样中钠的原理和方法。

2. 方法概要

当钠离子选择性电极—pNa 电极与甘汞电极同时浸入水溶液后,即组成测量电池。其中 pNa 电极的电位随溶液中钠离子活度而变化。用一台高输入阻抗的毫伏计测量,可获得同水溶液中钠离子活度相对应的电极电位,以 pNa 值表示:

$$pNa=-\lg\alpha_{Na^+}$$

pNa 电极的电位与溶液中钠离子活度的关系符合能斯特方程式:

$$E=\varphi^{\circ}+\frac{RT}{F}\ln\alpha_{Na^+}$$

式中各符号意义同 pH 测定中公式的意义。

离子活度与浓度关系为

$$\alpha=\gamma c$$

根据实验证明,当 $c_{Na^+}<10^{-3}$ mol/L 时,$\gamma=1$,此时活度和浓度很接近;当 $c>10^{-3}$ mol/L时,$\gamma<1$,因此测得结果必须要考虑活度系数的修正。

当测定溶液 $c_{Na^+}<10^{-3}$ mol/L 时,被测溶液和定位液温度为 20℃,上式可简化为

$$\Delta E=0.058\lg\ (c'_{Na^+}/c_{Na^+})$$

$$\Delta E=\ (pNa-pNa')\ \times 0.058$$

$$pNa=pNa'+\Delta E/0.058$$

式中：c'_{Na^+}为定位溶液钠离子的浓度，mol/L；c_{Na^+}为测定溶液钠离子的浓度，mol/L。

测定水样中的钠离子浓度时，应特别注意氢离子以及钾离子的干扰，前者可通过加入碱化剂使被测溶液 pH>10 来消除；后者必须严格控制 c_{Na^+}：c_{K^+} 至少为 10∶1，否则对测定结果会带来误差。本法在电极和实验条件良好的情况下，仪表可指示出 0.23μg/L 的钠离子含量。

3. 仪器和试剂

（1）仪器。DWS-51 型钠度计，钠离子选择性电极，甘汞电极等。

（2）试剂。

1）NaCl 标准溶液（即定位液）的配制：

pNa2 标准储备液（$c_{Na^+}=10^{-2}$mol/L）：精确称取 1.169g 经 250～350℃烘干 1～2h 的优级纯 NaCl，溶于试剂水中，然后移入容量瓶稀释至 1000mL。

pNa4 标准溶液（$c_{Na^+}=10^{-4}$mol/L）：取储备液用试剂水准确稀释 100 倍。

pNa5 标准溶液（$c_{Na^+}=10^{-5}$mol/L^{-1}）：相当于 23μg/LNa^+。取 pNa4 标准溶液稀释 10 倍，此溶液一般作复核用，不能作定位溶液。

2）碱化剂的配制：二异丙胺液的含量应不少于 98%，直接储存于小塑料瓶中。

4. 测定方法

（1）打开仪器预热 30min 后，按仪器说明书进行调零、温度补偿及满刻度校正等操作。

（2）以 pNa4 标准溶液定位后，定位应重复核对 1～2 次，直至重复定位误差不超过 ±0.02pNa。定位完毕，应进行 pNa5 的校核，如测 pNa5 标准溶液时，钠度计指示为 pNa5.00±（0.02～0.03)，则说明仪器及电极均正常，可进行水样测定。

（3）测定水样前先以 pH 值调至 10 以上的试剂水反复冲洗电极和电极杯，使 pNa 计读数在 6.5 以上，再将已加二异丙胺的水样将电极冲洗数次。最后重新取水样，调 pH 值至 10 以上，浸入电极，再次进行调整温度补偿等操作，然后按下仪表读数开关，待仪表指针平衡后记录读数。

5. 注意事项

（1）试剂瓶以及取样瓶都应用聚乙烯塑料制品。各种标准溶液储放在 5～10L 聚乙烯塑料桶内，不用时应密封，以防污染。

（2）新的塑料桶都应用 1∶1 盐酸溶液处理，然后用试剂水反复冲洗后才能使用。

（3）采集含钠量极微的水样时，采集器应按上述手续冲洗干净后，试剂水浸泡过夜，然后测定其含钠量，只有当 pNa>6.5 时才认为合格可用。

（4）各取样和定位液用塑料桶都应专用，不宜经常更换不同钠离子浓度的定位标准溶液，或将钠离子浓度相差很大的各取样瓶混用。

（5）电极污染处理和 pH 电极相同，最后应在加碱化剂的 pNa4 定位液中浸泡 1～2h 后使用。

思考题

1. pNa 电极法测定 Na^+ 含量的原理是什么?

2. 新购的 pNa 电极（或久置不用的电极）使用前应如何处理?

3. 如何清洗被污染的电极?

4. 测定溶液中的 Na^+ 时，为什么要加入碱化剂?

实验二十二 水中 pH 值的测定

1. 目的要求

(1) 掌握 pH 值的测定原理及方法。

(2) 学会酸度计的使用方法。

2. 仪器和试剂

(1) 仪器。pHS-3C 型酸度计或其他型号的酸度计，pH 复合电极，100mL 塑料烧杯，温度计。

(2) 试剂。下列标准缓冲溶液均需用新煮沸数分钟并冷却后的试剂水（电导率应低于 2μS/cm）配制。

1) pH=4.00 (20℃) 标准缓冲溶液：称取 10.21g 在 105℃烘干 2h 的苯二甲酸氢（$KHC_8H_4O_4$），溶于试剂水中并稀释至 1000mL 容量瓶中，摇匀。

2) pH=6.88 (20℃) 标准缓冲溶液：称取 3.40g 在 105℃烘干 2h 的 KH_2PO_4 和 3.55g 在 105℃烘干 2h 的 Na_2HPO_4，溶于试剂水中，移入 1000mL 容量瓶中，稀释至刻度，摇匀。

3) pH=9.22 (20℃) 标准缓冲溶液：称取 3.81g 硼酸钠（$Na_2B_4O_7 \cdot 10H_2O$），溶于试剂水中，移入 1000mL 容量瓶中稀释至刻度，摇匀。

上述 3 种标准缓冲溶液可用市售袋装标准缓冲溶液试剂用试剂水溶解后，按规定稀释即可。标准缓冲溶液的 pH 值随温度变化而稍有差异，见表 10-17。

表 10-17 标准缓冲溶液在不同温度下的 pH 值

温度（℃）	pH 值标准缓冲溶液		
	pH=4.00 (20℃)	pH=6.88 (20℃)	pH=9.22 (20℃)
0	4.01	6.98	9.46
5	4.01	6.95	9.39
10	4.00	6.92	9.33
15	4.00	6.90	9.27
20	4.00	6.88	9.22
25	4.01	6.86	9.18
30	4.01	6.85	9.14
35	4.02	6.84	9.10
40	4.03	6.84	9.07

3. 实验步骤

(1) 按所使用仪器的操作方法进行操作。组装好仪器，开机预热至稳定。

(2) 将选择开关置于 pH 挡，将洗净的电极插入 pH=6.86 标准缓冲溶液中。温度补偿旋钮置于待测溶液温度值，斜率补偿旋钮置于最大（100%）。搅匀试样，调节定位旋钮，使仪器值为该温度下该标准缓冲溶液在此温度下的 pH 值。

(3) 取出并洗净电极，插入接近待测溶液 pH=4.00 或 pH=9.18 的标准缓冲溶液中。温度补偿旋钮置于待测溶液温度值，搅匀溶液，调节斜率补偿旋钮，使仪器显示值为该温度下该标准缓冲溶液的 pH 值。

(4) 多次重复（2）、（3）操作步骤至不需再动定位和斜率补偿旋钮。

(5) 取出并洗净电极，再用待测溶液清洗 2～3 次，将温度补偿旋钮置于待测溶液温度值，将电极插入待测溶液中，搅匀溶液，待读数稳定后，读出待测溶液的 pH 值，并记录。平行测定 3 次。

(6) 测定完毕后，清理台面，清洗电极并妥善保管好仪器和用具。

4. 注意事项

(1) 用蒸馏水或去离子水冲洗电极时，应当用滤纸吸去玻璃膜上的水分，而不是擦拭电极。

(2) 由于玻璃电极内阻很高，使用电磁搅拌可能引起电磁干扰，搅拌引起的涡流可能使液接电位波动，因此用玻璃电极测量 pH 值时，一般不使用电磁搅拌。通常的操作是将电极浸入溶液后，用手摇动一下测量杯或开启搅拌使电极与溶液充分接触，然后停止搅拌进行测量读数。

思考题

1. 直接电位法测定溶液的 pH 值的原理是什么？

2. 酸度计为什么要用已知 pH 值的标准缓冲溶液定位？如何选用 pH 值标准缓冲溶液进行定位？

3. 标准缓冲溶液的 pH 值受哪些因素影响？定位标准缓冲溶液和被测溶液为什么要考虑温度？

4. 玻璃电极在使用前应如何处理？为什么？

实验二十三　水中氟离子的测定（氟离子选择性电极法）

1. 目的要求

(1) 掌握氟离子选择电极测定水中 F^- 浓度的原理、方法和计算。

(2) 了解总离子强度调节缓冲溶液的意义和作用。

(3) 熟悉用标准曲线法和标准加入法测定水中 F^- 的浓度。

2. 仪器与试剂

(1) 仪器。酸度计或离子活度计，氟离子选择电极，饱和甘汞电极，电磁搅拌器，吸量管，100mL 容量瓶等。

（2）试剂。

1）氟标准储备液：称取于110℃干燥2h并冷却的NaF 0.2210g，用试剂水溶解后转入1000mL容量瓶中，稀释至刻度，摇匀，储于聚乙烯瓶中。此溶液每mL含F^- 100μg。

2）氟标准使用溶液：吸取10.00mL氟标准储备液于100mL容量瓶中，用试剂水稀释至刻度，摇匀。此溶液每mL含F^- 10μg。

3）总离子强度调节缓冲溶液（TISAB）：加入500mL纯水与57mL冰醋酸，58g NaCl，12g $Na_3C_6H_5O_7 \cdot 2H_2O$（柠檬酸钠），搅拌至溶解。将烧杯放冷后，缓慢加入6mol/L NaOH溶液（约125mL），直到pH值在5.0～5.5之间，冷至室温，转入1000mL容量瓶中，用去离子水稀释至刻度。

3. 操作步骤

（1）氟电极的准备。电极使用前应在10^{-3} mol/L NaF溶液中浸泡1～2h进行活化，再用去离子水清洗电极到空白电位，即氟电极在去离子水中的电位约300mV（此值各支电极不一样）。

（2）标准曲线绘制及水样测定。吸取10μg/mL的氟标准使用溶液0、0.50、1.00、3.00、5.00、7.00mL及水样20.00mL（或适量），分别放入7个100mL容量瓶中，各加入20mL TISAB溶液，用水稀释至标线，摇匀。由低浓度到高浓度依次移入塑料烧杯中（空白溶液除外），插入氟电极和参比电极，放入一只塑料搅拌子、电磁搅拌2min，静置1min读取平衡电位值（达平衡电位所需时间与电极状况、溶液浓度和温度等有关，视实际情况掌握），最后测定水样电位值。在每一次测量之前，都要用纯水将电极冲洗干净，并用滤纸吸干。

实验数据记录如表10-18所示。

表10-18 氟标准曲线绘制（F^-浓度=10.0μg/mL，终体积$V_{终}$=100mL）及水样测定结果

编号	1	2	3	4	5	6（水样）
氟标夜加入量（mL）	0.50	1.00	3.00	5.00	7.00	V_s=20.00mL
电极电位E（mV）						
氟浓度（mol/L）	2.63×10^{-6}	5.25×10^{-6}	1.58×10^{-5}	2.63×10^{-5}	3.72×10^{-5}	
pF	5.58	5.28	4.80	4.58	4.43	

（3）数据处理及结果计算。

方法一：根据所测标准曲线实验数据，在方格纸上绘制E-pF标准曲线。从标准曲线上查出水样电极电位E所对应的pF。最后计算出水样中F^-的含量（mg/L）。例如，从标准曲线上查出水样电极电位所对应的pF=5.48，即F^-浓度为3.31×10^{-6} mol/L，水样中F^-的含量为

$$\rho_{F^-}=\frac{3.31\times10^{-6}\times19\times100}{20.00}\times1000=0.314(\text{mg/L})$$

方法二：一元线性回归分析法。根据标准曲线实验数据，pF和对应的电极电位E，求出一元线性回归方程（$E=a+b$pF）及相关系数。将水样的电极电位$E_{样}$，代入回归方程求出$pF_{样}$，最后计算出水样中F^-的含量（mg/L）。

（4）一次标准加入法。取20.00mL水样（或适量）于100mL容量瓶中，加入20mL

TISAB 溶液，用试剂水稀释至刻度，摇匀后全部转入 200mL 的干燥烧杯中，测定电位值 E_1。

向被测溶液中加入 1.00mL 浓度为 100μg/mL 的氟标准溶液，搅拌均匀，测定其电位值 E_2。将标准系列中的空白溶液全部加到上面测过 E_2 的试液中，搅拌均匀，测定其电位值 E_3。

在测出 E_1 和 E_2 后的溶液中加入同体积空白溶液，测其电位 E_3，则实际响应斜率为

$$S=\frac{E_3-E_2}{\lg 2}$$

式中：S 为电极响应斜率，理论值为 $2.303RT/nF$，和实际值有一定的差别。为避免引入误差，可计算标准曲线的斜率求得，也可借稀释一倍的方法测得。水样试液中 F^- 浓度为

$$c_{F^-}=\frac{c_s V_s}{V_s+V_x}\left(10^{\frac{|E2-E1|}{S}}-1\right)^{-1}\ (\mu g/mL)$$

水样中 F^- 含量为

$$\rho_{F^-}=\frac{c_{F^-}\times 100.00}{20.00}\times\frac{1000}{1000}\ (mg/L)$$

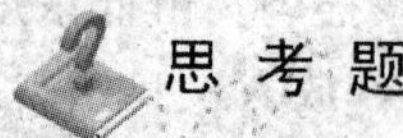

思考题

1. 用离子选择性电极测定溶液中的离子浓度时，为什么要控制溶液的离子强度？
2. 标准曲线法和标准加入法各有何优缺点？
3. TISAB 代表什么？它包含哪些成分？各组分的作用是什么？
4. 标准系列法测量电位值时，为什么测定顺序要由稀到浓？

实验二十四　水中电导率的测定

1. 目的要求

(1) 掌握电导分析法的基本原理及测定水质纯度的技术。

(2) 学会电导率仪的使用方法。

(3) 掌握电导池常数的测量技术。

2. 仪器与试剂

(1) 仪器。电导率仪，电导电极（DJS-1 型光亮电极和 DJS-1 型铂黑电极），温度计，小烧杯。

(2) 试剂。

1) 水样：去离子水，蒸馏水，自来水。

2) KCl 校准溶液的制备。

优级纯或基准 KCl 在 105℃下烘干 2h，然后放入干燥器中冷至室温。用电导率不大于 0.2μS/cm 的去离子水［(20±0.5)℃］制备 KCl 溶液。

0.01mol/L KCl 校准溶液：称取 0.7455g KCl，用去离子水溶解后移入 1000mL 容量瓶中，水稀释至刻度，摇匀。

0.001mol/L KCl 校准溶液：用移液管吸取 0.01mol/L KCl 校准溶液 10.00mL，移入 100mL 容量瓶中，用去离子水稀释至刻度，摇匀。

3. 实验步骤

（1）用 DDS-11A 型电导率仪测量步骤如下。

1）测实验室去离子水时，用 DJS-1 型光亮电极；测自来水时，用 DJS-1 型铂黑电极。

2）用 0.001mol/L KCl 校准溶液校准光亮电极常数，并测定去离子水的电导率。

用 0.001mol/L KCl 校准溶液充分洗涤电极，浸入 0.001mol/L KCl 溶液中（保持 25℃）。仪器测量频率用高周，量程选择 10，校正、测量开关扳向“测量”，电极常数旋钮调至“1.0”位置，调节校正调节器使电导率在 146.4μS/cm 处。将校正、测量开关扳至“校正”位置，调节电极常数调节器使电表指示满度，此时电极常数调节器指示的数值即为该电极的常数。

用被测的去离子水清洗电极，测量频率用低周，量程选择 3 或 4，校正、测量开关置于“校正”，用校正调节器使指示满刻度，然后将校正、测量开关置于“测量”，读取去离子水的电导率值。以上操作至少重复两次，取平均值作为结果。

3）用 0.01mol/L KCl 校准溶液校准铂黑电极常数，并测定自来水的电导率。

校准电极常数的操作同上述操作 2），但在测水样时测量频率用高周，选择合适的量程（如 9 或 10）。至少重复测两次，取平均值报告结果。当测定水样温度不是 25℃时，应换算为 25℃时电导率，换算公式见式（8-25）。

（2）用 DDS-310 型电导率仪测量步骤如下。

1）将电导仪接上电源，开机预热。装上电导电极（其规格常数 $Q_0=1$），用蒸馏水冲洗几次电极，并用吸水纸吸去水珠。

2）将洗净的电极用 0.001mol/L（或 0.01mol/L）KCl 校准溶液清洗，并用吸水纸吸去水珠。随后浸入 KCl 校准溶液中，保持 25℃。

3）仪器功能开关置校正（基本）档，温度补偿旋钮置 25℃刻度线，调节常数校正旋钮，使仪器显示 1.000。启动测量开关进行测量，读出仪器读数，并计算电极的电导池实际常数 Q。

4）调节常数校正旋钮，使仪器显示电导池实际常数 Q 值。对水样电导率进行测定。

取去离子水、蒸馏水、自来水分别置于 3 个小烧杯中，用蒸馏水、待测水样依次冲洗电极，逐一进行测量，并记录相应读数。

思考题

1. 水中的电导率在水质分析中有何意义？通过去离子水及自来水的电导率测定结果，说明电导率与含盐的关系。

2. 电极常数是由什么决定的？如何校准？

3. 电导率测量高纯水时，随着在空气中放置时间的增长，电导率增大，可能影响的因素是什么？

实验二十五 水中镉、铜、铅、锌的测定（原子吸收光谱法）

1. 目的要求

(1) 掌握原子吸收光谱分析法的基本原理。

(2) 了解原子吸收分光光度计的主要结构及其使用方法。

(3) 掌握用标准曲线法进行定量测定的方法。

2. 方法原理

将水样或经消解处理后的水样直接吸入火焰，火焰中形成的原子蒸气对光源发射的特征谱线产生吸收，其吸光度与被测元素的浓度成正比，用标准曲线法可求出水样中被测元素的含量。在测定不同元素时，需用不同元素的空心阴极灯，从而可在同一试液中不需分离直接测定几种元素。

3. 仪器与试剂

原子吸收分光光度计，镉、铜、铅、锌空心阴极灯，100mL 容量瓶，吸量管等。

HNO_3（优级纯），高氯酸（优级纯）。

金属标准储备溶液：分别称取 0.5000g 光谱纯镉、铜、铅、锌于 4 个烧杯中，各加入 1∶1HNO_3 溶液约 10mL 溶解，必要时加热直至溶解完全。分别用试剂水稀释至 500mL 容量瓶，摇匀，此溶液每 mL 含相应金属离子 1.00mg。

混合标准溶液：用 0.2%HNO_3 稀释金属标准储备溶液配制而成，使配成的混合标准溶液每 mL 含镉、铜、铅和锌分别为 10.0，50.0，100.0μg 和 10.0μg。

4. 实验步骤

(1) 水样预处理。取 100mL 水样于 200mL 烧杯中，加 5mL HNO_3，加热消解（不要沸腾），蒸至 10mL 左右，加入 5mL HNO_3 和 2mL 高氯酸，继续加热直至 1mL 左右。若消解不完全，再加入 5mL HNO_3 及 2mL 高氯酸，再次蒸至 1mL 左右。冷却后，加水溶解残渣，通过预先用酸洗过的中速滤纸滤至 100mL 容量瓶中，用试剂水稀释至标线。

取 100mL0.2%HNO_3，按上述相同的操作制备空白样。

(2) 水样测定。镉、铜、铅、锌的分析线波长分别为 228.8，324.7，283.3nm 和 213.8nm，火焰为氧化型乙炔—空气焰。仪器用 0.2%HNO_3 调零，吸入空白样和水样测量其吸光度。扣除空白样吸光度后，从标准曲线上查找出水样中的金属浓度，也可从仪器上直接读出水样中的金属浓度。

(3) 校准曲线。吸取混合标准溶液 0，0.50，1.00，3.00，5.00mL 和 10.0mL，分别放入 6 个 100mL 容量瓶中，用 0.2%HNO_3 稀释至标线，摇匀。此混合标准系列各金属的浓度见表 10-19，按水样测定的步骤分别测量吸光度。各标准溶液的吸光度经空白校正后，对相应的浓度作图，绘制校准曲线。

计算

$$被测金属=\frac{m}{V_s}\text{mg/L}$$

式中：m 为从校准曲线上查出或仪器直接读出的被测金属的质量，μg；V_s 为分析用的水样体积，mL。

表 10-19 标准系列的配制和浓度

混合标准溶液体积（mL）		0	0.50	1.00	3.00	5.00	10.00
金属浓度（mg/L）	镉	0	0.05	0.10	0.30	0.50	1.00
	铜	0	0.25	0.50	1.50	2.50	5.00
	铅	0	0.50	1.00	3.00	5.00	10.0
	锌	0	0.05	0.10	0.30	0.50	1.00

5. 原子吸收分光光度计的一般使用方法

由于各种仪器型号不同，性能不同，操作步骤也不相同。应按所用仪器的使用说明书操作，一般按下述步骤操作。

(1) 安装空心阴极灯，选择所需波长，将狭缝宽度调至所需宽度。

(2) 将灯电流调至最小，开启电源后，再将灯电流调至所需电流。

(3) 开启空气压缩机调节空气流量。

(4) 开启乙炔开关，调节流量至恰能点燃火焰，并调至需要流量，点燃后应立即用去离子水喷雾，以免燃烧器缝隙发生变化。

(5) 用去离子水或空白溶液喷雾，调节吸光度为零。

(6) 用同一标准溶液做雾化器调整及燃烧器高度、转角的调整，至获得最佳吸光度为止。

(7) 待各种操作条件稳定后即可进行测定。测定完毕，用去离子水喷雾，以洗净喷雾器。关闭气源时，先关闭燃气开关，后关闭空气开关。

思考题

1. 原子吸收光谱法测定不同元素时，对光源有何要求？
2. 原子吸收光谱法常用的定量分析方法有哪些？
3. 空白溶液的含义是什么？

实验二十六 水中苯系物的测定（气相色谱法）

一、目的要求

(1) 了解气相色谱仪的基本结构，学习仪器的基本操作。

(2) 掌握用气相色谱法测定苯系物的原理及方法。

(3) 掌握用已知物对照定性的原理与方法。

二、方法原理

水中苯系物经二硫化碳萃取后，如果含有醇、酯、醚等干扰物质，可再用硫酸—磷酸混合酸除去，用气相色谱仪氢火焰检测器测定。其出峰顺序为：苯，甲苯，乙苯，对—二甲苯，间—二甲苯，邻—二甲苯，苯乙烯。已知物对照法定性，标准曲法定量。

三、仪器与试剂

(1) 仪器。

1）气相色谱仪。氢火焰离子化检测器；固定相：3.5%有机皂土＋2.5%DNP固定液涂于60～80目101白色担体；色谱柱：不锈钢填充柱，柱长3m，内径2.5m；进样量：1.0μL

2）振荡器。

3）100mL分液漏斗。

4）离心机。

5）微量注射器：5μL。

（2）试剂。

1）苯系物标准储备溶液（2.0mg/mL）的配制。准确称取苯，甲苯，乙苯，对—二甲苯，间—二甲苯，邻—二甲苯，苯乙烯各20mg，分别置于10mL容量瓶中，用甲醇溶解并稀释至刻度。

2）苯系物标准使用液（20μg/mL）的配制。分别吸取苯系物标准储备溶液1.0mL于100mL容量瓶中，用纯水稀释至刻度。

3）二硫化碳（色谱纯）。

4）甲醇（优级纯）。

5）无水硫酸钠：经300℃烘烤2h后置于干燥器中备用。

6）氯化钠（分析纯）。

7）盐酸：0.1mol/L。

8）混合酸：硫酸＋磷酸＝2＋1。

四、实验内容

（1）水样预处理。取洁净水样100mL于100mL分液漏斗中，加入0.1 mol/L盐酸调pH值呈酸性，加2～4g氯化钠，溶解后加入5.0mL二硫化碳，于振荡器上震摇3min，静置分层，弃去水相，萃取液经无水硫酸钠脱水后，供色谱分析。

（2）色谱操作条件。气化室温度：160℃；柱箱温度：70℃；检测器温度：160℃；氢气流量：70mL/min；空气流量：500mL/min。

（3）标准曲线的绘制。分别取苯系物混合标准使用液0、0.1、0.5、1.5、2.0、4.0、5.0mL于100mL容量瓶中，用纯水稀释至刻度。配制成0、0.02、0.10、0.30、0.40、0.80、1.00mg/L的混合标准系列。按水样预处理的条件萃取。

取不同浓度的萃取液1.0μL注入色谱仪测得峰面积。以苯系物各组分质量浓度为横坐标，以苯系物各组分相对应的峰面积为纵坐标，绘制各组分标准曲线。

（4）水样的测定。按与标准曲线绘制相同的操作方法，同时测定水样。

（5）数据处理及结果计算。

1）苯系物定性结果如表10-20所示。

表10-20　苯系物定性结果

苯系物	苯	甲苯	乙苯	对—二甲苯	间—二甲苯	邻—二甲苯	苯乙烯
相对保留时间（min）							

2）标准曲线的绘制数据如表 10-21 所示。

表 10-21 苯系物定量结果

苯系物标样浓度（mg/L）						
苯						
甲苯						
乙苯						
对一二甲苯						
间一二甲苯						
邻一二甲苯						
苯乙烯						

3）水样测定结果。

水样测定结果如表 10-22 所示。

表 10-22 水样测定结果

相对保留时间（min）							
峰面积							
苯系物名称							

通过绘制的标准曲线或线性回归方程，计算水样中各单个苯系物组分的浓度（mg/L）。

思考题

1. 气相色谱仪有哪几部分组成？
2. 色谱分析定量方法有几种？如何进行定量？
3. 如何进行色谱定性分析？

实验二十七 水中的硫酸根、氟离子、氯离子、硝酸根、亚硝酸根离子的测定（离子色谱法）

一、目的要求

（1）了解离子色谱仪的基本构造和原理，学习仪器的基本操作，并测定水样中的几种常见的阴离子。

（2）掌握离子色谱法的定性和定量分析方法。

二、方法原理

采用阴离子交换树脂分离柱分离无机阴离子（F^-、Cl^-、NO_2^-、NO_3^-、HPO_4^{2-}、SO_4^{2-}），以 Na_2CO_3-$NaHCO_3$ 混合溶液为淋洗液，当试样随淋洗液进入分离柱，由于不同阴离子与阴离子交换树脂的亲和力不同，在固定相中的保留时间也就不同，从而彼此达到分离，用电导检测器进行检测。将试样的色谱峰与标准色谱峰比较，根据标准溶液中各离子的保留时间定性，根据标准溶液中各离子的浓度和相应的峰高或峰面积定量。

三、色谱分析条件与试剂

离子色谱仪分析条件

离子色谱仪，包括进样系统、分离柱、抑制器、电导检测器和色谱数据处理系统；淋洗液为 0.0018mol/L Na_2CO_3- 0.0017mol/L $NaHCO_3$；泵流速为 1.0～2.0mL/min；进样体积为 25μL。

试剂

(1) 阴离子淋洗液储备液。0.18mol/L Na_2CO_3- 0.17mol/L $NaHCO_3$：分别称取 19.078g Na_2CO_3 和 14.282g $NaHCO_3$，溶解于水中，移入 1000mL 容量瓶中，加水稀释到标线。

(2) 阴离子淋洗液使用液。0.00144mol/L Na_2CO_3- 0.00135mol/L $NaHCO_3$：取 6.4mL 0.24mol/L Na_2CO_3 和 4.5mL0.30 mol/L $NaHCO_3$，加水至 1000mL。

(3) 单一离子标准储备液。用优级纯 NaF、NaCl、$NaNO_2$、$NaNO_3$、Na_2HPO_4、K_2SO_4 分别配制浓度为 1000mg/L 的 F^-、Cl^-、NO_2^-、NO_3^-、HPO_4^{2-}、SO_4^{2-} 的储备溶液。

称取 0.4420gNaF (105℃烘干 2h) 溶解于水中，移入 200mL 容量瓶中，加 2.00mL 淋洗液储备液，加水稀释到标线。储存于聚乙烯瓶中。

称取 0.3297g NaCl (105℃烘干 2h) 溶解于水中，移入 200mL 容量瓶中，加 2.00mL 淋洗液储备液，加水稀释到标线。

称取 0.2999g $NaNO_2$ (干燥器中干燥 24h) 溶解于水中，移入 200mL 容量瓶中，加 2.00mL 淋洗液储备液，加水稀释到标线。

称取 0.2742g $NaNO_3$ (105℃烘干 2h) 溶解于水中，移入 200mL 容量瓶中，加 2.00mL 淋洗液储备液，加水稀释到标线。

称取 0.2958g Na_2HPO_4 (干燥器中干燥 24h) 溶解于水中，移入 200mL 容量瓶中，加 2.00mL 淋洗液储备液，加水稀释到标线。

称取 0.3628g K_2SO_4 (105℃烘干 2h) 溶解于水中，移入 200mL 容量瓶中，加 2.00mL 淋洗液储备液，加水稀释到标线。

(4) 阴离子混合标准使用液。分别从 6 中阴离子标准储备液中移取 1.00，2.00，4.00，8.00，10.00mL 于 200mL 容量瓶中，加 2.00mL 淋洗液储备液，加水稀释到标线。此混合溶液中 F^-、Cl^-、NO_2^-、NO_3^-、HPO_4^{2-}、SO_4^{2-} 的浓度分别为 5.00，10.0，20.0，40.0，50.0，50.0 mg/L。

四、实验内容与步骤

(1) 样品预处理。取一定量水样通过 0.45 μm 滤膜过滤，除去水中悬浮颗粒物、微生物体。弃去初始 30～50mL 样品滤液，收集其余的样品滤液并与淋洗储备液按 (99：1) 体积比混合摇匀，以除去负峰干扰。

(2) 校准曲线的绘制。根据水样中各离子的相对含量，将混合标准使用液稀释配制 5 个浓度水平的混合标准溶液。

按照离子色谱仪操作说明书，依次打开电源开关，色谱工作站，调节适宜的色谱分析条件，启动泵，待基线稳定后注入标准样品，测定峰高 (或峰面积)。

根据标准溶液中各离子的浓度和相应的峰高（或峰面积）计算校准曲线的回归方程，或绘制校准曲线。

（3）样品测定及空白试验。取一定体积已处理好的水样注入离子色谱系统。以试验用水（经 0.45 μm 滤膜过滤）代替水样进行空白试验，以空白校正后的峰高（或峰面积）记录实验结果。

如果峰的响应值超过系统的线性范围，须用适量的纯水稀释样品使其在校准曲线范围内，并重新分析。

五、数据处理及结果计算

（1）根据校准曲线的回归方程按下式计算水样中阴离子的浓度（mg/L）：

$$c=\frac{h-h_0-a}{b}\times \text{水样稀释倍数}$$

式中：h 为峰高（或峰面积）；h_0 为空白峰测定值；a 为回归方程的截距；b 为回归方程的斜率。

（2）根据空白校正后的水样峰高（或峰面积），从校准曲线上查出与峰高（或峰面积）相对应的被测离子浓度，再乘以稀释倍数即得水样中待测离子的含量。

六、注意事项

（1）用淋洗液配制标准溶液和稀释样品，可除去水的负峰干扰，使定量更加准确。

（2）样品必须经 0.45μm 滤膜过滤，以免颗粒物对仪器流路的堵塞，或玷污色谱柱。

（3）整个系统不能有气泡，否则会影响分离效果。

（4）不同型号仪器的色谱条件可根据仪器说明书自行选定，只要能满足质量控制要求，也可采用其他柱子色谱条件或检测器。

（5）作校准曲线和测定样品，应在检测器同一灵敏度下进行。

（6）在每次进样时，必须用新的样品彻底冲洗进样环路。标准溶液和样品要使用同样大小的样品环。

思考题

1. 简述离子色谱仪的工作原理。

2. 为什么需要在电导检测器前加入抑制器？

附 录

附录一 弱酸及其共轭碱在水中的解离常数（25℃，$I=0$）

弱 酸	分子式	K_a	pK_a	共轭碱	
				pK_b	K_b
砷酸	H_3AsO_4	6.3×10^{-3} (K_{a1})	2.20	11.80	1.6×10^{-12} (K_{b3})
		1.0×10^{-7} (K_{a2})	7.00	7.00	1×10^{-7} (K_{b2})
		3.2×10^{-12} (K_{a3})	11.50	2.50	3.1×10^{-3} (K_{b1})
亚砷酸	$HAsO_2$	6.0×10^{-10}	9.22	4.78	1.7×10^{-5}
硼酸	H_3BO_3	5.8×10^{-10}	9.24	4.76	1.7×10^{-5}
焦硼酸	$H_2B_4O_7$	1×10^{-4} (K_{a1})	4	10	1×10^{-10} (K_{b2})
		1×10^{-9} (K_{a2})	9	5	1×10^{-5} (K_{b1})
碳酸	H_2CO_3	4.2×10^{-7} (K_{a1})	6.38	7.62	2.4×10^{-8} (K_{b2})
	$(CO_2+H_2O)^*$	5.6×10^{-11} (K_{a2})	10.25	3.75	1.8×10^{-4} (K_{b1})
氢氰酸	HCN	6.2×10^{-10}	9.21	4.79	1.6×10^{-5}
铬酸	H_2CrO_4	1.8×10^{-1} (K_{a1})	0.74	13.26	5.6×10^{-14} (K_{b2})
		3.2×10^{-7} (K_{a2})	6.50	7.50	3.1×10^{-8} (K_{b1})
氢氟酸	HF	6.6×10^{-4}	3.18	10.82	1.5×10^{-11}
亚硝酸	HNO_2	5.1×10^{-4}	3.29	10.71	1.2×10^{-11}
过氧化氢	H_2O_2	1.8×10^{-12}	11.75	2.25	5.6×10^{-3}
磷酸	H_3PO_4	7.6×10^{-3} (K_{a1})	2.12	11.88	1.3×10^{-12} (K_{b3})
		6.3×10^{-8} (K_{a2})	7.20	6.80	1.6×10^{-7} (K_{b2})
		4.4×10^{-13} (K_{a3})	12.36	1.64	2.3×10^{-2} (K_{b1})
焦磷酸	$H_4P_2O_7$	3.0×10^{-2} (K_{a1})	1.52	12.48	3.3×10^{-13} (K_{b4})
		4.4×10^{-3} (K_{a2})	2.36	11.64	2.3×10^{-12} (K_{b3})
		2.5×10^{-7} (K_{a3})	6.60	7.40	4.0×10^{-8} (K_{b2})
		5.6×10^{-10} (K_{a4})	9.25	4.75	1.8×10^{-5} (K_{b1})
亚磷酸	H_3PO_3	5.0×10^{-2} (K_{a1})	1.30	12.70	2.0×10^{-13} (K_{b2})
		2.5×10^{-7} (K_{a2})	6.60	7.40	4.0×10^{-8} (K_{b1})
氢硫酸	H_2S	1.3×10^{-7} (K_{a1})	6.88	7.12	7.7×10^{-8} (K_{b2})
硫酸	HSO_4^-	1.0×10^{-2} (K_{a2})	1.99	12.01	1.0×10^{-12} (K_{b1})
亚硫酸	H_2SO_3	1.3×10^{-2} (K_{a1})	1.90	12.10	7.7×10^{-13} (K_{b2})
	(SO_2+H_2O)	6.3×10^{-8} (K_{a2})	7.20	6.80	1.6×10^{-7} (K_{b1})
偏硅酸	H_2SiO_3	1.7×10^{-10} (K_{a1})	9.77	4.23	5.9×10^{-5} (K_{b2})

续表

弱　酸	分子式	K_a	pK_a	共轭碱	
				pK_b	K_b
		1.6×10^{-12} (K_{a2})	11.8	2.20	6.2×10^{-3} (K_{b1})
甲酸	HCOOH	1.8×10^{-4}	3.74	10.26	5.5×10^{-11}
乙酸	CH_3COOH	1.8×10^{-5}	4.74	9.26	5.5×10^{-10}
一氯乙酸	CH_2ClOOH	1.4×10^{-3}	2.86	11.14	6.9×10^{-12}
二氯乙酸	$CHCl_2COOH$	5.0×10^{-2}	1.30	12.70	2.0×10^{-13}
三氯乙酸	CCl_3COOH	0.23	0.64	13.36	4.3×10^{-14}
氨基乙酸盐	$^+NH_3CH_2COOH$	4.5×10^{-3} (K_{a1})	2.35	11.65	2.2×10^{-12} (K_{b1})
	$^+NH_3CH_2COO^-$	2.5×10^{-10} (K_{a2})	9.60	4.40	4.0×10^{-5} (K_{b1})
乳酸	$CH_3CHOHCOOH$	1.4×10^{-4}	3.86	10.14	7.2×10^{-11}
苯甲酸	C_6H_5COOH	6.2×10^{-5}	4.21	9.79	1.6×10^{-10}
草酸	$H_2C_2O_4$	5.9×10^{-2} (K_{a1})	1.22	12.78	1.7×10^{-13} (K_{b2})
		6.4×10^{-5} (K_{a2})	4.19	9.81	1.6×10^{-10} (K_{b1})
d-酒石酸	CH(OH)COOH | CH(OH)COOH	9.1×10^{-4} (K_{a1}) 4.3×10^{-5} (K_{a2})	3.04 4.37	10.96 9.63	1.1×10^{-11} (K_{b2}) 2.3×10^{-10} (K_{b1})
邻-苯二甲酸	$C_6H_4(COOH)_2$（苯环邻位 —COOH、—COOH）	1.1×10^{-3} (K_{a1}) 3.9×10^{-5} (K_{a2})	2.95 5.41	11.05 8.59	9.1×10^{-12} (K_{b2}) 2.6×10^{-9} (K_{b1})
柠檬酸	CH_2COOH | $C(OH)COOH$ | CH_2COOH	7.4×10^{-4} (K_{a1}) 1.7×10^{-5} (K_{a2}) 4.0×10^{-7} (K_{a3})	3.13 4.76 6.40	10.87 9.26 7.60	1.4×10^{-11} (K_{b3}) 5.9×10^{-10} (K_{b2}) 2.5×10^{-8} (K_{b1})
苯酚	C_6H_5OH	1.1×10^{-10}	9.95	4.05	9.1×10^{-5}
乙二胺四乙酸	H_6-$EDTA^{2+}$	0.13 (K_{a1})	0.9	13.1	7.7×10^{-14} (K_{b6})
	H_5-$EDTA^{+}$	3×10^{-2} (K_{a2})	1.6	12.4	3.3×10^{-13} (K_{b5})
	H_4-EDTA	1×10^{-2} (K_{a3})	2.0	12.0	1×10^{-12} (K_{b4})
	H_3-$EDTA^{-}$	2.1×10^{-3} (K_{a4})	2.67	11.33	4.8×10^{-12} (K_{b3})
	H_2-$EDTA^{2-}$	6.9×10^{-7} (K_{a5})	6.16	7.84	1.4×10^{-8} (K_{b2})
	H-$EDTA^{3-}$	5.5×10^{-11} (K_{a6})	10.26	3.74	1.8×10^{-4} (K_{b1})
氨离子	NH_4^+	5.5×10^{-10}	9.26	4.74	1.8×10^{-5}
联氨离子	$^+H_3NNH_3^+$	3.3×10^{-9}	8.48	5.52	3.0×10^{-6}
羟氨离子	NH_3^+OH	1.1×10^{-6}	5.96	8.04	9.1×10^{-9}
甲胺离子	$CH_3NH_3^+$	2.4×10^{-11}	10.62	3.38	4.2×10^{-4}
乙胺离子	$C_2H_5NH_3^+$	1.8×10^{-11}	10.75	3.25	5.6×10^{-4}
二甲胺离子	$(CH_3)_2NH_2^+$	8.5×10^{-11}	10.07	3.93	1.2×10^{-4}
二乙胺离子	$(C_2H_5)_2NH_2^+$	7.8×10^{-12}	11.11	2.89	1.3×10^{-3}

续表

弱酸	分子式	K_a	pK_a	共轭碱	
				pK_b	K_b
乙醇胺离子	$HOCH_2CH_2NH_3^+$	3.2×10^{-10}	9.50	4.50	3.2×10^{-5}
三乙醇胺离子	$(HOCH_2CH_2)_3NH^+$	1.7×10^{-8}	7.76	6.24	5.8×10^{-7}
六亚甲基四胺离子	$(CH_2)_6N_4H^+$	7.1×10^{-6}	5.15	8.85	1.4×10^{-9}
乙二胺离子	$^+H_3NCH_2CH_2NH_3^+$	1.4×10^{-7}	6.85	7.15	7.1×10^{-8} (K_{b2})
	$H_2NCH_2CH_2NH_3^+$	1.2×10^{-10}	9.93	4.07	8.5×10^{-5} (K_{b1})
吡啶离子	$C_5H_5NH^+$	5.9×10^{-6}	5.23	8.77	1.7×10^{-9}

* 如果不计水合 CO_2，H_2CO_3 的 $pK_{a1}=3.76$。

附录二 微溶化合物的溶度积（18～25℃，$I=0$）

微溶化合物	K_{sp}	pK_{sp}	微溶化合物	K_{sp}	pK_{sp}
AgAc	2×10^{-3}	2.7	BiOOH*	4×10^{-10}	9.4
Ag_3AsO_4	1×10^{-22}	22.0	BiI_3	8.1×10^{-19}	18.09
AgBr	5.0×10^{-13}	12.30	BiOCl	1.8×10^{-31}	30.75
Ag_2CO_3	8.1×10^{-12}	11.09	$BiPO_4$	1.3×10^{-23}	22.89
AgCl	1.8×10^{-10}	9.75	Bi_2S_3	1×10^{-97}	97.0
Ag_2CrO_4	2.0×10^{-12}	11.71	$CaCO_3$	2.9×10^{-9}	8.54
AgCN	1.2×10^{-16}	15.92	CaF_2	2.7×10^{-11}	10.57
AgOH	2.0×10^{-8}	7.71	$CaC_2O_4\cdot H_2O$	2.0×10^{-9}	8.70
AgI	9.3×10^{-17}	16.03	$Ca_3(PO_4)_2$	2.0×10^{-29}	28.70
$Ag_2C_2O_4$	3.5×10^{-11}	10.46	$CaSO_4$	9.1×10^{-6}	5.04
Ag_3PO_4	1.4×10^{-16}	15.84	$CaWO_4$	8.7×10^{-9}	8.06
Ag_2SO_4	1.4×10^{-5}	4.84	$CdCO_3$	5.2×10^{-12}	11.28
Ag_2S	2×10^{-49}	48.7	$Cd_2[Fe(CN)_6]$	3.2×10^{-17}	16.49
AgSCN	1.0×10^{-12}	12.00	$Cd(OH)_2$ 新析出	2.5×10^{-14}	13.60
$Al(OH)_3$ 无定形	1.3×10^{-33}	32.9	$CdC_2O_4\cdot 3H_2O$	9.1×10^{-8}	7.04
As_2S_3	2.1×10^{-22}	21.68	CdS	8×10^{-27}	26.1
$BaCO_3$	5.1×10^{-9}	8.29	$CoCO_3$	1.4×10^{-13}	12.84
$BaCrO_4$	1.2×10^{-10}	9.93	$Co_2[Fe(CN)_6]$	1.8×10^{-15}	14.74
BaF_2	1×10^{-5}	6.0	$Co(OH)_2$ 新析出	2×10^{-15}	14.7
$BaC_2O_2\cdot H_2O$	2.3×10^{-8}	7.64	$Co(OH)_3$	2×10^{-44}	43.7
$BaSO_4$	1.1×10^{-10}	9.96	$Co[Hg(SCN)_4]$	1.5×10^{-8}	5.82
$Bi(OH)_3$	4×10^{-31}	30.4	α-CoS	4×10^{-21}	20.4

续表

微溶化合物	K_{sp}	pK_{sp}	微溶化合物	K_{sp}	pK_{sp}
β-CoS	2×10^{-25}	24.7	MnS 无定形	2×10^{-10}	9.7
$Co_3(PO_4)_2$	2×10^{-35}	34.7	MnS 晶形	2×10^{-13}	12.7
$Cr(OH)_3$	6×10^{-31}	30.2	$NiCO_3$	6.6×10^{-9}	8.18
CuBr	5.2×10^{-9}	8.28	$Ni(OH)_2$ 新析出	2×10^{-15}	14.7
CuCl	1.2×10^{-3}	5.92	$Ni_3(PO_4)_2$	5×10^{-31}	30.3
CuCN	3.2×10^{-20}	19.49	α-NiS	3×10^{-19}	18.5
CuI	1.1×10^{-12}	11.96	β-NiS	1×10^{-24}	24.0
CuOH	1×10^{-14}	14.0	γ-NiS	2×10^{-26}	25.7
Cu_2S	2×10^{-48}	47.7	$PbCO_3$	7.4×10^{-14}	13.13
CuSCN	4.8×10^{-15}	14.32	$PbCl_2$	1.6×10^{-5}	4.79
$CuCO_3$	1.4×10^{-10}	9.86	PbClF	2.4×10^{-9}	8.62
$Cu(OH)_2$	2.2×10^{-20}	19.66	$PbCrO_4$	2.8×10^{-13}	12.55
CuS	6×10^{-36}	35.2	PbF_2	2.7×10^{-8}	7.57
$FeCO_3$	3.2×10^{-11}	10.50	$Pb(OH)_2$	1.2×10^{-15}	14.93
$Fe(OH)_2$	8×10^{-16}	15.1	PbI_2	7.1×10^{-9}	8.15
FeS	6×10^{-18}	17.2	$PbMoO_4$	1×10^{-13}	13.0
$Fe(OH)_3$	4×10^{-38}	37.4	$Pb_3(PO_4)_2$	8.0×10^{-43}	42.10
$FePO_4$	1.3×10^{-22}	21.89	$PbSO_4$	1.6×10^{-8}	7.79
Hg_2Br_2**	5.8×10^{-23}	22.24	PbS	8×10^{-28}	27.9
Hg_2CO_3	8.9×10^{-17}	16.05	$Pb(OH)_4$	3×10^{-66}	65.5
Hg_2Cl_2	1.3×10^{-18}	17.88	$Sb(OH)_3$	4×10^{-42}	41.4
$Hg_2(OH)_2$	2×10^{-24}	23.7	Sb_2S_3	2×10^{-93}	92.8
Hg_2I_2	4.5×10^{-29}	28.35	$Sn(OH)_2$	1.4×10^{-28}	27.85
Hg_2SO_4	7.4×10^{-7}	6.13	SnS	1×10^{-25}	25.0
Hg_2S	1×10^{-47}	47.0	$Sn(OH)_4$	1×10^{-56}	56.0
$Hg(OH)_2$	3.0×10^{-25}	25.52	SnS_2	2×10^{-27}	26.7
HgS 红色	4×10^{-53}	52.4	$SrCO_3$	1.1×10^{-10}	9.96
黑色	2×10^{-52}	51.7	$SrCrO_4$	2.2×10^{-5}	4.65
$MgNH_4PO_4$	2×10^{-13}	12.7	SrF_2	2.4×10^{-9}	8.61
$MgCO_3$	3.5×10^{-3}	7.46	$SrC_2O_4\cdot H_2O$	1.6×10^{-7}	6.80
MgF_2	6.4×10^{-9}	8.19	$Sr_3(PO_4)_2$	4.1×10^{-28}	27.39
$Mg(OH)_2$	1.8×10^{-11}	10.74	$SrSO_4$	3.2×10^{-7}	6.49
$MnCO_3$	1.8×10^{-11}	10.74	$Ti(OH)_3$	1×10^{-40}	40.0
$Mn(OH)_2$	1.9×10^{-13}	12.72	$TiO(OH)_2$***	1×10^{-29}	19.0

续表

微溶化合物	K_{sp}	pK_{sp}	微溶化合物	K_{sp}	pK_{sp}
$ZnCO_3$	1.4×10^{-11}	10.84	$Zn_3(PO_4)_2$	9.1×10^{-33}	32.04
$Zn_2[Fe(CN)_6]$	4.1×10^{-16}	15.39	ZnS	2×10^{-22}	21.7
$Zn(OH)_2$	1.2×10^{-17}	16.92			

* BiOOH $K_{sp}=[BiO^+][OH^-]$。

* * $(Hg_2)_mX_n=[Hg_2^{2+}]^m[X^{-2m/n}]^n$。

* * * $TiO(OH)_2$：$K_{sp}=[TiO^{2+}][OH^-]^2$。

附录三 标准电极电位（18～25℃）

半 反 应	$\varphi^\ominus$ (V)
$Li^++e^- \rightleftharpoons Li$	−3.042
$K^++e^- \rightleftharpoons K$	−2.925
$Ba^{2+}+2e^- \rightleftharpoons Ba$	−2.90
$Sr^{2+}+2e^- \rightleftharpoons Sr$	−2.89
$Ca^{2+}+2e^- \rightleftharpoons Ca$	−2.87
$Na^++e^- \rightleftharpoons Na$	−2.714
$Mg^{2+}+2e^- \rightleftharpoons Mg$	−2.37
$Al^{3+}+3e^- \rightleftharpoons Al$	−1.66
$ZnO_2^{2-}+2H_2O+2e^- \rightleftharpoons Zn+4OH^-$	−1.216
$Mn^{2+}+2e^- \rightleftharpoons Mn$	−1.182
$Sn(OH)_6^{2-}+2e^- \rightleftharpoons HSnO_2^-+3OH^-+H_2O$	−0.93
$SO_4^{2-}+2H_2O+2e^- \rightleftharpoons SO_3^{2-}+2OH^-$	−0.93
$HSnO_2^-+H_2O+2e^- \rightleftharpoons Sn+3OH^-$	−0.91
$2H_2O+2e^- \rightleftharpoons H_2+2OH^-$	−0.828
$Zn^{2+}+2e^- \rightleftharpoons Zn$	−0.763
$Cr^{3+}+3e^- \rightleftharpoons Cr$	−0.76
$AsO_4^{3-}+2H_2O+2e^- \rightleftharpoons AsO_2^-+4OH^-$	−0.67
$2CO_2+2H^++2e^- \rightleftharpoons H_2C_2O_4$	−0.49
$S+2e^- \rightleftharpoons S^{2-}$	−0.48
$Fe^{2+}+2e^- \rightleftharpoons Fe$	−0.440
$Cr^{3+}+e^- \rightleftharpoons Cr^{2+}$	−0.41
$Cd^{2+}+2e^- \rightleftharpoons Cd$	−0.403
$Cu_2O+H_2O+2e^- \rightleftharpoons 2Cu+2OH^-$	−0.361
$Co^{2+}+2e^- \rightleftharpoons Co$	−0.277
$Ni^{2+}+2e^- \rightleftharpoons Ni$	−0.246

续表

半 反 应	$\varphi^{\ominus}$ (V)
$AgI+e^- \rightleftharpoons Ag+I^-$	−0.152
$Sn^{2+}+2e^- \rightleftharpoons Sn$	−0.136
$Pb^{2+}+2e^- \rightleftharpoons Pb$	−0.126
$CrO_4^{2-}+4H_2O+3e^- \rightleftharpoons Cr(OH)_3+5OH^-$	−0.12
$Ag_2S+2H^++2e^- \rightleftharpoons 2Ag+H_2S$	−0.036
$Fe^{3+}+3e^- \rightleftharpoons Fe$	−0.036
$2H^++2e^- \rightleftharpoons H_2$	0.000
$NO_3^-+H_2O+2e^- \rightleftharpoons NO_2^-+2OH^-$	0.01
$S_4O_6^{2-}+2e^- \rightleftharpoons 2S_2O_3^{2-}$	0.08
$TiO^{2+}+2H^++e^- \rightleftharpoons Ti^{3+}+H_2O$	0.10
$S+2H^++2e^- \rightleftharpoons H_2S$（水溶液）	0.141
$Sn^{4+}+2e^- \rightleftharpoons Sn^{2+}$	0.15
$Cu^{2+}+e^- \rightleftharpoons Cu^+$	0.158
$SO_4^{2-}+4H^++2e^- \rightleftharpoons H_2SO_3+H_2O$	0.17
$AgCl+e^- \rightleftharpoons Ag+Cl^-$	0.222
$IO_3^-+3H_2O+6e^- \rightleftharpoons I^-+6OH^-$	0.26
$Hg_2Cl_2+2e^- \rightleftharpoons 2Hg+2Cl^-$	0.268
$2H_2SO_3+2H^++4e^- \rightleftharpoons S_2O_3^{2-}+3H_2O$	0.40
$Cu^{2+}+2e^- \rightleftharpoons Cu$	0.337
$VO^{2+}+2H^++e^- \rightleftharpoons V^{3+}+H_2O$	0.337
$Fe(CN)_6^{3-}+e^- \rightleftharpoons Fe(CN)_6^{4-}$	0.36
$Cu^++e^- \rightleftharpoons Cu$	0.522
$I_2+2e^- \rightleftharpoons 2I^-$	0.535
$I_3^-+2e^- \rightleftharpoons 3I^-$	0.545
$H_3AsO_4+2H^++2e^- \rightleftharpoons HAsO_2+2H_2O$	0.559
$MnO_4^-+e^- \rightleftharpoons MnO_4^{2-}$	0.564
$MnO_4^-+2H_2O+3e^- \rightleftharpoons MnO_2+4OH^-$	0.588
$O_2+2H^++2e^- \rightleftharpoons H_2O_2$	0.682
$Fe^{3+}+e^- \rightleftharpoons Fe^{2+}$	0.771
$Hg_2^{2+}+2e^- \rightleftharpoons 2Hg$	0.793
$Ag^++e^- \rightleftharpoons Ag$	0.7995
$Hg^{2+}+2e^- \rightleftharpoons Hg$	0.845
$2Hg^{2+}+2e^- \rightleftharpoons Hg_2^{2+}$	0.907
$NO_3^-+3H^++2e^- \rightleftharpoons HNO_2+H_2O$	0.94

续表

半 反 应	$\varphi^{\ominus}$ (V)
$NO_3^- + 4H^+ + 3e^- \rightleftharpoons NO + 2H_2O$	0.96
$HNO_2 + H^+ + e^- \rightleftharpoons NO + H_2O$	0.98
$VO_2^+ + 2H^+ + e^- \rightleftharpoons VO^{2+} + H_2O$	1.00
$Br_2 + 2e^- \rightleftharpoons 2Br^-$	1.08
$IO_3^- + 6H^+ + 6e^- \rightleftharpoons I^- + 3H_2O$	1.085
$IO_3^- + 6H^+ + 5e^- \rightleftharpoons 1/2I_2 + 3H_2O$	1.195
$MnO_2 + 4H^+ + 2e^- \rightleftharpoons Mn^{2+} + 2H_2O$	1.23
$O_2 + 4H^+ + 4e^- \rightleftharpoons 2H_2O$	1.29
$Au^{3+} + 2e^- \rightleftharpoons Au^+$	1.29
$Cr_2O_7^{2-} + 14H^+ + 6e^- \rightleftharpoons 2Cr^{3+} + 7H_2O$	1.33
$Cl_2 + 2e^- \rightleftharpoons 2Cl^-$	1.358
$BrO_3^- + 6H^+ + 6e^- \rightleftharpoons Br^- + 3H_2O$	1.44
$ClO_3^- + 6H^+ + 6e^- \rightleftharpoons Cl^- + 3H_2O$	1.45
$PbO_2 + 4H^+ + 2e^- \rightleftharpoons Pb^{2+} + 2H_2O$	1.455
$MnO_4^- + 8H^+ + 5e^- \rightleftharpoons Mn^{2+} + 4H_2O$	1.51
$BrO_3^- + 6H^+ + 5e^- \rightleftharpoons 1/2Br_2 + 3H_2O$	1.52
$Ce^{4+} + e^- \rightleftharpoons Ce^{3+}$	1.61
$HClO + H^+ + e^- \rightleftharpoons 1/2Cl_2 + H_2O$	1.63
$MnO_4^- + 4H^+ + 3e^- \rightleftharpoons MnO_2 + 2H_2O$	1.695
$H_2O_2 + 2H^+ + 2e^- \rightleftharpoons 2H_2O$	1.77
$Co^{3+} + e^- \rightleftharpoons Co^{2+}$	1.842
$S_2O_8^{2-} + 2e^- \rightleftharpoons 2SO_4^{2-}$	2.01
$O_3 + 2H^+ + 2e^- \rightleftharpoons O_2 + H_2O$	2.07
$F_2 + 2e^- \rightleftharpoons 2F^-$	2.87
$F_2 + 2H^+ + 2e^- \rightleftharpoons 2HF$	3.06

附录四 条件电极电位

半 反 应	$\varphi^{\ominus'}$ (V)	介 质
Ag (Ⅱ) $+ e^- \rightleftharpoons Ag^+$	1.927	4mol/L HNO_3
Ce (Ⅳ) $+ e^- \rightleftharpoons$ Ce (Ⅲ)	1.74	1mol/L $HClO_4$
	1.44	0.5mol/L H_2SO_4
	1.28	1mol/L HCl
$Co^{3+} + e^- \rightleftharpoons Co^{2+}$	1.84	3mol/L HNO_3
Co (乙二胺)$_3^{3+} + e^- \rightleftharpoons$ Co (乙二胺)$_3^{2+}$	−0.2	0.1mol/L HNO_3

续表

半反应	$\varphi^{\ominus'}$ (V)	介质
		+0.1mol/L 乙二胺
Cr（Ⅲ）$+e^- \rightleftharpoons$ Cr（Ⅱ）	−0.40	5mol/L HCl
$Cr_2O_7^{2-}+14H^++6e^- \rightleftharpoons Cr^{3+}+7H_2O$	1.00	1mol/L HCl
	1.025	1mol/L $HClO_4$
	1.08	3mol/L HCl
	1.05	2mol/L HCl
	1.15	4mol/L H_2SO_4
$CrO_4^{2-}+2H_2O+3e^- \rightleftharpoons CrO_2^-+4OH^-$	−0.12	1mol/L NaOH
Fe（Ⅲ）$+e^- \rightleftharpoons$ Fe（Ⅱ）	0.767	1mol/L $HClO_4$
	0.71	0.5mol/L HCl
	0.68	1mol/L H_2SO_4
	0.68	1mol/L HCl
	0.46	2mol/L H_3PO_4
	0.51	1mol/L HCl
		0.25mol/L H_3PO_4
$H_3AsO_4+2H^++2e^- \rightleftharpoons H_3AsO_3+H_2O$	0.557	1mol/L HCl
	0.557	1mol/L $HClO_4$
$Fe(EDTA)^-+e^- \rightleftharpoons Fe(EDTA)^{2-}$	0.12	0.1mol/L EDTA
		pH4～6
$Fe(CN)_6^{3-}+e^- \rightleftharpoons Fe(CN)_6^{4-}$	0.48	0.01mol/L HCl
	0.56	0.1mol/L HCl
	0.71	1mol/L HCl
	0.72	0.1mol/L $HClO_4$
I_2（水）$+2e^- \rightleftharpoons 2I^-$	0.628	0.5mol/L H_2SO_4
$I_3^-+2e^- \rightleftharpoons 3I^-$	0.545	0.5mol/L H_2SO_4
$MnO_4^-+8H^++5e^- \rightleftharpoons Mn^{2+}+4H_2O$	1.45	1mol/L $HClO_4$
	1.27	8mol/L H_3PO_4
$SnCl_6^{2-}+2e^- \rightleftharpoons SnCl_4^{2-}+2Cl^-$	0.14	1mol/L HCl
$Sn^{2+}+2e^- \rightleftharpoons Sn$	−0.16	1mol/L $HClO_4$
Sb（V）$+2e^- \rightleftharpoons$ Sb（Ⅲ）	0.75	3.5mol/L HCl
$Sb(OH)_6^-+2e^- \rightleftharpoons SbO_2^-+2OH^-+2H_2O$	−0.428	3mol/L NaOH

续表

半反应	$\varphi^{\ominus'}$ (V)	介质
$SbO_2^- + 2H_2O + 3e^- \rightleftharpoons Sb + 4OH^-$	−0.675	10mol/L KOH
Ti（Ⅳ）$+ e^- \rightleftharpoons$ Ti（Ⅲ）	−0.01	0.2mol/L H_2SO_4
	0.12	2mol/L H_2SO_4
	−0.04	1mol/L HCl
	−0.05	1mol/L H_3PO_4
Pb（Ⅱ）$+ 2e^- \rightleftharpoons$ Pb	0.32	1mol/L NaAc

附录五 相对原子质量表

元素		相对原子质量	元素		相对原子质量	元素		相对原子质量	元素		相对原子质量
符号	名称		符号	名称		符号	名称		符号	名称	
Ag	银	107.87	F	氟	18.998	Na	钠	22.990	Si	硅	28.086
Al	铝	26.982	Fe	铁	55.845	Nb	铌	92.906	Sm	钐	150.36
Ar	氩	39.948	Ga	镓	69.723	Nd	钕	144.24	Sn	锡	118.71
As	砷	74.922	Gd	钆	157.25	Ne	氖	20.180	Sr	锶	87.62
Au	金	196.97	Ge	锗	72.61	Ni	镍	58.693	Ta	钽	180.95
B	硼	10.811	H	氢	1.0079	Np	镎	237.05	Tb	铽	158.9
Ba	钡	137.33	He	氦	4.0026	O	氧	15.999	Te	碲	127.60
Be	铍	9.0122	Hf	铪	178.49	Os	锇	19.023	Th	钍	232.04
Bi	铋	208.98	Hg	汞	200.59	P	磷	30.974	Ti	钛	47.867
Br	溴	79.904	Ho	钬	164.93	Pb	铅	207.2	Tl	铊	204.38
C	碳	12.011	I	碘	126.90	Pd	钯	106.42	Tm	铥	168.93
Ca	钙	40.078	In	铟	114.82	Pr	镨	140.91	U	铀	238.03
Cd	镉	112.41	Ir	铱	192.22	Pt	铂	195.08	V	钒	50.942
Ce	铈	140.12	K	钾	39.098	Ra	镭	226.03	W	钨	183.84
Cl	氯	35.453	Kr	氪	83.80	Rb	铷	85.468	Xe	氙	131.29
Co	钴	58.933	La	镧	138.91	Re	铼	186.21	Y	钇	88.906
Cr	铬	51.996	Li	锂	6.941	Rh	铑	102.91	Yb	镱	173.04
Cs	铯	132.91	Lu	镥	174.97	Ru	钌	101.07	Zn	锌	65.39
Cu	铜	63.546	Mg	镁	24.305	S	硫	32.066	Zr	锆	91.224
Dy	镝	162.50	Mn	锰	54.938	Sb	锑	121.76			
Er	铒	167.26	Mo	钼	95.94	Sc	钪	44.956			
Eu	铕	151.96	N	氮	14.007	Sc	硒	78.96			

附录六　常用化合物的摩尔质量

化合物	摩尔质量	化合物	摩尔质量
Ag_3AsO_4	462.52	$CaSO_4$	136.14
AgBr	187.77	CCl_4	153.81
AgCl	143.32	$CdCO_3$	172.42
AgCN	133.89	$CdCl_2$	183.32
AgSCN	165.95	CdS	144.47
Ag_2CrO_4	331.73	$Ce(SO_4)_2$	332.24
AgI	234.77	$Ce(SO_4)_2 \cdot 4H_2O$	404.30
$AgNO_3$	169.87	$CoCl_2$	129.84
$AlCl_3$	133.34	CH_3OH	32.04
$AlCl_3 \cdot 6H_2O$	241.43	C_6H_6COOH	122.12
$Al(NO_3)_3$	213.00	C_6H_5COONa	144.10
$Al(NO_3)_3 \cdot 9H_2O$	375.13	$C_6H_4COOHCOOK$（苯二甲酸氢钾）	204.23
Al_2O_3	101.96	CH_3COONa	82.03
$Al(OH)_3$	78.00	C_6H_5OH	94.11
$Al_2(SO_4)_3$	342.15	CH_3COOH	60.052
As_2O_3	197.84	CH_3COCH_3	58.08
As_2O_5	229.84	$CoCl_2 \cdot 6H_2O$	237.93
As_2S_3	246.02	$Co(NO_3)_2$	132.94
$BaCO_3$	197.34	$Co(NO_3)_2 \cdot 6H_2O$	291.03
BaC_2O_4	225.35	CoS	90.99
$BaCl_2$	208.24	$CoSO_4$	154.99
$BaCl_2 \cdot 2H_2O$	244.27	$CoSO_4 \cdot 7H_2O$	281.10
$BaCrO_4$	253.32	$CrCl_3$	158.35
BaO	153.33	$CrCl_3 \cdot 6H_2O$	266.45
$Ba(OH)_2$	171.35	$Cr(NO_3)_3$	238.01
$BaSO_4$	233.39	Cr_2O_3	151.99
$BiCl_3$	315.34	CuCl	99.10
CO_2	44.01	$CuCl_2$	134.45
CaO	56.08	$CuCl_2 \cdot 2H_2O$	170.48
$CaCO_3$	100.09	$Cu(NO_3)_2$	187.56
CaC_2O_4	128.10	$Cu(NO_3)_2 \cdot 3H_2O$	241.60
$CaCl_2$	110.99	CuO	79.54
$CaCl_2 \cdot 6H_2O$	219.08	Cu_2O	143.09
CaF_2	78.08	CuS	95.61
$Ca(NO_3)_2$	164.09	CuSCN	121.63
$Ca(NO_3)_2 \cdot 4H_2O$	236.15	$CuSO_4$	159.61
$Ca(OH)_2$	74.09	$CuSO_4 \cdot 5H_2O$	249.69
$Ca_3(PO_4)_2$	310.18	$FeCl_3$	162.21

续表

化合物	摩尔质量	化合物	摩尔质量
$FeCl_3 \cdot 6H_2O$	270.30	$HgCl_2$	472.09
FeO	71.85	HgI_2	454.40
Fe_2O_3	159.69	$Hg_2(NO_3)_2$	525.19
Fe_3O_4	231.54	$Hg_2(NO_3)_2 \cdot 2H_2O$	561.22
$FeSO_4 \cdot H_2O$	169.93	$Hg(NO_3)_2$	324.60
$FeSO_4 \cdot 7H_2O$	278.02	HgO	216.59
$Fe_2(SO_4)_3$	399.89	HgS	232.65
$FeSO_4 \cdot (NH_4)_2 \cdot SO_4 \cdot 6H_2O$	392.13	$HgSO_4$	296.65
H_3AsO_3	125.94	Hg_2SO_4	497.24
H_3AsO_4	141.94	$KAl(SO_4)_2 \cdot 12H_2O$	474.38
H_3BO_3	61.83	KBr	119.00
HBr	80.912	$KBrO_3$	167.00
$H_5C_4H_4O_6$(酒石酸)	150.09	KCN	65.116
HCN	27.026	K_2CO_3	138.21
H_2CO_3	62.025	KCl	74.551
$H_2C_2O_4$	90.035	$KClO_3$	122.55
$H_2C_2O_4 \cdot 2H_2O$	126.07	$KClO_4$	138.55
$HCOOH$	46.026	K_2CrO_4	194.19
HCl	36.461	$K_2Cr_2O_7$	294.19
$HClO_4$	100.46	$K_3Fe(CN)_6$	329.25
HF	20.006	$K_4Fe(CN)_6$	368.35
$HgCl_2$	271.50	$KHC_2O_4 \cdot H_2C_2O_4 \cdot 2H_2O$	254.19
Hg_2Cl_2	472.09	$KHC_2O_4 \cdot H_2O$	146.14
HI	127.91	KI	166.00
HIO_3	175.91	KIO_3	214.00
HNO_2	47.013	$KIO_3 \cdot HIO_3$	389.91
HNO_3	63.013	$KMnO_4$	158.03
H_2O	18.015	KNO_2	85.104
H_2O_2	34.015	KNO_3	101.10
H_3PO_4	97.995	K_2O	94.195
H_2S	34.08	KOH	56.106
H_2SO_3	82.07	$KSCN$	97.18
H_2SO_4	98.07	K_2SO_4	174.25
$Hg(CN)_2$	252.63	$MgCO_3$	83.314

续表

化合物	摩尔质量	化合物	摩尔质量
$MgCl_2$	95.211	NaH_2PO_4	119.98
$MgCl_2 \cdot 6H_2O$	203.30	Na_2HPO_4	141.96
MgC_2O_4	112.33	$Na_2H_2Y \cdot 2H_2O$（EDTA 二钠盐）	372.26
$Mg(NO_3)_2 \cdot 6H_2O$	256.41	NaI	149.89
$MgNH_4PO_4$	137.32	$NaNO_2$	68.995
MgO	40.304	$NaNO_3$	84.995
$Mg(OH)_2$	58.32	Na_2O	61.979
$Mg_2P_2O_7$	222.55	NaOH	39.997
$MgSO_4 \cdot 7H_2O$	246.47	Na_3PO_4	163.94
$MnCO_3$	114.95	Na_2S	78.04
$MnCl_2 \cdot 4H_2O$	197.91	NaSCN	81.07
$Mn(NO_3)_2 \cdot 6H_2O$	287.04	$Na_2S \cdot 9H_2O$	240.18
MnO	70.94	Na_2SO_3	126.04
MnO_2	86.94	Na_2SO_4	142.04
MnS	87.00	$Na_2SO_4 \cdot 10H_2O$	322.20
$MnSO_4$	151.00	$Na_2S_2O_3$	158.10
$MnSO_4 \cdot 4H_2O$	223.06	$Na_2S_2O_3 \cdot 5H_2O$	248.17
Na_3AsO_3	191.89	Na_2SiF_6	188.06
$Na_2B_4O_7$	201.22	NH_3	17.03
$Na_2B_4O_7 \cdot 10H_2O$	381.37	NH_4Cl	53.49
$NaBiO_3$	279.97	$(NH_4)_2C_2O_4 \cdot 2H_2O$	142.11
NaBr	102.90	$NH_3 \cdot H_2O$	35.05
NaCN	49.007	$NH_4Fe(SO_4)_2 \cdot 12H_2O$	482.20
Na_2CO_3	105.99	$(NH_4)_2HPO_4$	132.05
$Na_2CO_3 \cdot 10H_2O$	286.14	$(NH_4)_2S$	68.14
$Na_2C_2O_4$	134.00	NH_4SCN	76.12
CH_3COONO_2	82.03	$(NH_4)_2SO_4$	132.13
$CH_3COONa \cdot 3H_2O$	136.08	P_2O_5	141.94
NaCl	58.443	$PbCO_3$	267.20
NaClO	74.44	PbC_2O_4	295.22
NaF	41.99	$PbCl_2$	278.10
$NiC_8H_{14}O_4N_4$（丁二酮肟镍）	288.91	$PbCrO_4$	323.20
$NaHCO_3$	84.007	$Pb(CH_3COO)_2$	325.30

续表

化合物	摩尔质量	化合物	摩尔质量
$Pb(CH_3COO)_2 \cdot 3H_2O$	379.30	SnO_2	150.71
PbI_2	461.00	SnS	150.776
$Pb(NO_3)_2$	331.20	$SrCO_3$	147.63
PbO	223.20	SrC_2O_4	175.64
PbO_2	239.20	$SrCrO_4$	203.61
$Pb_3(PO_4)_2$	811.54	$Sr(NO_3)_2$	211.63
PbS	239.30	$Sr(NO_3)_2 \cdot 4H_2O$	283.69
$PbSO_4$	303.30	$SrSO_4$	183.68
SO_3	80.06	$ZnCO_3$	125.39
SO_2	64.06	ZnC_2O_4	153.40
$SbCl_3$	228.11	$ZnCl_2$	136.29
$SbCl_5$	299.02	$Zn(CH_3COO)_2$	183.47
Sb_2O_3	291.50	$Zn(CH_3COO)_2 \cdot 2H_2O$	219.50
Sb_3S_3	339.68	$Zn(No_3)_2$	189.39
SiF_4	104.08	$Zn(NO_3)_2 \cdot 6H_2O$	297.48
SiO_2	60.084	ZnO	81.38
$SnCl_2$	189.62	ZnS	97.44
$SnCl_2 \cdot 2H_2O$	225.65	$ZnSO_4$	161.44
$SnCl_4$	260.52	$ZnSO_4 \cdot 7H_2O$	287.54
$SnCl_4 \cdot 5H_2O$	350.596		

附录七 生活饮用水卫生标准（GB 5479—2006）

表 1 水质常规指标及限值

指　　标	限　值	指　　标	限　值
1. 微生物指标①		**1. 微生物指标**①	
总大肠菌群（MPN/100mL 或 CFU/100mL）	不得检出	大肠埃希氏菌（MPN/100mL 或 CFU/100mL）	不得检出
耐热大肠菌群（MPN/100mL 或 CFU/100mL）	不得检出	菌落总数（CFU/mL）	100

续表

指　标	限　值	指　标	限　值
2. 毒理指标		**3. 感官性状和一般化学指标**	
砷（mg/L）	0.01	臭和味	无异臭、异味
镉（mg/L）	0.005	肉眼可见物	无
铬（六价，mg/L）	0.05	pH（pH 单位）	不小于 6.5 且不大于 8.5
铅（mg/L）	0.01		
汞（mg/L）	0.001	铝（mg/L）	0.2
硒（mg/L）	0.01	铁（mg/L）	0.3
氰化物（mg/L）	0.05	锰（mg/L）	0.1
氟化物（mg/L）	1.0	铜（mg/L）	1.0
硝酸盐（以 N 计，mg/L）	10 地下水源限制时为 20	锌（mg/L）	1.0
		氯化物（mg/L）	250
		硫酸盐（mg/L）	250
三氯甲烷（mg/L）	0.06	溶解性总固体（mg/L）	1000
四氯化碳（mg/L）	0.002	总硬度（以 $CaCO_3$ 计，mg/L）	450
溴酸盐（使用臭氧时，mg/L）	0.01	耗氧量（COD_{Mn}法，以 O_2 计，mg/L）	3 水源限制，原水耗氧量 >6mg/L 时为 5
甲醛（使用臭氧时，mg/L）	0.9		
亚氯酸盐（使用二氧化氯消毒时，mg/L）	0.7		
氯酸盐（使用复合二氧化氯消毒时，mg/L）	0.7		
3. 感官性状和一般化学指标		挥发酚类（以苯酚计，mg/L）	0.002
色度（铂钴色度单位）	15	阴离子合成洗涤剂（mg/L）	0.3
浑浊度（NTU-散射浊度单位）	1 水源与净水技术条件限制时为 3	**4. 放射性指标②**	
		总 α 放射性（Bq/L）	0.5
		总 β 放射性（Bq/L）	1

①MPN 表示最可能数；CFU 表示菌落形成单位。当水样检出总大肠菌群时，应进一步检验大肠埃希氏菌或耐热大肠菌群；水样未检出总大肠菌群，不必检验大肠埃希氏菌或耐热大肠菌群。

②放射性指标超过指导值，应进行核素分析和评价，判定能否饮用。

表 2　　饮用水中消毒剂常规指标及要求

消毒剂名称	与水接触时间	出厂水中限值	出厂水中余量	管网末梢水中余量
氯气及游离氯制剂（游离氯，mg/L）	至少 30min	4	≥0.3	≥0.05
一氯胺（总氯，mg/L）	至少 120min	3	≥0.5	≥0.05
臭氧（O_3，mg/L）	至少 12min	0.3	—	0.02 如加氯，总氯≥0.05
二氧化氯（ClO_2，mg/L）	至少 30min	0.8	≥0.1	≥0.02

表 3　　水质非常规指标及限值

指　标	限　值
1. 微生物指标	
贾第鞭毛虫（个/10L）	<1
隐孢子虫（个/10L）	<1
2. 毒理指标	
锑（mg/L）	0.005
钡（mg/L）	0.7
铍（mg/L）	0.002
硼（mg/L）	0.5
钼（mg/L）	0.07
镍（mg/L）	0.02
银（mg/L）	0.05
铊（mg/L）	0.0001
氯化氰（以 CN^- 计，mg/L）	0.07
一氯二溴甲烷（mg/L）	0.1
二氯一溴甲烷（mg/L）	0.06
二氯乙酸（mg/L）	0.05
1，2-二氯乙烷（mg/L）	0.03
二氯甲烷（mg/L）	0.02
三卤甲烷（三氯甲烷、一氯二溴甲烷、二氯一溴甲烷、三溴甲烷的总和）	该类化合物中各种化合物的实测浓度与其各自限值的比值之和不超过 1
1，1，1-三氯乙烷（mg/L）	2
三氯乙酸（mg/L）	0.1
三氯乙醛（mg/L）	0.01
2，4，6-三氯酚（mg/L）	0.2
三溴甲烷（mg/L）	0.1
七氯（mg/L）	0.0004
马拉硫磷（mg/L）	0.25
五氯酚（mg/L）	0.009
六六六（总量，mg/L）	0.005
六氯苯（mg/L）	0.001
乐果（mg/L）	0.08
对硫磷（mg/L）	0.003
灭草松（mg/L）	0.3
甲基对硫磷（mg/L）	0.02

指　标	限　值
2. 毒理指标	
百菌清（mg/L）	0.01
呋喃丹（mg/L）	0.007
林丹（mg/L）	0.002
毒死蜱（mg/L）	0.03
草甘膦（mg/L）	0.7
敌敌畏（mg/L）	0.001
莠去津（mg/L）	0.002
溴氰菊酯（mg/L）	0.02
2，4-滴（mg/L）	0.03
滴滴涕（mg/L）	0.001
乙苯（mg/L）	0.3
二甲苯（mg/L）	0.5
1，1-二氯乙烯（mg/L）	0.03
1，2-二氯乙烯（mg/L）	0.05
1，2-二氯苯（mg/L）	1
1，4-二氯苯（mg/L）	0.3
三氯乙烯（mg/L）	0.07
三氯苯（总量，mg/L）	0.02
六氯丁二烯（mg/L）	0.0006
丙烯酰胺（mg/L）	0.0005
四氯乙烯（mg/L）	0.04
甲苯（mg/L）	0.7
邻苯二甲酸二（2-乙基己基）酯（mg/L）	0.008
环氧氯丙烷（mg/L）	0.0004
苯（mg/L）	0.01
苯乙烯（mg/L）	0.02
苯并（a）芘（mg/L）	0.00001
氯乙烯（mg/L）	0.005
氯苯（mg/L）	0.3
微囊藻毒素-LR（mg/L）	0.001
3. 感官性状和一般化学指标	
氨氮（以 N 计，mg/L）	0.5
硫化物（mg/L）	0.02
钠（mg/L）	200

表 4　农村小型集中式供水和分散式供水部分水质指标及限值

指　标	限　值	指　标	限　值
1. 微生物指标		3. 感官性状和一般化学指标	
菌落总数（CFU/mL）	500	pH 值	不小于 6.5 且不大于 9.5
2. 毒理指标			
砷（mg/L）	0.05	溶解性总固体（mg/L）	1500
氟化物（mg/L）	1.2	总硬度（以 $CaCO_3$ 计，mg/L）	550
硝酸盐（以 N 计，mg/L）	20	耗氧量（COD_{Mn}法，以 O_2 计，mg/L）	5
3. 感官性状和一般化学指标		铁（mg/L）	0.5
色度（铂钴色度单位）	20	锰（mg/L）	0.3
浑浊度（NTU - 散射浊度单位）	3 水源与净水技术条件限制时为 5	氯化物（mg/L）	300
		硫酸盐（mg/L）	300

附录八　城市供水水质标准（CJ/T 206—2005）

表 1　城市供水水质常规检验项目及其限值

序号	项目		限　值
1	微生物学指标	细菌总数	≤80CFU/mL
		总大肠菌群	每 100mL 水样中不得检出
		耐热大肠菌群	每 100mL 水样中不得检出
		余氯（加氯消毒时测定）	与水接触 30min 后出厂游离氯≥0.3mg/L；或与水接触 120min 后出水总氯≥0.5mg/L
2	感官性状和一般化学指标	臭和味	无异臭异味，用户可接受
		浑浊度	1NTU（特殊情况≤3NTU）①
		肉眼可见物	无
		氯化物	250mg/L
		铝	0.2mg/L
		铜	1mg/L
		总硬度（以 $CaCO_3$ 计）	450mg/L
		铁	0.3mg/L
		锰	0.1mg/L
		pH 值	6.5～8.5
		硫酸盐	250mg/L
		溶解性总固体	1000mg/L
		锌	1.0mg/L
		挥发酚（以苯酚计）	0.002mg/L
		阴离子合成洗涤剂	0.3mg/L
		耗氧量（COD_{Mn}，以 O_2 计）	3mg/L（特殊情况≤5mg/L）②

续表

序号	项目		限值
3	毒理学指标	砷	0.01mg/L
		镉	0.003mg/L
		铬（六价）	0.05mg/L
		氰化物	0.05mg/L
		氟化物	1.0mg/L
		铅	0.01mg/L
		汞	0.001mg/L
		硝酸盐（以N计）	10mg/L（特殊情况≤20mg/L）③
		硒	0.01mg/L
		四氯化碳	0.002mg/L
		三氯甲烷	0.06mg/L
		敌敌畏（包括敌百虫）	0.001mg/L
		林丹	0.002mg/L
		滴滴涕	0.001mg/L
		丙烯酰胺（使用聚丙烯酰胺时测定）	0.0005mg/L
		亚氯酸盐（使用 ClO_2 时测定）	0.7mg/L
		溴酸盐（使用 O_3 时测定）	0.01mg/L
		甲醛（使用 O_3 时测定）	0.9mg/L
4	放射性指标	总α放射性	0.1Bq/L
		总β放射性	1.0Bq/L

① 特殊情况为水源水质和净水技术限制等。

② 特殊情况指水源水质超过Ⅲ类，即耗氧量>6mg/L。

③ 特殊情况为水源限制，如采取地下水等。

表2 城市供水水质非常规检验项目及限值

序号	项目		限值
1	微生物学指标	粪型链球菌群	每100mL水样不得检出
		蓝氏贾第鞭毛虫（Giardia lamblio）	<1个/10L①
		隐孢子虫（Cryptosporidium）	<1个/10L②
2	感官性状和一般化学指标	氨氮	0.5mg/L
		硫化物	0.02mg/L
		钠	200mg/L
		银	0.05mg/L
3	毒理学指标	锑	0.005mg/L
		钡	0.7mg/L
		铍	0.002mg/L
		硼	0.5mg/L
		镍	0.02mg/L
		钼	0.07mg/L
		铊	0.0001mg/L
		苯	0.01mg/L
		甲苯	0.7mg/L
		乙苯	0.3mg/L

续表

序号	项目		限值
3	毒理学指标	二甲苯	0.5mg/L
		苯乙烯	0.02mg/L
		1，2-二氯乙烷	0.005mg/L
		三氯乙烯	0.005mg/L
		四氯乙烯	0.005mg/L
		1，2-二氯乙烯	0.05mg/L
		1，1-二氯乙烯	0.007mg/L
		三卤甲烷（总量）	0.1mg/L⑤
		氯酚（总量）	0.010mg/L⑥
		2，4，6-三氯酚	0.010mg/L
		TOC	无异常变化（试行）
		五氯酚	0.009mg/L
		乐果	0.02mg/L
		甲基对硫磷	0.01mg/L
		对硫磷	0.003mg/L
		甲胺磷	0.001mg/L（暂定）
		2，4-滴	0.03mg/L
		溴氰菊酯	0.02mg/L
		二氯甲烷	0.005mg/L
		1，1，1-三氯乙烷	0.20mg/L
		1，1，2-三氯乙烷	0.005mg/L
		氯乙烯	0.005mg/L
		一氯苯	0.3mg/L
		1，2-二氯苯	1.0mg/L
		1，4-二氯苯	0.075mg/L
		三氯苯（总量）	0.02mg/L⑦
		多环芳烃（总量）	0.002mg/L⑧
		苯并［α］芘	0.00001mg/L
		二（2-乙基己基）邻苯二甲酸酯	0.08mg/L
		环氧氯丙烷	0.0004mg/L
		微囊藻毒素-LR	0.001mg/L③
		卤乙酸（总量）	0.06mg/L④⑨
		莠去津（阿特拉津）	0.002mg/L
		六氯苯	0.001mg/L

①、②、③、④从2006年6月起检验。

⑤三卤甲烷（总量）包括三氯甲烷、一氯二溴甲烷、二氯一溴甲烷、三溴甲烷。

⑥氯酚（总量）包括2-氯酚、2，4-二氯酚、2，4，6-三氯酚三个消毒副产物，不含农药五氯酚。

⑦三氯苯（总量）包括1，2，4-三氯苯、1，2，3-三氯苯、1，3，5-三氯苯。

⑧多环芳烃（总量）包括苯并［*a*］芘、苯并［*g*，*h*，*i*］苝、苯并［*b*］荧蒽、苗并［*k*］荧蒽、茚并［1，2，3-*c*，*d*］芘。

⑨卤乙酸（总量）包括二氯乙酸、三氯乙酸。

表 3　　水质检验项目和检验频率

水样类别	检验项目	检验频率
水源水	浑浊度、色度、臭和味、肉眼可见物、COD_{Mn}、氨氮、细菌总数、总大肠菌群、耐热大肠菌群	每日不少于一次
	GB 3838 中有关水质检验基本项目和补充项目共 29 页	每月不少于一次
出厂水	浑浊度、色度、臭和味、肉眼可见物、余氯、细菌总数、总大肠菌群、耐热大肠菌群、COD_{Mn}	每日不少于一次
	表 1 全部项目，表 2 中可能含有的有害物质	每月不少于一次
	表 2 全部项目	以地表水为水源：每半年检测一次 以地表水为水源：每一年检测一次
管网水	浑浊度、色度、臭和味、余氯、细菌总数、总大肠菌群、COD_{Mn}（管网末梢点）	每月不少于两次
管网末梢水	表 1 全部项目，表 2 中可能含有的有害物质	每月不少于一次

注　当检验结果超出表 1、表 2 中水质指标限值时，应立即重复测定，并增加检测频率。水质检验结果连续超标时，应查明原因，采取有效措施，防止对人体健康造成危害。

表 4　　水质检验项目合格率

水样检验项目 出厂水或管网水	综合	出厂水	管网水	表 1 项目	表 2 项目
合格率（%）	95	95	95	95	95

注　1. 综合合格率为：表 1 中 42 个检验项目的加权平均合格率。

2. 出厂水检验项目合格率：浑浊度、色度、臭和味、肉眼可见物、余氯、细菌总数、总大肠菌群、耐热大肠菌群、COD_{Mn}共 9 项的合格率。

3. 管网水检验项目合格率：浑浊度、色度、臭和味、余氯、细菌总数、总大肠菌群、COD_{Mn}（管网末梢点）共 7 项的合格率。

4. 综合合格率按加权平均进行统计

计算公式：

(1) $$综合合格率\% = \frac{管网水7项各单项合格率之和 + 42项扣除7项后的综合合格率}{7+1} \times 100\%$$

(2) $$管网水7项各单项合格率（\%）\frac{单项检验合格次数}{单项检验总次数} \times 100\%$$

(3) 42 项扣除 7 项后的综合合格率（35 项）（%）

$$= \frac{35项加权后的总检验合格次数}{各水厂出厂水的检验次数 \times 35 \times 各该厂供水区分布的取水点数} \times 100\%$$

附录九　地表水环境质量标准（GB 3838—2002）

表 1　　地表水环境质量标准基本项目标准限值　　（mg/L）

序号	标准值 项目 分类		Ⅰ类	Ⅱ类	Ⅲ类	Ⅳ类	Ⅴ类
1	水温（℃）		人为造成的环境水温变化应限制在： 周平均最大温升≤1 周平均最大温降≤2				
2	pH值（无量纲）		6～9				
3	溶解氧	≥	饱和率90% （或7.5）	6	5	3	2
4	高锰酸盐指数	≤	2	4	6	10	15
5	化学需氧量（COD）	≤	15	15	20	30	40
6	五日生化需氧量（BOD_5）	≤	3	3	4	6	10
7	氨氮（NH_3-N）	≤	0.15	0.5	1.0	1.5	2.0
8	总磷（以P计）	≤	0.02 （湖、库0.01）	0.1 （湖、库0.025）	0.2 （湖、库0.05）	0.3 （湖、库0.1）	0.4 （湖、库0.2）
9	总氮（湖、库，以N计）	≤	0.2	0.5	1.0	1.5	2.0
10	铜	≤	0.01	1.0	1.0	1.0	1.0
11	锌	≤	0.05	1.0	1.0	2.0	2.0
12	氟化物（以F^-计）	≤	1.0	1.0	1.0	1.5	1.5
13	硒	≤	0.01	0.01	0.01	0.02	0.02
14	砷	≤	0.05	0.05	0.05	0.1	0.1
15	汞	≤	0.00005	0.00005	0.0001	0.001	0.001
16	镉	≤	0.001	0.005	0.005	0.005	0.01
17	铬（六价）	≤	0.01	0.05	0.05	0.05	0.1
18	铅	≤	0.01	0.01	0.05	0.05	0.1
19	氰化物	≤	0.005	0.05	0.02	0.2	0.2
20	挥发酚	≤	0.002	0.002	0.005	0.01	0.1
21	石油类	≤	0.05	0.05	0.05	0.5	1.0
22	阴离子表面活性剂	≤	0.2	0.2	0.2	0.3	0.3
23	硫化物	≤	0.05	0.1	0.2	0.5	1.0
24	粪大肠菌群/（个/L）	≤	200	2000	10000	20000	40000

表 2　　集中式生活饮用水地表水源地补充项目标准限值　　（mg/L）

序号	项　　目	标准值	序号	项　　目	标准值
1	硫酸盐（以SO_4^{2-}计）	250	4	铁	0.3
2	氯化物（以Cl计）	250	5	锰	0.1
3	硝酸盐（以N计）	10			

表 3　　集中式生活饮用水地表水源地特定项目标准限值　　(mg/L)

序号	项　　目	标准值	序号	项　　目	标准值
1	三氯甲烷	0.06	34	硝基氯苯[⑤]	0.05
2	四氯化碳	0.002	35	2，4-二硝基氯苯	0.5
3	三溴甲烷	0.1	36	2，4-一氯苯酚	0.093
4	二氯甲烷	0.02	37	2，4，6-三氯苯酚	0.2
5	1，2-二氯乙烷	0.03	38	五氯酚	0.009
6	环氧氯丙烷	0.02	39	苯胺	0.1
7	氯乙烯	0.005	40	联苯胺	0.0002
8	1，1-二氯乙烯	0.03	41	丙烯酰胺	0.0005
9	1，2-二氯乙烯	0.05	42	丙烯腈	0.1
10	三氯乙烯	0.07	43	邻苯二甲酸二丁酯	0.003
11	四氯乙烯	0.04	44	邻苯二甲酸二（2-乙基已基)酯	0.008
12	氯丁二烯	0.002	45	水合阱	0.01
13	六氯丁二烯	0.0006	46	四乙基铅	0.0001
14	苯乙烯	0.02	47	吡啶	0.2
15	甲醛	0.9	48	松节油	0.2
16	乙醛	0.05	49	苦味酸	0.5
17	丙烯醛	0.1	50	丁基黄原酸	0.005
18	三氯乙醛	0.01	51	活性氯	0.01
19	苯	0.01	52	滴滴涕	0.001
20	甲苯	0.7	53	林丹	0.002
21	乙苯	0.3	54	环氧七氯	0.0002
22	二甲苯[①]	0.5	55	对硫磷	0.003
23	异丙苯	0.25	56	甲基对硫磷	0.002
24	氯苯	0.3	57	马拉硫磷	0.05
25	1，2-二氯苯	1.0	58	乐果	0.08
26	1，4-二氯苯	0.3	59	敌敌畏	0.05
27	三氯苯[②]	0.02	60	敌百虫	0.05
28	四氯苯[③]	0.02	61	内吸磷	0.03
29	六氯苯	0.05	62	百菌清	0.01
30	硝基苯	0.017	63	甲萘威	0.05
31	二硝基苯[④]	0.5	64	溴氰菊酯	0.02
32	2，4-二硝基甲苯	0.0003	65	阿特拉津	0.003
33	2，4，6-三硝基甲苯	0.5	66	苯并［*a*］芘	2.8×10^{-6}

续表

序号	项　　目	标准值	序号	项　　目	标准值
67	甲基汞	1.0×10^{-6}	74	硼	0.5
68	多氯联苯⑥	2.0×10^{-5}	75	锑	0.005
69	微囊藻毒素-LR	0.001	76	镍	0.02
70	黄磷	0.003	77	钡	0.7
71	钼	0.07	78	钒	0.05
72	钴	1.0	79	钛	0.1
73	铍	0.002	80	铊	0.0001

① 二甲苯：指对二甲苯、间二甲苯、邻二甲苯。

② 三氯苯：指1，2，3-三氯苯、1，2，4-三氯苯，1，3，5-三氯苯。

③ 四氯苯：指1，2，3，4-四氯苯，1，2，3，5-四氯苯、1，2，4，5-四氯苯。

④ 二硝基苯：指对二硝基苯、间二硝基苯、邻二硝基苯。

⑤ 硝基氯苯：指对硝基氯苯、间硝基氯苯、邻硝基氯苯。

⑥ 多氯联苯：指PCB-1016、PCB-1221、PCB-1232、PCB-1242、PCB-1248、PCB-1254、PCB-1260。

附录十　地下水质量标准（报批稿）(GB/T 14848—××××)

表1　　地下水质量常规指标及限值

序号	指标	Ⅰ类	Ⅱ类	Ⅲ类	Ⅳ类	Ⅴ类
	感官性状及一般化学指标					
1	色（铂钴色度单位）	≤5	≤5	≤15	≤25	>25
2	嗅和味	无	无	无	无	有
3	浑浊度（NTU-散射浊度单位）	≤3	≤3	≤3	≤10	>10
4	肉眼可见物	无	无	无	无	有
5	pH（pH单位）	6.5～8.5			5.5～6.5 8.5～9	<5.5或>9
6	总硬度（以 $CaCO_3$ 计，mg/L）	≤150	≤300	≤450	≤650	>650
7	溶解性总固体（mg/L）	≤300	≤500	≤1000	≤2000	>2000
8	硫酸盐（mg/L）	≤50	≤150	≤250	≤350	>350
9	氯化物（mg/L）	≤50	≤150	≤250	≤350	>350
10	铁（mg/L）	≤0.1	≤0.2	≤0.3	≤2.0	>2.0
11	锰（mg/L）	≤0.05	≤0.05	≤0.1	≤1.5	>1.5
12	铜（mg/L）	≤0.01	≤0.05	≤1.0	≤1.5	>1.5
13	锌（mg/L）	≤0.05	≤0.5	≤1.0	≤5.0	>5.0
14	铝（mg/L）	≤0.005	≤0.05	≤0.2	≤0.5	>0.5
15	挥发性酚类（以苯酚计）（mg/L）	≤0.001	≤0.001	≤0.002	≤0.01	>0.01
16	阴离子合成洗涤剂（mg/L）	不得检出	≤0.1	≤0.3	≤0.3	>0.3

续表

序号	指标	Ⅰ类	Ⅱ类	Ⅲ类	Ⅳ类	Ⅴ类
17	耗氧量(COD_{Mn}法，以O_2计，mg/L)	≤1.0	≤2.0	≤3.0	≤10	>10
18	氨氮（以N计，mg/L）	≤0.05	≤0.05	≤0.5	≤1	>1
19	硫化物（mg/L）	≤0.02	≤0.02	≤0.02	≤0.2	>0.2
20	钠（mg/L）	≤200	≤200	≤200	≤300	>300
	微生物指标①					
21	总大肠菌群（MPN/100mL或CFU/100mL）	不得检出	不得检出	不得检出	≤10	>10
22	菌落总数（CFU/mL）	≤100	≤100	≤100	≤500	>500
	毒理学指标					
23	亚硝酸盐（以N计，mg/L）	≤0.001	≤0.01	≤0.02	≤0.1	>0.1
24	硝酸盐（以N计，mg/L）	≤2.0	≤5.0	≤20	≤30	>30
25	氰化物（mg/L）	≤0.001	≤0.01	≤0.05	≤0.1	>0.1
26	氟化物（mg/L）	≤0.2	≤0.5	≤1.0	≤1.5	>1.5
27	碘化物（mg/L）	≤0.0004	≤0.0004	≤0.004	≤0.008	>0.008
28	汞（mg/ L）	≤0.00005	≤0.0005	≤0.001	≤0.001	>0.001
29	砷（mg/L）	≤0.005	≤0.005	≤0.01	≤0.05	>0.05
30	硒（mg/L）	≤0.01	≤0.01	≤0.01	≤0.1	>0.1
31	镉（mg/L）	≤0.0001	≤0.001	≤0.005	≤0.01	>0.01
32	铬（六价）（mg/L）	≤0.005	≤0.01	≤0.05	≤0.1	>0.1
33	铅（mg/L）	≤0.005	≤0.005	≤0.01	≤0.1	>0.1
34	三氯甲烷（mg/L）	≤0.0005	≤0.006	≤0.06	≤0.3	>0.3
35	四氯化碳（mg/L）	≤0.0005	≤0.0005	≤0.002	≤0.02	>0.02
	放射性指标②					
36	总α放射性（Bq/L）	≤0.1	≤0.1	≤0.5	>0.5	>0.5
37	总β放射性（Bq/L）	≤0.1	≤1.0	≤1.0	>1.0	>1.0

① MPN表示最可能数；CFU表示菌落形成单位。当水样检出总大肠菌群时，应进一步检验大肠埃希氏菌或耐热大肠菌群；水样未检出总大肠菌群，不必检验大肠埃希氏菌或耐热大肠菌群。

② 放射性指标超过指导值，应进行核素分析和评价，判定能否饮用。

表2　　地下水质量非常规指标及限值

序号	指标	Ⅰ类	Ⅱ类	Ⅲ类	Ⅳ类	Ⅴ类
	毒理学指标					
1	铍（mg/L）	≤0.002	≤0.002	≤0.002	≤0.05	>0.05
2	硼（mg/L）	≤0.1	≤0.1	≤0.5	≤2	>2

续表

序号	指标	Ⅰ类	Ⅱ类	Ⅲ类	Ⅳ类	Ⅴ类
3	锑（mg/L）	≤0.001	≤0.001	≤0.005	≤0.05	>0.05
4	钡（mg/L）	≤0.01	≤0.1	≤0.7	≤4.0	>4.0
5	镍（mg/L）	≤0.005	≤0.01	≤0.02	≤0.1	>0.1
6	钴（mg/L）	≤0.01	≤0.01	≤0.05	≤0.1	>0.1
7	钼（mg/L）	≤0.001	≤0.01	≤0.07	≤0.5	>0.5
8	银（mg/L）	≤0.01	≤0.01	≤0.05	≤0.1	>0.1
9	铊（mg/L）	≤0.00002	≤0.00002	≤0.0001	≤0.001	>0.001
10	1，1，1-三氯乙烷（μg/L）	≤400	≤400	≤2000	≤4000	>4000
11	三氯乙烯（μg/L）	≤0.5	≤7	≤70	≤210	>210
12	四氯乙烯（μg/L）	≤0.5	≤4	≤40	≤300	>300
13	二氯甲烷（μg/L）	≤1	≤2	≤20	≤500	>500
14	1，2-二氯乙烷（μg/L）	≤0.5	≤3	≤30	≤40	>40
15	1，1，2-三氯乙烷（μg/L）	≤0.5	≤0.5	≤5	≤10	>10
16	1，2-二氯丙烷（μg/L）	≤0.5	≤0.5	≤5	≤60	>60
17	三溴甲烷（μg/L）	≤1	≤10	≤100	≤800	>800
18	氯乙烯（μg/L）	≤0.5	≤0.5	≤5	≤90	>90
19	1，1-二氯乙烯（μg/L）	≤0.5	≤3	≤30	≤1500	>1500
20	1，2-二氯乙烯（μg/L）	≤0.5	≤5	≤50	≤300	>300
21	氯苯（μg/L）	≤0.5	≤30	≤300	≤600	>600
22	邻二氯苯（μg/L）	≤0.5	≤100	≤1000	≤2700	>2700
23	对二氯苯（μg/L）	≤0.5	≤30	≤300	≤3000	>3000
24	三氯苯（总量）（μg/L）	≤0.5	≤2	≤20	≤180	>180
25	苯（μg/L）	≤0.5	≤1	≤10	≤100	>100
26	甲苯（μg/L）	≤0.5	≤70	≤700	≤6000	>6000
27	乙苯（μg/L）	≤0.5	≤30	≤300	≤3000	>3000
28	二甲苯（μg/L）	≤0.5	≤50	≤500	≤6000	>6000
29	苯乙烯（μg/L）	≤0.5	≤2	≤20	≤6000	>6000
30	2，4-二硝基甲苯/（μg/L）	≤0.05	≤0.05	≤0.05	≤0.1	>0.1
31	2，6-二硝基甲苯/（μg/L）	≤0.05	≤0.05	≤0.05	≤0.1	>0.1
32	萘（μg/L）	0.002	≤10	≤100	≤200	>200
33	蒽（μg/L）	≤60	≤60	≤300	≤600	>600
34	荧蒽（μg/L）	≤80	≤80	≤400	≤800	>800
35	苯并（b）荧蒽（μg/L）	0.002	≤0.02	≤0.2	≤0.4	>0.4
36	苯并（a）芘（μg/L）	≤0.002	≤0.002	≤0.01	≤0.5	>0.5

续表

序号	指标	Ⅰ类	Ⅱ类	Ⅲ类	Ⅳ类	Ⅴ类
37	多氯联苯总量（μg/L）	≤0.01	≤0.01	≤0.03	≤0.06	>0.06
38	六六六（总量）（μg/L）	≤0.01	≤0.5	≤5	≤10	>10
39	γ-六六六（林丹）（μg/L）	≤0.01	≤0.2	≤2	≤9	>9
40	滴滴涕（总量）（μg/L）	≤0.01	≤0.1	≤1	≤150	>150
41	六氯苯（μg/L）	≤0.005	≤0.1	≤1	≤2	>2
42	七氯（μg/L）	≤0.01	≤0.04	≤0.4	≤0.8	>0.8
43	莠去津（μg/L）	≤0.5	≤0.5	≤2	≤1050	>1050
44	五氯酚（μg/L）	≤0.1	≤0.9	≤9	≤30	>30
45	2，4，6-三氯酚（μg/L）	≤0.1	≤20	≤200	≤300	>300
46	二-(2-乙基已基）邻苯二甲酸酯（μg/L）	≤1.6	≤1.6	≤8	≤300	>300
47	克百威（μg/L）	≤1.4	≤1.4	≤7	≤150	>150
48	涕灭威（μg/L）	≤0.6	≤0.6	≤3	≤30	>30
49	敌敌畏（μg/L）	≤0.05	≤0.1	≤1	≤2	>2
50	甲基对硫磷（μg/L）	≤0.1	≤2	≤20	≤40	>40
51	马拉硫磷（μg/L）	≤50	≤50	≤250	≤600	>600
52	乐果（μg/L）	≤16	≤16	≤80	≤160	>160
53	百菌清（μg/L）	≤2	≤2	≤10	≤150	>150
54	2，4-滴（μg/L）	≤0.5	≤6	≤30	≤300	>300
55	毒死蜱（μg/L）	≤6	≤6	≤30	≤90	>90
56	草甘膦（μg/L）	≤25	≤70	≤700	≤3000	>3000

注 多氯联苯的总量是以 aroclor1242、1248、1254、1260 四种工业品混合物为标准物质检测到的多氯联苯总量。

附录十一 农田灌溉水质标准（GB 5084—2005）

表 1 农田灌溉用水水质基本控制项目标准值

序号	项目类别		作物种类		
			水作	旱作	蔬菜
1	五日生化需氧量（mg/L）	≤	60	100	40[a]，15[b]
2	化学需氧量（mg/L）	≤	150	200	100[a]，60[b]
3	悬浮物（mg/L）	≤	80	100	60[a]，15[b]
4	阴离子表面活性剂（mg/L）	≤	5	8	5
5	水温（℃）	≤	35		
6	pH 值		5.5～8.5		

续表

序号	项目类别		作物种类		
			水作	旱作	蔬菜
7	全盐量（mg/L）	≤	1000[c]（非盐碱土地区），2000[c]（盐碱土地区）		
8	氯化物（mg/L）	≤	350		
9	硫化物（mg/L）	≤	1		
10	总汞（mg/L）	≤	0.001		
11	镉（mg/L）	≤	0.01		
12	总砷（mg/L）	≤	0.05	0.1	0.05
13	铬（六价）（mg/L）	≤	0.1		
14	铅（mg/L）	≤	0.2		
15	粪大肠菌群数（个/100mL）	≤	4000	4000	2000[a]，1000[b]
16	蛔虫卵数（个/L）	≤	2		2[a]，1[b]

a　加工、烹调及去皮蔬菜。

b　生食类蔬菜、瓜类和草本水果。

c　具有一定的水利灌排设施，能保证一定的排水和地下水径流条件的地区，或有一定淡水资源能满足冲洗土体中盐分的地区，农田灌溉水质全盐量指标可以适当放宽。

表 2　　农田灌溉用水水质选择性控制项目标准值

序号	项目类别		作物种类		
			水作	旱作	蔬菜
1	铜（mg/L）	≤	0.5	1	
2	锌（mg/L）	≤	2		
3	硒（mg/L）	≤	0.02		
4	氟化物（mg/L）	≤	2（一般地区），3（高氟区）		
5	氰化物（mg/L）	≤	0.5		
6	石油类（mg/L）	≤	5	10	1
7	挥发酚（mg/L）	≤	1		
8	苯（mg/L）	≤	2.5		
9	三氯乙醛（mg/L）	≤	1	0.5	0.5
10	丙烯醛（mg/L）	≤	0.5		
11	硼/（mg/L）	≤	1*（对硼敏感作物），2**（对硼耐受性较强的作物），3***（对硼耐受性强的作物）		

*　对硼敏感作物，如黄瓜、豆类、马铃薯、笋瓜、韭菜、洋葱、柑橘等。

**　对硼耐受性较强的作物，如小麦、玉米、青椒、小白菜、葱等。

***　对硼耐受性强的作物，如水稻、萝卜、油菜、甘蓝等。

附录十二 污水综合排放标准 (GB 8978—1996)

表 1 第一类污染物最高允许排放浓度 (mg/L)

序号	污染物	最高允许排放浓度	序号	污染物	最高允许排放浓度
1	总汞	0.05	8	总镍	1.0
2	烷基汞	不得检出	9	苯并［a］芘	0.00003
3	总镉	0.1	10	总铍	0.005
4	总铬	1.5	11	总银	0.5
5	六价铬	0.5	12	总放射性	1Bq/L
6	总砷	0.5	13	总放射性	10Bq/L
7	总铅	1.0			

注 第一类污染物，不分行业和污水排放方式，也不分受纳水体的功能类别，一律在车间或车间处理设施排放口采样，其最高允许排放浓度必须达到本标准要求（采矿行业的尾矿坝出水口不得视为车间排放口）。

表 2 第二类污染物最高允许排放浓度 (mg/L)

序号	污染物	适用范围	一级标准	二级标准	三级标准
1	pH 值	一切排污单位	6～9	6～9	6～9
2	色度（稀释倍数）	染料工业	50	180	—
		其他排污单位	50	80	—
3	悬浮物（SS）	采矿、选矿、选煤工业	100	300	—
		脉金选矿	100	500	—
		边远地区砂金选矿	100	800	—
		城镇二级污水处理厂	20	30	—
		其他排污单位	70	200	400
4	五日生化需氧量（BOD_5）	甘蔗制糖、苎麻脱胶、湿法纤维板工业	30	100	600
		甜菜制糖、酒精、味精、皮革、化纤、浆粕工业	30	150	600
		城镇二级污水处理厂	20	30	—
		其他排污单位	30	60	300
5	化学需氧量（COD）	甜菜制糖、焦化、合成脂肪酸、湿法纤维板、染料、洗毛、有机磷农药工业	100	200	1000
		味精、酒精、医药原料药、生物制药、苎麻脱胶、皮革、化纤浆粕工业	100	300	1000
		石油化工工业（包括石油炼制）	100	150	500
		城镇二级污水处理厂	60	120	—
		其他排污单位	100	150	500
6	石油类	一切排污单位	10	10	30
7	动植物油	一切排污单位	20	20	100

续表

序号	污染物	适用范围	一级标准	二级标准	三级标准
8	挥发酚	一切排污单位	0.5	0.5	2.0
9	总氰化合物	电影洗片（铁氰化合物）	0.5	5.0	5.0
		其他排污单位	0.5	0.5	1.0
10	硫化物	一切排污单位	1.0	1.0	2.0
11	氨氮	医药原料药、染料、石油化工工业 其他排污单位	15 15	50 25	— —
12	氟化物	黄磷工业 低氟地区（水体含氟量<0.5mg/L） 其他排污单位	10 10 10	20 20 10	20 30 20
13	磷酸盐（以P计）	一切排污单位	0.5	1.0	—
14	甲醛	一切排污单位	1.0	2.0	5.0
15	苯胺类	一切排污单位	1.0	2.0	5.0
16	硝基苯类	一切排污单位	2.0	3.0	5.0
17	阴离子表面活性剂（LAS）	合成洗涤剂工业其他排污单位	5.0 5.0	15 10	20 20
18	总铜	一切排污单位	0.5	1.0	2.0
19	总锌	一切排污单位	2.0	5.0	5.0
20	总锰	合成脂肪酸工业其他排污单位	2.0 2.0	5.0 2.0	5.0 5.0
21	彩色显影剂	电影洗片	2.0	3.0	5.0
22	显影剂及氧化物总量	电影洗片	3.0	6.0	6.0
23	元素磷	一切排污单位	0.1	0.3	0.3
24	有机磷农药（以P计）	一切排污单位	不得检出	0.5	0.5
25	粪大肠菌群数	医院①、兽医院及医疗机构含病原体污水	500个/L	1000个/L	5000个/L
		传染病、结核病医院污水	100个/L	500个/L	1000个/L
26	总余氯（采用氯化消毒的医院污水）	医院①、兽医院及医疗机构含病原体污水	<0.5*	>3（接触时间1h）	>2（接触时间1h）
		传染病、结核病医院污水	<0.5*	>6.5（接触时间1.5h）	>5（接触时间1.5h）

①指50个床位以上的医院。

*加氯消毒后须进行脱氯处理，达到本标准。

参 考 文 献

[1] 谢协忠，张钰镭，于瑞生. 水分析化学. 南京：河海大学出版社，2003.
[2] 黄君礼. 水分析化学. 3 版. 北京：中国建筑工业出版社，2008.
[3] 国家环保局《水和废水监测分析方法》编委会. 水和废水监测分析方法. 4 版. 北京：中国环境出版社，2002.
[4] 武汉大学. 分析化学. 5 版. 北京：高等教育出版社，2006.
[5] 朱明华. 仪器分析. 4 版. 北京：高等教育出版社，2008.
[6] 崔执应. 水分析化学. 北京：北京大学出版社，2006.